Angewandte Geophysik

Band 1

Angewandte Geophysik

Herausgegeben von
H. Militzer und F. Weber

Band 1

Gravimetrie und Magnetik

Mit Beiträgen von
H. Lindner, H. Mauritsch, H. Militzer,
R. Rösler, R. Scheibe, W. Seiberl, G. Walach
und F. Weber

mit 226 Abbildungen und 35 Tabellen

Springer-Verlag
Wien New York

Akademie-Verlag
Berlin

Dr. rer. nat. habil. HEINZ MILITZER
Ordentlicher Professor für Geophysik
an der Bergakademie Freiberg, Deutsche Demokratische Republik

Dr. phil. FRANZ WEBER
Ordentlicher Professor für Erdölgeologie und angewandte Geophysik
an der Montanuniversität Leoben, Österreich

Vertriebsrechte für alle Staaten mit Ausnahme der sozialistischen Länder:
Springer-Verlag Wien—New York

Vertriebsrechte für die sozialistischen Länder:
Akademie-Verlag Berlin

Das Werk erscheint als Gemeinschaftspublikation im Springer-Verlag Wien—New York und im Akademie-Verlag Berlin

1984

Lizenznummer 202 · 100/455/83
D 65/81, D 128/81, D 56/82
Printed in the German Democratic Republic
Gesamtherstellung: VEB Druckhaus „Maxim Gorki", 7400 Altenburg
Lektor: Dipl.-Met. Heide Deutscher
LSV 1445
Bestellnummer: 763 191 8 (6745/1)
05800

Vorwort

Seit der Herausgabe der letzten deutschsprachigen Gesamtdarstellungen des Fachgebietes Angewandte Geophysik sind fast drei Jahrzehnte vergangen. Deshalb und unter Berücksichtigung der enormen Fortschritte auf diesem Wissensgebiet halten es die Herausgeber für wünschenswert, den erreichten Kenntnisstand neu zu fassen.

Das vorliegende Buch ist der erste Band eines dreibändigen Lehrwerkes *Angewandte Geophysik.* Die Unterteilung erfolgt nach den Sachgebieten Gravimetrie/Magnetik, Geoelektrik/Geothermie/Radiometrie/Kerngeophysik/Aerogeophysik und Seismik.

Seitens der Herausgeber ist dafür gesorgt, daß die einzelnen Bände etwa im Abstand eines Jahres erscheinen; sie sind in sich geschlossen, vermitteln jedoch nur in der Gesamtheit eine ausreichende Information über den Stand und die Leistungsfähigkeit der angewandten Geophysik. Ihre Stellung bei der geologischen Erforschung verschieden großer Territorien sowie bei der Suche und Erkundung von Lagerstätten jeglicher Art begründet ihre weltweite Bedeutung als geowissenschaftliche Grunddisziplin, die sie für die Nutzung der Erdkruste im weitesten Sinne, für die Sicherung der Rohstoff- und Energiebasis eines jeden Landes sowie für die Beherrschung bergbaulicher und geotechnischer Situationen besitzt. Vom Niveau der Darstellung wendet sich das Lehrwerk vor allem an Studierende und Fachkollegen der angewandten Geophysik, an Auftraggeber für geophysikalische Arbeiten, an Vertreter der geowissenschaftlichen, geotechnischen und montanistischen Nachbardisziplinen sowie an alle, die in Lehre und Forschung auf diesem Gebiet tätig sind. Für diesen Kreis soll es vorrangig über Arbeitsmethoden und Leistungsgrenzen der angewandten Geophysik bei der Lösung der vielfältigen Probleme in der geologischen Suche und Erkundung mineralischer Ressourcen informieren; es soll des weiteren überzeugen, daß die Geophysik im bereits bestehenden Bergbau wesentlich dazu beitragen kann, Lagerstätteninhalte ökonomisch günstig, kontinuierlich und verlustarm zu gewinnen. Schließlich wird an Hand von Beispielen gezeigt, daß die angewandte Geophysik im Ingenieurbau das Baugeschehen durch die Erkundung des Baugrundes bereits im Stadium der Projektierung des Bauwerkes sowie durch die Bestimmung petrophysikalischer Kennwerte unter den Bedingungen der natürlichen Lagerung bemerkenswert günstig beeinflussen kann. Die Darstellung methodischer Besonderheiten und geophysikalischer Arbeitsergebnisse z. B. für die Lösung von Umweltproblemen, die Archäologie, die Überwachung der Wirkung endogener Einflüsse auf das System Bauwerk/Baugrund soll helfen, Entwicklungstendenzen der angewandten Geophysik auch außerhalb klassischer Anwendungsgebiete zu erkennen und den wissenschaftlich-technischen Fortschritt in solchen Fachdisziplinen unterstützen, deren Bindungen zur Geophysik bisher nur sehr locker waren. Methodische und apparative Hinweise, Ausführungen über die Datenerfassung, -verarbeitung und Interpretation sollen vor allem auch den Auftraggeber für geophysikalische Arbeiten befähigen, Aufwand und Nutzen dieser Untersuchungen bei der Lösung seiner Probleme einzuschätzen. Die theoretisch orientierten Kapitel ermöglichen eine rasche Übersicht über die erforderlichen mathematisch-physikalischen Grundlagen. Sie stellen eine wesentliche Hilfe für das Verständnis der methodisch angelegten Teile dar, sollen dem mathematisch-physikalisch interessierten Leser Einblicke in weitere Zusammenhänge ermöglichen und den Geophysiker an die exakten Grundlagen seiner Disziplin erinnern.

Im Band 1 (Gravimetrie/Magnetik) haben sich Herausgeber und Autoren darüber hinaus bemüht, vordergründig das Gemeinsame beider — oft auch gemeinsam eingesetzter — Verfahren in einer modernen, bisher noch nicht häufig gehandhabten Form darzustellen und somit auch die künftige Position von Gravimetrie und Magnetik erneut zu unterstreichen. Dies gilt vor allem für die theoretischen Grundlagen, für die Prinzipien der Interpretation und ihre praktische Anwendung, ohne daß die Eigenständigkeit beider Verfahren im Erkundungsprozeß verloren geht. Dabei spielen die Ökonomie — insbesondere bei der Übersichts- und Regionalaufnahme — und nicht zuletzt ihre historisch gewachsene Stellung innerhalb der Geophysik eine wichtige Rolle.

Für das Überlassen von Unterlagen und Daten sind wir folgenden Einrichtungen, Firmen und Fachkollegen zu größtem Dank verpflichtet: dem VEB Geophysik Leipzig (Herrn Dipl.-Min. D. Körner), der ÖMV-AG Wien (Herrn Prof. Dr. Kröll/Herrn Dr. Zych/Herrn Dr. Brix), dem Institut für Meteorologie und Geophysik der Universität Wien (Herrn Prof. Dr. Gutdeutsch/Herrn Prof. Dr. Steinhauser), der Geologischen Bundesanstalt Wien, Herrn Dr. Motta (Caraiba Metais S.A., Salvador, Bahia/Brasilien). Zu besonderem Dank verpflichtet sind wir ferner der Society of Exploration Geophysicists, Tulsa und der Australian Society of Exploration Geophysicists, Sydney für die Genehmigung zur Verwendung von Unterlagen aus publizierten Werken. Den beiden Verlagen gilt unser aufrichtiger Dank für das verständnisvolle Entgegenkommen in allen Abschnitten der Arbeit und die gute Ausstattung des Buches. Ferner danken wir allen Mitarbeitern des Wissenschaftsbereiches Angewandte Geophysik der Bergakademie Freiberg und des Institutes für Geophysik der Montanuniversität Leoben für die Unterstützung der Autoren und Herausgeber bei der Zusammenstellung des Manuskripts.

Heinz Militzer Franz Weber

Inhaltsverzeichnis

1. Theoretische Grundlagen der angewandten Gravimetrie und Magnetik

R. Rösler

1.1. Einleitung

1.1.1. Zielstellung

In diesem Teil des Buches werden die für das Verständnis der Methoden der Gravimetrie und Magnetik in ihrer Anwendung auf Probleme der Geologie, des Bergbaus und der Ingenieurgeophysik notwendigen theoretischen Grundlagen behandelt. Das sind einige wichtige Eigenschaften der Potentialfunktion und sich daraus ergebende Schlußfolgerungen für die Interpretation gravimetrischer und magnetischer Messungen. Aus der Fülle der bekanntgewordenen Interpretationsmethoden werden die wichtigsten in ihren theoretischen Grundlagen soweit behandelt, daß sie in den späteren Teilen des Buches verwendet werden können. Besondere Aufmerksamkeit wird dem Problem der Vieldeutigkeit der Interpretation gravimetrischer und magnetischer Messungen gewidmet, die zu ihrer Einschränkung gewisse Zusatzinformationen über das Untersuchungsobjekt erfordert.

Dabei wird der Versuch unternommen, die allen Methoden gemeinsame theoretische Basis in den Vordergrund zu stellen, um eine Zersplitterung dieses Teils zu vermeiden und dem begrenzten Umfang Rechnung zu tragen. Auf eine gründliche mathematische Beweisführung muß verzichtet und auf die entsprechende Literatur verwiesen werden, so daß dem Leser ein tieferes Eindringen möglich ist. Auch auf das globale Schwere- und Magnetfeld wird in nur geringem Umfang eingegangen, da sie für die Belange der angewandten Geophysik nicht von primärem Interesse sind.

1.1.2. Die potentielle Energie

Es ist bekannt, daß die Kraft $\boldsymbol{F}$ auf eine Punktmasse m, die unter dem Einfluß einer zeitlich konstanten Schwerebeschleunigung $\boldsymbol{g}$ steht, durch das Grundgesetz der Mechanik gegeben ist

$$\boldsymbol{F} = m\boldsymbol{g} . \tag{1.1}$$

Um diese Masse längs eines Weges C_1 mit den Wegelementen $\mathrm{d}\boldsymbol{r}$ vom Punkt P_1 zum Punkt P_2 zu verschieben, muß eine Energie U_{12} geleistet werden

$$U_{12} = -\int_{P_1}^{P_2} \boldsymbol{F} \cdot \mathrm{d}\boldsymbol{r} = -m \int_{P_1}^{P_2} \boldsymbol{g} \cdot \mathrm{d}\boldsymbol{r} . \tag{1.2}$$

Dieser Vorgang möge ohne Energieverlust ablaufen. Dann ist U_{12} vom Wege unabhängig und nur vom Anfangs- und Endpunkt P_1 und P_2 des

Weges abhängig. Sie wird als *potentielle Energie* der Punktmasse m im Punkt P_2, bezogen auf den Punkt P_1, bezeichnet.

Die Kraft $\boldsymbol{F}$ kann durch

$$\boldsymbol{F} = -\operatorname{grad} U = -\nabla U \tag{1.3}$$

aus der potentiellen Energie berechnet werden und stellt ein *Potentialfeld* dar. Die Bezeichnung „potentiell" bedeutet, daß die geleistete Arbeit bei Rückkehr von P_2 zum Ausgangspunkt P_1 zurückgewonnen werden kann, auch wenn ein anderer Weg C_2 gewählt wird.

In (1.2) kommt zum Ausdruck, daß nur die Differenz der potentiellen Energie bezüglich zweier Punkte berechnet werden kann; an (1.3) ändert sich nichts, wenn U durch eine additive Konstante U_0 ergänzt wird. Man wählt diese Konstante so, daß die potentielle Energie im Unendlichen verschwindet. Dann gibt die Ortsfunktion $U(P)$ die Energie an, die im Feld der Schwerebeschleunigung g aufgebracht werden muß, um die Masse m vom Punkt P bis ins Unendliche zu verschieben:

$$U(P) = -\int_P^\infty \boldsymbol{F} \cdot \mathrm{d}\boldsymbol{r}. \tag{1.4}$$

1.1.3. Die Potentialfunktion

In Geophysik und Geodäsie wird an Stelle der potentiellen Energie U das Potential oder die Potentialfunktion

$$V = -\frac{U}{m} \tag{1.5}$$

verwendet. Das ist die negative potentielle Energie pro Masseneinheit. Wegen (1.3) gilt

$$\boldsymbol{g} = \nabla V, \tag{1.6}$$

und das Gravitationsfeld läßt sich im ganzen Raum durch eine einzige skalare Funktion V beschreiben. In hinreichend großem Abstand R vom Erdmittelpunkt kann die Erde als Punktmasse betrachtet werden, und es gilt

$$V = f m_{\mathrm{E}}/R, \tag{1.7}$$

wobei $f = (6{,}6742 \pm 0{,}0018) \cdot 10^{-11}\,\mathrm{m}^3 \cdot \mathrm{kg}^{-1} \cdot \mathrm{s}^{-2}$ die Gravitationskonstante nach STEGENA; SAGITOV (1979) ist.

Die Potentialfunktion erfüllt die POISSONsche Gleichung

$$\Delta V = -4\pi f \varrho, \tag{1.8}$$

ϱ = Massendichte.

(1.8) bildet die Grundlage der Potentialtheorie; sie ist eine elliptische partielle Differentialgleichung. Im massefreien Raum ($\varrho = 0$) gilt die LAPLACEsche

Gleichung; sie lautet in kartesischen Koordinaten

$$\Delta V = \frac{\partial^2 V}{\partial x^2} + \frac{\partial^2 V}{\partial y^2} + \frac{\partial^2 V}{\partial z^2} = 0. \tag{1.9}$$

Es gibt eine Vielzahl von Lösungen dieser partiellen Differentialgleichung, von denen nicht jede eine Potentialfunktion ist.

Für die Potentialfunktion V gilt folgende *Definition*: Eine Raumfunktion, die in ihrem Definitionsgebiet einschließlich ihrer sämtlichen partiellen Ableitungen bis zur 2. Ordnung stetig und beschränkt ist, heißt reguläre Potentialfunktion (harmonische Funktion), wenn sie die LAPLACEsche Gleichung (1.9) oder im Inneren einer (differenzierbaren) Dichteverteilung die POISSONsche Gleichung (1.8) erfüllt.

1.2. Das Newtonsche Volumenpotential

1.2.1. Newtonsches Gravitationspotential

1.2.1.1. Das Gravitationsgesetz und die Bestandteile des Schwerevektors

Befinden sich in einem Punkt $P_0(x'y'z')$ eine Punktmasse m_0 und im Punkt $P(x, y, z)$ eine Punktmasse m, dann wirkt auf die Masse m nach dem NEWTONschen Gravitationsgesetz eine Anziehungskraft

$$\boldsymbol{F}(P) = -f \frac{m m_0}{R^2} \mathring{\boldsymbol{R}}. \tag{1.10}$$

Dabei bedeuten

$\boldsymbol{R} = P_0P$ — Vektor von P_0 nach P,
$\mathring{\boldsymbol{R}} = \boldsymbol{R}/R$ — Einheitsvektor von $\boldsymbol{R}$,
$R = [(x - x')^2 + (y - y')^2 + (z - z')^2]^{1/2}$ — Betrag von $\boldsymbol{R}$.

Die auf die Masse m wirkende Gravitationsbeschleunigung beträgt

$$\boldsymbol{g}(P) = \frac{\boldsymbol{F}(P)}{m} = f \frac{m_0}{R^2} \mathring{\boldsymbol{R}}. \tag{1.11}$$

In kartesischen Koordinaten lautet dieser Vektor:

$$\boldsymbol{g}(P) = -\frac{f m_0}{R^3} [(x - x')\,\boldsymbol{i} + (y - y')\,\boldsymbol{j} + (z - z')\,\boldsymbol{k}] \tag{1.12}$$

$\boldsymbol{i}, \boldsymbol{j}, \boldsymbol{k}$ — Einheitsvektoren in den Koordinatenrichtungen.

Im internationalen System der Maßeinheiten (SI) wird das Potential in m^2/s^2 gemessen; die Einheit der Gravitationsbeschleunigung g ist 1 m/s^2. Für die Belange der angewandten Geophysik ist diese Einheit zu groß, und man verwendet zweckmäßigerweise

$$1\ \mu\text{m/s}^2 = 10^{-6}\ \text{m/s}^2.$$

Vor der Einführung des SI-Systems war zu Ehren von GALILEI folgende Einheit gebräuchlich

$$1\ \text{Gal} = 10^{-2}\ \text{m/s}^2$$

$$1\ \text{Milli-Gal} = 1\ \text{mGal} = 10^{-5}\ \text{m/s}^2 = 10\ \mu\text{m/s}^2.$$

Auf vielen älteren Darstellungen findet man noch diese Einheit. In der englischsprachigen Literatur wird zeitweise auch die Einheit

$$1\ \text{Gravity Unit} = 1\ \text{GU} = 1\ \mu\text{m/s}^2$$

verwendet. An der Erdoberfläche ist im Mittel $g = 9{,}81\ \text{m/s}^2$. Das Potential V ist als Skalar eine additive Größe, so daß das Gravitationspotential von N Punktmassen durch die folgende Summe dargestellt werden kann

$$V(P) = f \sum_{i=1}^{N} \frac{m_i}{R_i}, \tag{1.13}$$

R_i — Abstände des Punktes P.

In den Punktmassen selbst ist $V(P)$ nicht definiert, da dort $R_i = 0$ ist. Mit Ausnahme dieser singulären Punkte gilt die LAPLACEsche Gleichung $\Delta V = 0$.

Jeder Punkt P der Erde unterliegt außer der Gravitationswirkung der Erde auch der aller anderen kosmischen Massen. Die gesamte Gravitationswirkung läßt sich zerlegen in

$$\nabla V(P) = \boldsymbol{a}_{\mathrm{E}}(P) + \boldsymbol{a}_{\mathrm{K}}(P) \tag{1.14}$$

$\boldsymbol{a}_{\mathrm{E}}$ — Einfluß der Erde, $\boldsymbol{a}_{\mathrm{K}}$ — Einfluß aller kosmischen Massen.

$\boldsymbol{a}_{\mathrm{K}}$ bewirkt eine zeitlich veränderliche (Gezeiten-)-Deformation der Erde; der Punkt P verschiebt sich um die kleine Strecke $\boldsymbol{R}_D$.

Jeder Punkt der Erdoberfläche nimmt an der Rotation der Erde teil; sie erfolgt mit der Winkelgeschwindigkeit $\omega_{\mathrm{E}} = 7{,}292115 \cdot 10^{-5}\ \text{s}^{-1}$. In einem raumfesten Koordinatensystem mit dem Nullpunkt 0 gilt für den Ortsvektor zu P (Abb. 1.1):

$$\boldsymbol{R}_p = \boldsymbol{R}_0 + \boldsymbol{R}_1 + \boldsymbol{R}_{\mathrm{D}}, \tag{1.15}$$

($\boldsymbol{R}_{\mathrm{D}}$ wurde nicht mit dargestellt, da sehr klein).

Als Schwerevektor oder auch als Schwere berechnet man die Differenz

$$\boldsymbol{g}(P) = \nabla V(P) - \ddot{\boldsymbol{R}}_p. \tag{1.16}$$

Es gilt

$$\begin{aligned} \dot{\boldsymbol{R}}_p &= \dot{\boldsymbol{R}}_0 + \dot{\boldsymbol{R}}_{\mathrm{D}} + \dot{\boldsymbol{R}}_1 = \boldsymbol{R}_0 + \dot{\boldsymbol{R}}_{\mathrm{D}} + (\omega_{\mathrm{E}} \times \boldsymbol{R}_1), \\ \ddot{\boldsymbol{R}}_p &= \ddot{\boldsymbol{R}}_0 + \ddot{\boldsymbol{R}}_{\mathrm{D}} + \big(\omega_{\mathrm{E}} \times (\omega_{\mathrm{E}} \times \boldsymbol{R}_1)\big), \end{aligned} \tag{1.17}$$

wobei wegen der sehr kleinen Änderung der Rotationsgeschwindigkeit $\dot{\omega}_E$ vernachlässigt wurde. Der Schwerevektor beträgt nun

$$\boldsymbol{g}(P) = \boldsymbol{a}_E(P) + \boldsymbol{a}_K(P) - \ddot{\boldsymbol{R}}_0 - \ddot{\boldsymbol{R}}_D + (\omega_E \times \boldsymbol{R}_1) \times \omega_E . \quad (1.18)$$

Der erste Term ist die reine Gravitationswirkung der Erde, der letzte die Zentrifugalbeschleunigung infolge der Erdrotation, und die mittleren drei Terme $\boldsymbol{a}_K - \ddot{\boldsymbol{R}}_0 - \ddot{\boldsymbol{R}}_D$ stellen den zeitlich veränderlichen Gezeitenanteil des Schwerefeldes dar. Er muß bei genauen Schweremessungen durch Korrekturen erfaßt oder durch Wiederholungsmessungen eliminiert werden.

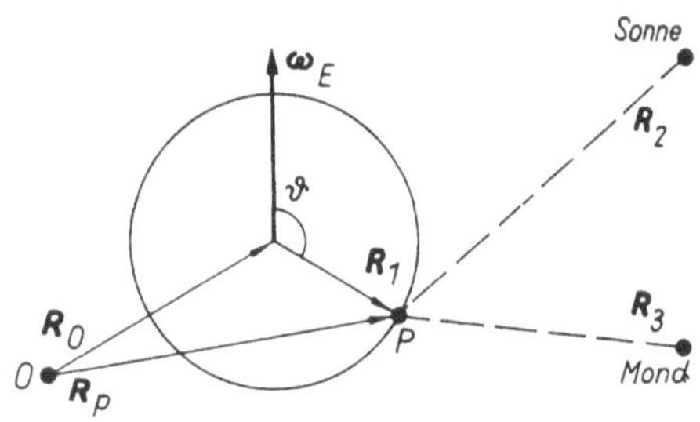

Abb. 1.1. Zur Berechnung der Schwerewirkung in einem Punkt P an der Erdoberfläche infolge der Gravitationswirkung von Erde, Mond und Sonne sowie der Zentrifugalbeschleunigung

Für die Zentrifugalbeschleunigung $\boldsymbol{a}_z$ gilt

$$\boldsymbol{a}_z = (\omega_E \times \boldsymbol{R}_1) \times \omega_E = \omega_E^2 \boldsymbol{R}_1 - (\omega_E \cdot \boldsymbol{R}_1)\, \omega_E = \omega_E^2 \boldsymbol{R}_\perp \quad (1.19)$$

$\boldsymbol{R}_\perp$ – zur Rotationsachse der Erde rechtwinklige Komponente des Vektors $\boldsymbol{R}_1$.

Wegen $\boldsymbol{R}_\perp = 1/2\, \nabla R_\perp^2$ ist auch $\boldsymbol{a}_Z$ ein Gradientenfeld,

$$\boldsymbol{a}_Z = \nabla Z, \quad (1.20)$$

$$Z = \frac{1}{2}\, \omega_E^2 R_\perp^2 . \quad (1.21)$$

Man bezeichnet auch Z (nicht ganz exakt) als das Potential der Zentrifugalbeschleunigung.

Zusammengefaßt ist (meist ohne den Gezeitenanteil)

$$W = V + Z \quad (1.22)$$

das *Schwerepotential* für einen auf der Erde mitrotierenden Punkt, und es gilt

$$\boldsymbol{g} = \nabla W . \quad (1.23)$$

Das Schwerepotential erfüllt die Differentialgleichung

$$\Delta W = -4\pi f \varrho + 2\omega_E^2 . \quad (1.24)$$

1.2.1.2. Einige Eigenschaften der Äquipotentialflächen

Die Flächen $W = \text{const.}$ nennt man Äquipotentialflächen; sie sind geschlossen und berühren sich nicht.

Eine TAYLOR-Reihenentwicklung des Potentials W in der Umgebung des Punktes $P(R)$ bis zum ersten Glied ergibt

$$\begin{aligned} W(R + \mathrm{d}R) &= W(R) + \frac{\partial W}{\partial x}\,\mathrm{d}x + \frac{\partial W}{\partial y}\,\mathrm{d}y + \partial W\,\mathrm{d}z \\ &= W(R) + \nabla W \cdot \mathrm{d}\boldsymbol{R}. \end{aligned} \tag{1.25}$$

Der Potentialunterschied $\mathrm{d}W = \nabla W \cdot \mathrm{d}\boldsymbol{R}$ zweier Punkte im Abstand $\mathrm{d}\boldsymbol{R}$ verschwindet, wenn grad W und $\mathrm{d}\boldsymbol{R}$ einen rechten Winkel bilden; er ist am größten, wenn sie parallel sind.

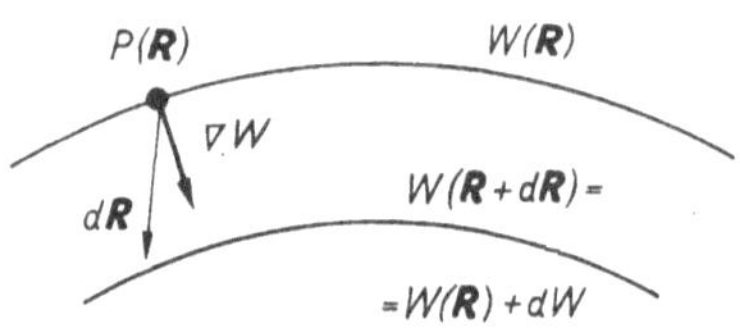

Abb. 1.2. Die Orientierung des Potentialgradienten bezüglich der Äquipotentialflächen $W = \text{const.}$

Der Schwerevektor $\boldsymbol{g} = \nabla W$ steht also senkrecht auf den Flächen $W = \text{const.}$ (Abb. 1.2). Man spricht deshalb von Niveauflächen. Für zwei Niveauflächen mit dem Abstand $\mathrm{d}n$ beträgt der Potentialunterschied

$$\mathrm{d}W = g\,\mathrm{d}n,$$

und es ist

$$g = \frac{\mathrm{d}W}{\mathrm{d}n}. \tag{1.26}$$

Die Schwereintensität ist folglich dem Abstand benachbarter Niveauflächen umgekehrt proportional. Somit vermitteln die Niveauflächen ein instruktives Bild des Verlaufs der Schwere, insbesondere ihrer Anomalien. Mit der Verringerung ihres Abstandes an Stellen erhöhter Schwere sind charakteristische Änderungen der Krümmung der Niveauflächen verbunden.

Üblicherweise verwendet man zur lokalen Beschreibung des Schwerefeldes in der Umgebung eines Punktes P ein kartesisches Koordinatensystem mit der z-Achse in Lotrichtung und der x-Achse nach Norden. Dann ist wegen

$$\begin{aligned} &\frac{\partial W}{\partial x} = \frac{\partial W}{\partial y} = 0 \\ &|\boldsymbol{g}| = \left|\frac{\partial W}{\partial z}\right| = |W_z|. \end{aligned} \tag{1.27}$$

Der Aufwölbung einer Niveaufläche wird eine positive Krümmung zugeordnet. In jedem Punkt P lassen sich zwei zueinander rechtwinklige Vertikalebenen (E_1, E_2) finden, in denen der Schnitt mit der Niveaufläche den betragsmäßig kleinsten bzw. größten Krümmungsradius (r_1, r_2) besitzt. Diese Vertikalschnitte werden als Hauptschnitte bezeichnet, die Krümmungsradien als Hauptkrümmungsradien. Man unterscheidet

elliptische Punkte mit

positiver Krümmung (Aufwölbung): $0 < r_1 \leqq r_2$,

negativer Krümmung (Einsenkung): $r_2 \leqq r_1 < 0$,

hyperbolische Punkte (Sattelpunkte):

$$r_1 < 0 < r_2 \quad \text{oder} \quad r_2 < 0 < r_1,$$

parabolische Punkte positiver oder negativer Krümmung:

$$r_1 > 0, \qquad r_2 = \infty \quad \text{oder} \quad r_1 = -\infty, \qquad r_2 < 0.$$

Das von der x-Achse aus gezählte Azimut λ des Hauptschnittes E_2 ergibt sich aus

$$\tan 2\lambda = -\frac{2W_{xy}}{W_{yy} - W_{xx}} \tag{1.28}$$

mit

$$W_{xy} = \frac{\partial^2 W}{\partial x\, \partial y}$$

usw. Die Größe

$$K = g\left|\frac{1}{r_1} - \frac{1}{r_2}\right| \tag{1.29}$$

heißt Krümmungsgröße. Nach einigen elementaren Rechnungen (JUNG, 1961) folgt

$$K = [(W_{yy} - W_{xx})^2 + 4W_{xy}{}^2]^{1/2}. \tag{1.30}$$

Die Größen $W_{yy} - W_{xx}$ und W_{xy} sowie auch W_{zx} und W_{zy} werden mit der EÖTVÖSschen Drehwaage gemessen, die nur noch selten angewandt wird.

Ferner besitzen die Komponenten des Schweregradienten

$$\nabla\,|\boldsymbol{g}| = (W_{zx}, W_{zy}, W_{zz}) \tag{1.31}$$

eine große Bedeutung für die Interpretation (siehe Kapitel 1.5.). Die SI-Einheit für die Krümmungsgröße K und die Komponenten von (1.31) ist s^{-2}. Häufig wird noch die Einheit 1 E (EÖTVÖS) $= 10^{-9}\,s^{-2}$ verwendet.

1.2.2. Die räumliche und flächenhafte Massenverteilung

1.2.2.1. Das Potential einer räumlichen Massenverteilung

Um das Gravitationspotential eines masseerfüllten Volumens G zu betrachten (Abb. 1.3), werden Volumenelemente Δv mit der Masse $\Delta m = \varrho \Delta v$ angenommen. Bei hinreichend großem Abstand eines Punktes P von diesen Volumenelementen wirken diese wie Punktmassen, und man kann (1.13) anwenden:

$$V(P) = f \sum_{i=1}^{N} \frac{\Delta m_i}{R_i} = f \sum_{i=1}^{N} \frac{\varrho_i}{R_i} \Delta v. \tag{1.32}$$

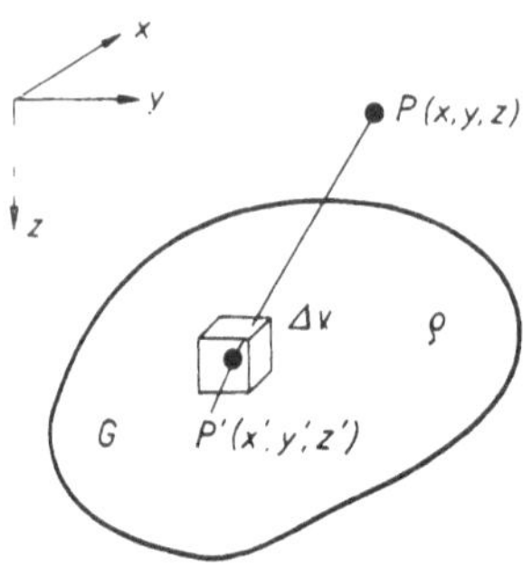

Abb. 1.3. Die Orientierung des kartesischen Koordinatensystems zur Berechnung des Gravitationspotentials eines masseerfüllten Volumens, das in kleine Volumenelemente Δv aufgeteilt wird

In einem Grenzübergang werden die Δv zu infinitesimalen Volumenelementen dv verkleinert und zugleich ihre Anzahl N in der Weise vergrößert, daß das gesamte Volumen G von ihnen erfüllt wird. Dann geht die Summe in ein Volumenintegral über:

$$V(P) = f \int \frac{\varrho(P')\, dv(P')}{R_{P'P}}, \tag{1.33}$$

P' — Integrationspunkt,
$R_{P'P} = P'P$ – Abstand des Aufpunktes P von P'.

(1.33) wird als das NEWTONsche Volumenpotential bezeichnet. Für manche Anwendungen ist es notwendig, eine Flächenmasse zu betrachten. Das geschieht, indem die Fläche in Flächenelemente df mit der Masse ϱ_f pro Flächeneinheit (in kg/m²) zerlegt wird. Durch Integration erhält man

$$V_F(P) = f \int \frac{\varrho_f(P')\, df(P')}{R_{P'P}}, \tag{1.34}$$

das NEWTONsche Potential der einfachen Schicht.
(1.33) bzw. (1.34) erfüllen die LAPLACEsche Gleichung.

1.2.2.2. Die Ableitungen des Volumen- und des Flächenpotentials

Die Ableitungen des Potentials treten verschieden kombiniert in den Meßgrößen anomaler Felder und in den transformierten Feldgrößen (s. Kap. 1.5.2.) auf.

Oft ist es notwendig, auf der Grundlage gewisser Vorstellungen über Modellkörper, die als Ursachen der anomalen Felder angenommen werden können, deren Größe und den Verlauf zu berechnen.

Für einen Modellkörper mit der Dichte $\varrho(x', y', z')$ gilt in kartesischen Koordinaten (Abb. 1.3) für die wichtigsten Ableitungen des Gravitationspotentials V mit $dv = dx'\,dy'\,dz'$ und $R^2 = (x - x')^2 + (y - y)^2 + (z - z')^2$

$$V_z(x, y, z) = \frac{\partial V}{\partial z} = f \int \varrho \frac{(z' - z)}{R^3} dv, \tag{1.35}$$

$$V_{xz} = 3f \int \varrho \frac{(x - x')(z - z')}{R^5} dv, \tag{1.36}$$

$$V_{yz} = 3f \int \varrho \frac{(y - y')(z - z')}{R^5} dv, \tag{1.37}$$

$$V_{zz} = f \int \varrho \frac{3(z - z')^2 - R^2}{R^5} dv, \tag{1.38}$$

$$V_{zzz} = 3f \int \varrho \frac{(z - z')[3R^2 - 5(z - z')^2]}{R^7} dv \tag{1.39}$$

usw. Weitere Ableitungen lassen sich aus den angegebenen leicht berechnen. Diese Ausdrücke bilden den Ausgangspunkt der Ableitung von sogenannten Störkörperformeln, die für geometrisch einfache Körper angegeben werden können (s. Kap. 1.2.5. und 1.3.5.).

Für homogene Körper (ϱ = const.) läßt sich der Potentialgradient durch ein Oberflächenintegral darstellen. Das ist oft bei der Berechnung von Störkörpern nützlich, insbesondere, wenn diese von ebenen Flächen begrenzt werden. KOLBENHEYER (1963a, b) hat gezeigt, daß die Volumenintegrale auch für höhere Potentialableitungen in Flächenintegrale verwandelt werden können. Entsprechende Ausdrücke ergeben sich für die Ableitungen des Potentials einer Flächenmasse nach (1.34), wenn die Volumendichte durch die Flächendichte ϱ_f und das Volumenintegral durch ein Flächenintegral ersetzt werden.

Zum Beispiel gilt

$$V_z(x, y, z) = f \int \varrho_f \frac{(z' - z)}{R^3} df \tag{1.40}$$

$$V_{zz}(x, y, z) = f \int \varrho_f \frac{3(z' - z)^2 - R^2}{R^5} df \tag{1.41}$$

usw.

1.2.3. Das Potential im Inneren

1.2.3.1. Die Existenz des Potentials

Die Berechnung des Gravitationspotentials und seiner Ableitungen im Inneren einer Masse besitzt große praktische Bedeutung. Man benötigt sie zur Berechnung der im Erdinnern durch die Gravitationswirkung auftretenden Kräfte und Druckbeanspruchungen und in der Untertage-Gravimetrie zur Berechnung der Gravitationswirkung von bergmännischen Strecken, innerhalb derer Schweremessungen ausgeführt werden (s. Kap. 2.3.8.3.).

Es läßt sich für (1.33) zeigen (s. KELLOG, 1967; KNESCHKE, 1961 et al.), daß das Potential $V(P)$ auch im Innern einer Dichteverteilung existiert, stetige Ableitungen besitzt und die POISSONsche Gleichung (1.8) erfüllt.

1.2.3.2. Das Potential einer masseerfüllten Kugel

Nach den bisherigen Ausführungen kann das Potential einer masseerfüllten Kugel (Radius a) sowohl im Außenraum als auch im Inneren berechnet werden. Besonders interessant ist der Fall, daß die Dichte nur eine Funktion des Abstandes r vom Mittelpunkt M ist: $\varrho = \varrho(r)$ (Abb. 1.4).

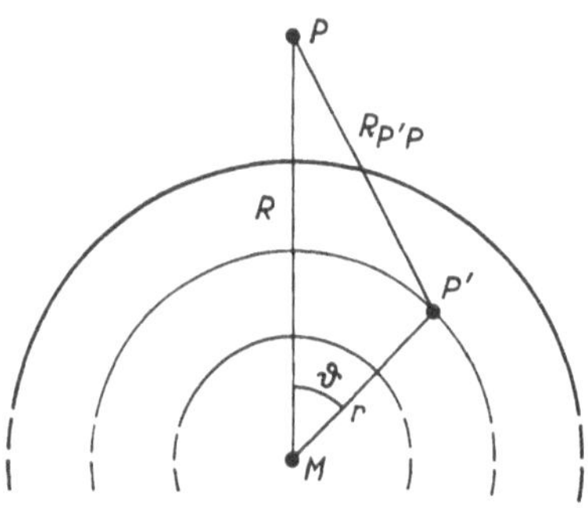

Abb. 1.4. Die Flächen gleicher Dichte im Inneren einer Kugel, deren Dichte nur vom Abstand zum Mittelpunkt abhängt

Von regionalen und lokalen Dichteinhomogenitäten abgesehen, entspricht diese Annahme der generellen Dichteverteilung in der Erde („Zwiebelschalenmodell"). Die Masse der Erde ist

$$m = 4\pi \int_{r=0}^{a} \varrho(r)\, r^2\, dr\,, \tag{1.42}$$

a — Erdradius.

Am Beispiel der Kugel soll die Integration von Integralen der Art (1.33) demonstriert werden. In Kugelkoordinaten wird der Abstand $R_{P'P}$ mittels des Cosinussatzes (Abb. 1.4) dargestellt:

$$\begin{aligned} V(P) &= f \int_{r=0}^{a} \int_{\vartheta=0}^{\pi} \int_{\varphi=0}^{2\pi} \frac{\varrho(r)\, r^2 \sin\vartheta\, dr\, d\vartheta\, d\varphi}{(R^2 + r^2 - 2rR\cos\vartheta)^{1/2}} \\ &= \frac{2\pi f}{R} \int_{r=0}^{a} \varrho(r)\,[R + r - |R - r|]\, r\, dr\,. \end{aligned} \tag{1.43}$$

Für P außerhalb der Kugel ($R > a$) wird mit m nach (1.42)

$$V(P) = \frac{4\pi f}{R} \int_{r=0}^{a} \varrho(r)\, r^2\, \mathrm{d}r = \frac{fm}{R}. \tag{1.44}$$

Man erhält das überraschende Ergebnis, daß das Potential einer kugelförmig geschichteten Erde im Außenraum bei gleicher Masse unabhängig von der Dichtefunktion $\varrho(r)$ ist und die gleiche Funktion darstellt, als wäre die Gesamtmasse im Mittelpunkt M vereinigt. Das gilt auch für die Ableitung des Potentials und bedeutet, daß aus den Schweremessungen im Außenraum nicht eindeutig auf die Dichteverteilung im Inneren geschlossen werden kann.

Liegt P im Inneren ($R < a$), dann folgt aus (1.43)

$$V(P) = \frac{4\pi f}{R} \left[\int_{r=0}^{R} \varrho(r)\, r^2\, \mathrm{d}r + R \int_{r=R}^{a} \varrho(r)\, r\, \mathrm{d}r \right] \tag{1.45}$$

und für die Schwere im Inneren

$$\frac{\partial V}{\partial R} = -\frac{4\pi f}{R^2} \int_{r=0}^{R} \varrho(r)\, r^2\, \mathrm{d}r = -\frac{fm(R)}{R^2}. \tag{1.46}$$

Dabei ist $m(R)$ die Masse, die sich innerhalb der Kugel mit dem Radius R befindet; nur diese Masse hat einen Einfluß auf die Schwere.

1.2.4. Die Bouguer-Plattenwirkung

1.2.4.1. Die Schwerewirkung einer Kreisscheibe

Für das Potential einer kreisförmigen Scheibe vom Radius c mit der Flächenmasse ϱ_f gilt nach (1.34) mit $R^2 = r^2 + z^2$ unter Verwendung von Zylinderkoordinaten in einem Punkt auf der z-Achse (Abb. 1.5.a), die *nach unten* gerichtet ist:

$$V(z) = f\varrho_f \int_{\varphi=0}^{2\pi} \int_{r=0}^{c} \frac{r\, \mathrm{d}r\, \mathrm{d}\varphi}{(r^2 + z^2)^{1/2}} = 2\pi f \varrho_f [(c^2 + z^2)^{1/2} - |z|]. \tag{1.47}$$

Offensichtlich ist $V(z)$ eine gerade Funktion $\big(V(z) = V(-z)\big)$ und auf der Flächenmasse für $z = 0$ *stetig*. Dagegen ist

$$g(z) = \frac{\partial V}{\partial z} = 2\pi f \varrho_f \left[\frac{z}{\sqrt{c^2 + z^2}} - \operatorname{sign}(z) \right] \tag{1.48}$$

eine ungerade Funktion: $g(-z) = -g(z)$. Sie ist für $z = 0$ *unstetig* und erfüllt folgende Sprungrelation

$$g_{\text{oben}}(0) - g_{\text{unten}}(0) = \frac{\partial V(-0)}{\partial z} - \frac{\partial V(+0)}{\partial z} = 4\pi f \varrho_f, \tag{1.49}$$

wobei durch oben und unten die beiden Seiten der Flächenmasse gekennzeichnet sind („oben" bedeutet negative z-Werte). Die Stetigkeit des Potentials und die Unstetigkeit ihrer Normalableitung ist charakteristisch für das Potential der einfachen Schicht (Flächenmasse). Der Sprung der Normalableitung ist proportional der Flächendichte (s. 1.49).

Aus (1.49) kann die Schwerewirkung eines Rotationskörpers auf seiner Achse berechnet werden, dessen Dichte eine Funktion von z' ist, wenn $\varrho_t = \varrho(z')\,dz$, und $c = c(z')$ gesetzt und über z' von z_1 bis z_2 integriert wird.

Speziell für einen homogenen Zylinder ($\varrho = \text{const.}$, $c = \text{const.}$) der Höhe h unterhalb der x-y-Ebene ergibt die Integration mit $z_1 = 0$, $z_2 = h$ für die Schwere auf seiner Achse (Abb. 1.5b):

$$g(z) = 2\pi f\varrho\left[\sqrt{z^2 + c^2} - \sqrt{(z-h)^2 + c^2} - |z| + |z - h|\right]. \tag{1.50}$$

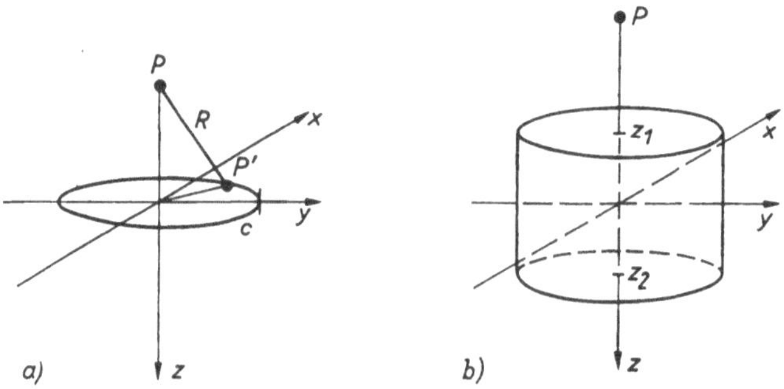

Abb. 1.5. Zur Berechnung der Schwerewirkung für Punkte auf der Achse
a) einer kreisförmigen Flächenmasse,
b) eines endlichen Kreiszylinders (Radius c, Höhe h)

1.2.4.2. *Die ebene* Bouguer*-Platte*

Bei der Reduktion von Schweremessungen auf ein einheitliches Niveau ist u. a. die Schwerewirkung der zwischen dem Meßniveau und dem Bezugsniveau liegenden Massen zu berücksichtigen. Dies erfolgt meist dadurch, daß die Wirkung einer unendlich ausgedehnten Gesteinsschicht mit einer durch die Höhendifferenz der beiden Niveaus gegebenen Mächtigkeit h vom Meßwert abgezogen wird.

Diese Bouguer-Plattenwirkung Δg_B folgt aus (1.50), wenn der Radius c des Zylinders gegen unendlich geht. Eine Reihenentwicklung mit $c \to \infty$ ergibt für

$$\begin{aligned}\sqrt{z^2 + c^2} - \sqrt{(z-h)^2 + c^2} &= c\left(\sqrt{1 + \frac{z^2}{c^2}} - \sqrt{1 + \frac{(z-h)^2}{c^2}}\right)\\ &\approx c\left(1 + \frac{z^2}{2c^2} + \cdots - 1 - \frac{(z-h)^2}{2c^2} - \cdots\right) \to 0.\end{aligned} \tag{1.51}$$

Oberhalb der Platte ist

$$g(z) = 2\pi f \varrho h = \Delta g_B \qquad (z \leqq 0). \tag{1.52}$$

Unterhalb der Platte beträgt

$$g(z) = -2\pi f \varrho h = -\Delta g_B \qquad (z \geqq h). \tag{1.53}$$

Es ist

$$\Delta g_B = 0{,}0419 \varrho h \tag{1.54}$$

in Milli-Gal, wenn die Dichte ϱ in g/cm³ und die Höhe h in m eingesetzt werden, oder

$$\Delta g_B = 4{,}19 \cdot 10^{-10} \varrho h \tag{1.55}$$

in SI-Einheiten (m/s², kg/m³, m).

Für $\varrho = 2{,}39$ g/cm³ und $h = 10$ m folgt

$$\Delta g_B = 1 \text{ mGal} = 10\ \mu\text{m/s}^2. \tag{1.56}$$

Der Schwereunterschied zwischen Oberfläche ($z = 0$) und Unterseite einer Gesteinsplatte ist gleich dem Sprung von g auf einer Flächenmasse (1.49) und beträgt damit das Doppelte der BOUGUER-Plattenwirkung:

$$g|_{z \leqq 0} - g|_{z \geqq h} = 4\pi f \varrho_f = 4\pi f \varrho h = 8{,}38 \cdot 10^{-10} \varrho h. \tag{1.57}$$

Dieser Wert ist bei Schweremessungen untertage, in einem Schacht oder in Bohrungen zu beachten (s. Kap. 2.3.8.2. und 2.4.5.).

1.2.4.3. *Die sphärische* BOUGUER-*Platte*

Für Reduktionen mit großen Höhenunterschieden ist die Annahme einer ebenen Platte eine zu grobe Näherung, und es muß die Krümmung der Erdoberfläche berücksichtigt werden.

Die Wirkung einer sphärischen Platte mit dem Öffnungswinkel 2Θ (Abb. 1.6) kann wie folgt beschrieben werden

$$g_{SB} = g_B + g_{Bull}, \tag{1.58}$$

g_{Bull} — BULLARD-Term.

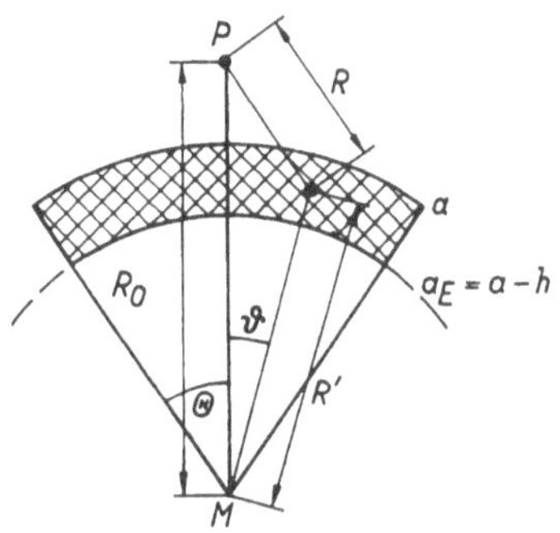

Abb. 1.6. Zur Veranschaulichung der geometrischen Verhältnisse bei der Berechnung der sphärischen BOUGUER-Reduktion. R' — Abstand des Integrationspunktes vom Erdmittelpunkt

Im Abstand $a = R_E + h$ vom Erdmittelpunkt gilt näherungsweise

$$g_{\text{Bull}} = 2\pi f \varrho h \left[\sin\frac{\Theta}{2} - \frac{h}{a} \frac{1 + 4\sin\frac{\Theta}{2} + 3\sin^2\frac{\Theta}{2}}{4\sin\frac{\Theta}{2}} + \frac{h^2}{a^2} \frac{5 + 8\sin\frac{\Theta}{2} + 3\sin^2\frac{\Theta}{2}}{24\sin\frac{\Theta}{2}} + \cdots \right] \tag{1.59}$$

wenn $\sin\Theta/2 > h/a$ ist.

Für $\Theta = \text{const.}$ und kleine h ist der BULLARD-Term zunächst positiv und wird für größere h negativ. Für $h \approx 4a \sin^2\Theta/2$ wird $g_{\text{Bull}} = 0$; dies gilt beispielsweise für die HAYFORDsche Zone O_2, bei der die Geländereduktion bis zu einem Abstand von 166,7 km erfolgt und $\Theta = 1°29'58''$ ist, für die Höhe $h = 4{,}366$ km. Tabellen findet man bei PICK et al. (1961).

1.2.5. Einige Störkörperformeln

Für geometrisch einfach gestaltete Störkörper konstanter Dichtedifferenz $\Delta\varrho$ zur Umgebung kann man das Potential V und die Potentialableitungen exakt berechnen. Durch Kombinationen einfacher Körper lassen sich komplizierte geologische Modelle aufbauen.

Aus der Fülle der in der Literatur behandelten Störkörper werden nur die Kugel (wegen ihrer Einfachheit und Eignung zu groben Abschätzungen) und der Quader mit seinen Spezialfällen (als Elementarbaustein zum Aufbau komplizierter Modelle) betrachtet. Im folgenden werden die theoretische Schwereanomalie mit $\delta g = V_z$ und entsprechend die höheren Ableitungen mit $\delta g_z = V_{zz}$, $\delta g_{zz} = V_{zzz}$ usw. bezeichnet.

1.2.5.1. Die Kugel

Die Kugel stellt den einfachsten Störkörper dar. Ihre Schwerewirkung ist im Außenraum identisch mit der im Mittelpunkt vereinigt gedachten Gesamtmasse (s. 1.44). Befindet sich der Kugelmittelpunkt in der Tiefe $z = t$ unter der Erdoberfläche, dann lautet das Potential im Punkt $P(x, y, z)$ mit $m = 4\pi/3\, \Delta\varrho a^3$:

$$V(P) = \frac{fm}{\left(x^2 + y^2 + (z - t)^2\right)^{1/2}}. \tag{1.60}$$

Die Ableitungen des Potentials besitzen an der Erdoberfläche ($z = 0$) folgende Werte:

$$\frac{\partial V}{\partial z} = V_z(x, y, 0) = fm \frac{t}{(x^2 + y^2 + t^2)^{3/2}}, \tag{1.61}$$

$$V_{zz}(x, y, 0) = fm \frac{2t^2 - x^2 - y^2}{(x^2 + y^2 + t^2)^{5/2}}, \tag{1.62}$$

$$V_{zx}(x, y, 0) = -3fm \frac{tx}{(x^2 + y^2 + t^2)^{5/2}}, \tag{1.63}$$

$$V_{zy}(x, y, 0) = -3fm \frac{ty}{(x^2 + y^2 + t^2)^{5/2}}, \tag{1.64}$$

$$V_{zzz}(x, y, 0) = 3fm \frac{2t^2 - 3(x^2 + y^2)}{(x^2 + y^2 + t^2)^{7/2}} t \tag{1.65}$$

usw.

Die Maxima von V_z, V_{zz} und V_{zzz} befinden sich genau über dem Mittelpunkt der Kugel. Sie betragen

$$\begin{aligned} \max(V_z) &= fm/t^2, \\ \max(V_{zz}) &= 2\,fm/t^3, \\ \max(V_{zzz}) &= 6fm/t^4. \end{aligned} \tag{1.66}$$

Je höher die Ableitung ist, desto stärker nimmt sie mit zunehmender Tiefe der Kugel ab. Aus zwei dieser Maxima kann man m und t berechnen.

1.2.5.2. *Der Quader*

Bei komplizierten Störkörpern ist oft deren Zerlegung in Quader zweckmäßig. Auch moderne Methoden der Berechnung der Geländewirkung bevorzugen eine Zerlegung des Reliefs in gerade, vierseitige Prismen mit

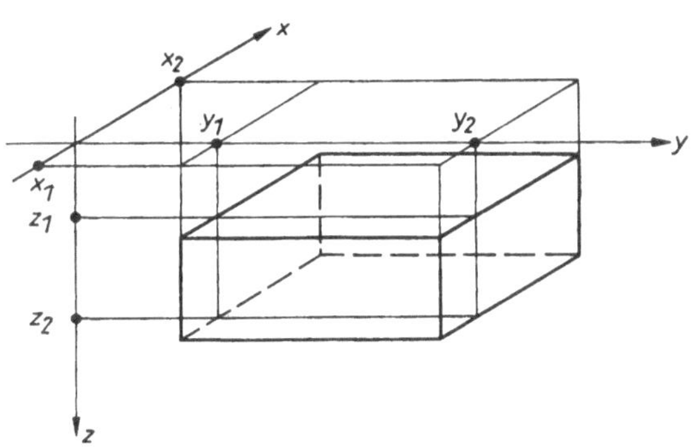

Abb. 1.7. Zur Berechnung der Schwerewirkung eines Quaders

rechteckiger (meist quadratischer) Grundfläche. Mit den Bezeichnungen der Abb. 1.7 ergibt nach (1.35) für $\Delta\varrho = \text{const.}$ folgende Integration die Schwerewirkung im Koordinatenursprung:

$$V_z(0, 0, 0) = f\Delta\varrho \int\limits_{x'=x_1}^{x_2} \int\limits_{y'=y_1}^{y_2} \int\limits_{z'=z_1}^{z_2} \frac{z'\,dx'\,dy'\,dz'}{R^3} \tag{1.67}$$

mit

$$R^2 = x'^2 + y'^2 + z'^2.$$

Dabei sind folgende Integrale zu berechnen:

$$\int \frac{z'\,\mathrm{d}z'}{R^3} = -\frac{1}{R}, \qquad \int \frac{\mathrm{d}y'}{R} = \ln\,(y' + R) \tag{1.68}$$

und

$$\int \ln\,(y' + R)\,\mathrm{d}x' = x' \ln\,(y' + R) + y' \ln\,(x' + R) - x' - 2z' \arctan \frac{z'}{x' + y' + R}.$$

Durch geeignete Wahl der Integrationskonstanten läßt sich eine Funktion folgender Art bilden

$$F(u, v, w) = \operatorname{sign}\,(uv) \left\{ |u| \ln \frac{(|v| + R_3)\,R_2}{|u|\,(|v| + R)} + |v| \ln \frac{(|u| + R_3)}{|v|\,(|u| + R)}\,R_1 + w \arctan \frac{|uv|}{wR} \right\} \tag{1.69}$$

mit

$$R_1{}^2 = v^2 + w^2; \qquad R_2{}^2 = u^2 + w^2;$$

$$R_3{}^2 = u^2 + v^2; \qquad R^2 = u^2 + v^2 + w^2.$$

Die Schwerewirkung in einem beliebigen Punkt $P(x, y, z)$ setzt sich dann in folgender Weise aus acht Summanden zusammen:

$$V_z(x, y, z) \doteq f\Delta\varrho \sum_{i=1}^{2} \sum_{j=1}^{2} \sum_{k=1}^{2} (-1)^{i+j+k}\,F(x - x_i,\, y - y_j,\, z - z_k). \tag{1.70}$$

Bei der numerischen Anwendung von (1.69), (1.70) fallen im Logarithmus alle Faktoren weg, die nur zwei der drei Veränderlichen u, v, w enthalten. In dieser verkürzten Form wird die Schwereformel oft angegeben. Für die Behandlung von Spezialfällen des Quaders durch Grenzübergänge (s. Kap. 1.2.5.3., 1.4.3.3. und 1.4.3.4.) muß man aber auf (1.69) zurückgreifen.

Mit der in (1.69) definierten Funktion liefert (1.70) die Schwerewirkung sowohl außerhalb des Quaders als auch im Innern und auf dessen Oberfläche; dies ist für Reduktionsprobleme bei untertage ausgeführten Schweremessungen wichtig.

Von Nagy (1973) wurde ein Diagramm zur numerischen Bestimmung einer ähnlich definierten Funktion F veröffentlicht.

Für einen Quader, der nicht von horizontalen und vertikalen Flächen begrenzt ist (geneigtes Prisma), berechnet man zunächst in einem von den Kanten des Quaders gebildeten Koordinatensystem x', y', z' außer $V_{z'}$

auch (RÖSLER, LINDNER, 1982)

$$V_{x'} = f\Delta\varrho \sum_{i,j,k=1}^{2} (-1)^{i+j+k} F(y' - y_i', z' - z_j', x' - x_k'), \qquad (1.71)$$

$$V_{y'} = f\Delta\varrho \sum_{i,j,k=1}^{2} (-1)^{i+j+k} F(z' - z_i', x' - x_j', y' - y_k'). \qquad (1.72)$$

Werden die Koordinaten x', y', z' in ein System x, y, z mit vertikaler z-Achse transformiert, so gilt

$$V_z(P) = \frac{\partial V}{\partial x'}\frac{\partial x'}{\partial z} + \frac{\partial V}{\partial y'}\frac{\partial y'}{\partial z} + \frac{\partial V}{\partial z'}\frac{\partial z'}{\partial z}. \qquad (1.73)$$

Wird der Quader so um die horizontale y-Achse gedreht, daß zwischen z'-Achse und Lotrichtung der Winkel φ auftritt, ist

$$V_z(P) = V_{y'} \sin\varphi + V_{z'} \cos\varphi. \qquad (1.74)$$

(Bei beliebiger Lage treten drei den EULERschen verwandte Winkel auf.)

1.2.5.3. *Die vertikale halbunendliche Säule*

Befindet sich die untere Begrenzungsfläche des Quaders in großer Tiefe ($z_2 \to \infty$), dann entsteht eine halbunendliche, vierseitige, gerade Säule mit der Oberkante in der Tiefe z_1. Dies ergibt eine elementare Formel zur Modellberechnung für die Schwerewirkung einer rechteckigen Schachtröhre. Eine kreiszylindrische Schachtröhre führt dagegen auf elliptische Integrale. An (1.69) überzeugt man sich, daß

$$F(u, v, \infty) = \operatorname{sign}(uv) \left\{ |u| \ln \frac{|v| + R_3}{|u|} + |v| \ln \frac{|u| + R_3}{|v|} \right\} \qquad (1.75)$$

ist, und es kann (1.70) verwendet werden. Ist die Oberkantentiefe $z_1 = 0$ und soll die Schwere an der Erdoberfläche $z = 0$ berechnet werden, dann ist zu beachten, daß

$$F(u, v, 0) = 0$$

ist. Für Punkte P, die in einer der senkrechten Begrenzungsebenen ($x = x_1$ oder $y = y_1$ usw.) liegen, ist auch

$$F(0, v, w) = F(u, 0, w) = 0. \qquad (1.77)$$

1.2.5.4. *Die horizontale halbunendliche Säule*

Auch dieses Problem läßt sich als Spezialfall (z. B. x_1 endlich, $x_2 \to \infty$) des Quaders behandeln und tritt bei der Modellierung von langen, bergmännischen Streckenauffahrungen auf. Dann wird in einigen Gliedern von (1.70)

$$F(\pm\infty, v, w) = \pm\left(v \ln \frac{v^2 + w^2}{|v|} + w \arctan \frac{v}{w} \right). \qquad (1.78)$$

1.2.5.5. Die Viertel-Platte

Unter einer Viertel-Platte soll eine sich in positiver x- und y-Richtung erstreckende Platte endlicher Dicke verstanden werden, d. h. x_1 und y_1 endlich, $x_2 \to \infty$, $y_2 \to \infty$. Der Grenzübergang in (1.78) ergibt:

$$\lim_{v \to +\infty} F(\pm\infty, v, w) = \pm w \frac{\pi}{2},$$
$$\lim_{v \to -\infty} F(\pm\infty, v, w) = \mp w \frac{\pi}{2}. \tag{1.79}$$

Die daraus resultierende Schwereformel ist z. B. zur Berechnung der Schwerewirkung in der Nähe des Randes eines Strebabbaus im Flözbergbau nützlich:

$$\begin{aligned} V_z(x, y, z) = f\Delta\varrho \Big\{ &(z_2 - z_1)\frac{\pi}{2} + F(x - x_1, y - y_1, z - z_2) \\ &- F(x - x_1, y - y_1, z - z_1) + F(-\infty, y - y_1, z - z_1) \\ &- F(-\infty, y - y_1, z - z_2) + F(x - x_1, -\infty, z - z_1) \\ &- F(x - x_1, -\infty, z - z_2)\Big\}. \end{aligned} \tag{1.80}$$

1.2.5.6. Höhere Potentialableitungen für den Quader und seine Spezialfälle

Zur Berechnung höherer Potentialableitungen wird (1.69) nach u und w differenziert:

$$G_1(u, v, w) = \frac{\partial F}{\partial u} = \operatorname{sign}(v) \ln \frac{u^2 + w^2}{\left(|v| + \sqrt{u^2 + v^2 + w^2}\right)}, \tag{1.81}$$

$$G_2(u, v, w) = \frac{\partial F}{\partial w} = \arctan \frac{uv}{w\sqrt{u^2 + v^2 + w^2}}. \tag{1.82}$$

Damit wird

$$V_{zx}(x, y, z) = f\Delta\varrho \sum_{i,j,k=1}^{2} (-1)^{i+j+k} G_1(x - x_i, y - y_j, z - z_k), \tag{1.83}$$

$$V_{zy}(x, y, z) = f\Delta\varrho \sum_{i,j,k=1}^{2} (-1)^{i+j+k} G_1(y - y_i, x - x_j, z - z_k), \tag{1.84}$$

$$V_{zz}(x, y, z) = f\Delta\varrho \sum_{i,j,k=1}^{2} (-1)^{i+j+k} G_2(x - x_i, y - y_j, z - z_k). \tag{1.85}$$

Weitere Ableitungen lassen sich durch Vertauschen der Argumente herleiten, z. B.

$$V_{xy}(x, y, z) = f\Delta\varrho \sum_{i,j,k=1}^{2} (-1)^{i+j+k} G_1(x - x_i, z - z_k, y - y_j) \tag{1.86}$$

usw.

1.2.5.7. Weitere Störkörperformeln

Bei komplizierteren Störkörpern als den bisher behandelten treten meist Integrale auf, die nicht mehr elementar lösbar oder nur sehr umständlich zu behandeln sind. Dazu sei auf JUNG (1961), GRANT; WEST (1965), LINDNER; SCHEIBE (1978) u. a. verwiesen. Der oft hohe Rechenaufwand kann mit elektronischen Rechenmaschinen leicht bewältigt werden; sie geben numerische Ergebnisse in einer vom Benutzer gewünschten Form in Tabellen oder graphisch aus.

1.3. Dipol- und Multipol-Potentiale

1.3.1. Das Dipolpotential

Die Erkenntnis, daß das Magnetfeld der Erde im wesentlichen ein Dipolfeld ist, geht auf GILBERT zurück. Da es keine isolierten magnetischen Einzelpole gibt, kann das Magnetfeld magnetisierter Körper stets durch Dipol (und Multipol-)-Potentiale beschrieben werden (s. Kap. 3.1.1.).

Mit dem AMPÈREschen Dipolmoment $\boldsymbol{m}$, gerichtet vom magnetischen S- zum magnetischen N-Pol, lautet das Dipolpotential

$$U(P) = \frac{\boldsymbol{m} \cdot \boldsymbol{R}}{4\pi R^3} = \frac{1}{4\pi} \boldsymbol{m} \cdot \nabla' \frac{1}{R} \tag{1.87}$$

mit $R = R_{P'P}$.

Eine räumliche Dipoldichte wird Magnetisierung $\boldsymbol{M}$ genannt, und es gilt $\mathrm{d}\boldsymbol{m} = \boldsymbol{M}\,\mathrm{d}v$ für das Volumenelement $\mathrm{d}v$. Sie setzt sich aus remanenter und induzierter Magnetisierung zusammen. Das magnetostatische Potential eines magnetisierten Körpers folgt durch Integration über sein Volumen

$$U(P) = \frac{1}{4\pi} \int \boldsymbol{M}(P') \cdot \nabla' \frac{1}{R_{P'P}} \,\mathrm{d}v(P'). \tag{1.88}$$

Die Umformung

$$\begin{aligned} U(P) &= \frac{1}{4\pi} \int \left[\nabla' \cdot \left(\frac{\boldsymbol{M}}{R}\right) - \frac{1}{R} \nabla' \cdot \boldsymbol{M}\right] \mathrm{d}v \\ &= \frac{1}{4\pi} \oint \frac{1}{R} \boldsymbol{M} \cdot \mathrm{d}\boldsymbol{f} - \frac{1}{4\pi} \int \frac{\nabla' \cdot \boldsymbol{M}}{R} \,\mathrm{d}v \end{aligned} \tag{1.89}$$

in ein Oberflächen- und ein Volumenintegral läßt erkennen, daß ein Beitrag aus dem Innern des Körpers nur von den Quellen und Senken der Magnetisierung (dort ist $\nabla' \cdot \boldsymbol{M} \neq 0$) zum Dipolpotential und von den Teilen der Oberfläche stammt, wo die Flächennormale und $\boldsymbol{M}$ keinen rechten Winkel bilden. Diese Zerlegung ist zur Potentialberechnung homogen magnetisierter Körper nützlich, da dann nur noch ein Oberflächenintegral auftritt.

Aus (1.88) erhält man die magnetische Feldstärke

$$\boldsymbol{H} = -\nabla U \tag{1.90}$$

gemessen in $\mathrm{A \cdot m^{-1}}$.

Die Maßeinheit des Potentials U ist das Ampere A, die der Magnetisierung $\boldsymbol{M}$ ebenfalls $\mathrm{A \cdot m^{-1}}$ und die des Dipolmomentes $\mathrm{A \cdot m^2}$. Feldstärke und Magnetisierung sind mit der magnetischen Induktion durch

$$\boldsymbol{B} = \mu_0(\boldsymbol{H} + \boldsymbol{M}) \tag{1.91}$$

verknüpft, wobei $\mu_0 = 4\pi \cdot 10^{-7}\ \mathrm{V \cdot s \cdot A^{-1} \cdot m^{-1}}$ die Vakuumpermeabilität ist. In der Magnetik werden B als Totalintensität oder ihre Horizontal- und Vertikalkomponente gemessen. Die Maßeinheit ist 1 T (Tesla) $= 1\ \mathrm{V \cdot s \cdot m^{-2}}$; in der Praxis benutzt man als Einheit

$$1\ \mathrm{nT} = 1\ \text{Nano-Tesla} = 10^{-9}\ \mathrm{T},$$

die in älteren Darstellungen „Gamma" genannt wurde: $1\gamma = 1\ \mathrm{nT}$ (s. Kap. 3.2.1.).

1.3.2. Das Potential einer Doppelschicht

Als HELMHOLTZsche Doppelschicht oder Dipolschicht bezeichnet man eine mit Dipolen belegte Fläche, die in Richtung der Flächennormalen orientiert sind. Mit ν als Moment eines Flächenelements $\mathrm{d}\boldsymbol{f}$ gilt

$$\mathrm{d}\boldsymbol{m} = \nu\, \mathrm{d}\boldsymbol{f}. \tag{1.92}$$

Das Flächenintegral über die Doppelschicht ergibt ihr Potential

$$U_D(P) = \frac{1}{4\pi} \int\limits_f \nu\, \nabla' \frac{1}{R} \cdot \mathrm{d}\boldsymbol{f}. \tag{1.93}$$

Dieses Potential ist auf der Doppelschicht unstetig; der Potentialsprung zwischen Oberseite (+) und Unterseite (−) beträgt

$$U_{D+} - U_{D-} = \nu, \tag{1.94}$$

die Normalableitung des Potentials auf der Doppelschicht dagegen ist stetig:

$$\left.\frac{\partial U_D}{\partial n}\right|_+ = \left.\frac{\partial U_D}{\partial n}\right|_- .$$

(Im Gegensatz dazu ist die einfache Schicht (s. 1.49) durch ein stetiges Potential mit unstetiger Normalableitung gekennzeichnet).

Dadurch ist die Feldstärke $\boldsymbol{H}_D = -\nabla U_D$ nicht mehr zirkulationsfrei, und zwar gilt für jeden Integrationsweg C, der den Rand der Doppelschicht umschließt, wegen (1.94)

$$\oint_C \boldsymbol{H} \cdot \mathrm{d}\boldsymbol{s} = \nu. \tag{1.95}$$

Der Rand der Doppelschicht stellt also eine Wirbellinie mit dem Moment ν dar. (1.95) ist aus der Elektrotechnik als Durchflutungsgesetz bekannt; folglich kommt die Wirkung einer magnetischen Dipolschicht einem elektrischen Strom $I = \nu$ gleich, der längs des Randes fließt. Diesen Zusammenhang hat ZIDAROV (1959) zu Modellmessungen benutzt, wobei Spulen von der Form der magnetisierten Körper verwendet wurden.

1.3.3. Die Entwicklung des Volumenpotentials in Multipolpotentiale

1.3.3.1. Das Multipolpotential

Das Dipolpotential (1.87) entsteht durch Differentiation des Quellpunktpotentials ($\sim 1/R$) in Richtung der Dipolachse $\boldsymbol{m}$. Wird gleiches mit dem Dipolpotential ausgeführt, indem man dies in Richtung $\boldsymbol{m}_1$ differenziert, so bedeutet dies die Kombination zweier entgegengesetzter Dipole zu einem Quadrupol; sein Potential lautet

$$\begin{aligned} U_{QU}(P) &= \boldsymbol{m}_1 \cdot \nabla' U(P) \\ &= \frac{1}{4\pi} \boldsymbol{m}_1 \cdot \nabla' \boldsymbol{m} \cdot \nabla' \frac{1}{R} \\ &= \frac{1}{4\pi} \boldsymbol{m}_1 \boldsymbol{m} \cdot \nabla' \nabla' \frac{1}{R}, \end{aligned} \tag{1.96}$$

das dyadische Produkt $\boldsymbol{m}_1\boldsymbol{m}$ bildet einen Tensor 2. Stufe; er wird Quadrupolmoment genannt.

In gleicher Weise erhält man durch Kombination zweier Quadrupole einen Oktupol usw.

Die Multipolpotentiale zeigen eine charakteristische Abnahme bei wachsendem Abstand R; die Abnahme erfolgt für Einzelpole mit $1/R$, für Dipole mit $1/R^2$, für Quadrupole mit $1/R^3$ und allgemein für $2n$-Pole mit $1/R^n$.

Die Multipole ermöglichen eine Zerlegung der Potentiale von Magnetfeldern und Schwerefeldern beliebiger Körper in Bestandteile, die mit zunehmender Potenz von $1/R$ abnehmen.

1.3.3.2. Eine Reihenentwicklung des reziproken Abstandes

Ist die Dichte ϱ oder die Magnetisierung $\boldsymbol{M}$ im Innern des Körpers eine Ortsfunktion, dann lassen sich die bei der Integration von (1.33), (1.88) bzw. (1.89) auftretenden Schwierigkeiten beheben, wenn der reziproke Abstand $1/R$ zwischen Integrationspunkt P' und Aufpunkt P in eine Reihe entwickelt wird. Nach dem Cosinussatz gilt

$$R^2 = r^2 + r'^2 - 2rr' \cos \gamma \tag{1.97}$$

r bzw. r' — Abstände von P bzw. P' vom Koordinatenursprung,
γ — Winkel zwischen den Vektoren zu P bzw. P'.
Für $r' < r$ gilt folgende Reihenentwicklung nach Potenzen von r'/r

$$\frac{1}{R} = \frac{1}{r} \sum_{n=0}^{\infty} \left(\frac{r'}{r}\right)^n P_n(\cos\gamma). \tag{1.98}$$

Die Koeffizienten P_n heißen LEGENDREsche Polynome oder zonale Kugelfunktionen. Sie können mittels Kugelkoordinaten ϑ, φ bzw. ϑ', φ' der Punkte P bzw. P' durch (1.99) auf die SCHMIDTschen quasinormierten Kugelfunktionen P_n^m ($\cos\vartheta$) zurückgeführt werden:

$$P_n(\cos\gamma) = \sum_{m=0}^{n} P_n^m(\cos\vartheta)\, P_n^m(\cos\vartheta') \cos m(\varphi - \varphi'). \tag{1.99}$$

1.3.3.3. *Die Reihenentwicklung des Gravitationspotentials der Erde*

Mit (1.98) und (1.99) folgt aus (1.33) für das Gravitationspotential im Außenraum der Erde folgende Reihenentwicklung nach Kugelfunktionen:

$$V(P) = \sum_{n=0}^{\infty} \frac{1}{r^{n+1}} Y_n(\vartheta, \varphi), \tag{1.100}$$

$$Y_n(\vartheta, \varphi) = \sum_{m=0}^{n} [D_{n,m} \cos m\varphi + E_{n,m} \sin m\varphi]\, P_n^m(\cos\vartheta). \tag{1.101}$$

Die Y_n (ϑ, φ) sind Kugelflächenfunktionen; ihre Koeffizienten $D_{n,m}$ und $E_{n,m}$ kennzeichnen die Multipolmomente der Dichteverteilung und werden STOKESsche Konstanten genannt

$$\begin{matrix} D_{n,m} \\ \\ E_{n,m} \end{matrix} = f \int \varrho(r', \vartheta', \varphi')\, r'^n \begin{matrix} \cos m\varphi' \\ \\ \sin m\varphi' \end{matrix} P_n^m(\cos\vartheta')\, dv(P'). \tag{1.102}$$

$D_{0,0}$ hängt in einfacher Weise mit der Erdmasse m_E zusammen:

$$D_{0,0} = f \int \varrho\, dv = f m_E. \tag{1.103}$$

Wird als Koordinatenursprung der Schwerpunkt der Erde gewählt, dann ist $D_{1,0} = D_{1,1} = E_{1,1} = 0$. Sind die Koordinatenachsen x, y, z in Richtung der Hauptträgheitsachsen der Erde orientiert, dann gilt

$$D_{2,1} = E_{2,1} = E_{2,2} = 0,$$

$$D_{2,0} = f\left[\frac{1}{2}(A + B) - C\right],$$

$$D_{2,2} = \frac{1}{4} f(B - A),$$

A, B und C — Hauptträgheitsmomente der Erde.

Mit der Rotationsachse in z-Richtung ist $C > A \approx B$.

Die Kenntnis der Stokesschen Konstanten ermöglicht eine mathematische Darstellung der Äquipotentialflächen (Niveauflächen) $W = V + Z = \text{const.}$ und des Schwerevektors $\boldsymbol{g} = \nabla W$ auf der Erde. Da die Dichte in der Erde nicht genau genug bekannt ist, müssen sie aus geodätischen und Schweremessungen an der Erdoberfläche und aus den Bahnstörungen künstlicher Satelliten bestimmt werden.

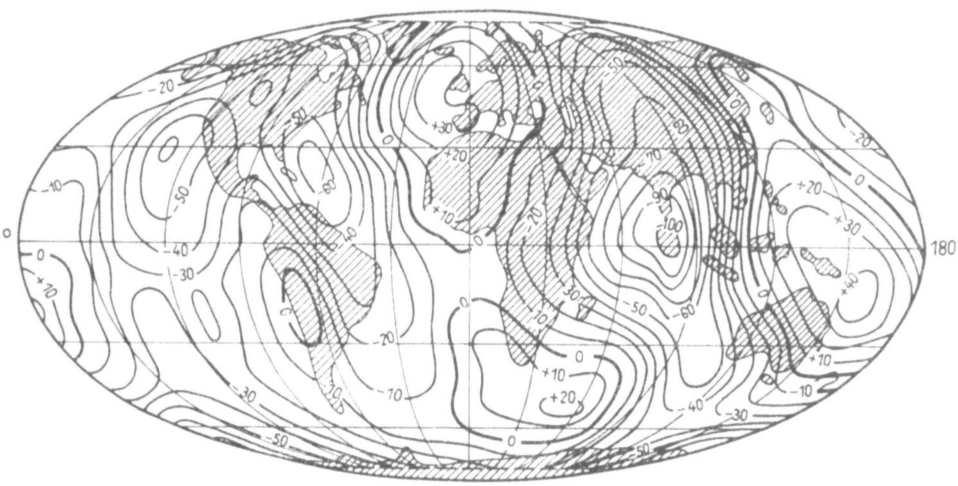

Abb. 1.8. Die Weltkarte der Geoid-Undulationen (umgezeichnet nach Burša, 1970). Linienabstand: 10 m

Eine wie ein starrer Körper rotierende Flüssigkeitsmasse ist eine Gleichgewichtsfigur, wenn ihre Oberfläche eine Niveaufläche $W = W_0 = \text{const.}$ ist. Die Niveaufläche der Erde, die mit dem mittleren Meeresniveau zusammenfällt und unter den Kontinenten fortgesetzt wird, heißt *Geoid*; es ist eine recht komplizierte Fläche (Abb. 1.8).

Die ersten Reihenglieder von (1.100) mit $n \leqq 2$ nennt man das Gravitationspotential der normalen Massenverteilung:

$$V'(r, \vartheta, \varphi) = \frac{f m_E}{r} + \frac{f}{r^3} \frac{1}{2} \left(\frac{A + B}{2} - C \right) (3 \cos^2 \vartheta - 1) + \frac{3}{4} (B - A) \sin^2 \vartheta \cos 2\varphi. \tag{1.104}$$

Die Fläche

$$W' = V' + Z = W_0' = \text{const.} \tag{1.105}$$

ist gegenüber dem Geoid wesentlich glatter, man nennt sie Sphäroid. Ein Spezialfall ist das Clairautsche Sphäroid mit $A = B$. Diese Sphäroide unterscheiden sich nur wenig von Ellipsoiden (Erdellipsoide), deren Abmessungen der äquatoriale Erdradius a und der polare Erdradius c sind.

Daraus ergibt sich die Abplattung $\alpha = (a - c)/a$. Sind alle Niveauflächen eines Sphäroids zugleich Flächen gleicher Dichte, dann spricht man von Isostasie (s. Kap. 2.4.6.).

Die Abweichungen des Geoids von einem das Sphäroid am besten annähernden (zwei- oder dreiachsigen) Ellipsoid nennt man Geoid-Undulationen (Abb. 1.8).

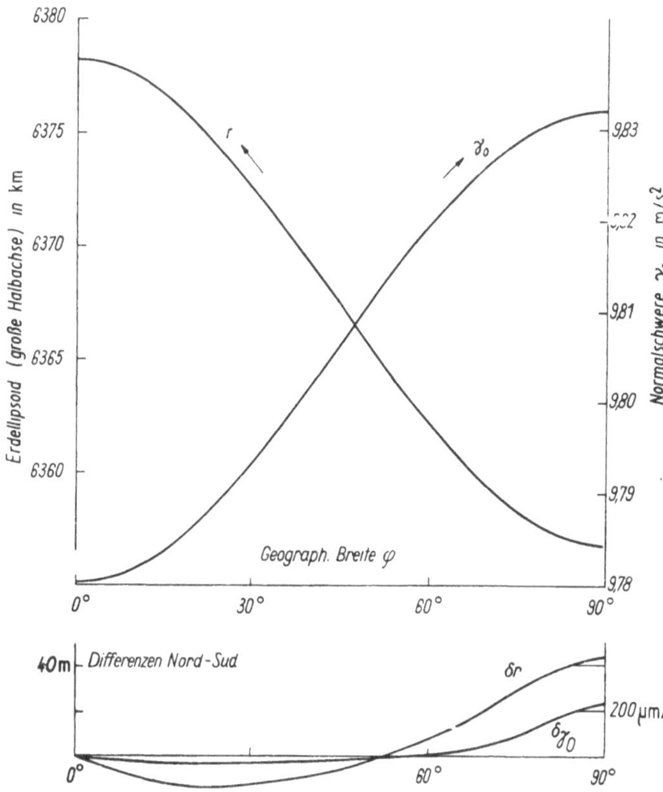

Abb. 1.9. Oben: Die Breitenabhängigkeit des Radius r des Erdellipsoides und der Normalschwere γ_0 für die Nordhalbkugel aus Satellitendaten (nach Burša, 1970).
Unten: Die Differenzen dieser Werte zwischen der Nord- und Südhalbkugel (positive Differenzen: größere Werte auf der Nordhalbkugel)

Aus den Bahnstörungen des Satelliten GEOS 3 fanden Lerch et. al. (1979) die Werte

$$fm_E = 398\,600{,}64 \cdot 10^9 \text{ m}^3/\text{s}^2,$$

$$a = 6\,378\,139 \text{ m},$$

$$\alpha = 1/298{,}257.$$

Die Schwere auf dem Sphäroid heißt Normalschwere γ_0; sie ergibt sich aus dem Potential W'

$$\gamma_0 = \text{grad } W'. \tag{1.106}$$

Daraus folgt die Schwereformel

$$\gamma_0 = \gamma_{\text{Ä}}(1 + k_1 \sin^2 \varphi - k_2 \sin^2 2\varphi) \tag{1.107}$$

($\gamma_{\text{Ä}}$ — Normalschwere am Äquator, $\varphi = \pi/2 - \vartheta$ — geographische Breite). Die Tabelle 1.1. enthält die Koeffizienten einiger gebräuchlicher Schwereformeln. Nach LEPRETRE (1976) enthält die „Worldwide Gravimetric Data Bank" auch die von HELMERT und HEISKANEN in den Jahren 1915 bzw. 1924 angegebenen Schwereformeln, die auch von der geographischen Länge λ abhängen.

Tabelle 1.1. Koeffizienten zur Berechnung der Normalschwere γ_0

Formel		$\gamma_{\text{Ä}}$ in μm/s²	k_1	k_2
HELMERT	1901	9780300	0,005302	0,000007
BOWIE	1917	9780390	0,005294	0,000007
International (CASSINIS)	1930	9780490	0,0052884	0,0000059
KRASSOWSKI	1937	9780490	0,00530293	0,00000585
HEISKANEN	1957	9780497	0,0052902	0,0000059
IAG-System	1967	9780318,5	0,005302357	0,000005864
RAPP	1974	9780316,9	0,0053269	0,00000586

Aus dem IAG-System 1967 (International Association of Geodesists) ergibt sich beispielsweise eine Zunahme der Normalschwere vom Äquator zum Pol von 51859,2 μm/s², das ist etwa 0,5%, infolge der Abplattung und der Breitenabhängigkeit der Zentrifugalbeschleunigung (Abb. 1.9).

1.3.3.4. *Die Entwicklung des Magnetfeldes der Erde nach Kugelfunktionen*

Das magnetostatische Potential U des erdmagnetischen Feldes erfüllt ebenfalls die LAPLACEsche Gleichung und kann nach Kugelfunktionen entwickelt werden. Dazu wird nach MAUERSBERGER (1961) oder RUNCORN (1956) folgender Ansatz verwendet

$$U(R, \vartheta, \lambda) = \frac{R_{\text{E}}}{\mu_0} \sum_{n=1}^{\infty} \left[\left(\frac{R_{\text{E}}}{R}\right)^n S_n(\vartheta, \lambda) + \left(\frac{R}{R_{\text{E}}}\right)^n T_n(\vartheta, \lambda)\right]. \tag{1.108}$$

Für die Kugelflächenfunktionen S_n und T_n gilt:

$$\begin{aligned} S_n(\vartheta, \lambda) &= \sum_{m=0}^{n} (C_{n,m} \cos m\lambda + S_{n,m} \sin m\lambda)\, P_n^m(\cos \vartheta), \\ T_n(\vartheta, \lambda) &= \sum_{m=0}^{n} (\gamma_{n,m} \cos m\lambda + \sigma_{n,m} \sin m\lambda)\, P_n^m(\cos \vartheta), \end{aligned} \tag{1.109}$$

ϑ — geographische Poldistanz, λ — geographische Länge auf der als Kugel angenäherten Erde.

Auf der Erdoberfläche $R = R_E$ gilt

$$U(R_E, \vartheta, \lambda) = \frac{R_E}{\mu_0} \sum_{n=1}^{\infty} \sum_{m=0}^{n} (g_{n,m} \cos m\lambda + h_{n,m} \sin m\lambda) P_n^m (\cos \vartheta)$$

mit

$$g_{n,m} = C_{n,m} + \gamma_{n,m} \quad \text{und} \quad h_{n,m} = S_{n,m} + \sigma_{n,m}.$$

Dabei stellen die in der Kugelflächenfunktion T_n enthaltenen Koeffizienten den äußeren Anteil des Feldes dar und jene in S_n den inneren Anteil. Das Glied mit $n = 1$ in (1.108) stellt das Dipolpotential dar; die folgenden Glieder sind Multipolpotentiale.

An der Erdoberfläche können die Nord-(X), Ost-(Y) und Vertikal-(Z)-Komponenten des erdmagnetischen Feldes gemessen werden; sie sind mit den R-, ϑ- und λ-Komponenten des Potentialgradienten in Kugelkoordinaten wie folgt verknüpft

$$\boldsymbol{B} = \mu_0 \boldsymbol{H} = -\mu_0 \nabla U = (-Z, -X, Y). \tag{1.111}$$

Die globale Analyse des erdmagnetischen Feldes durch C. F. Gauss im Jahre 1835 ergab, daß $\gamma_{n,m} = \sigma_{n,m} = 0$ ist. Damit wurde erstmals die von Gilbert bereits im Jahre 1600 geäußerte Vermutung bestätigt, daß das Magnetfeld der Erde seine Ursache im Erdinneren hat. Die Methoden dieser Analyse und ihre Vervollkommnung beschreibt Mauersberger (1961).

Aus den Koeffizienten mit $n = 1$ folgt das magnetische Dipolmoment der Erde

$$m_E = |\boldsymbol{m}_E| = \frac{4\pi}{\mu_0} [g_{10}^2 + g_{11}^2 + h_{11}^2]^{1/2} R_E^3. \tag{1.112}$$

Die Analysen des erdmagnetischen Feldes zu verschiedenen Zeitpunkten ergeben die in Tabelle 1.2. angegebenen Koeffizienten für das Dipolfeld.

Tabelle 1.2. Koeffizienten der Kugelfunktionenentwicklung des erdmagnetischen Feldes, die das Dipolfeld charakterisieren und das sich daraus ergebende Ampèresche Dipolmoment m_E der Erde für den Zeitraum von 1835 bis 1980 aus den Analysen von
a) Gauss; b) Schmidt; c) Afanasiewa (nach Mauersberger, 1961); d) Peddie; Fabiano, 1976; e) Barker; Barraclough, 1980.

	Jahr	g_{10} in nT	g_{11} in nT	h_{11} in nT	m_E in 10^{22} A · m²
a)	1835	−32348	−3110	6245	8,56
b)	1885	−31870	−2610	6156	8,42
c)	1945	−30320	−2290	5900	8,01
d)	1975	−30056	−2017	5671	7,93
e)	1980	−30001	−1950	5634	7,91

Bemerkenswert ist die säkulare Abnahme des Dipolmomentes um rund 8 Prozent in 145 Jahren.

Auf Empfehlung der „Internationalen Assoziation für Geomagnetismus und Aeronomie (IAGA)“ werden für bestimmte Zeiträume „Internationale Geomagnetische Referenz-Felder (IGRF)“ festgelegt, die durch Kugelfunktionsentwicklungen bis $n = m = N$ zu den Koeffizienten $n = m = N$ definiert sind. Diese Felder werden als Normalfelder zur Reduktion der Beobachtungswerte verwendet. (s. Kap. 3.4.4.).[1] Von den USA und Großbritannien werden außerdem "(American) World Magnetic Charts ((A)WC)" berechnet (Tab. 1.3.). Nähere Angaben dazu findet man bei LEATON (1976), PEDDIE; FABIANO (1976), BARKER; BARRACLOUGH (1980).

Tabelle 1.3. Geomagnetische Normalfelder

Name	Zeitraum	bis $n = m = N$
IGRF 65	1955 – 1975	8
IGRF 75	1975 – 1980	8
AWC 75	1967 – 1980	12
WC 80	ab 1980	12

1.3.4. Das Potential und das Magnetfeld magnetisierter Körper

1.3.4.1. Das Problem der Berechnung geomagnetischer Anomalien

Als Anomalien des erdmagnetischen Feldes werden lokale oder regionale Abweichungen vom globalen Normalfeld bezeichnet, dessen Potential durch einige Reihenglieder des Innenfeldanteils von (1.108) und dessen Feldkomponenten durch (1.111) gegeben sind.

Dazu ist es üblich, die Totalintensität des erdmagnetischen Feldes, bezeichnet durch $\boldsymbol{T} = \boldsymbol{B}$ in die Komponenten gemäß (1.111) zu zerlegen. Ferner verwendet man

- die Horizontalintensität[2] $H = \sqrt{X^2 + Y^2}$,
- die Deklination $D = \arctan Y/X$,
- die Inklination $I = \arctan Z/H$.

Wird das Normalfeld durch einen Index o – z. B. $\boldsymbol{T}_o$ – gekennzeichnet, dann lauten die wichtigsten Anomalien

$$\begin{aligned} \Delta H &= |\boldsymbol{H}| - |\boldsymbol{H}_0|, \\ \Delta Z &= |\boldsymbol{Z}| - |\boldsymbol{Z}_0|, \\ \Delta T &= |\boldsymbol{T}| - |\boldsymbol{T}_0| = T - T_0. \end{aligned} \tag{1.113}$$

(Die rechts ohne Indices angegebenen Größen stellen die im betreffenden Punkt gemessenen Felder dar.)

[1] Karten des Magnetfeldes der Erde für verschiedene Feldkomponenten findet man in Teil 3. dieses Buches.

[2] nicht zu verwechseln mit der magnetischen Feldstärke $\boldsymbol{H}$.

Die Ursache magnetischer Anomalien sind lokale oder regionale Unterschiede der Magnetisierung in den obersten Bereichen der Erdkruste. Man unterscheidet eine remanente (r) und eine induzierte (i) Magnetisierung, aus denen sich die gesamte Magnetisierung additiv zusammensetzt:

$$\boldsymbol{M} = \boldsymbol{M}_{\mathrm{r}} + \boldsymbol{M}_{\mathrm{i}}. \tag{1.114}$$

Die induzierte Magnetisierung ist durch das *im* magnetisierten Körper herrschende Feld bestimmt; allgemein gilt für magnetisch anisotrope Stoffe

$$\boldsymbol{M}_{\mathrm{i}} = \boldsymbol{K} \cdot \boldsymbol{H} = \frac{1}{\mu_0} \boldsymbol{K} \cdot \boldsymbol{T}; \tag{1.115}$$

$\boldsymbol{K}$ – Tensor der magnetischen Suszeptibilität (für isotrope Stoffe ist $\boldsymbol{K} = \varkappa \cdot \boldsymbol{I}$),
$\boldsymbol{I}$ – Einheitstensor (Abb. und Tab. für $\varkappa$ findet man in Kap. 4.2).

Der magnetische Körper ruft ein Anomalienfeld $\boldsymbol{T}_{\mathrm{a}}$ hervor; es ist zum Normalfeld $\boldsymbol{T}_0$ zu addieren

$$\boldsymbol{T} = \boldsymbol{T}_0 + \boldsymbol{T}_{\mathrm{a}}. \tag{1.116}$$

Das Potential U_{a} des Feldes folgt aus (1.88) mit (1.114) zu

$$U_{\mathrm{a}}(P) = \frac{1}{4\pi} \int \left(\boldsymbol{M}_{\mathrm{r}}(P') + \frac{1}{\mu_0} \boldsymbol{K}(P') \cdot \boldsymbol{T}(P') \right) \cdot \nabla' \frac{1}{R_{P'P}} \, \mathrm{d}v \tag{1.117}$$

Dabei ist über das Volumen des magnetisierten Körpers zu integrieren. Für das Störfeld ergibt sich im Außenraum

$$\boldsymbol{T}_{\mathrm{a}}(P) = -\mu_0 \nabla U_{\mathrm{a}} = -\frac{\mu_0}{4\pi} \nabla \int \left(\boldsymbol{M}_{\mathrm{r}}(P') + \frac{1}{\mu_0} \boldsymbol{K}(P') \cdot \left(\boldsymbol{T}_0(P') + \boldsymbol{T}_{\mathrm{a}}(P') \right) \right) \cdot \nabla' \frac{1}{R_{P'P}} \, \mathrm{d}v(P'). \tag{1.118}$$

1.3.4.2. *Der Zusammenhang mit dem Schwerepotential*

Die exakte Berechnung magnetischer Anomalien als Lösung der Integralgleichung (1.118) gelingt nur mit beträchtlich vereinfachten Annahmen; das sind

- Isotropie, d. h., die Suszeptibilität $\varkappa$ ist eine skalare Größe,
- Homogenität, d. h., remanente Magnetisierung und Suszeptibilität sind im magnetischen Körper räumlich konstant,
- das Normalfeld $\boldsymbol{T}_0$ ist homogen.

Selbst mit diesen Annahmen ist man fast immer auf numerische Näherungsmethoden angewiesen. Lediglich bei Körpern, die von Flächen zweiten Grades begrenzt sind (Kugel, Ellipsoid, Kreis- und elliptischer Zylinder), herrscht im Inneren ein homogenes Feld, dessen Richtung aber (mit Ausnahme der Kugel) vom homogenen Außenfeld $\boldsymbol{T}_0$ abweicht.

Die entscheidende, zusätzliche Annahme, die für geophysikalische Anwendungen sehr einfache Anomalienfeld-Berechnungen ermöglicht, ist, daß die remanente Magnetisierung und die Suszeptibilität so klein sind, daß $T_a \ll T_0$ wird.

Dann kann unter dem Integral in (1.118) T_a vernachlässigt werden und mit den o. a. Annahmen gilt mit $\nabla' 1/R_{P'P} = -\nabla 1/R_{P'P}$ und (1.114)

$$\begin{aligned} U_a &= \frac{1}{4\pi}\left(\boldsymbol{M}_r + \frac{1}{\mu_0}\varkappa \boldsymbol{T}_0\right) \cdot \int \nabla' \frac{1}{R_{P'P}}\, dv \\ &= -\frac{1}{4\pi}\boldsymbol{M} \cdot \nabla \int \frac{1}{R_{P'P}}\, dv. \end{aligned} \tag{1.119}$$

Das Integral in (1.119) kann durch das Gravitationspotential (1.33) eines homogenen Körpers (ϱ = const.) ersetzt werden:

$$U_a(P) = -\frac{1}{4\pi f \varrho}\boldsymbol{M} \cdot \nabla V(P). \tag{1.120}$$

Diese berühmte POISSON-EÖTVÖSsche Gleichung führt die Berechnung des magnetostatischen Potentials eines homogen magnetisierten Körpers auf die des Gravitationspotentials bei konstanter Dichte zurück.

Werden in einem geophysikalisch orientierten, kartesischen Koordinatensystem die Komponenten von $\boldsymbol{M}$ mit M_1, M_2 und M_3 bezeichnet, dann ist

$$U_a = -\frac{1}{4\pi f \varrho}(M_1 V_x + M_2 V_y + M_3 V_z). \tag{1.121}$$

Für die Komponenten des Anomalie-Feldvektors $\boldsymbol{T}_a$

$$\boldsymbol{T}_a = -\mu_0 \nabla U_a = (\delta X, \delta Y, \delta Z) \tag{1.222}$$

gilt:

$$\begin{aligned} \delta X &= \frac{\mu_0}{4\pi f \varrho}(M_1 V_{xx} + M_2 V_{xy} + M_3 V_{xz}), \\ \delta Y &= \frac{\mu_0}{4\pi f \varrho}(M_1 V_{xy} + M_2 V_{yy} + M_3 V_{yz}), \\ \delta Z &= \frac{\mu_0}{4\pi f \varrho}(M_1 V_{xz} + M_2 V_{yz} + M_3 V_{zz}). \end{aligned} \tag{1.123}$$

(1.123) werden auch als POISSON-EÖTVÖSsche Gleichungen bezeichnet.[1] Mit ihrer Hilfe kann man die Anomalien der in 1.2.3. behandelten Störkörper angeben, wenn $\boldsymbol{M}$ bekannt ist.

---

[1] Zum Unterschied von gemessenen Feldgrößen ΔX usw. werden theoretisch berechnete durch das Symbol δX usw. gekennzeichnet.

1.3.4.3. *Die Anomalien des magnetischen Feldes*

Die Anomalie δZ der Vertikalkomponente folgt unmittelbar aus (1.123). Für die Anomalien δH (Horizontalintensität) und δT (Totalintensität) sind einige zusätzliche Bemerkungen erforderlich. Wegen $\delta X \ll |H_0|$ und $\delta Y \ll |H_0|$ gilt

$$
\begin{aligned}
H = H_0 + \delta H &= \left((X_0 + \delta X^2) + (Y_0 + \delta Y^2)\right)^{1/2} \\
&\approx (H_0^2 + 2X_0\delta X + 2Y_0\delta Y)^{1/2} \\
&\approx H_0\left[1 + \frac{X_0\delta X + Y_0\delta Y}{H_0^2}\right].
\end{aligned}
\tag{1.124}
$$

Bei Vernachlässigung sehr kleiner Glieder geht (1.124) über in

$$\delta H = \delta X \cos D_0 + \delta Y \sin D_0, \tag{1.125}$$

D_0 – Deklination des Normalfeldes mit $\tan D_0 = Y_0/X_0$.

Statt mit X nach geographisch Nord wird meist ein nach magnetisch Nord ausgerichtetes Koordinatensystem benutzt. Dann ist $Y_0 = 0$ und $\delta H = \delta X$.

Ähnliches gilt für die Anomalie der Totalintensität δT

$$
\begin{aligned}
\delta T &= |\boldsymbol{T}_0 + \boldsymbol{T}_a| - T_0 = (T_0^2 + 2\boldsymbol{T}_0 \cdot \boldsymbol{T}_a + T_a^2)^{1/2} - T_0 \\
&\approx T_0\left(1 + \frac{\boldsymbol{T}_0 \cdot \boldsymbol{T}_a}{T_0^2} + \cdots - 1\right) \\
\delta T &= \frac{\boldsymbol{T}_0 \cdot \boldsymbol{T}_a}{T_0}
\end{aligned}
\tag{1.126}
$$

bei Vernachlässigung sehr kleiner Glieder.

Das ist die Projektion des Störfeldvektors $\boldsymbol{T}_a$ auf die Richtung des Normalfeldes oder anders ausgedrückt:

$$\delta T = \delta H \cos I_0 + \delta Z \sin I_0, \tag{1.127}$$

I_0 – Inklination des Normalfeldes.

Mit δH nach (1.125) wird

$$\delta T = a_0\delta X + b_0\delta Y + c_0\delta Z \tag{1.128}$$

mit

$$a_0 = \cos I_0 \cos D_0, \qquad b_0 = \cos I_0 \sin D_0, \qquad c_0 = \sin I_0.$$

Häufig ist es zweckmäßig, die Komponenten der Magnetisierung in (1.123) durch ihren Betrag M, ihre Inklination I_m und Deklination D_m auszudrücken:

$$M_1 = a_m M, \qquad M_2 = b_m M, \qquad M_3 = c_m M \tag{1.129}$$

mit

$$a_{\rm m} = \cos I_{\rm m} \cos D_{\rm m}, \qquad b_{\rm m} = \cos I_{\rm m} \sin D_{\rm m}, \qquad c_{\rm m} = \sin I_{\rm m}.$$

Ist keine remanente Magnetisierung vorhanden, dann ist

$$I_{\rm m} = I_0 \quad \text{und} \quad D_{\rm m} = D_0.$$

1.3.5. Einige Störkörperformeln für magnetische Anomalien

Für die in 1.2.5. angegebenen Störkörper lassen sich die Anomalien mittels (1.123) bis (1.128) angeben.

1.3.5.1. Die Kugel

Zur Berechnung der Anomalien an der Erdoberfläche ($z = 0$) für eine Kugel (Radius a, Mittelpunkt in der Tiefe $z = t$ auf der z-Achse) werden (1.62) bis (1.64) sowie die daraus in ähnlicher Weise ableitbaren Größen V_{xx}, V_{xy} und V_{yy} verwendet. Mit

$$m = \frac{4\pi}{3}\varrho a^3 \quad \text{und} \quad R^2 = x^2 + y^2 + t^2 \quad \text{folgt}$$

$$\delta Z(x, y, 0) = -\frac{\mu_0 a^3}{3R^5}[3M_1 xt + 3M_2 yt - M_3(2t^2 - x^2 - y^2)],$$

$$\begin{aligned}\delta H(x, y, 0) = \frac{\mu_0 a^3}{3R^5}&[M_1(2x^2 - y^2 - t^2) + 3M_2 xy - 3M_3 xt] \cos D_0\\ &+ [3M_1 xy + M_2(2y^2 - x^2 - t^2) - 3M_3 yt] \sin D_0.\end{aligned} \tag{1.130}$$

Aus (1.130) folgt nach (1.127) die entsprechende Anomalie für $\delta T(x, y, 0)$. Speziell für $x = z = 0$ wird

$$\begin{aligned}\delta T(x) = \frac{a^3\mu_0 M}{3R^5}&[(2a_0a_m - b_0b_m - c_0c_m)\, x^2 - 3(a_0c_m + a_mc_0)\, xt\\ &- (a_0a_m + b_0b_m - 2c_0c_m)\, t^2].\end{aligned} \tag{1.131}$$

1.3.5.2. Der Quader

Für den Quader werden die in Kap. 1.2.5.6. definierten Funktionen $G_{1,2}(u, v, w)$ verwendet, (s. 1.81 bis 1.85)

$$\begin{aligned}\delta Z(x, y, z) = \frac{\mu_0}{4\pi}\sum_{i,j,k=1}^{2}(-1)^{i+j+k}&[M_1G_1(x - x_i, y - y_j, z - z_k)\\ &+ M_2G_1(y - y_j, x - x_i, z - z_k)\\ &+ M_3G_2(x - x_i, y - y_j, z - z_k)],\end{aligned} \tag{1.132}$$

$$\begin{aligned}\delta H(x, y, z) = \frac{\mu_0}{4\pi} \sum_{i,j,k=1}^{2} (-1)^{i+j+k} \{ & [M_1 G_2(y - y_j, z - z_k, x - x_i) \\ & + M_2 G_1(x + x_i, z - z_k, y - y_j) \\ & + M_3 G_1(x - x_i, y - y_j, z - z_k)] \cos D_0 \\ & + [M_1 G_1(x - x_i, z - z_k, y - y_j) \\ & + M_2 G_2(x - x_i, z - z_k, y - y_j) \\ & + M_3 G_1(y - y_j, x - x_i, z - z_k)] \sin D_0 \}. \end{aligned} \tag{1.133}$$

Für $\delta T(x, y, z)$ nach (1.127) gilt:

$$\begin{aligned}\delta T(x, y, z) = \frac{\mu_0}{4\pi} M \sum_{i,j,k=1}^{2} (-1)^{i+j+k} \{ & a_0 a_m G_2(y - y_j, z - z_k, x - x_i) \\ & + b_0 b_m G_2(x - x_i, z - z_k, y - y_j) \\ & + c_0 c_m G_2(x - x_i, y - y_j, z - z_k) \\ & + (a_0 b_m + a_m b_0) G_1(x - x_i, z - z_k, y - y_j) \\ & + (a_0 c_m + a_m c_0) G_1(x - x_i, y - y_j, z - z_k) \\ & + (b_0 c_m + b_m c_0) G_1(y - y_j, x - x_i, z - z_k) \}. \end{aligned} \tag{1.134}$$

1.3.5.3. Spezialfälle des Quaders

Für die in Kap. 1.2.5.3. bis Kap. 1.2.5.5. behandelten Spezialfälle der vertikalen und horizontalen halbunendlichen Säule und der Viertelplatte vereinfachen sich die vorstehenden Formeln dadurch, daß einige Glieder verschwinden:

$$G_1(\infty, v, w) = G_1(u, v, \infty) = G_2(u, v, \infty) = 0. \tag{1.135}$$

Die z. T. auftretenden Glieder mit $G_1(u, \infty, w) = \infty$ sind stets paarweise mit entgegengesetzten Vorzeichen vorhanden und heben sich in (1.83) bis (1.85), (1.132) bis (1.134) auf.

Weitere Störkörperformeln findet man bei Grant; West (1965), Lindner; Scheibe (1978) et al. Es sei auch auf entsprechende Arbeiten von Kolbenheyer (1963a, b), von Strachov; Lucitskij (1980) verwiesen.

1.4. Ebene Potentialfelder

1.4.1. Das logarithmische Potential

Oft sind die Felder für solche Strukturen zu berechnen, die sich in einer Richtung sehr lang erstrecken, wie bei Verwerfungen, Grabenbrüchen oder Überschiebungen. Interessieren die Felder nur in einem zur Längserstreckung kleinen Gebiet, so daß der Einfluß der Ränder dieser Strukturen vernachlässigt werden kann, dann genügt es, die Felder in einer zur Streichrichtung rechtwinkligen Ebene zu betrachten. Man spricht deshalb von ebenen Potentialfeldern und wählt die y-Achse als Streichrichtung, von der diese Felder dann nicht mehr abhängen.

Die Integration der POISSONschen Gleichung (1.8) für einen homogenen Zylinder (Dichte ϱ, Radius a) parallel zur y-Achse mit den Mittelpunktskoordinaten x_0 und z_0 ergibt mit $r^2 = (x - x_0)^2 + (z - z_0)^2$ für das Potential $V(x, z)$ außerhalb des Zylinders

$$V(x, z) = -2\pi f a^2 \varrho \ln \frac{r}{a} \quad \text{für} \quad r \geqq a. \tag{1.136}$$

Für das Potential innerhalb des Zylinders gilt

$$V(x, z) = -f\pi\varrho(r^2 - a^2) \quad \text{für} \quad r \leqq a. \tag{1.137}$$

Da $\pi a^2 \varrho = \varrho_L$ die Masse des Zylinders pro Längeneinheit ist, besitzt ein homogener Zylinder im Außenraum ($r \geqq a$) das gleiche Potential und die gleiche Schwerewirkung wie eine Linienmasse ϱ_L auf dessen Achse $r = 0$.

1.4.2. Die Ableitungen des Potentials

1.4.2.1. Körper beliebigen Querschnitts

Ein Körper beliebigen Querschnitts unendlich langer Erstreckung in y-Richtung kann in Linienmassen $\varrho_L = \varrho(x', z')\,dx'\,dz'$ zerlegt werden, wenn dessen Dichte nicht von y anhängt. Sein Gravitationspotential ergibt sich durch Integration über seinen Querschnitt aus

$$V(x, z) = -2f \iint \varrho(x', z') \ln \frac{r}{r_0}\,dx'\,dz' \tag{1.138}$$

mit

$$r^2 = (x - x')^2 + (z - z')^2.$$

Folgende Ableitungen des Potentials sind zur Berechnung der Felder für langgestreckte Störkörper in der Gravimetrie und Magnetik besonders wichtig:

$$V_x(x, z) = \frac{\partial V}{\partial x} = 2f \iint \varrho \frac{x' - x}{r^2}\,dx'\,dz', \tag{1.139}$$

$$V_z(x, z) = 2f \iint \varrho \frac{z' - z}{r^2}\,dx'\,dz', \tag{1.140}$$

$$V_{zz}(x, z) = 2f \iint \varrho \frac{(x' - x)^2 - (z' - z)^2}{r^4}\,dx'\,dz' = -V_{xx}(x, z), \tag{1.141}$$

$$V_{zx}(x, z) = 4f \iint \varrho \frac{(x' - x)(z' - z)}{r^4} \, dx' \, dz', \tag{1.142}$$

$$V_{zzz}(x, z) = 4f \iint \varrho \frac{(z' - z)\left[(z' - z)^2 - 3(x' - x)^2\right]}{r^6} \, dx' \, dz'. \tag{1.143}$$

Speziell für den horizontalen Zylinder (Radius a, Mittelpunktstiefe $t \geqq a$) lautet die Schwereanomalie an der Erdoberfläche ($z = 0$):

$$V_z(x) = 2\pi f \varrho a^2 \frac{t}{x^2 + t^2}. \tag{1.144}$$

1.4.2.2. *Die ebene Flächenmasse*

Für manche Aufgaben ist es zweckmäßig, eine ebene Flächenmasse zu betrachten. So erhält man ein qualitatives Bild der Schwereanomalie, wenn beispielsweise ein linsenförmiger Erzkörper oder das Relief der Oberkante des Grundgebirges durch eine Flächenmasse angenähert werden. Hängt die Flächendichte ϱ_t in der Tiefe $z = t = \text{const.}$ nur von der x-Richtung ab, dann gilt

$$V(x, z) = -2f \int \varrho_t(x') \ln \frac{r}{r_0} \, dx', \tag{1.145}$$

$$V_z(x, z) = -2f \int \varrho_t(x') \frac{t - z}{r^2} \, dx', \tag{1.146}$$

$$V_{zz}(x, z) = 2f \int \varrho_t(x') \frac{(x' - x)^2 - (t - z)^2}{r^4} \, dx' \tag{1.147}$$

usw.

1.4.2.3. *Die Darstellungen des Potentialgradienten mittels komplexer Funktionen*

Für Potentialprobleme in der Ebene ist es oft vorteilhaft, eine komplexe Funktion

$$G(s) = V_x(s) + iV_z(s) \tag{1.148}$$

mit der komplexen Variablen $s = z + ix$ einzuführen. Dies ermöglicht die aus der Funktionentheorie bekannten Hilfsmittel, insbesondere die CAUCHYsche Integralformel und die CAUCHY-RIEMANNschen Differentialgleichungen (RÜHS, 1971) anzuwenden. Für Störkörper, deren Kontur in der x—z-Ebene durch algebraische Kurven $F(s) = 0$ gegeben sind, kann nach STRACHOV (1970), STRACHOV; LUCITSKIJ (1980), LUCITSKIJ et al. (1980) und andere die Funktion $G(s)$ (1.148) als Linienintegral berechnet werden. Außerdem haben STRACHOV; LUCITSKIJ (1980) diese Methode auf dreidimensionale Aufgaben der Gravimetrie erweitert.

Auch für Transformationen der gemessenen Felder in andere Feldgrößen (andere Potentialableitungen) ist die komplexe Funktion (1.148) nützlich. Hinweise zur numerischen Rechnung und praktische Beispiele geben RÖSLER; LINDNER (1980), RÖSLER et al. (1980), LINDNER et al. (1982) und zur Fehlerfortpflanzung RÖSLER (1981).

1.4.3. Einige Störkörperformeln

Entsprechend Kap. 1.2.5. werden für ebene Probleme („zweidimensionale" Modelle, auch 2-D-Modelle genannt) einige analytische Ausdrücke für die Potentialableitungen angegeben.

1.4.3.1. Horizontaler, homogener Kreiszylinder

Mit $r^2 = x^2 + (z - t)^2$ (Abb. 1.10a) gilt (s. auch 1.144) außerhalb des Zylinders $(r > a)$:

$$V_z(x, z) = 2\pi f \Delta\varrho a^2 \frac{t - z}{r^2}, \tag{1.149}$$

$$V_{zx}(x, z) = -4\pi f \Delta\varrho a^2 \frac{x(t - z)}{r^4}, \tag{1.150}$$

$$V_{zz}(x, z) = 2\pi f \Delta\varrho a^2 \frac{-x^2 + (t - z)^2}{r^4} = -V_{xx}(x, z), \tag{1.151}$$

$$V_{zzz}(x, z) = 4\pi f \Delta\varrho a^2 \frac{(t - z)\,[(t - z)^2 - 3x^2]}{r^6} \tag{1.152}$$

usw.

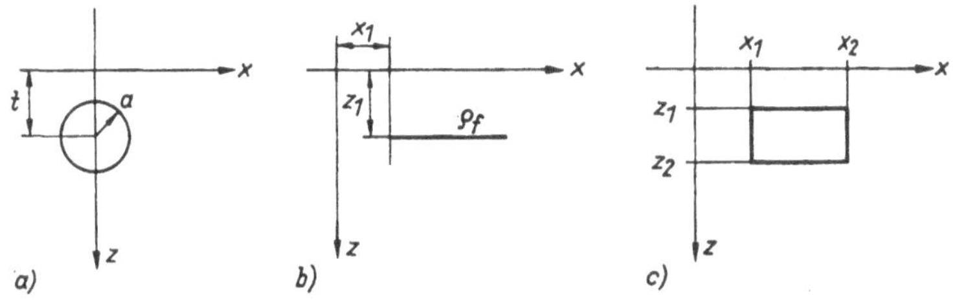

Abb. 1.10. Zur Berechnung der Ableitungen des Gravitationspotentials a) eines horizontalen Zylinders, b) einer horizontalen, halbunendlichen ebenen Platte und c) eines horizontalen rechtwinkligen Prismas als Beispiele „zweidimensionaler" Störkörper

Innerhalb des Zylinders $(r < a)$ erhält man die entsprechenden Ausdrücke aus (1.137).

1.4.3.2. *Die halbunendliche, dünne Platte*

Zur näherungsweisen Berechnung bedient man sich gelegentlich der halbunendlichen, ebenen, horizontalen Flächenmasse (Abb. 1.10b). Die Integration ergibt aus (1.146)

$$V_z(x, z) = f\varrho_t \left(\pi - 2 \arctan \frac{x - x_1}{z - z_1}\right), \tag{1.153}$$

$$V_{zx}(x, z) = -2f\varrho_t \frac{z - z_1}{(x - x_1)^2 + (z - z_1)^2}, \tag{1.154}$$

$$V_{zz}(x, z) = 2f\varrho_t \frac{x - x_1}{(x - x_1)^2 - (z - z_1)^2}. \tag{1.155}$$

1.4.3.3. *Das horizontale Rechteck-Prisma*

Aus der Formel (1.70) erhält man mit $y_1 \to -\infty$ und $y_2 \to +\infty$ die Formel für einen unendlich ausgedehnten Körper mit rechteckigem Querschnitt (Abb. 1.10c) als Spezialfall unter Beachtung von $F(u, \pm\infty, w) = \pm (u \times \ln (u^2 + w^2)/(|u|) + w \arctan u/w)$ und daraus durch Differentiation nach x und z auch V_{zx} und V_{zz}. Wie beim Quader gelten diese Ausdrücke sowohl für den Innen- als auch für den Außenraum.

1.4.3.4. *Die senkrechte Stufe*

Für die senkrechte Stufe als Modell eines vertikalen Kontaktes folgt aus (1.70) mit $x_2 \to \infty$, $y_1 \to -\infty$, $y_2 \to \infty$ und $z < z_1 < z_2$:

$$\begin{aligned} V_z(x, z) = f\Delta\varrho \Bigg[& (z_2 - z_1)\,\pi + 2(z - z_2) \arctan \frac{x - x_1}{z - z_2} \\ & - 2(z - z_1) \arctan \frac{x - x_1}{z - z_1} \\ & - (x - x_1) \ln \frac{(x - x_1)^2 + (z - z_1)^2}{(x - x_1)^2 + (z - z_2)^2} \Bigg], \end{aligned} \tag{1.157}$$

$$V_{zx}(x, z) = -f\Delta\varrho \ln \frac{(x - x_1)^2 + (z - z_1)^2}{(x - x_1)^2 + (z - z_2)^2}, \tag{1.158}$$

$$V_{zz}(x, z) = 2f\Delta\varrho \left[\arctan \frac{x - x_1}{z - z_2} - \arctan \frac{x - x_1}{z - z_1}\right]. \tag{1.159}$$

1.4.3.5. *Die geneigte Stufe*

Zur Berechnung der Schwerewirkung einer geneigten Stufe wird das in Abb. 1.11a dargestellte Koordinatensystem zugrunde gelegt; durch Integration von (1.140) folgt

$$V_z(x, z)$$

$$= f\Delta\varrho \left[\pm\pi(t_2 - t_1) + 2(t_2 + x \sin\alpha \cos\alpha - z \sin^2\alpha) \arctan \frac{\varkappa + t_2 \cot\alpha}{t_2 - z} \right.$$

$$- 2(t_1 + x \sin\alpha \cos\alpha - z \sin^2\alpha) \arctan \frac{x + t_1 \cot\alpha}{t_1 - z}$$

$$\left. + \sin^2\alpha(x + z \cot\alpha) \ln \frac{(t_2 - z)^2 + (x + t_2 \cot\alpha)^2}{(t_1 - z)^2 + (x + t_1 \cot\alpha)^2} \right],$$

wobei das (+)-Zeichen für $z < t_1 < t_2$, das (−)-Zeichen für $t_1 < t_2 < z$ gilt.

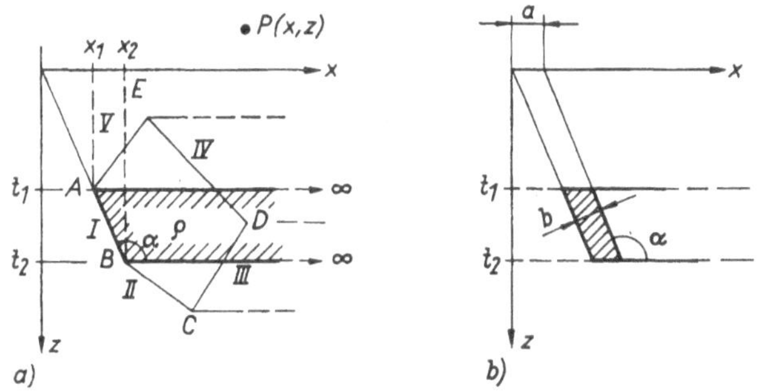

Abb. 1.11. a) Die geneigte Stufe und b) die geneigte Platte als Beispiele „zweidimensionaler" Störkörper

Aus (1.159) erhält man durch Differentiation nach x

$$V_{zx}(x, z) = f\Delta\varrho \left[2 \sin\alpha \cos\alpha \left(\arctan \frac{x + t_2 \cot\alpha}{t_2 - z} - \arctan \frac{x + t_1 \cot\alpha}{t_1 - z} \right) \right.$$

$$\left. + \sin^2\alpha \ln \frac{(t_2 - z)^2 + (x + t_2 \cot\alpha)^2}{(t_1 - z)^2 + (x + t_1 \cot\alpha)^2} \right] \tag{1.160}$$

$$V_{zz}(x, z) = f\Delta\varrho \left[-2 \sin^2\alpha \left(\arctan \frac{x + t_2 \cot\alpha}{t_2 - z} - \arctan \frac{x + t_1 \cot\alpha}{t_1 - z} \right) \right.$$

$$\left. + \sin\alpha \cos\alpha \ln \frac{(t_2 - z)^2 + (x + t_2 \cot\alpha)^2}{(t_1 - z)^2 + (x + t_1 \cot\alpha)^2} \right]. \tag{1.161}$$

Falls die Gerade durch A und B (Abb. 1.11a) die x-Achse nicht im Koordinatenursprung, sondern bei x_0 schneidet, so ist in (1.159) bis (1.161) x durch $x - x_0$ zu ersetzen.

1.4.3.6. Das Prisma mit Polygonquerschnitt

Durch geeignete Kombination der in Kap. 1.4.3.5. erhaltenen Ergebnisse lassen sich die Potentialableitungen eines horizontalen Prismas mit einem Polygonquerschnitt berechnen, wie es in Abb. 1.11a gezeigt wird. Von der Wirkung der schiefen Stufen, welche die linke Seite des Polygons bilden, wird die Wirkung der Stufen auf der rechten Seite abgezogen. Für $V_z(x, z)$ gilt dann

$$V_z = V_z^I + V_z^{II} - V_z^{III} - V_z^{IV} + V_z^V. \tag{1.162}$$

1.4.3.7. *Die geneigte Platte*

Die Potentialableitungen für eine geneigte Platte (Abb. 1.11b) können ebenfalls aus (1.159) abgeleitet werden. Für eine Platte der Dicke $b = a \sin\alpha$ gilt

$$V_z^{(\mathrm{Pl})}(x, z) = V_z(x, z) - V_z(x - a, z). \tag{1.163}$$

Durch eine TAYLOR-Reihenentwicklung, abgebrochen nach dem linearen Glied, erhält man

$$\begin{aligned} V_z^{(\mathrm{Pl})}(x, z) &= V_z(x, z) - \left[V_z(x, z) - a\frac{\partial V_z}{\partial x}\right] \\ &= aV_{zx}(x, z) = \frac{b}{\sin\alpha} V_{zx}(x, z). \end{aligned} \tag{1.164}$$

Eine sehr dünne Platte ($b \ll t_1$, $b \ll t_2 - t_1$) kann durch eine Flächenmasse mit der Flächendichte $\varrho_f = \varrho b$ ersetzt werden und mit (1.160) folgt aus (1.164):

$$\begin{aligned} V_z^{(\mathrm{Pl})}(x, z) = f\varrho_f \Bigg[& 2\cos\alpha \left(\arctan\frac{x + t_2\cot\alpha}{t_2 - z} - \arctan\frac{x + t_1\cot\alpha}{t_1 - z}\right) \\ & + \sin\alpha \ln\frac{(t_2 - z)^2 + (x + t_2\cot\alpha)^2}{(t_1 - z)^2 + (x + t_1\cot\alpha)^2}\Bigg]. \end{aligned} \tag{1.165}$$

(In manchen Fällen interessieren zweidimensionale Modelle mit unbegrenzter Tiefenerstreckung ($t_2 \to \infty$). Von den angegebenen Formeln existieren dann nur jene, die den Logarithmus nicht enthalten.)

1.4.4. Störkörperformeln für magnetische Anomalien (ebener Fall)

Im zweidimensionalen Fall ruft die Komponente der Magnetisierung in Streichrichtung des Störkörpers im Außenraum kein Feld hervor. Wegen $\partial V/\partial y = 0$ erscheint nämlich die y-Komponente der Magnetisierung M_2 nicht mehr in (1.123), und es ist $\delta Y = 0$. Es verbleiben wegen $V_{xx} = -V_{zz}$ nur

$$\begin{aligned} \delta X &= \frac{\mu_0}{4\pi f\varrho}(-M_1V_{zz} + M_3V_{xz}), \\ \delta Z &= \frac{\mu_0}{4\pi f\varrho}(M_1V_{xz} + M_3V_{zz}). \end{aligned} \tag{1.166}$$

Die Streichrichtung des Störkörpers zu magnetisch Nord sei λ', das Azimut A der Nordrichtung zur x-Achse $A = \pi/2 - \lambda'$. (Im Falle des West-Ost-Streichens ist $A = D_0$ (s. Abb. 1.12).) Die induzierte Magnetisierung $\boldsymbol{M}_{\text{i}}$ und die remanente Magnetisierung M_{r} lauten

$$\boldsymbol{M}_{\text{i}} = \frac{1}{\mu_0} \varkappa T_0 (\cos I_0 \cos A,\, \cos I_0 \sin A,\, \sin I_0)\,,$$
$$\boldsymbol{M}_{\text{r}} = M_{\text{r}} (\cos I_{\text{r}} \cos A_{\text{r}},\, \cos I_{\text{r}} \sin A_{\text{r}},\, \sin I_{\text{r}})\,. \tag{1.167}$$

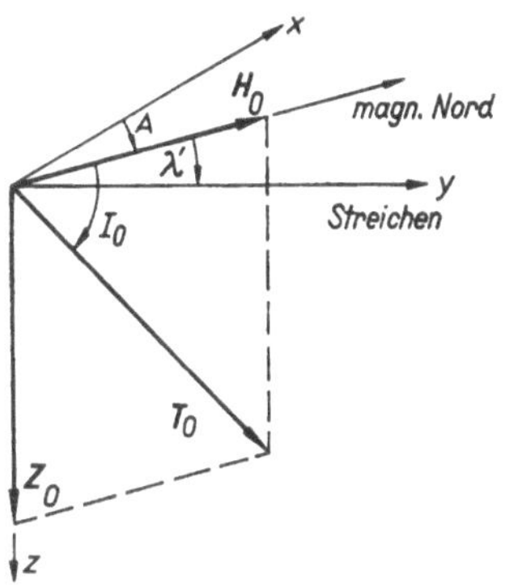

Abb. 1.12. Das Azimut A der Profilrichtung (x-Achse), das Azimut λ' der Streichrichtung (y-Achse) und die wichtigsten magnetischen Elemente ($\boldsymbol{T}_0, \boldsymbol{H}_0, \boldsymbol{Z}_0$ und I_0) bei ebenen Problemen der Berechnung magnetischer Felder von Störkörpern

Für die wirksame Magnetisierung M' braucht man ohne Einschränkung der Allgemeinheit nur die Komponenten rechtwinklig zur Streichrichtung zu betrachten:

$$M_1 = \frac{1}{\mu_0} \varkappa T_0 \cos I_0 \cos A + M_{\text{r}} \cos I_{\text{r}} \cos A_{\text{r}} = M' \cos I_m\,,$$
$$M_3 = \frac{1}{\mu_0} \varkappa T_0 \sin I + M_{\text{r}} \sin I_{\text{r}} = M' \sin I_m\,, \tag{1.168}$$

I_m – Inklination der wirksamen Magnetisierung,

$$M'^2 = M_1^2 + M_3^2\,,$$
$$\tan I_m = \frac{\varkappa T_0 \sin I_0 + \mu_0 M_{\text{r}} \sin I_{\text{r}}}{\varkappa T_0 \cos I_0 \cos A + \mu_0 M_{\text{r}} \cos I_{\text{r}} \cos A_{\text{r}}}\,. \tag{1.169}$$

Man bezeichnet I' als scheinbare Inklination; sie ist definiert durch

$$\tan I' = \frac{\sin I_0}{\cos I_0 \cos A}\,. \tag{1.170}$$

Für $\boldsymbol{M}_{\text{r}} = 0$ wird $I_m = I'$ und $M' = \frac{\varkappa}{\mu_0} T_0 \sqrt{1 - \cos^2 I_0 \sin^2 A}$.

Die Störkörperformeln für die in Kap. 1.4.3. behandelten Fälle können nun aufgestellt werden, wenn man (1.125) und (1.128) beachtet:

$$\delta H = \delta X \cos A_0, \tag{1.171}$$

$$\delta T = \frac{\mu_0}{4\pi f \varrho} [(-M_1 \cos A_0 \cos I_0 + M_3 \sin I_0) V_{zz} + (M_3 \cos A_0 \cos I_0 + M_1 \sin I_0) V_{zx}]. \tag{1.172}$$

1.4.4.1. *Der horizontale Kreiszylinder*

Mit $t > a$ und $r^2 = x^2 + t^2$ (Abb. 1.10a) gilt

$$\delta Z(x, 0) = \frac{\mu_0 a^2 M'}{2r^4} \left(-2xt \cos I_m - (x^2 - t^2) \sin I_m\right), \tag{1.173}$$

$$\delta T(x, 0) = \frac{\mu_0 a^2 M'}{2r^4} [(\sin I_0 \sin I_m - \cos A \cos I_0 \cos I_m)(x^2 + t^2) - 2(\sin I_0 \cos I_m + \cos A \cos I_1 \sin I_m) xt.] \tag{1.174}$$

1.4.4.2. *Die geneigte Stufe*

(Siehe Abb. 1.11)

$$\delta T(x, 0) = \frac{\mu_0 M'}{4\pi} \sin\alpha \sqrt{1 - \cos^2 I_0 \sin^2 A} \times \left[2 \sin(I' + I_m + \alpha) \left[\arctan \frac{x + t_2 \cot\alpha}{t_2} - \arctan \frac{x + t_1 \cot\alpha}{t_1}\right] - \cos(I' + I_m + \alpha) \ln \frac{t_2^2 + (x + t_2 \cot\alpha)^2}{t_1^2 + (x + t_1 \cot\alpha)^2}\right]. \tag{1.175}$$

1.4.4.3. *Weitere Störkörperformeln*

Eine Reihe weiterer Störkörperformeln lassen sich aus der geneigten Stufe als Sonderfall ($\alpha = \pi/2$) oder durch Kombination zum Rechteckprisma oder Prisma mit Polygonquerschnitt herstellen, wie in Kap. 1.4.3.6. beschrieben.

Eine gewisse Vorsicht ist bei plattenförmigen Körpern angebracht, wenn sie eine geringe Mächtigkeit besitzen. Hier weicht die Richtung der induzierten Magnetisierung infolge des Einflusses der unterschiedlichen Entmagnetisierungsfaktoren wesentlich von der Richtung des Normalfeldes ab, wie es ausführlich von Grant; West (1965) beschrieben wird. Eine Zusammenstellung von Formeln für $\delta T(x)$ findet man bei Lindner; Scheibe (1978); jedoch gelten diese Formeln nur für induzierte Magnetisierung.

1.5. Grundlagen der Interpretation

1.5.1. Die Mehrdeutigkeit der Interpretation

Das Ziel der Interpretation gravimetrischer und magnetischer Messungen ist die Bestimmung der räumlichen Verteilung von Dichte und Suszeptibilität. Ohne zusätzliche geologische oder andere Informationen ist das aber nicht in eindeutiger Weise möglich. Die Mehrdeutigkeit ist für alle Verfahren typisch, die auf der Potentialtheorie oder verwandten mathematischen Grundlagen basieren.

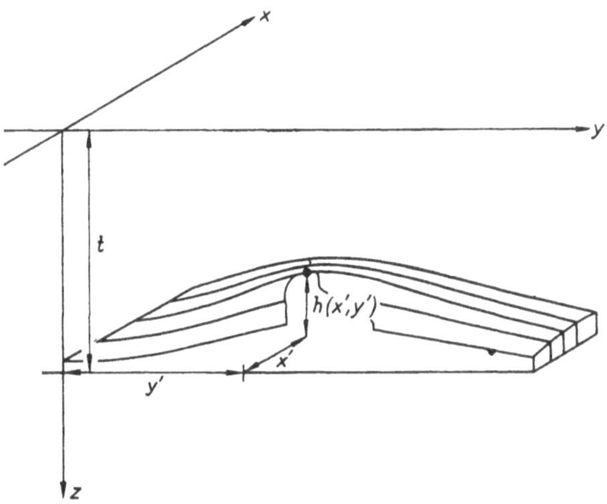

Abb. 1.13. Das Relief einer Dichtegrenze, $h(x', y')$, bezogen auf die Tiefe $z' = t$, zur Erläuterung der äquivalenten Schicht

Im folgenden soll dies für den Fall einer Schwereanomalie erläutert werden. Wegen der durch die POISSON-EÖTVÖSschen Gleichungen bestehenden Beziehungen zwischen dem Gravitations- und magnetostatischen Potential wird auf die Behandlung des entsprechenden Problems der Magnetik verzichtet.

Die Schwereanomalie des Reliefs einer Dichtegrenze (Abb. 1.13) kann durch Integration von (1.33) nach z' mit den Grenzen $z' = t - h(x', y')$ und $z' = t$ berechnet werden, wenn für $\Delta\varrho = \varrho_2 - \varrho_1$ angenommen wird.

$$V_z(x, y, z) = f(\varrho_2 - \varrho_1) \iint\limits_{-\infty}^{+\infty} \left[\frac{1}{[(x - x')^2 + (y - y')^2 + (z - t + h(x', y'))^2]^{3/2}} - \frac{1}{[(x - x')^2 + (y - y')^2 + (z - t)^2]^{3/2}} \right] dx', dy'; \qquad (1.176)$$

für kleine $|h(x', y')| \ll |z - t|$ gilt näherungsweise

$$V_z(x, y, z) = f(\varrho_2 - \varrho_1) \int\int_{-\infty}^{+\infty} \frac{(t - z)\, h(x', y')\, dx'\, dy'}{[(x - x')^2 + (y - y')^2 + (z - t)^2]^{3/2}}. \quad (1.177)$$

Der Vergleich mit (1.40) zeigt, daß dies die Schwerewirkung einer Flächenmasse der Dichte

$$\varrho_F(x', y') = (\varrho_2 - \varrho_1)\, h(x', y') \quad (1.178)$$

auf der Ebene $z' = t$ ist. Bereits in (1.49) wurde gezeigt, daß eine Flächenmasse eine Unstetigkeit des Potentialgradienten hervorruft und auf ihrer Oberseite die Schwereanomalie

$$V_z(x, y, t) = 2\pi f \varrho_F(x, y) \quad (1.179)$$

beträgt.

Befinden sich die Ursachen einer Schwereanomalie in Tiefen $z \geqq T'$ und gelingt es, die Anomalie $V_z(x, y, z)$ nicht nur an der Erdoberfläche $z = 0$ zu messen (oder in diese Tiefen zu transformieren), sondern auch in Tiefen $z = t < T'$, dann kann man der Anomalie $V_z(x, y, t)$ mittels (1.179) eine Flächenmasse und mittels (1.178) das Relief $h(x, y)$ einer Grenzfläche (mit einem Dichteunterschied $\Delta\varrho = \varrho_2 - \varrho_1$) zuordnen, solange $|h| \ll t$ ist. Diese Flächenmasse bzw. das Relief nennt man *äquivalente Schicht* in der Tiefe t; sie ruft an der Erdoberfläche $z = 0$ die gleiche Schwereanomalie wie die unter der Ebene $z = T'$ befindlichen Dichteinhomogenitäten hervor.

Im Intervall $0 < t < T'$ kann die äquivalente Schicht für jede beliebige Tiefe t berechnet werden; als *Äquivalenzprinzip* bezeichnet man die Tatsache, daß es (unendlich) viele einander äquivalente Schichten gibt.

Eine Kugel (Radius a, Dichtedifferenz $\Delta\varrho$, Mittelpunkt auf der z-Achse in der Tiefe $T > T'$) besitzt die Schwereanomalie

$$V_z(x, y, z) = f\Delta\varrho \frac{4\pi}{3} a^3 \frac{T - z}{[x^2 + y^2 + (T - z)^2]^{3/2}}. \quad (1.180)$$

Aus (1.179) folgt die äquivalente Flächenmasse für $z = t$

$$\varrho_F(x, y) = \frac{2}{3} \Delta\varrho a^3 \frac{T - t}{[x^2 + y^2 + (T - t)^2]^{3/2}}. \quad (1.181)$$

Aus (1.178) folgt das der Schwereanomalie äquivalente Relief einer Dichtegrenze

$$h(x, y) = \frac{2}{3} a^3 \frac{T - t}{[x^2 + y^2 + (T - t)^2]^{3/2}}, \quad (1.182)$$

es wurde zusammen mit der Schwereanomalie einer Kugel in Abb. 1.14 dargestellt.

Bereits an diesem einfachen Beispiel ist klar geworden, daß eindeutige Aussagen über das Untersuchungsobjekt aus geophysikalischen Messungen nur durch zusätzliche Informationen abgeleitet werden können. Die große Bedeutung geophysikalischer Messungen liegt vor allem darin, daß durch ihre Interpretation u. a. geologische Modellvorstellungen über das Untersuchungsobjekt überprüft und präzisiert werden können oder solche Modelle, die mit geophysikalischen Ergebnissen im Widerspruch stehen, begründet abzulehnen sind.

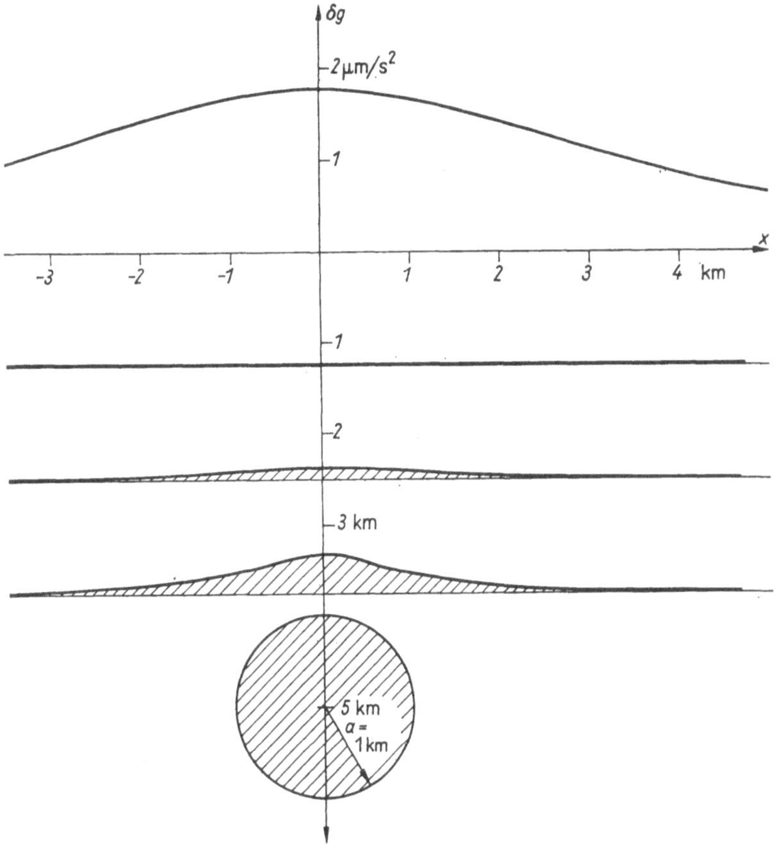

Abb. 1.14. Eine Kugel (Dichtedifferenz $1 \cdot 10^3$ kg/m³, Radius 1 km, Mittelpunktstiefe 5 km), ihre Schwerewirkung δg an der Erdoberfläche und drei dazu äquivalente Schichten in 1,25; 2,50 und 3,75 km Tiefe

1.5.2. Feldtransformationen

1.5.2.1. Die Aufgabe der Feldtransformationen

Zur Erleichterung der Deutung gemessener Feldwerte transformiert man diese oft in andere Größen; dadurch werden sie von unerwünschten Bestandteilen befreit. Diesem Vorgehen liegt die Überlegung zugrunde, daß beispielsweise die höheren Vertikalableitungen des Schwerepotentials eines Störkörpers in unterschiedlicher Weise von dessen Tiefenlage abhängen (s. 1.66), und zwar nehmen mit zunehmender Tiefe die Maximalwerte der Anomalien um so schneller ab, je höher die Ordnung der Ableitungen ist.

Werden dagegen die V_z-Werte in eine gewisse Höhe über die Erdoberfläche transformiert, dann tritt gerade der umgekehrte Fall ein.

Die Anomalie des oberflächennahen Störkörpers nimmt mit wachsender (*Feldfortsetzungs*)-Höhe rascher ab als die des tiefer gelegenen. Aufgaben dieser Art gehören zu den Randwertaufgaben der Potentialtheorie. Die auf einer gewissen Fläche (oder einem Profil) gegebenen Werte der Ableitungen einer Potentialfunktion sind in ein Gebiet fortzusetzen, in dem sie die LAPLACEsche Gleichung erfüllen. Gegebenenfalls sind auch andere Ableitungen dieser Potentialfunktion in diesem Gebiet (oder auf der gleichen Fläche) zu berechnen.

1.5.2.2. Die Feldfortsetzung

Am einfachsten läßt sich die Feldfortsetzung am Beispiel einer Schwereanomalie nach oben beschreiben. In (1.179) wurde gezeigt, daß jede Schwereanomalie V_z als Wirkung einer äquivalenten Schicht mit der Flächendichte ϱ_F betrachtet werden kann:

$$\varrho_F = \frac{1}{2\pi f} V_z . \tag{1.183}$$

Eine Feldfortsetzung nach oben erfordert dann die Berechnung der Größe V_z einer Flächenmasse auf $z' = 0$ nach (1.40) in der Höhe $z = -h$ (z-Achse nach unten):

$$V_z(x, y, z) = -\frac{1}{2\pi} \int\limits_{-\infty}^{+\infty}\!\!\int \frac{V_z(x', y', 0)\, z\, dx'\, dy'}{[(x - x')^2 + (y - y')^2 xz^2]^{3/2}} . \tag{1.184}$$

Für die numerische Berechnung wird die z-Achse durch den jeweiligen Punkt P gelegt, in dem die transformierten Werte ermittelt werden sollen; so wird $x = y = 0$, d. h.

$$V_z(0, 0, z) = -\frac{1}{2\pi} \int\limits_{-\infty}^{+\infty}\!\!\int \frac{V_z(x', y', 0)\, z\, dx'\, dy'}{(x'^2 + y'^2 + z^2)^{3/2}} . \tag{1.185}$$

Mit Polarkoordinaten $x' = r \cos \varphi$, $y' = r \sin \varphi$ geht (1.185) über in

$$V_z(0, 0, z) = -\frac{z}{2\pi} \int\limits_{r=0}^{\infty} \int\limits_{\varphi=0}^{2\pi} \frac{V_z(r, \varphi, 0)\, r\, dr\, d\varphi}{(r^2 + z^2)^{3/2}} . \tag{1.186}$$

Es ist

$$\overline{V_z}(r, 0) = \frac{1}{2\pi} \int\limits_{\varphi=0}^{2\pi} V_z(r, \varphi, 0)\, d\varphi . \tag{1.187}$$

der Kreismittelwert von V_z auf einem Kreis mit dem Radius r. Wird das Integrationsgebiet in (1.186) in Kreisringe mit dem Radius $r_0 = 0$, r_1, r_2 usw. zerlegt, so erhält man

$$V_z(0, 0, z) = -z \sum_{i=0}^{\infty} \int_{r_i}^{r_i+1} \frac{\overline{V_z}(r, 0)\, r}{(r^2 + z^2)^{3/2}}\, dr. \tag{1.188}$$

Meist werden die Meßwerte $V_z(x, y, 0)$ auf hexagonale oder quadratische Punktgitter interpoliert; die Abstände der Gitterpunkte auf konzentrischen Kreisen vom Punkt $x = y = 0$ legen die r_i fest; beispielsweise ist für ein Quadratgitter mit s als Punktabstand: $r_1 = s$, $r_2 = s\sqrt{2}$ usw. Innerhalb der Intervalle $r_i < r < r_{i+1}$ werden die $V_z(r, 0)$ durch einen geeigneten Mittelwert ersetzt und das Integral berechnet. Man erhält

$$V_z(0, 0, h) = \frac{1}{s} \sum_{i=0}^{\infty} G_i \overline{V_z}(r_i, 0). \tag{1.189}$$

Die Koeffizienten G_i hängen von dem Verhältnis h/s und der Art der Mittelwertsbildung ab. Tabellen der Zahlenwerte findet man bei Jung (1961) et al.

Die Feldfortsetzung nach unten kann nicht wie in (1.184) explizit dargestellt werden. Mit $z = h > 0$ würde man unterhalb der Erdoberfläche die Wirkung der gleichen Flächenmasse (mit entgegengesetztem Vorzeichen) wie bei der Feldfortsetzung nach oben erhalten. Es handelt sich darum, jene Flächendichte ϱ_f (proportional der Schwere V_z) in der Tiefe $z = h$ zu finden, die mit der Anomalie an der Erdoberfläche $z = 0$ in folgendem Zusammenhang steht

$$V_z(x, y, 0) = \frac{h}{2\pi} \iint_{-\infty}^{\infty} \frac{V_z(x', y', h)\, dx'\, dz'}{((x - x')^2 + (y - y')^2 + h^2)^{3/2}}. \tag{1.190}$$

Das ist eine Integralgleichung für $V_z(x', y', h)$. Eine stabile, eindeutige Lösung existiert nur dann, wenn die Fortsetzungstiefe h nicht tiefer als die Tiefe der Quellen der Anomalie ist. Die Feldfortsetzung nach unten wird als *bedingt korrekt gestellte Aufgabe* bezeichnet.

1.5.2.3. Die Berechnung höherer vertikaler Ableitungen

Die Berechnung höherer Ableitungen nach z, z. B. des Vertikalgradienten der Schwereanomalie V_{zz}, kann aus (1.184) oder (1.185) erfolgen

$$\frac{\partial V_z(0, 0, z)}{\partial z} = V_{zz}(0, 0, z) = \frac{1}{2\pi} \iint_{-\infty}^{\infty} \frac{V_z(x', y', 0)\,(2z^2 - x'^2 - y'^2)}{(x'^2 + y'^2 + z^2)^{5/2}}\, dx'\, dy. \tag{1.191}$$

Aus (1.191) lassen sich ähnliche Transformationsformeln wie (1.189) bilden. Besonders bewährt haben sich die für $z \leqq 0$ gültigen Formeln von Baranov

(1953); (s. auch JUNG, 1961 et al.). Eine große Rolle spielt die zweite Vertikalableitung der Schwere $\partial^2 V_z/\partial z^2 = V_{zzz}$. Bei einer Berechnung von V_{zzz} nach PETERS (1949) wird die LAPLACEsche Gleichung in Zylinderkoordinaten auf die Kreismittelwerte $\overline{V_z(r, z)}$ angewandt:

$$\frac{\partial^2}{\partial r^2}\overline{V_z} + \frac{1}{r}\frac{\partial}{\partial r}\overline{V_z} + \frac{\partial^2}{\partial z^2}\overline{V_z} = 0. \tag{1.192}$$

Für $r = 0$ und $z = 0$ wird

$$V_{zzz}(P_0) = \frac{\partial^2}{\partial z^2}\overline{V_z} = -\frac{\partial^2}{\partial r^2}\overline{V_z} - \frac{1}{r}\frac{\partial}{\partial r}\overline{V_z}. \tag{1.193}$$

Man kann die Kreismittelwerte $\overline{V_z}$ in eine Reihe nach Potenzen von r^2 entwickeln:

$$\overline{V_z}(r, 0) = \sum_{j=0}^{N} a_{2j} \cdot r^{2j}. \tag{1.194}$$

Damit folgt aus (1.193) für $r = 0$

$$V_{zzz}(P_0) = -4a_2. \tag{1.195}$$

Das ist die vierfache negative Steigung der Tangente für $r = 0$ an die Kurve $\overline{V_z}(r, 0)$ in Abhängigkeit von r^2. Der Koeffizient a_2 wird nach der Methode der kleinsten Quadrate aus den für M Radien r_k gegebenen Kreismittelwert $\overline{V_z}(r_k)$ mit $r_0 = 0$ bestimmt:

$$\sum_{k=0}^{M} w(r_k)\left(\sum_{j=0}^{N} a_{2j} \cdot r_k^{2j} - \overline{V_z}(r_k)\right)^2 \to \text{Min.} \tag{1.196}$$

Für die Radien r_k können verschiedene Gewichtsfunktionen $w(r_k) = 0$ verwendet werden. Je nach Wahl von M, N, der Funktion $w(r_k)$ und der Radien $r_1, r_2 \ldots r_M$ entstehen verschiedene Auswerteformeln, die speziellen Anwendungen in der Praxis angepaßt sind. Dabei versucht man, unerwünschte Bestandteile der Meßwerte zu unterdrücken und andere, z. B. aus bestimmten Tiefenbereichen oder durch besonders interessierende Strukturen beeinflußte, hervorzuheben. So entstanden auf diese (und andere) Weise eine Fülle spezieller Näherungsformeln der Form

$$V_{zzz} = \frac{1}{s^2}\sum_{k=0}^{M} G_k \overline{V_z}(r_k) \tag{1.197}$$

(s. z. B. ROSENBACH, 1957; JUNG, 1961; GROSSE, 1967 et al.).

1.5.2.4. *Die Spektraldarstellung des Potentials und seiner Ableitungen mittels* FOURIER-*Transformation*

Die Darstellung der Potentialfunktion durch ein FOURIER-Integral (BARANOV, 1975; DEAN, 1958) eröffnet weitreichende Möglichkeiten zur Transformation von Potentialfeldgrößen in übersichtlicher und klarer Form.

Man überzeugt sich durch Differentiation unter dem Integral, daß die Integraldarstellung (zweidimensionales FOURIER-Integral) (FICHTENHOLZ, 1964)

$$V(x, y, z) = \frac{1}{4\pi^2} \iint_{-\infty}^{\infty} S(u, v)\, e^{z\sqrt{u^2+v^2}}\, e^{i(ux+vy)}\, du\, dv$$

$$= \mathscr{F}^{-1}\left\{S(u, v)\, e^{z\sqrt{u^2+v^2}}, x, y\right\} \qquad (1.198)$$

die LAPLACEsche Gleichung (1.9) erfüllt. Für $z \to -\infty$ verschwindet (1.198). Die Umkehrung von (1.198) ist

$$S(u, v)\, e^{z\sqrt{u^2+v^2}} = \iint_{-\infty}^{\infty} V(x, y, z)\, e^{-i(ux+vy)}\, dx\, dy \qquad (1.199)$$

$$= \mathscr{F}\{V(x, y, z), u, v\}. \qquad (1.200)$$

$S(u, v)$ wird als das zweidimensionale Spektrum des Potentials $V(x, y, 0)$ auf der Ebene $z = o$ bezeichnet; die Variablen u und v heißen Wellenzahlen bezüglich der x- und y-Richtung. Durch Differentiation von (1.198) kann man die Spektren der Ableitungen der Potentialfunktion auf $S(u, v)$ zurückführen. Für die Ableitung nach z gilt

$$\frac{\partial}{\partial z} V(x, y, z) = \frac{1}{4\pi^2} \iint_{-\infty}^{\infty} \sqrt{u^2 + v^2}\, S(u, v)\, e^{z\sqrt{u^2+v^2}}\, e^{i(ux+vy)}\, du\, dv. \qquad (1.201)$$

Also ist

$$S_z(u, v) = \Phi_z(u, v)\, S(u, v) = \mathscr{F}\{V_z(x, y, 0), u, v\} \qquad (1.202)$$

das Spektrum von $V_z(x, y, 0)$.

$$\Phi_z(u, v) = \sqrt{u^2 + v^2} \qquad (1.203)$$

ist die Übertragungsfunktion für die Ableitung des Potentials nach z. Analog gilt

$$\Phi_x(u, v) = iu, \qquad \Phi_y(u, v) = iv \qquad (1.204)$$

und

$$S_x = \Phi_x S, \qquad S_y = \Phi_y S,$$

$$S_{xz} = \Phi_z S_x = \Phi_x S_z, \qquad (1.205)$$

$$S_{zz} = \Phi_z S_z \quad \text{usw.}$$

Der Index an S bzw. Φ gibt die entsprechende Ableitung an.

Mit (1.200) und (1.205) lassen sich aus einer Schwereanomalie $V_z(x, y, 0)$ folgende Auswertegrößen darstellen:

– die Vertikalableitung der Schwere

$$V_{zz}(x, y, 0) = \mathscr{F}^{-1}\{S_{zz}(u, v), x, y\}$$

$$= \mathscr{F}^{-1}\left\{\sqrt{u^2 + v^2}\, S_z(u, v), x, y\right\} = g_z; \qquad (1.206)$$

— der Horizontalgradient der Schwere

$$V_{zx}(x, y, 0) = \mathscr{F}^{-1}\{iuS_z(u, v), x, y\} = g_x,$$
$$V_{zy}(x, y, 0) = \mathscr{F}^{-1}\{ivS_z(u, v), x, y\} = g_y; \tag{1.207}$$

— die zweite Vertikalableitung der Schwere

$$V_{zzz}(x, y, 0) = \mathscr{F}^{-1}\{(u^2 + v^2)\, S_z(u, v), x, y\} = g_{zz} \tag{1.208}$$

usw.

Auch die Feldfortsetzung kann in dieser Weise dargestellt werden; mit $z = -h < 0$ wird aus (1.201)

$$V_z(x, y, -h) = \frac{1}{4\pi^2} \iint\limits_{-\infty}^{\infty} S_z(u, v)\, \Phi_{FF}(u, v)\, \mathrm{e}^{i(ux+vy)}\, \mathrm{d}u\, \mathrm{d}v. \tag{1.209}$$

Somit entspricht die Fortsetzung in die Höhe $z = -h$ über den Erdboden einer Multiplikation des Spektrums mit

$$\Phi_{FF}(u, v, -h) = \mathrm{e}^{-h\sqrt{u^2+v^2}}. \tag{1.210}$$

Andererseits kann die Feldfortsetzung durch das Faltungsintegral (1.184) dargestellt werden, das bei der FOURIER-Transformation in ein Produkt des Spektrums mit der Transformierten Φ_{FF} des Faltungsoperators übergeht. Folglich gilt für $h > o$

$$\frac{1}{4\pi^2} \iint\limits_{-\infty}^{\infty} \frac{h\, \mathrm{e}^{-i(ux+vy)}}{(x^2 + y^2 + h^2)^{3/2}}\, \mathrm{d}x\, \mathrm{d}y = \mathrm{e}^{-h\sqrt{u^2+v^2}}. \tag{1.211}$$

Es ist offensichtlich, daß die Berechnung höherer Ableitungen des Potentials mit der Feldfortsetzung kombiniert werden kann.

Für die Feldfortsetzung nach unten in die Tiefe $z > 0$ ist

$$\Phi_{FF}(u, v, z) = \mathrm{e}^{z\sqrt{u^2+v^2}}. \tag{1.212}$$

Die Fortsetzung ist nur bis zu solchen Tiefen z möglich, für die das Integral (1.209) noch existiert. Das ist nur dann der Fall, wenn die Quellen der Anomalie unterhalb des Fortsetzungsniveaus z liegen. Die Annäherung an die Quellen macht sich durch stark schwankende, große Werte bemerkbar. Durch die Regularisierungsmethode nach TICHONOV et al. (1968) kann dies verringert werden.

1.5.2.5. Die Transformation magnetischer Anomalien

Die Berechnung höherer Ableitungen und die Feldfortsetzung für die magnetischen ΔZ, ΔH und ΔT-Anomalien sind, wie HENDERSON (1970) für die Feldfortsetzung zeigte, in gleicher Weise wie in der Gravimetrie möglich. Daneben interessiert auch die Umrechnung magnetischer Anomalien verschiedener Art ineinander.

Ausgehend von den POISSON-EÖTVÖSschen Formeln (1.123) erhält man mit dem Magnetisierungsvektor (1.129) für das Spektrum der δZ-Anomalie:

$$S^Z(u, v) = \frac{\mu_0 M}{4\pi f \varrho} (a_m S_{xz} + b_m S_{yz} + c_m S_{zz})$$
$$= \frac{\mu_0 M}{4\pi f \varrho} [a_m \Phi_x + b_m \Phi_y + c_m \Phi_z] \, \Phi_z S(u, v). \quad (1.213)$$

(Die magnetische Anomalie wird durch einen am Spektrum obenstehenden Index gekennzeichnet.) Für δX und δY gilt mit (1.206)

$$S^X(u, v) = \frac{\Phi_x(u, v)}{\Phi_z(u, v)} S^Z(u, v), \qquad S^Y = \frac{\Phi_y}{\Phi_z} S^Z. \quad (1.214)$$

Die Anomalie des Betrages der Horizontalkomponente wird nach (1.125) berechnet. Für das Spektrum gilt:

$$S^H(u, v) = \frac{\Phi_x \cos D_0 + \Phi_y \sin D_0}{\Phi_z} S^Z(u, v). \quad (1.215)$$

Daraus folgt die δH-Anomalie durch inverse FOURIER-Transformation. Mittels (1.128) kann die Totalfeld-Anomalie aus δZ berechnet werden. Ihr Spektrum lautet

$$S^T(u, v) = \frac{a_0 \Phi_x + b_0 \Phi_y + c_0 \Phi_z}{\Phi_z} S^Z(u, v) \quad (1.216)$$

mit $a_0 = \cos D_0 \cos I_0$, $b_0 = \sin D_0 \cos I_0$, $c_0 = \sin I_0$.

Durch die Inklination des Normalfeldes sind die Extremwerte magnetischer Anomalien gegenüber der Lage der Störkörper verschoben. Dies erschwert die Interpretation der Anomalien. Die Verschiebung tritt bei der Inklination $I_0 = \pm 90°$ nicht auf.

Ist die Richtung des Magnetisierungsvektors (d. h. D_m und I_m) bekannt, dann können die Anomalien in „pseudogravimetrische" (nach BARANOV, 1957) oder „polreduzierte" Anomalien (nach KANASEWICH; AGARWAL, 1970) transformiert werden.

Diese Transformation nennt man Polreduktion. Dabei wird der Magnetisierungsvektor einschließlich der remanenten Magnetisierung in die vertikale Richtung gebracht und ein vertikales Normalfeld angenommen. Nach (1.213) und (1.216) ist

$$S^T(u, v) = \frac{\mu_0 M}{4\pi f \varrho} [a_0 \Phi_x + b_0 \Phi_y + c_0 \Phi_z]$$
$$\times [a_m \Phi_x + b_m \Phi_y + c_m \Phi_z] \, S(u, v). \quad (1.217)$$

Für die polreduzierte Totalfeld-Anomalie mit $I_0 = I_m = 90°$, also $c_m = c_0 = 1$ und $a_m = a_0 = b_m = b_0 = 0$ gilt

$$S^T_{\text{Pol}}(u, v) = \frac{\mu_0 M}{4\pi f \varrho} (\Phi_z(u, v))^2 \, S(u, v) \quad (1.218)$$

oder

$$S^T_{\mathrm{Pol}}(u, v) = \Phi_{\mathrm{Pol}}(u, v)\, S^T(u, v) \tag{1.219}$$

mit

$$\Phi_{\mathrm{Pol}} = \frac{\Phi_z^2}{[a_0\Phi_x + b_0\Phi_y + c_0\Phi_z]\,[a_{\mathrm{m}}\Phi_x + b_{\mathrm{m}}\Phi_y + c_{\mathrm{m}}\Phi_z]}. \tag{1.220}$$

Die Rücktransformation (1.200) ergibt die polreduzierte Totalfeldanomalie δT_{Pol}.

1.5.2.6. *Die Glättung der transformierten Feldgrößen*

Die in (1.205) angegebenen Multiplikationen des Spektrums S zur Berechnung der Spektren von Potentialableitungen bewirken stets eine starke Erhöhung im Bereich hoher Wellenzahlen. Dadurch werden kleine Schwankungen kurzer Periode, wie sie oft durch unvermeidliche, zufällige Meßfehler verursacht werden, in dèn transformierten Feldern verstärkt wiedergegeben. Deshalb ist eine geeignete Glättung notwendig. Hierfür stehen Mittelungsverfahren zur Verfügung, die man zweckmäßigerweise in den Spektralbereich transformiert, um sie gleichzeitig mit der Feldtransformation ausführen zu können. Dies erfolgt durch Multiplikation der Spektren mit geeigneten Gewichtsfunktionen, die die Bereiche hoher Wellenzahlen dämpfen (Jung, 1961; Berezkin, 1967; Bott, 1973). (Die Glättung der Ergebnisse bewirkt zugleich eine Verringerung des mittleren quadratischen Fehlers, der sich nach dem Fehlerfortpflanzungsgesetz aus den Meßfehlern ergibt; (s. Rösler, 1981).

1.5.2.7. *Anwendung auf ebene Probleme*

Für die in Kap. 1.4. behandelten ebenen Potentialfelder, bei denen keine Abhängigkeit von der y-Koordinate auftritt, wird die eindimensionale Fourier-Transformation angewendet. Das Spektrum des Potentials ist dann

$$S(u, v) = 2\pi\delta(v)\, S(u), \tag{1.221}$$

$\delta(v)$ – Diracsche Deltafunktion.

Man erhält die entsprechende Beziehung für $S(u)$, wenn in (1.204) $v = 0$ gesetzt und $\lim \sqrt{u^2 + v^2} = |u|$ für $v \to 0$ beachtet wird (s. Gladkij, 1967; Baranov, 1975).

1.5.3. Inverse Aufgaben

Die Berechnung der Potentialableitungen des Schwere- oder Magnetfeldes bei bekannter Geometrie und Dichte bzw. Magnetisierung bezeichnet man als *direkte Aufgabe.* Zu ihrer Lösung sind die angegebenen Störkörperformeln ein wichtiges Hilfsmittel. Die direkte Aufgabe verknüpft Ursache und Wirkung miteinander; sie ist stets eindeutig lösbar.

Bei der Interpretation geophysikalischer Messungen liegt eine *inverse Aufgabe* mit umgekehrtem Sachverhalt vor. Sie ist ungleich schwieriger zu behandeln, wurde doch bereits mehrfach auf die Nichteindeutigkeit und Instabilität hingewiesen (AL-CHALABI, 1970; 1971). Man bezeichnet sie deshalb auch als inkorrekt gestellte Aufgabe. Wegen der großen Bedeutung auch in vielen anderen Gebieten haben sich ihrer Bearbeitung hervorragende Mathematiker und Spezialisten der jeweiligen Fachgebiete gewidmet (s. ANGER, 1976). Moderne mathematische Methoden, insbesondere der Funktionalanalysis und der Numerik, haben zu neuen Erkenntnissen geführt (TICHONOV, 1963a, b; LEONOV, 1976). Die Vorgabe geologisch begründeter Modelle, in denen bekannte Informationen berücksichtigt werden, führt zur Einschränkung der Vieldeutigkeit (JACKSON, 1979) und damit zu bedingt korrekt gestellten Aufgaben im Sinne von TICHONOV. Dabei wird die geologische Struktur als Ensemble geometrisch einfacher Störkörper modelliert; dies wiederum wird durch eine endliche Anzahl von Parametern gekennzeichnet, wie z. B. die Koordinaten von Eckpunkten, Mittelpunkten o. ä. (BOTT, 1973; BULACH, 1973; DYRELIUS; VOGEL, 1971 et al.), die in den Störkörperformeln auftreten (evtl. auch Dichtedifferenzen und Suszeptibilitäten). Ausgehend von einer geeigneten Anfangsnäherung werden die Parameter des Modells iterativ solange verbessert, bis eine hinreichend gute Übereinstimmung zwischen den für das Modell berechneten Werten des Feldes und den Meßwerten erreicht worden ist. Dabei muß oft ein beträchtlicher rechnerischer Aufwand getrieben werden. Der u. U. sehr verschiedene Einfluß einzelner Parameter auf die Meßwerte, die Abhängigkeit der Lösung von der Anfangsnäherung und andere ungünstige Gegebenheiten machten es notwendig, spezielle numerische Methoden zu entwickeln und anzuwenden (AL-CHALABI, 1970; BOTT, 1973; BULACH, 1973; KUNARATNAM, 1972; HJELT, 1974; TRAN CUNG, 1982). Man ist gegenwärtig in der Lage, solche Interpretationsaufgaben für Modelle der geologischen Struktur mit einer beachtlich großen Zahl unbekannter Parameter zu lösen. In einzelnen Fällen wurden bereits mehrere hundert Parameter bestimmt (CUER; BAYER, 1980), jedoch hängt diese Zahl wesentlich vom speziell untersuchten Problem ab. Der große Nutzen dieser Methoden besteht besonders darin, daß sie es ermöglichen, mühsame Schritte der Interpretation geophysikalischer Messungen frei von subjektiven Einflüssen automatisch durch Rechenmaschinen bearbeiten zu lassen und außerdem (und das ist neu), für das Interpretationsergebnis auch Fehlerschranken (JUPP; VOZOFF, 1975; LINDNER; STIER, 1978; PEDERSEN, 1979 et al.) angeben zu können.

2. Angewandte Gravimetrie

H. LINDNER, H. MILITZER, G. WALACH

2.1. Geophysikalische, geologische und ingenieurtechnische Grundlagen

2.1.1. Das Schwerefeld der Erde

Das Schwerefeld der Erde ist an jedem Ort durch den Vektor der Schwerebeschleunigung (Schwere) $\boldsymbol{g}$ definiert. Auf Grund der Erdrotation und der Massenanziehung der Himmelskörper gilt

$$\boldsymbol{g} = \boldsymbol{a}_{\mathrm{E}} + \boldsymbol{a}_{\mathrm{G}} + \boldsymbol{a}_{\mathrm{Z}}. \tag{2.1}$$

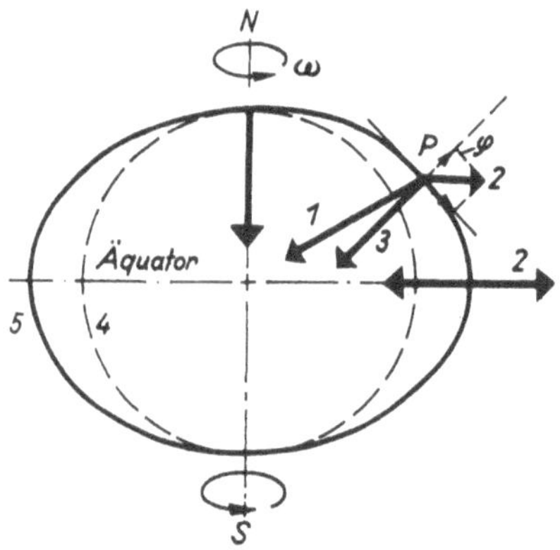

Abb. 2.1. Die Erde als rotierendes System
1 – Beschleunigung der irdischen Massen $\boldsymbol{a}_{\mathrm{E}}$; *2* – Zentrifugalbeschleunigung $\boldsymbol{z}$; *3* – resultierende Schwere $\boldsymbol{g}$ als Funktion der geographischen Breite φ; *4* – Kugeloberfläche; *5* – Oberfläche einer regularisierten Erde

Der Gezeitenterm $\boldsymbol{a}_{\mathrm{G}}$ erreicht maximal 2,9 μm/s². Für den aus dem NEWTONschen Gravitationsgesetz abgeleiteten Anziehungsterm $\boldsymbol{a}_{\mathrm{E}}$ und dem aus der Erdrotation abgeleiteten Zentrifugalterm $\boldsymbol{a}_{\mathrm{Z}}$ folgt am Äquator und im Meeresniveau

$$a_{\mathrm{E}} = 9{,}8143 \text{ m/s}^2$$

$$a_{\mathrm{Z}} = 0{,}0338 \text{ m/s}^2.$$

Abb. 2.1 verdeutlicht den Einfluß der unterschiedlichen Zentrifugalbeschleunigung $\boldsymbol{a}_{\mathrm{Z}}$ auf $\boldsymbol{g}$.

Durch Zusammenfassung von $\boldsymbol{a}_{\mathrm{E}}$ und $\boldsymbol{a}_{\mathrm{Z}}$ in (2.1) läßt sich die globale Verteilung der Schwere darstellen; sie steht in enger Wechselbeziehung zur physikalischen Figur der Erde. Zu ihrer Modellierung werden das Geoid und Sphäroide bzw. Ellipsoide benutzt (s. Kap. 1.3.3.3.).

2.1.2. Ursache und Größenordnung von Schwereanomalien

Gemessene Schwerewerte enthalten neben der Normalschwere γ_0 noch den Einfluß der Höhe des Meßpunktes sowie der sichtbaren Massenunregelmäßigkeiten in seiner Umgebung. Durch Beseitigung damit verbundener Störwirkungen (Reduktion) entsteht die Schwereanomalie. Sie stellt die Abweichung des gemessenen und reduzierten Schwerewertes von der Normalschwere dar. Schwereanomalien sind ursächlich auf Massenunregelmäßigkeiten bzw. Dichteinhomogenitäten im Untergrund zurückzuführen. Je nach ihrer Ausdehnung wird zwischen kontinentalen, regionalen und lokalen Anomalien unterschieden. Regionale Anomalien erreichen Beträge bis zu mehreren 1000 $\mu m/s^2$ (Mitteleuropa: Alpenminimum $-$ 1700 $\mu m/s^2$; Magdeburger Schwerehoch + 600 $\mu m/s^2$). Ihre Ursachen liegen in Struktur- und Dichtesituationen tieferer Stockwerke der Erdkruste oder im Grenzbereich Kruste/Oberer Mantel. Lokale Anomalien besitzen häufig Beträge zwischen 0,05···100 $\mu m/s^2$ und sind auf Massen- bzw. Dichtestörungen zurückzuführen, deren Tiefe oftmals in der Größenordnung der Anomalieausdehnung liegt.

2.1.3. Aufgabenstellung, Einsatzkriterien und Grenzen der Anwendung

Aufgabe der angewandten Gravimetrie ist es, aus Schwereanomalien δg Erkenntnisse über die Verbreitung und den Bau geologischer Strukturen, tektonischer Störungen sowie über Stoff- und Materialgrenzen verschiedener geologischer Einheiten für Geologie, Bergbau und Geotechnik zu gewinnen.

Neben der geologischen Aufgabenstellung und der petrophysikalischen Situation entscheidet der bereits vorhandene, problembezogene Erkundungsstand über Zweckmäßigkeit, Anlage und Umfang gravimetrischer Messungen. Häufig kommt der Gravimetrie die Rolle einer „Vorlaufmethode" zur Einsatzvorbereitung nachfolgender, meist aufwendigerer Such- und Erkundungsverfahren, z. B. der Seismik, zu (s. Tab. 2.1).

Wichtige Grundlagen für ausreichend sichere gravimetrische Ergebnisse sind

- genügend große Dichteunterschiede $\Delta\varrho$ zwischen der interessierenden geologischen, ingenieur- oder bergbautechnischen Struktur und ihrer Umgebung,
- eine ausreichende Mächtigkeit bzw. ein entsprechendes Relief der Dichtestörung,
- Störkörpertiefen, die noch einen erfaßbaren Meßeffekt erwarten lassen.

Diese Voraussetzungen werden durch folgende schematische Darstellung verknüpft,

$$\delta g \sim \Delta\varrho \, \frac{\text{Störkörpermächtigkeit}}{(\text{Tiefe } 2)^2} . \tag{2.2}$$

Tabelle 2.1. Einsatzmöglichkeiten der angewandten Gravimetrie

	Der geologischen Suche und Erkundung zugeordnete Aufgaben
Regional- und Lokal-untersuchungen	– Suche und Erkundung regionaler geologischer Strukturen in wenig erschlossenen Gebieten – Kartierung und Rayonierung Präzisierung des regionalen Schwerebildes z. B. im Sinne einer – Erkundung von Salinarstrukturen und Randsenken – Störungs- und Blockgrenzenfestlegung – Suche und Erkundung von Lagerstätten fester Minerale sowie – von Erosionsstrukturen – Reliefbestimmung und Gliederung des verdeckten Grundgebirges
Lokal- und Mikro-untersuchungen	**Dem Ingenieurbau zugeordnete Aufgaben** – Ortung oberflächennaher Hohlräume, alter Schächte und Strecken – Bestimmung der Dichte sowie deren Verteilung in geschütteten Massen (Dämme, Kippen, Halden) – Nachweis von Störungen in Senkungsgebieten – Erkundung von Baustoffvorkommen und Wasserreservoiren – Erkundung geplanter Bauareale
	Dem Bergbau zugeordnete Aufgaben Übertagemessungen: – Nachweis und Kartierung von Störungen, z. B. in Braunkohlefeldern oder Mylonitzonen im Erzbergbau – Ermittlung der Mächtigkeits- und Tiefenlageänderungen von Kohleflözen – Abgrenzung kohlefreier Gebiete – Nachweis von Prätertiärhochlagen in Braunkohlefeldern Untertagemessungen: – Erkundung abbauwürdiger Bereiche und lokaltektonischer Verhältnisse – Bestimmung des Reliefs und der Mächtigkeit abbautechnischer Leithorizonte (z. B. Basalanhydrit und Carnalitit im Kalibergbau) – Ermittlung von Blockdichten Aussagen zur Grubensicherheit – Nachweis von Basaltvorkommen (Prognose von CO_2-Ausbrüchen im Kalibergbau) – Nachweis wassergefüllter Kavernen und Schlotten – Erkundung von Salzlinsen (Kupferschieferbergbau) – Mitarbeit bei der Prognose gebirgsmechanischer Ereignisse (Gebirgsschläge, Gas-, Wasser- und CO_2-Ausbrüche)

Vielfach bieten bereits Abschätzungen des Maximaleffektes $\delta g_{\max}$ auf der Grundlage einfacher Modelle brauchbare Abschätzungen über die Zweckmäßigkeit gravimetrischer Messungen (s. Tab. 2.2).

Tabelle 2.2. Modelle einfacher Strukturen und zugehörige Maximaleffekte δg_{max}

Struktur	Modell		δg_{max}
Salzachse	horizontaler Zylinder	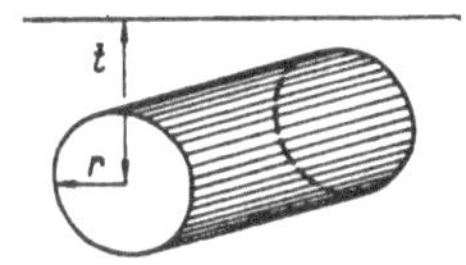	$2\pi f \Delta\varrho \; 1/t$
Erzlinse	Kugel	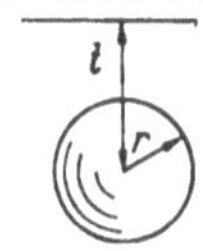	$4/3 \pi f \Delta\varrho r^3 \; 1/t^2$
Salz- oder Granitstock	senkrechter Zylinder	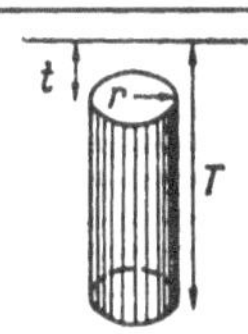	$2\pi f \Delta\varrho\left(T - t + \sqrt{r^2 + t^2} - \sqrt{r^2 + T^2}\right)$
Störung	senkrechte Stufe	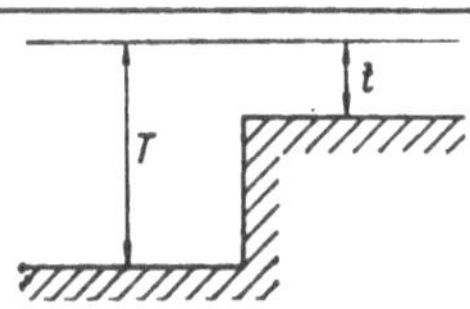	$2\pi f \Delta\varrho (T - t)$

Meßfortschritt und Kostenaufwand gravimetrischer Messungen werden durch die Spezifik der Meßbedingungen und die Aufgabenstellung bestimmt.

So ergibt sich beispielsweise bei einem Kostenvergleich zwischen Gravimetrie und Seismik für die zurückliegenden Jahre, daß der Aufwand Gravimetrie zu Seismik etwa 3% beträgt.

Bei der Umsetzung gravimetrischer Anomalien in geologische oder ingenieurtechnische Aussagen sind zu berücksichtigen:

- Das Meßergebnis stellt stets ein Integralfeld dar; d. h., benachbarte Störkörper können sich in *einer* Anomalie abbilden. Ihre Auflösung und Zuordnung nach den einzelnen Störwirkungen erfolgt in der Interpretation mit den Methoden der Feldtransformation.
- Die Quellen des Schwerefeldes unterhalb der Meßebene können aus den Meßwerten nicht eindeutig bestimmt werden (s. Kap. 1.5.1. und Abb. 1.14). Das bedeutet, daß theoretisch unendlich viele Kombinationen von Massenanordnungen möglich sind, die zur gleichen Anomalie an der Erdoberfläche führen (Äquivalenzprinzip).

Die Vieldeutigkeit gravimetrischer Anomalien läßt sich in der Praxis jedoch durch zusätzliche geologische, petrophysikalische, ingenieur- oder bergbautechnische Informationen zugunsten eines wirklichkeitsgetreuen Interpretationsmodells einschränken. Eindeutig lassen sich aus Schwereanomalien nur ableiten

- die Flächenmasse mit der Dichte ϱ_F in kg/m² an der Erdoberfläche. Sie ist als dünne Schicht mit der Mächtigkeit h und der Dichte ϱ vorstellbar; es gilt $\varrho_F = \varrho h$,
- die x'-, y'-Koordinaten des Störkörperschwerpunktes aus dem Zentrum der Anomalie,
- die Masse des Störkörpers.

Für die Berechnung der Masse des Störkörpers m gilt

$$m = \frac{1}{2\pi f} \iint_{-\infty}^{\infty} \delta g(x, y) \, \mathrm{d}x \, \mathrm{d}y . \qquad (2.3)$$

Die praktische Handhabung von (2.3) läßt sich durch graphische Integration der gemessenen Schwereanomalie $\delta g(x, y)$ über deren Fläche verwirklichen. Ist das Volumen des Störkörpers bekannt, so kann mit (2.3) aus der Anomalie die Gesteinsdichte bestimmt werden (PLAUMANN, 1981).

2.2. Meßgrößen und Meßgeräte

2.2.1. Meßgrößen

Die für die angewandte Gravimetrie bedeutsamen Meßgrößen sind

- die Schwere, relativ (Schwereunterschiede) Δg in µm/s²,
- der Vertikalgradient g_z in 10^{-9} 1/s².
- die Komponenten des Horizontalgradienten g_x, g_y

Absolute Schwerewerte g besitzen den Charakter fundamentaler Bezugsgrößen und werden für die praktische Erkundung nicht benötigt. Hinweise auf gravimetrische Absolutmessungen und Geräte geben GRAF (1967), COOK (1973) und NETTLETON (1976).

2.2.2. Gravimeter

Gravimeter sind Instrumente zur Messung von Schwereunterschieden Δg. Nach dem verwendeten Meßprinzip wird zwischen statischen und dynamischen Systemen unterschieden.

Bei statischen Systemen wird die an einer Masse m angreifende Schwere durch die elastische Gegenkraft von Federn ausgeglichen. Ein solches System kann in stark vereinfachter Darstellung durch eine Vertikal-Schraubenfederwaage oder durch eine Horizontal-Torsionsfederwaage angenähert werden (Abb. 2.2).

Für das Gleichgewicht der Vertikal-Schraubenfederwaage mit der Federkonstanten k gilt

$$mg = kl . \qquad (2.4)$$

Eine Schwereänderung dg führt zur Änderung der Federlänge

$$\mathrm{d}l = l\,\frac{\mathrm{d}g}{g}. \qquad (2.5)$$

Für $l = 0{,}1$ m und eine angestrebte Genauigkeit von d$g = 0{,}1\ \mu\mathrm{m/s^2}$ ist eine Sicherheit der Längenmessung von 1 nm erforderlich. Für das Gleichgewicht der Horizontal-Torsionsfederwaage mit der Torsionskonstanten τ und dem Vorspannwinkel ε gilt

$$mga\cos\bar{\varphi} = \tau(\bar{\varphi} + \varepsilon). \qquad (2.6)$$

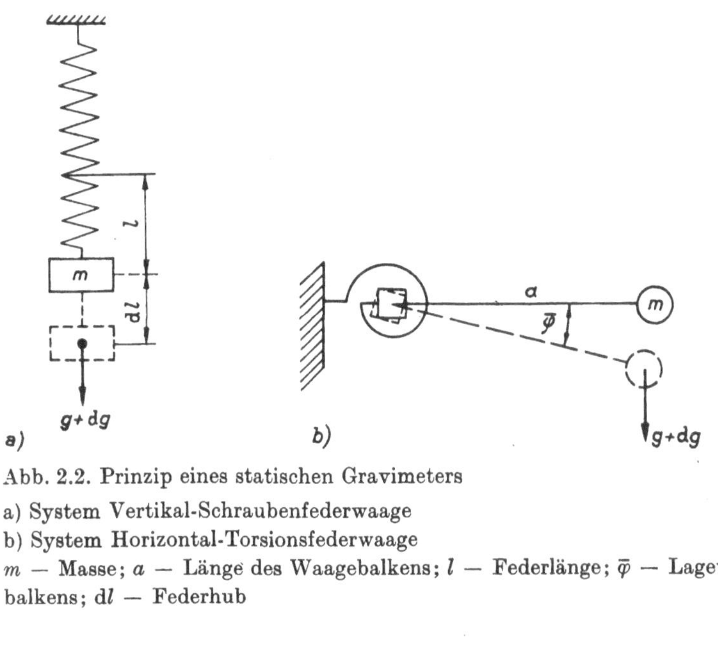

Abb. 2.2. Prinzip eines statischen Gravimeters
a) System Vertikal-Schraubenfederwaage
b) System Horizontal-Torsionsfederwaage
m — Masse; a — Länge des Waagebalkens; l — Federlänge; $\bar{\varphi}$ — Lagewinkel des Waagebalkens; dl — Federhub

Eine Schwereänderung dg führt bei $\bar{\varphi} \ll \varepsilon$ zu einer Winkeländerung

$$\mathrm{d}\bar{\varphi} = \varepsilon\,\frac{\mathrm{d}g}{g}. \qquad (2.7)$$

Für $\varepsilon = 2\pi \approx 1{,}3 \cdot 10^{6''}$ und eine angestrebte Genauigkeit von d$g = 0{,}1\ \mu\mathrm{m/s^2}$ wird eine Sicherheit der Winkelbestimmung von $0{,}01''$ gefordert.

Bei beiden genannten Systemen besteht nach (2.5; 2.7) eine lineare Abhängigkeit zwischen der Schwereänderung dg und der jeweiligen Meßgröße (dl, d$\bar{\varphi}$). Instrumente mit diesen Systemen werden daher lineare statische Gravimeter genannt (Abb. 2.3).

Unter dem Einfluß einer Schwereänderung wird die Hauptfeder auf Torsion beansprucht und die auftretende Winkeländerung durch die Meßfeder kompensiert; d. h., der Waagebalken wird über eine Meßspindel in seine ursprüngliche Lage zurückgeführt (Prinzip der *Nullmethode*).

Im Gleichgewicht ($\bar{\varphi} = 0$) gilt nach (2.4; 2.7)

$$mga = \tau\varepsilon + kbl. \tag{2.8}$$

Daraus ergibt sich bei zwei Meßpunkten mit g_1 und g_2

$$mg_1a = \tau\varepsilon + kbl_1,$$
$$mg_2a = \tau\varepsilon + kbl_2,$$
$$g_2 - g_1 = \Delta g = \frac{kb}{ma}(l_2 - l_1). \tag{2.9}$$

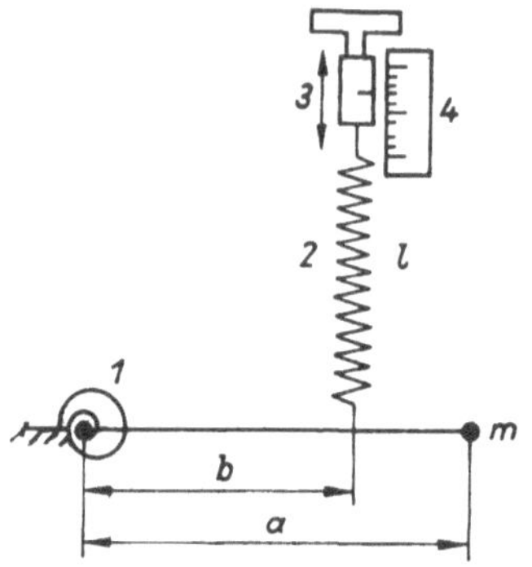

Abb. 2.3. Schema des Askania-Gravimeters (lineares Meßsystem)
1 – Hauptfeder mit Torsionskonstante τ; *2* – Meßfeder mit Federkonstante k; *3* – Meßspindel; *4* – Skale

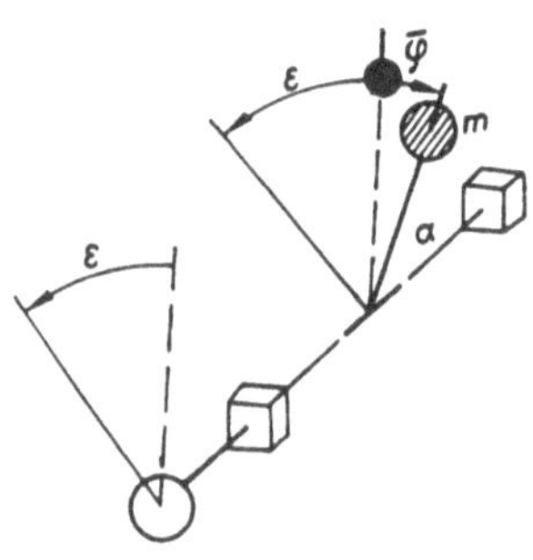

Abb. 2.4. Prinzip eines astasierten Systems
ε – Vorspannwinkel; $\bar{\varphi}$ – Lagewinkel des Waagebalkens

Der Hub $l_2 - l_1$ der Meßfeder wird an der Meßspindel in Zählereinheiten (ZE) abgelesen. Der Faktor kb/ma enthält geräteinterne Konstanten und läßt sich zum Skalenwert S zusammenfassen; er wird durch eine Eichung bestimmt. Die Beziehung

$$\Delta g = S\Delta\text{ZE} \tag{2.10}$$

wird als allgemeine Gravimetergleichung bezeichnet.
Gravimeter sind empfindlich gegenüber unsachgemäßer Horizontierung. Bei einer Verkippung der vertikalen Achse des Meßsystems um den Winkel $\bar{\nu}$ ändert sich die Meßwertanzeige um

$$\mathrm{d}g_{\bar{\nu}} = g(1 - \cos\bar{\nu}) \approx \frac{g}{2}\bar{\nu}^2. \tag{2.11}$$

Bei $\bar{\nu} = 51''$ beträgt der neigungsbedingte Ablesefehler bereits 0,2 μm/s^2.

Neben den linearen gibt es noch astasierte Gravimeter (Abb. 2.4). Sie besitzen bei verringerter Stabilität eine höhere Empfindlichkeit. Für die Gleichgewichtsbedingung eines astasierten Systems gilt

$$mga \sin \bar{\varphi} = \tau(\varepsilon + \bar{\varphi}). \tag{2.12}$$

Im Gegensatz zum linearen System ist $\bar{\varphi} \neq 0$.

Bei einer Schwereänderung dg ändert sich das Drehmoment $mag \sin \bar{\varphi}$, und es gilt

$$\mathrm{d}g = \frac{\tau}{ma} \frac{\tau \sin \bar{\varphi} - (\varepsilon + \bar{\varphi}) \cos \bar{\varphi}}{\sin^2 \bar{\varphi}} \mathrm{d}\bar{\varphi}. \tag{2.13}$$

(2.13) läßt erkennen, daß

- zwischen der Schwereänderung dg und dem Winkelausschlag d$\bar{\varphi}$ keine Linearität besteht,
- die Gravimeterempfindlichkeit d$\bar{\varphi}$/dg ihr Maximum bei $\sin \bar{\varphi} - (\varepsilon + \bar{\varphi}) \cos \bar{\varphi} = 0$ erreicht, d. h. für den Vorspannwinkel $\varepsilon = \tan \bar{\varphi} - \bar{\varphi}$ (vollständige Astasierung).

Bei vollständiger Astasierung jedoch tritt ein labiler Gleichgewichtszustand des Systems auf, und es kann nicht gemessen werden, da die Schwingzeit T unendlich groß ist. Deshalb wird bei astasierten Systemen der Vorspannwinkel ε so gewählt, daß man sich der Stabilitätsgrenze lediglich nähert, sie aber nicht erreicht. Schwereänderungen führen somit nicht zu einer Instabilität, wohl aber zu einer Vergrößerung des Winkelausschlages d$\bar{\varphi}$. Die Schwingzeit T vergrößert sich dabei gegenüber dem linearen System, bleibt aber endlich. Lineare Systeme zeigen dagegen kurze Schwingzeiten und kleinere Winkeländerungen d$\bar{\varphi}$.

Die wichtigsten astasierten Gravimeter benützen ein verallgemeinertes Seismometerprinzip, das 1934 durch La Coste erstmals zur Anwendung kam. Typische Vertreter astasierter Systeme sind das Worden-Gravimeter und das Gravimeter von La Coste-Romberg.

Das Worden-Gravimeter (Abb. 2.5) enthält ein Meßsystem aus Quarzglas; seine Masse m beträgt nur wenige Milligramm. Um Temperatureinflüsse auszuschalten, ist das System in einem evakuierten Dewar-Gefäß untergebracht. Die Ablesegenauigkeit beträgt $< 0{,}1$ µm/s², der Skalenbereich ≈ 1000 µm/s². Die Systemempfindlichkeit folgt aus d$\bar{\varphi}$/d$g = 1/g \times \tan \alpha$; für $\alpha = 90°$ wäre Vollastasierung erreicht. Wird der obere Aufhängepunkt der Feder so verschoben, daß $\alpha = 90°$ und z. B. $T = 7$ s betragen, so bedeutet dies eine Empfindlichkeitssteigerung um das 200fache gegenüber einem nichtastasierten System mit gleichen Abmessungen. Die Anzeige der Meßlage erfolgt optisch nach der Nullmethode.

Das La Coste-Romberg-Gravimeter (Abb. 2.6) enthält eine Metallfeder und benötigt daher einen Thermostaten. Derzeit sind die Modelle G (Skalenbereich über 70000 µm/s²) und D (Skalenbereich 2000 µm/s²) in Anwendung; modifizierte Modelle werden als Bohrlochgravimeter eingesetzt (s. Kap. 2.3.8.2.). Das Aufsuchen der Meßlage erfolgt wahlweise optisch oder über ein Galvanometer. Ein digitaler Abgriff der Meßwerte ist möglich. Der

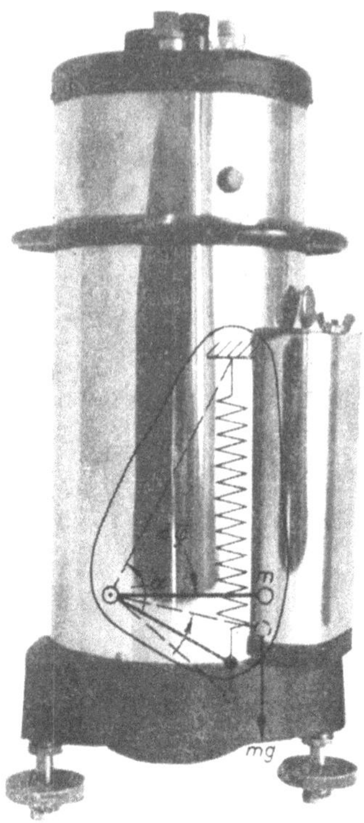

Abb. 2.5. Ansicht und stark vereinfachtes Prinzip des WORDEN-Gravimeters (astasiertes Meßsystem)
Höhe: 0,41 m; Masse: 5 kg

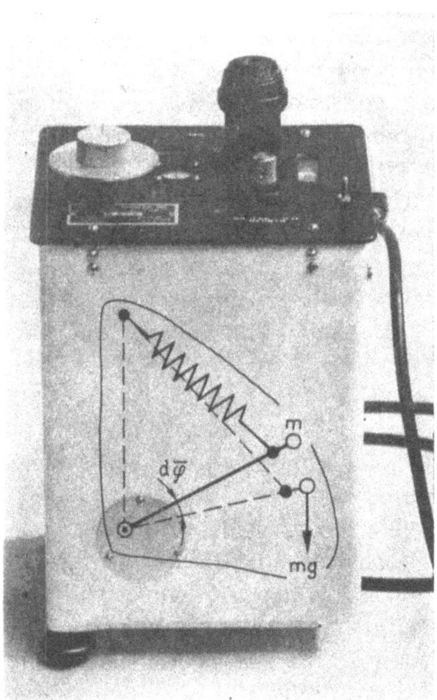

Abb. 2.6. Ansicht und stark vereinfachtes Prinzip des LA COSTE-ROMBERG-Gravimeters (astasiertes Meßsystem)
Höhe: 0,24 m; Masse: 3 kg; mit Batterieteil: 5,7 kg

geringe Instrumentengang ($\leq 5\ \mu m/s^2$/Monat) und die hohe Meßgenauigkeit $\leq 0{,}1\ \mu m/s^2$ begründen seine zunehmende Verbreitung.

Dynamische Systeme nutzen die Schwereabhängigkeit von Bewegungsvorgängen als Meßprinzip. Im wesentlichen handelt es sich um Saitengravimeter (Abb. 2.7), bei denen die Frequenz einer durch eine Masse belasteten, schwingenden Saite gemessen wird. Schwereänderungen führen zu Frequenzänderungen.

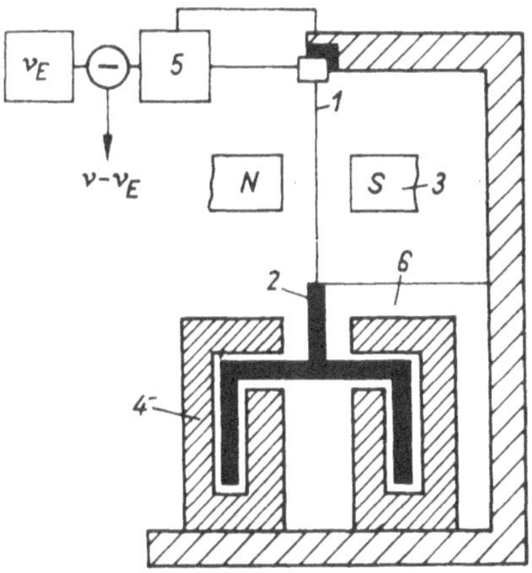

Abb. 2.7. Prinzip eines Saitengravimeters (nach OGORODOVA et al., 1978)
1 — Saite; *2* — Masse; *3* — Erregermagnet; *4* — Dämpfungsmagnet; *5* — Generator; *6* — Distanzfeder

Für die Grundfrequenz ν der schwingenden Saite gilt

$$\nu = \frac{1}{2l}\sqrt{\frac{\sigma}{\varrho}} = \frac{1}{2l}\sqrt{\frac{mg}{\varrho b}} \tag{2.14}$$

l — Saitenlänge, σ — Spannung in der Saite,
ϱ — Dichte des Saitenmaterials, b — Saitenquerschnitt.

Die Messung von Schweredifferenzen Δg wird auf die Messung von zwei Resonanzfrequenzen ν_2 und ν_1 zurückgeführt.

$$\Delta g = \frac{4\varrho}{m}\, l^2 b(\nu_2{}^2 - \nu_1{}^2)\,, \tag{2.15}$$

ν_1 und ν_2 lassen sich durch Vergleich mit einer Normalfrequenz ν_E bestimmen. Für die Genauigkeitsforderungen an eine solche Anordnung gilt

$$\frac{d\nu}{dg} = \frac{\nu}{2g}. \tag{2.16}$$

Für $\nu = 1\,000$ Hz und $dg = 10\ \mu m/s^2$ ist die Frequenz auf $0{,}5 \cdot 10^{-3}$ genau zu messen.

Während verschiedene Instrumente bereits für die Bohrlochmessungen genutzt werden (HOWELL u. a., 1966), haben Saitengravimeter für Landmessungen i. allg. noch keine Anwendung gefunden. Bedeutungsvoll waren die Messungen mit einem Saitengravimeter auf der Mondoberfläche während der Apollo-17-Mission; gleichzeitig erfolgte damit die erste Bestimmung der Schwere mit 1,626950 m/s^2 $\pm$ 50 µm/s^2 am Landeplatz der Mondfähre (TALWANI; KAHLE, 1976). — Prinzipiell könnte mit dynamischen Systemen auch während einer Bewegung gemessen werden, so daß für den Einsatz in Flugzeugen oder auf Schiffen günstige Perspektiven bestehen.

2.2.3. Gradientenmesser

Für zahlreiche Erkundungsprobleme ermöglichen Gradientenmessungen eine bessere Auflösung einzelner Störwirkungen — besonders im oberflächennahen Bereich — als die üblichen Gravimetermessungen. Zusätzlich bietet die Aufnahme der Komponenten des Horizontalgradienten g_x bzw. g_y günstige Möglichkeiten für die Aerogravimetrie (Ausschalten von Störbeschleunigungen). Der Vertikalgradient g_z ist speziell in der Untertagegravimetrie von Nutzen, um Doppeldeutigkeiten in der Interpretation auszuschließen (z. B. Schweremaximum $\triangleq$ Dichteüberschuß im Liegenden oder Dichtedefizit im Hangenden). Trotz dieser Vorteile und vieler Bemühungen existiert infolge gerätetechnischer Probleme gegenwärtig dennoch kein praxisreifes Instrument. Wahrscheinlich tendiert die Entwicklung zu rotierenden Masseanordnungen (JORDAN, 1978). Als Ausweg aus dieser Situation sind die methodischen Arbeiten von FAJKLEWICZ (1980) zur Messung des Turmgradienten zu werten, die besonders bei gravimetrischen Untersuchungen im Ingenieur- und Bergbau zu bemerkenswerten Ergebnissen geführt haben (s. Kap. 2.3.9.)

2.3. Vorbereitung und Durchführung von Messungen

Gravimetrische Messungen erfordern eine Reihe instrumenteller und meßtechnischer Vorbereitungen. Dazu gehören

- die Eichung der Geräte,
- Auswahl und Festlegung von Bezugs- und Anschlußpunkten,
- die Einordnung der Meßpunkte in Meßnetze sowie Abschätzungen über geeignete, der Aufgabenstellung angepaßte Punktabstände.

2.3.1. Eichung

Das Ziel der Eichung ist es, den Skalenwert S eines Gravimeters bzw. dessen Skalenwertfunktion S(ZE) zu bestimmen. Dadurch wird es möglich, die am Instrument erhaltenen Ablesungen (z. B. Zählereinheiten) in Schweredifferenzen nach (2.10) auszudrücken. Im Prinzip stellt das Eichen einen Differenzvergleich zwischen abgelesenen Zählereinheiten ZE mit bekannten Schweredifferenzen Δg dar. Bekannte und ausreichend große Schwereunterschiede liegen in den Meßpunkten von Eichstrecken vor oder können für bestimmte Gravimetertypen durch definierte Neigung des Instrumentes simuliert werden. Dadurch ergibt sich methodisch die Möglichkeit von Strecken- und Neigungseichungen.

Bei der Streckeneichung wird eine bestimmte Zahl i von Meßpunkten mit möglichst großen und sehr genau bekannten Schweredifferenzen Δg_i (Eichstrecken) verwendet. Die Eichstrecken sind häufig in die staatlichen Gravimeternetze eingebunden. Ihre Anlage erfolgt so, daß die Höhenabhängigkeit der Schwere oder (und) deren Abhängigkeit von der geographischen Breite genutzt wird. Zu unterscheiden sind daher

- Bergeichstrecken (wegen störender Luftdruckeffekte weniger üblich)
- Eichstrecken in Nord-Süd-Richtung.

Die Schwerewerte der Anfangs- und Endpunkte von Eichstrecken werden mit Pendelgeräten, in jüngster Zeit auch mit transportablen Absolutgravimetern nach dem Fallprinzip bestimmt. Die Strecke selbst wird durch genaue Gravimetermessungen verdichtet.

Aus der Vermessung auf Eichstrecken gelegener Meßpunkte folgt für den Skalenwert

$$S = \frac{\Delta g_i}{\Delta \mathrm{ZE}_i}. \tag{2.17}$$

Für den Fehler des Skalenwertes gilt

$$m_s^2 = S^2 \left[\left(\frac{m_{\Delta g}}{\Delta g} \right)^2 + \left(\frac{m_{\mathrm{ZE}}}{\mathrm{ZE}} \right)^2 \right]. \tag{2.18}$$

Große Schweredifferenzen verringern folglich den Fehler des Skalenwertes.

Je nach der Güte des Instrumentes und dem Meßbereich der Kompensationsfeder werden vielfach die Eichstrecken nur abschnittsweise genutzt. – Strecken mit großer Nord-Süd-Ausdehnung liegen auch der Eichung von Seegravimetern zugrunde.

Bei der Neigungseichung wird die Neigungsempfindlichkeit statischer Gravimeter genutzt. Wird eine definierte Verkippung des Systems um den Kippwinkel $\bar{\nu}$ in Richtung der Drehachse des Massearmes vorgenommen, so wird am Meßort mit der Schwere g eine Schweredifferenz $g - g \cos \bar{\nu}$ simuliert. Werden mit einem Neigungstisch (Abb. 2.8) geeignete Kippwinkel $\bar{\nu}_i$ vorgegeben, so lassen sich Gravimeterfedern im Gegensatz zur Streckeneichung in äquidistanten Intervallen durcheichen, und es folgt für den Skalenwert

$$S = \frac{g(1 - \cos \bar{\nu}_i)}{\mathrm{ZE}_i} \approx \frac{g}{2\Delta \mathrm{ZE}} \bar{\nu}_i^2. \tag{2.19}$$

Für die Genauigkeit von S gilt

$$m_s^2 = S^2 \left[\left(\frac{2m_{\bar{\nu}}}{\bar{\nu}} \right)^2 + \left(\frac{m_g}{g} \right)^2 \right]. \tag{2.20}$$

Bei einer Genauigkeit $m_s/S = 5 \cdot 10^{-4}$ wird bei Kippwinkeln von $20' \cdots 50'$ eine Winkelgenauigkeit von $0{,}3'' \cdots 0{,}75''$ gefordert (diesem Bereich entspricht eine Schwereänderung von etwa $166 \cdots 1\,038$ µm/s²). Die Verwendung der angegebenen Größtwerte in (2.19) ergibt für den ersten Term $2{,}5 \cdot 10^{-7}$, der zweite Term dagegen beträgt unter der Annahme von $g \approx 9{,}81 \cdot 10^6$ µm/s² und $m_g = 5 \cdot 10^2$ µm/s² nur noch $2{,}5 \cdot 10^{-9}$. Daraus folgt, daß für die Neigungseichung eine Genauigkeit in g völlig ausreicht, wie sie sich für

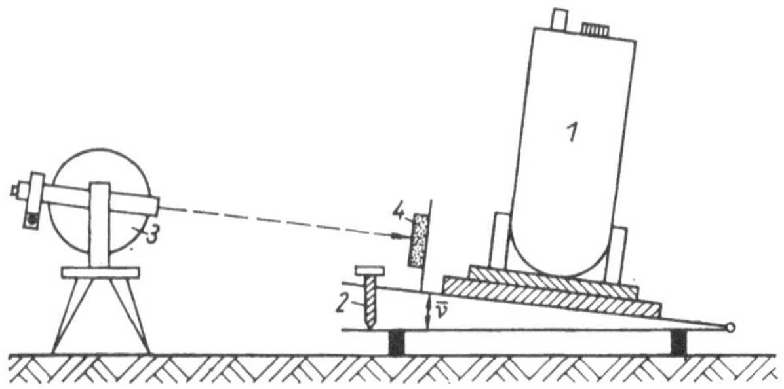

Abb. 2.8. Prinzip einer Vorrichtung zur Neigungseichung mit optischer Winkelbestimmung nach dem Autokollimationsprinzip

1 — Gravimeter; *2* — Neigungstisch; *3* — Theodolith mit Autokollimationszusatz; *4* — Spiegel

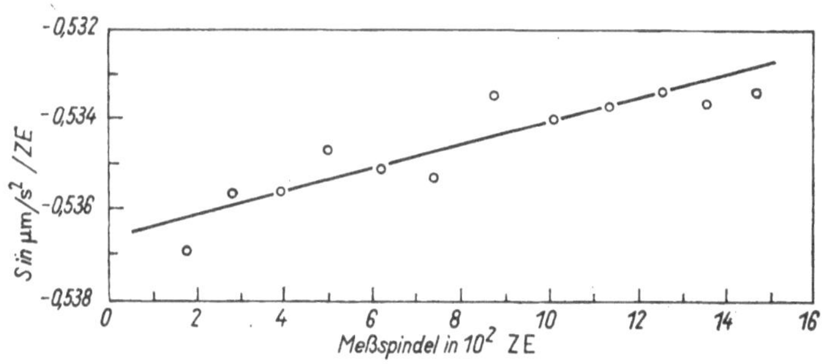

Abb. 2.9. Ergebnis einer Neigungseichung (nach LINDNER; HANEMANN, 1981)

den Aufstellungsort des Neigungstisches aus der Normalschwere unter Berücksichtigung der Freiluftreduktion (s. Kap. 2.4.3.) ergibt.

Abb. 2.9 zeigt das Eichergebnis in Form einer linearen Skalenwertsfunktion für ein sowjetisches Quarzgravimeter. Die Mittelbildung über alle Werte führt zu $S = -0{,}5346$ µm/s² pro ZE mit $m_s/S = 5{,}6 \cdot 10^{-4}$.

2.3.2. Bezugs- und Anschlußpunkte, Schwerenetze

Zur Sicherung der Vergleichbarkeit aller Meßwerte untereinander ist es erforderlich, sie an einen oder mehrere Bezugspunkte anzuschließen. Dieser Anschluß erfolgt über Netze. Je nach der Aufgabenstellung können es globale, regionale oder lokale Schwerenetze sein.

Ein globales Schwerenetz ist das Internationale Schwerestandardnetz (IGSN 71). Es umfaßt 1873 Punkte. An 14 Punkten dieses Netzes wurde g_{absolut} bestimmt; die übrigen Punkte sind durch relative Schwerewerte festgelegt, davon 1200 nach Pendelmessungen, die restlichen auf Grund von Gravimeterbeobachtungen.

Eine Netzdarstellung des IGSN 71 liegt von MORELLI (1974) vor. Der Fehler der einzelnen Punkte wird von WOOLLARD (1979) mit $\pm 0{,}3\ \mu m/s^2$ bei einem Schwereunterschied von $10000\ \mu m/s^2$ angegeben. Die Standardabweichung der Messungen liegt bei $\pm 2\ \mu m/s^2$. Der Anschluß gemessener Schwerewerte an das Internationale Schwerestandardnetz ist die Grundlage für einen weltweiten Vergleich ermittelter Anomalien (s. Kap. 1.3.3.3.).

Regionale Schwerenetze überspannen abgeschlossene Territorien, wie es beispielsweise bei den staatlichen gravimetrischen Netzen der Fall ist. Sie besitzen mindestens einen Punkt mit bekanntem Bezugswert und sind normalerweise mit dem IGSN 71 verbunden. Gelegentlich wird das staatliche gravimetrische Netz noch in Netze unterschiedlicher Ordnung unterteilt. Diese bilden in ihrer Gesamtheit die Grundlage der Aufnahmenetze für die angewandte Gravimetrie mit den Meß- oder Feldpunkten. Die Maschenweite der Netze wird weitgehend von der geologischen Zielstellung bestimmt (Tab. 2.3).

Tabelle 2.3. Punktabstand in gravimetrischen Aufnahmenetzen

geologische Zielstellung	Punktabstand in m
Regionalaufnahme	1500···5000
Präpermerkundung	500
Salinarerkundung	250
Störungsnachweis z. B. im Mesozoikum	250
Braunkohleerkundung	25···100
ingenieurgeologische Aufgaben	1···10

Die Anlage der Messungen in Netzen sowie deren Anschluß untereinander erlaubt das Erkennen grober Meßfehler und die Beseitigung bzw. gleichmäßige Beurteilung unvermeidlicher instrumenteller und meßtechnischer Abweichungen. Dazu sind die Gravimeternetze mit dem Ziel auszugleichen, Schleifenwidersprüche zu beseitigen und innerhalb der Aufnahmenetze durchgeführte Messungen in Basisnetze einzupassen.

Für den Ausgleich von Basisnetzen ist zu beachten, daß innerhalb eines Netzes die Anzahl der zu bestimmenden Schwerewerte $g_1, g_2, \ldots, g_m$ stets kleiner ist als die Anzahl der längs der Strecken gemessenen Schweredifferenzen $\Delta_1, \Delta_2, \ldots, \Delta_n$.

Dadurch entsteht ein überbestimmtes Gleichungssystem mit den Verbesserungen $v_1, \ldots, v_n$ und den Koeffizienten $a_j, b_j, \ldots, m_j$ $(j = 1, 2, \ldots, n)$.

$$\begin{aligned} a_1 g_1 + b_1 g_2 + \cdots + m_1 g_m &= \Delta_1 + v_1 , \\ a_2 g_1 + b_2 g_2 + \cdots + m_2 g_m &= \Delta_2 + v_2 , \\ a_n g_1 + b_n g_2 + \cdots + m_n g_m &= \Delta_n + v_n . \end{aligned} \tag{2.21}$$

Beim Netzausgleich müssen die Fehlergleichungen (2.21) die Bedingung $\sum_{i=1}^{n} v_i^2 \to \min$ erfüllen. Dies erfordert die Anwendung der Methode der kleinsten Quadrate. In GAUSSscher Summenschreibweise $\sum_{i=1}^{n} a_i^2 = [aa]$, $\sum_{i=1}^{n} a_i b_i = [ab]$ usw. lauten die aus (2.21) abgeleiteten Normalgleichungen

$$\begin{aligned}
[aa]\, g_1 + [ab]\, g_2 + \cdots + [am]\, g_m &= [a\Delta], \\
[ba]\, g_1 + [bb]\, g_2 + \cdots + [bm]\, g_m &= [b\Delta], \\
[ma]\, g_1 + [mb]\, g_2 + \cdots + [mm]\, g_m &= [m\Delta].
\end{aligned} \tag{2.22}$$

Im Bedarfsfall können die Fehlergleichungen noch mit Gewichten versehen werden. In der Praxis vereinfachen sich (2.21, 2.22) dadurch, daß

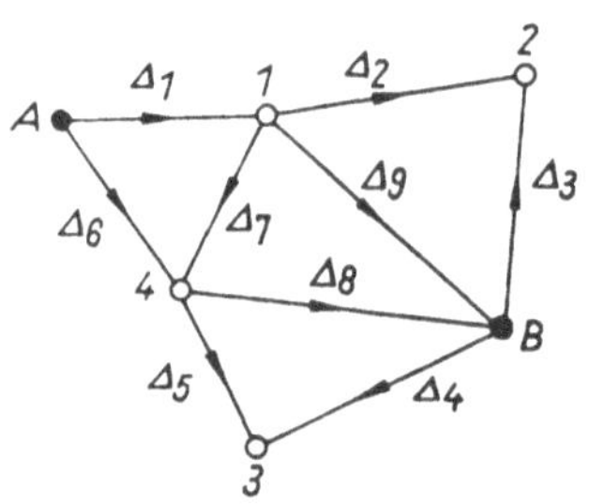

Abb. 2.10. Gravimetrisches Basisnetz (Pfeile zeigen in Richtung des Schwereanstieges)

die Schweredifferenzen Δ_i immer nur zwischen zwei Punkten gemessen werden; die Koeffizienten $a_j, b_j, \ldots, m_j$ nehmen die Werte -1 oder 1 an.

Abb. 2.10 zeigt ein einfaches Basisnetz. Die Punkte A, B gehören dem übergeordneten staatlichen Netz an; die Schwerewerte g_A, g_B bleiben daher beim Netzausgleich unverändert. Folglich lauten die Bestimmungsgleichungen

$$\begin{aligned}
g_1 - g_A &= \Delta_1, & g_4 - g_A &= \Delta_6, \\
g_2 - g_1 &= \Delta_2, & g_4 - g_1 &= \Delta_7, \\
g_2 - g_B &= \Delta_3, & g_8 - g_4 &= \Delta_8, \\
g_3 - g_B &= \Delta_4, & g_B - g_1 &= \Delta_9. \\
g_3 - g_4 &= \Delta_5,
\end{aligned} \tag{2.23}$$

Daraus ergeben sich gem. (2.22) die Normalgleichungen

$$\begin{aligned}
4g_1 - g_2 \qquad\qquad - g_4 &= \Delta_1 - \Delta_2 - \Delta_7 - \Delta_9 + g_A\ g_B, \\
-g_1 + 2g_2 \qquad\qquad &= \Delta_2 + \Delta_3 + g_B, \\
2g_3 - g_4 &= \Delta_4 + \Delta_5 + g_B, \\
-g_1 \qquad - g_3 + 4g_4 &= -\Delta_5 + \Delta_6 + \Delta_7 - \Delta_8 + g_A - g_B.
\end{aligned} \tag{2.24}$$

In Netzen mit vielen Unbekannten erhöht sich die Anzahl der Gleichungen sehr rasch; deshalb ist normalerweise eine maschinelle Bearbeitung erforderlich. Ist dies nicht der Fall, können manuelle Näherungsverfahren angewendet werden (JUNG, 1961; VARLAMOV, 1980). Der Ausgleich von Aufnahmenetzen ist einfacher. Er besteht nur in einer Niveauanpassung der Schleifen dieser Netze an die mitvermessenen Punkte des Basisnetzes. Als Bezugspunkt dient der Basispunkt, an dem die jeweilige Schleife beginnt. Die auftretenden Widersprüche werden gemittelt und auf den Anschlußpunkt bezogen (Abb. 2.11).

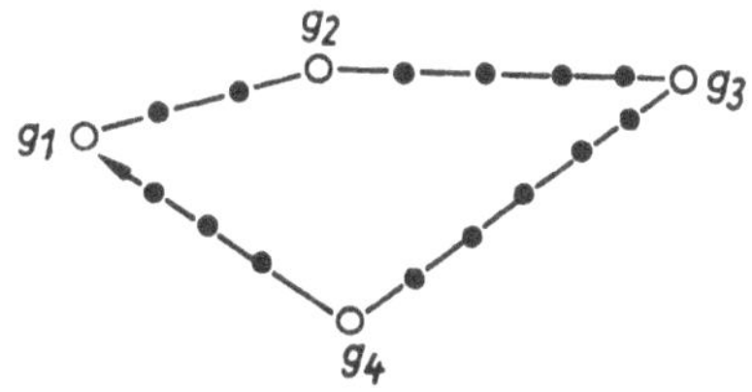

Abb. 2.11. Gravimetrisches Aufnahmenetz
○ — Punkt des Basisnetzes;
● — Punkt des Aufnahmenetzes

Werden n Basispunkte mit den Schwerewerten g_i in das Aufnahmenetz einbezogen, dann ist der Anschlußwert des Aufnahmenetzes

$$g_1' = g_1 + \sum_{i=2}^{n} \frac{(g_i - g_i')}{n}. \tag{2.25}$$

Dabei sind g_i' die mit dem Aufnahmenetz bestimmten Werte der Basispunkte. Für eine gute Einpassung der Messungen soll möglichst nicht an übergeordneten Netzpunkten vorbeigemessen werden.

2.3.3. Gangbestimmung

Das Ziel von Gangbestimmungen ist es, den Effekt aller zeitabhängigen Einflüsse zu erfassen, die sich letztlich als Fehlergröße auf den Meßwert auswirken. Diese Einflüsse sind Temperatur- und Luftdruckschwankungen, Ermüdungs- und Nachwirkeerscheinungen von Gravimeterfedern sowie deren thermoelastisches Verhalten und Gezeitenwirkungen.

Die Gangbestimmung erfolgt dadurch, daß gleiche Punkte am gleichen Tag zu verschiedenen Zeiten mehrmals vermessen werden. Die so erhaltenen Meßwerte werden graphisch aufgetragen und zu einer möglichst stetigen Kurve zusammengefaßt (Abb. 2.12). Unstetigkeiten in der Gangkurve (Versetzungen) gehen meist auf eine unsachgemäße Handhabung des Instrumentes zurück. Sie müssen bereits im Gelände erkannt und durch Wiederholungsmessungen genau bestimmt werden. Zeitliche Folge und Anzahl der Wiederholungsmessungen hängen von der Güte des Gravimeters und der angestrebten Meßgenauigkeit ab. Zur Gangbestimmung sind Schleifen- und Streckenmessungen möglich.

Bei der Schleifenmessung ist nach einer bestimmten Meßzeit die Rückkehr zum Basispunkt zur Gangbestimmung erforderlich. Wird sie als

Zweischleifenmethode betrieben, so erfolgt die Gangbestimmung durch eine zweimalige Messung aller Aufnahmepunkte jeder Schleife; sie beginnt und endet am Basispunkt. Es ist die genaueste Art der Gangbestimmung, jedoch verhältnismäßig aufwendig und daher nur bei der Anlage von Basisnetzen oder spezieller Messungen mit sehr hohen Genauigkeiten (z. B. Nachweis rezenter Krustenbewegungen) üblich. Im allge-

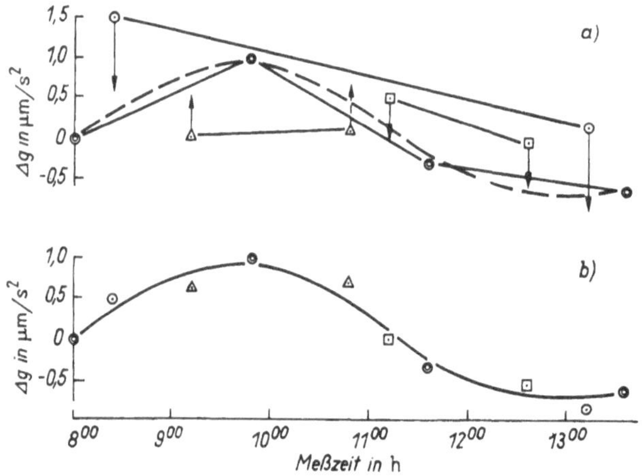

Abb. 2.12. Konstruktion der Gangkurve

a – Gangbestimmungspunkte im freien Niveau; die Pfeile zeigen die erforderlichen Verschiebungen zur Konstruktion der Gangkurve an; b – Gangkurve

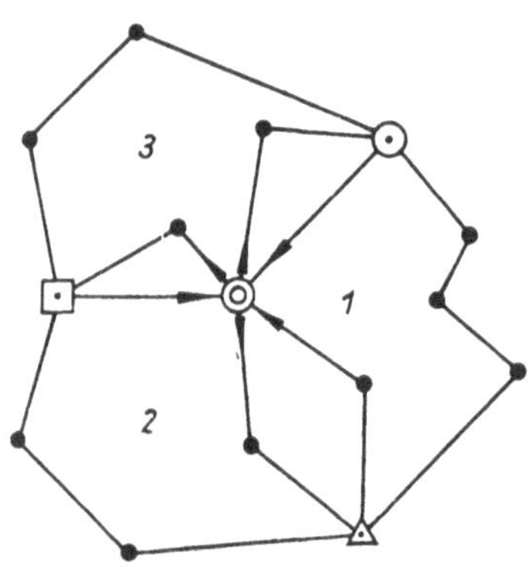

Abb. 2.13. Prinzip der Schleifenmessung

◎ – Basispunkt; ⊙, ⊡, ◬ – Wiederholungspunkte des Aufnahmenetzes; • – einfachgemessene Punkte des Aufnahmenetzes; *1*, *2*, *3* – Schleifenbezeichnung

meinen wird nach der Einschleifenmethode gearbeitet. Dabei dienen zur Gangbestimmung lediglich der Basispunkt und die Schnittpunkte der einzelnen Schleifen (Abb. 2.13).

Bei der Streckenmessung erfolgt die Gangbestimmung zusammen mit der Bestimmung der mittleren Niveauverschiebung durch ein fortlaufendes Anmessen verschiedener Basispunkte bekannter Schwere in der Nähe der Meßstrecke. Die dabei zwischen den Sollwerten und den an den Basispunkten gemessenen Werten auftretenden Differenzen werden linear auf die Punkte des Aufnahmenetzes verteilt, ohne daß eine Gangkurve konstruiert wird. Dadurch ist zwar der Instrumentengang nicht mehr explizit nachweisbar; der Meßfortschritt läßt sich aber erheblich steigern, da keine Wiederholungsmessungen anfallen; Voraussetzung ist ein kleiner Instrumentengang (Abb. 2.14).

Abb. 2.14. Prinzip der Streckenmessung
⊙ – Basispunkte, • – Punkte des Aufnahmenetzes

2.3.4. Punktabstand

Der Punktabstand entscheidet wesentlich mit über Erfolg und Aufwand bei der Lösung gestellter Aufgaben. In erster Linie ist er abhängig von der geophysikalischen Zielsetzung und der geologischen oder geotechnischen Situation (Tiefe, Ausdehnung, Dichteunterschiede der abzugrenzenden Bereiche usw.) und geforderten Genauigkeit der Messungen.

Wird zur Abschätzung idealisiert eine kugelförmige Dichteinhomogenität mit der Mittelpunktstiefe t angenommen, so ist es unter Berücksichtigung des Meßfehlers $m_{\Delta g}$ sinnvoll, einen Mindestpunktabstand $s_{\min}$ nicht zu unterschreiten:

$$s_{\min} = t \sqrt{\left(\frac{\delta g_{\max}}{\delta g_{\max} - m_{\Delta g}}\right)^{2/3} - 1} \,. \tag{2.26}$$

Für $r = 40$ m, $t = 50$ m und $\Delta\varrho = 600$ kg/m³ folgt nach Tab. 2.2 $\delta g_{\max} = 4{,}3$ µm/s²; wird außerdem $m_{\Delta g} = 0{,}5$ µm/s² angenommen, so beträgt der kleinste, noch sinnvolle Punktabstand $s_{\min} = 15$ m. Der größte Punktabstand, der ein „Vorbeimessen" gerade noch ausschließt, ergibt sich aus (2.26) mit $m_{\Delta g}$ im Nenner. Für das o. g. Beispiel beträgt $s_{\max} = 90$ m. Für zweidimensionale Einlagerungen (Länge im Streichen $\gg$ Tiefe) läßt sich die Abschätzung des Mindestpunktabstandes $s_{\min}$ über einen Störkörper ableiten, der von zwei Hyperbelästen begrenzt wird (Abb. 2.15).

Die dem JUNGschen Verfahren zugrunde liegenden Annahmen schränken seine Anwendung auf den Nachweis starker Anomalien ein. Für den Fall, daß deren Amplitude die Meßgenauigkeit nur wenig überschreitet, läßt sich nach POPOVIČ (1971) der Punktabstand über die zur Anomalienerkennung erforderliche Anzahl n von Meßpunkten bestimmen.

$$n = \frac{m_{\Delta g}^2}{m_A^2} = \frac{m_{\Delta g}^2}{k^2 m_M^2}\,; \tag{2.27}$$

$m_{\Delta g}$ – Meßgenauigkeit,
m_A – Genauigkeit der erwarteten Anomalie,
m_M – Mittel der erwarteten Anomalie,
k – Koeffizient.

Popovič setzt $k = 0,2$. Damit sind für das sichere Erkennen von Anomalien in der Größenordnung der Meßgenauigkeit mindestens 25 Punkte erforderlich. Der Punktabstand ergibt sich aus der Fläche, welche die Anomalie einnimmt.

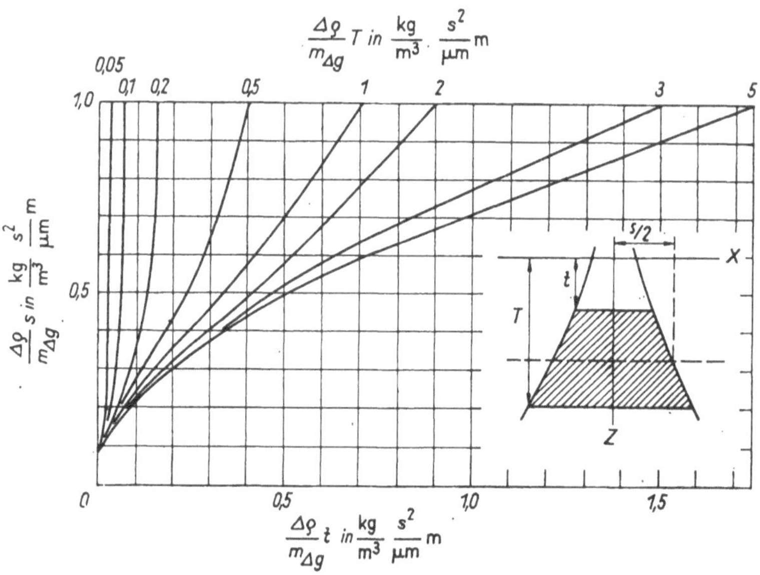

Abb. 2.15. Abschätzung des Mindestabstandes s der Meßpunkte zum Auffinden einer Anomalie (nach Jung, 1927)

2.3.5. Regionalaufnahme

Regionalaufnahmen dienen der Suche und Erkundung größerer geologischer Strukturen wie z. B. magmatischer Plutone, tektonischer Störungen, Salzstöcke, Sedimentbecken. Dabei sind Punktabstände von etwa 1,5 km üblich; auch Abstände von 3···5 km können schon zu brauchbaren Ergebnissen führen. Für die Meßgenauigkeit sind 0,5···1,0 μm/s² ausreichend. Deshalb werden Regionalaufnahmen i. allg. nach der Einschleifenmethode durchgeführt. Vielfach genügen zur Höhenbestimmung der Gravimeterpunkte barometrische Nivellements.

Abb. 2.16 zeigt den Ausschnitt einer Regionalaufnahme im kristallinen Grundgebirge mit Punktabständen von 1,5 km. Die kräftigen Minima sind ursächlich auf die (teilweise anstehenden) variszischen Granitplutone dieses Gebietes zurückzuführen.

2.3.6. Spezialaufnahme

Spezialaufnahmen dienen der Detailerkundung und sind der Regionalaufnahme nachgeordnet. Ziel ist die Herleitung quantitativer Angaben z. B. über Salinarstrukturen, tektonische Störungen, Plutone, kleinere Sediment-

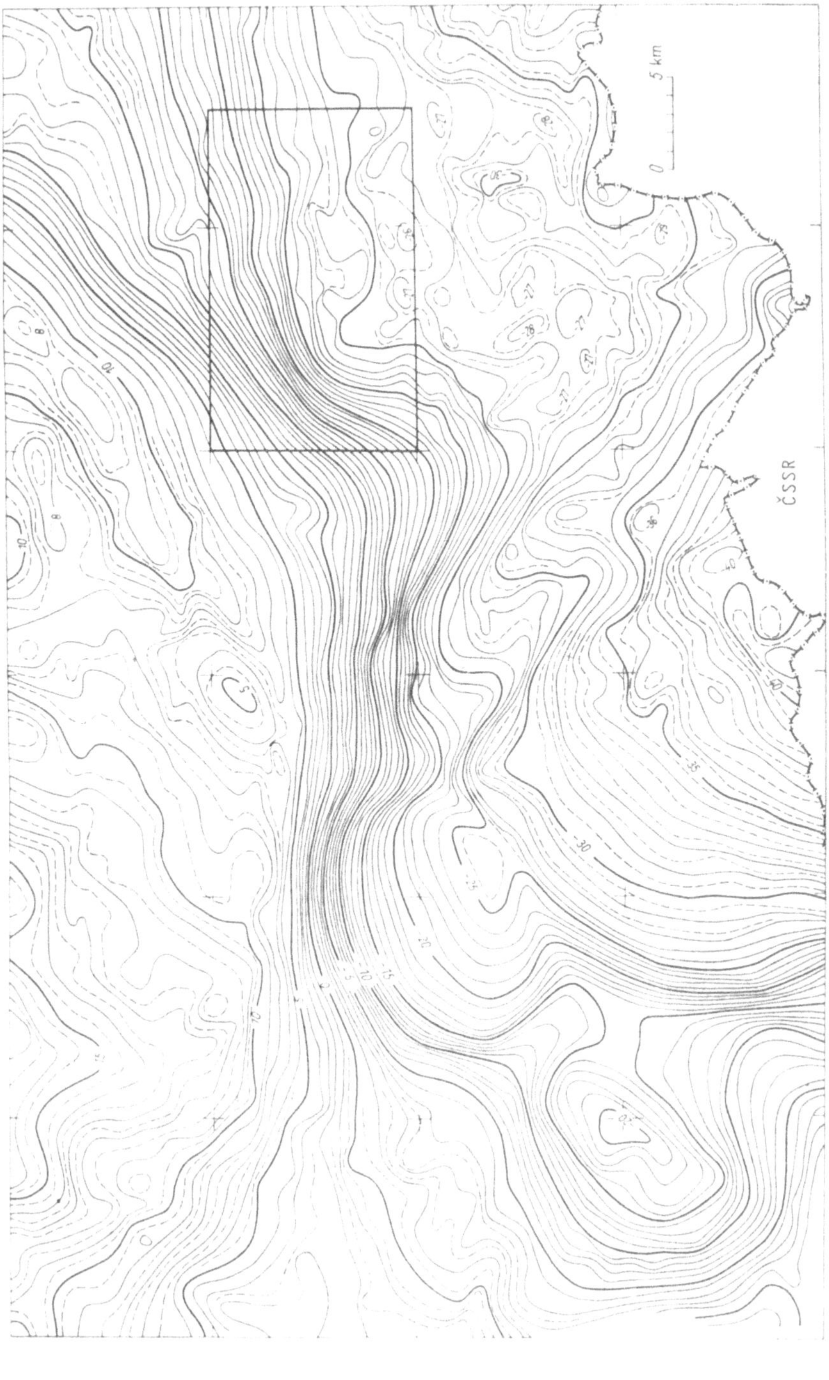

Abb. 2.16. Gravimetrische Regionalaufnahmen eines Gebietes im Erzgebirge (nach GROSSE et al., 1961)
Isanomalenabstand: 20 μm/s²

becken oder Lagerstätten. Die Punktabstände reichen von etwa 50…500 m. Die Aufnahme erfolgt entlang von Profilen oder in einem annähernd regelmäßigen Punktnetz. Bei der Anlage von Profilen ist deren Richtung möglichst senkrecht zum Streichen der zu erkundenden Strukturen zu legen. Abweichungen davon führen zur Anomalienverzerrung und können Anlaß zu fehlerhaften Interpretationsergebnissen sein (insbesondere der Teufen). Abb. 2.17 zeigt das Ergebnis einer Spezialaufnahme im Vorfeld eines Braun-

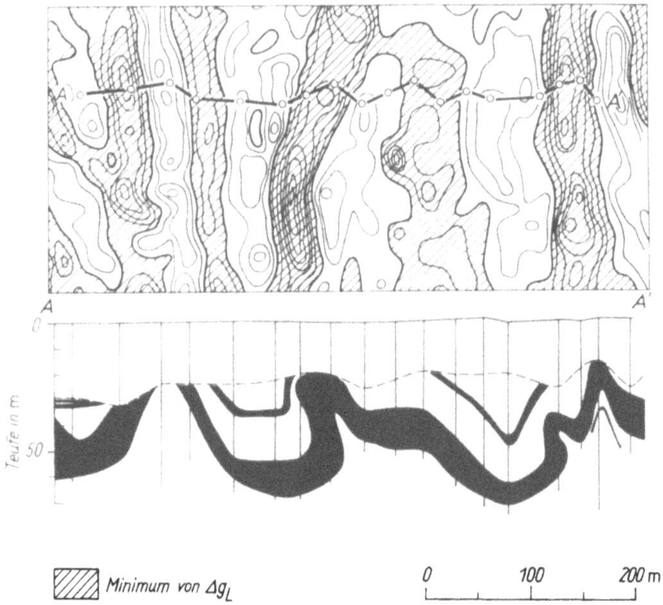

Abb. 2.17. Gravimetrische Spezialaufnahme im Bereich einer Braunkohlenlagerstätte (nach RISCHE; SCHOESSLER, 1979)
Isanomalenabstand: 0,2 µm/s²; $A-A'$: Bohrprofil

kohletagebaus zusammen mit dem bohrtechnisch erkundeten Flözverlauf längs des angegebenen Profils AA'. Die Messungen erfolgten in einem 25 × 50-m-Netz. Die schraffiert gezeichneten Minima bilden die Kohlesättel ab; die Maxima fallen mit dem flözfreien Bereich oder den Kohlemulden zusammen.

2.3.7. Mikroaufnahme

Mikroaufnahmen werden vorzugsweise für ingenieurtechnische, bergbauliche und archäologische Arbeiten eingesetzt; sie zielen auf den Nachweis räumlich sehr kleiner Anomalien bzw. von Anomalien sehr geringer Amplitude (Tab. 2.1). Demzufolge sind enge Punktabstande von 1…20 m üblich. Schwache Nutzsignale erfordern neben guten Meßgeräten vielfach einen höheren Aufwand als bei Regional- oder Spezialaufnahmen. Eine Meßgenauigkeit von 0,1 µm/s² ist erstrebenswert. Dies erfordert i. allg. die

Anwendung der Zweischleifenmethode zur Sicherung einer guten Gangbestimmung und zur Ausschaltung von Meßfehlern. Die Höhenbestimmungen der Gravimeterpunkte sind mittels geometrischer Nivellements mit einer Genauigkeit von 0,01 m durchzuführen.

Abb. 2.18 zeigt das Ergebnis einer Mikromessung zum Nachweis verborgener Keller. Gemessen wurden 262 Punkte in einem Rasternetz von 1×1 bzw. 2×2 m. Der Meßfehler betrug 0,11 $\mu m/s^2$. Die nachgewiesenen Minima mit Amplituden von 0,6 $\mu m/s^2$ zeichnen die Hohlräume deutlich ab.

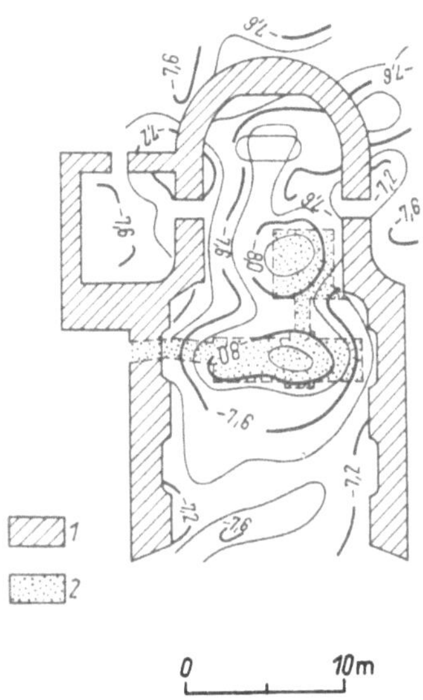

Abb. 2.18. Gravimetrische Mikroaufnahme innerhalb der St. Wenzelskirche in Tovačov (nach BLIŽKOVSKÝ, 1979)

1 — Kontur des Mauerwerkes; *2* — verborgene Kellergewölbe,
Isanomalenabstand: 0,2 $\mu m/s^2$

2.3.8. Messungen unter besonderen Bedingungen

2.3.8.1. See- und Flugzeugmessungen

Beide Methoden dienen dem Zweck regionaler Aufnahme in marinen bzw. schwer zugänglichen Gebieten.

Bei Seemessungen wird zwischen Seeboden- und Schiffsmessungen unterschieden. Seebodenmessungen erfolgen stationär mit getauchten Instrumenten und sichern Genauigkeiten fast wie bei Landmessungen. Die Horizontierung des Gerätes wird mittels einer kardanischen Aufhängung erreicht. Die Anzeige der Meßlage erfolgt vielfach photoelektrisch, die Bewegung der Meßspindel wird über einen Servomotor durch Fernsteuerung vom Schiff aus vorgenommen (Abb. 2.19).

Bei Schiffsmessungen erfordern Wellenbewegungen und Schiffsgeschwindigkeit spezielle apparative Vorkehrungen und Korrekturen (FLEISCHER, 1974; DEHLINGER, 1978) am Meßwert.

Konstruktiv sind Schiffsgravimeter so ausgelegt, daß durch Begrenzen des beweglichen Massearmes und Dämpfung nur noch vertikale Störbeschleunigungen wirksam werden. Für Instrumente, die kardanisch aufgehängt und auf kreiselstabilisierten Plattformen befestigt sind, werden folgende Daten angegeben (Gss 30 — Askania; Abb. 2.20)

– Genauigkeit: bei vertikaler Störbeschleunigung von:

$\pm 1\ \mu m/s^2$	0,05 g
$\pm 5\ \mu m/s^2$	0,075 g
$\pm 7{,}5\ \mu m/s^2$	0,12 g
$\pm 10\ \mu m/s^2$	0,18 g

– Gang ca. 20 $\mu m/s^2$ pro Monat, Meßbereich 100000 $\mu m/s^2$,
– Datenausgabe: analog oder digital bei kontinuierlicher Meßwertaufzeichnung.

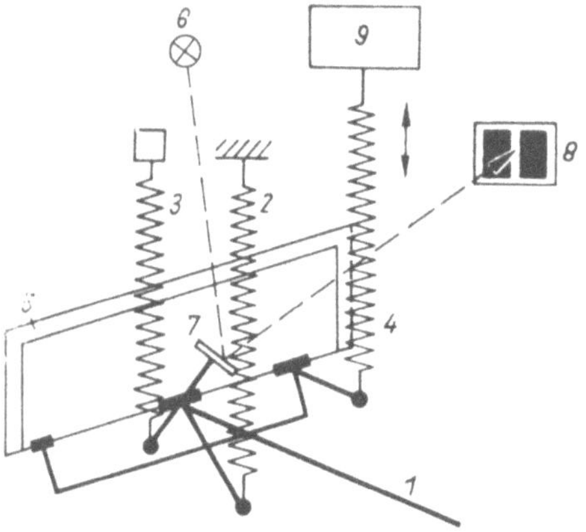

Abb. 2.19. Prinzip des sowjetischen GAK-7 DT-Seebodengravimeters
1 – Waagebalken; *2* – Hauptfeder; *3* – Meßbereichsfeder; *4* – Meßfeder; *5* – Quarzrahmen; *6* – Lampe; *7* – Spiegel; *8* – Differentialphotozelle; *9* – Motor für Meßspindel

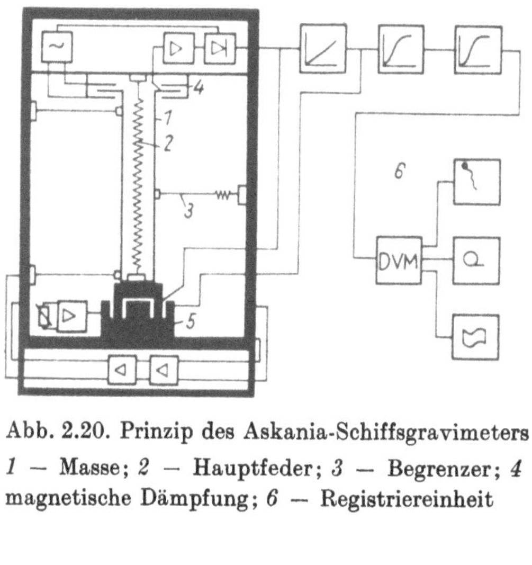

Abb. 2.20. Prinzip des Askania-Schiffsgravimeters Gss 30
1 – Masse; *2* – Hauptfeder; *3* – Begrenzer; *4* – kapazitive Aufnehmer; *5* – elektromagnetische Dämpfung; *6* – Registriereinheit

Einige der Korrekturen, ihre ursächlichen Zusammenhänge mit Störbeschleunigungen sowie Möglichkeiten ihrer Beseitigung sind Tab. 2.4 zu entnehmen.

Verschiedene Korrekturen hängen von der Genauigkeit folgender Angaben ab (SHERIFF, 1974):

- Lage der Einzelpunkte ± 150 m
- Kurs $\pm 2°$
- Lage der Punkte auf den Profilen ± 15 m
- Geschwindigkeit $\pm 0{,}2$ Knoten (0,37 km/h).

Tabelle 2.4. Einige Korrekturen bei schiffsgravimetrischen Messungen

Bezeichnung der Korrektur	Ursache	Beseitigung
EÖTVÖS	N- und E-Komponente der Schiffsgeschwindigkeit v führen zur scheinbaren Verringerung von $\boldsymbol{a}_Z$ bzw. zur Vergrößerung von ω_E	$\Delta g_E = 2\omega_E v \sin \bar{\nu} \cos \varphi$ (bei N–S-Kurs wird $\Delta g_E = 0$) $\bar{\nu}$ – Kurswinkel gegenüber N
first-order	vertikale Störbeschleunigung durch Rollen und Stampfen des Schiffs im Wellengang	Integrale Registrierung und Tiefpaßfilterung der Meßwerte
second-order	horizontale Störbeschleunigung g_{hor} aus Schiffsbewegung im Wellengang	Gerätemontage auf kreiselstabilisierten Plattformen $\Delta g_B = g_{hor}^2/(4g)$
HARRISON	Stabilisierungsfehler der Plattform gegenüber dem Horizont (Auslenkwinkel ν)	$\Delta g_H = \nu g_{hor}/2$
cross-coupling	Überlagerung vertikaler und horizontaler Störbeschleunigungen gleicher Periode	Spezielle Konstruktion des Gravimetersystems (Begrenzung, Dämpfung)

Abb. 2.21 zeigt das Ergebnis einer seegravimetrischen Aufnahme über dem mittelatlantischen Rücken. Das gemessene Minimum führt zur Vorstellung einer Mächtigkeitszunahme von granitoidem Material im Zentralbereich des Rückens.

Flugzeugmessungen werden vielfach mit Saitengravimetern durchgeführt und setzen im Prinzip die gleiche instrumentelle Ausstattung zur Ausschaltung der in Tab. 2.4 genannten Störeffekte voraus wie Schiffsmessungen.

Speziell ist in der EÖTVÖS-Korrektur neben dem Fliehkraftsterm die Flughöhe h und der mittlere Erdradius R_E zu berücksichtigen

$$\Delta g_E = (1 + h/R_E)\,(2\omega_E v \sin \bar{\nu} \cos \varphi + v^2/R_E)\,. \tag{2.28}$$

Δg_E kann aufgrund der vergleichsweise hohen Fluggeschwindigkeit v Werte von mehr als 10000 μm/s² annehmen. Ihre Erfassung begrenzt damit die Genauigkeit gravimetrischer Flugzeugmessungen auf etwa 100 μm/s².

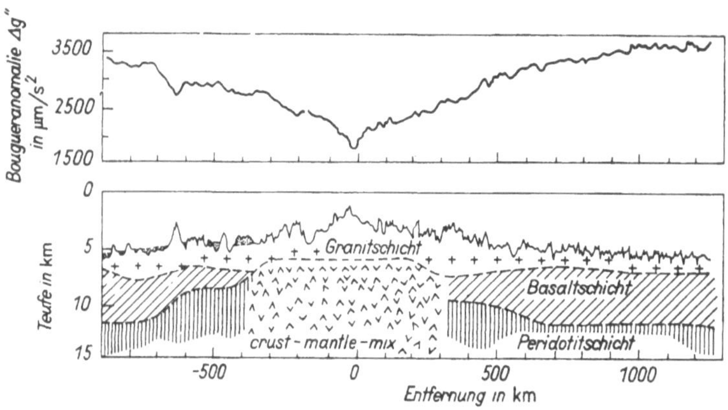

Abb. 2.21. Schiffsgravimetrische Ergebnisse über dem Mittelatlantischen Rücken (nach TALWANI et al., 1965)

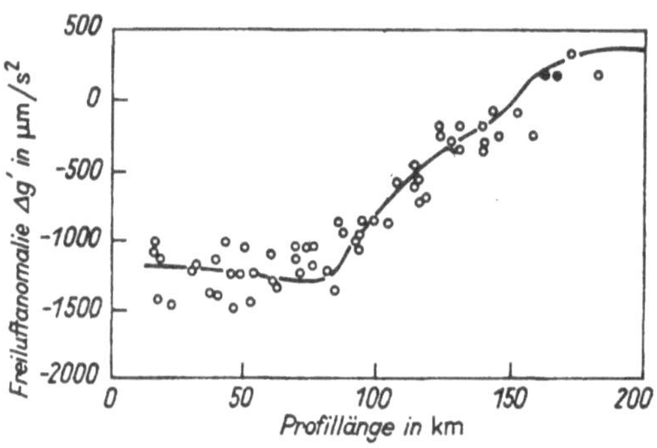

Abb. 2.22. Flugzeuggravimetrische Ergebnisse über dem Kaspischen Meer (nach LOŽINSKAJA; JAŠAEV, 1971)

——— $\Delta g'$ — nach seegravimetrischen Messungen

········· $\Delta g'$ — nach luftgravimetrischen Messungen unter Verwendung von drei Saitengravimetern

2.3.8.2. Schacht- und Bohrlochmessungen

Schacht- und bohrlochgravimetrische Messungen dienen vorzugsweise der Bestimmung von Blockdichtewerten ϱ des Anstehenden. Darunter ist in erster Näherung die mittlere Dichte einer Gesteinsplatte der Mächtigkeit h zu verstehen. Sie folgt aus der Schweredifferenz Δg zweier an den Begrenzungsflächen dieser Platte im Abstand Δh liegender Meßpunkte (s. Kap. 2.5.4.).

Für die Durchführung schachtgravimetrischer Messungen besteht prinzipiell die Möglichkeit, das Meßgerät im Förderkorb bzw. vom Förderkorb aus auf dem Ausbau der Schachtröhre aufzustellen. Dadurch können die einzelnen Tiefenintervalle zwischen den Meßpunkten unabhängig von den räumlichen Gegebenheiten der Grubenbetriebsanlagen festgelegt werden. Wegen der festen Untergrundverhältnisse und einer sehr exakt möglichen Teufenzuordnung der Meßpunkte eignen sich oft die Füllörter der einzelnen Sohlen und die Wasserörter besser für die Aufstellung der Geräte (Hussain; Walach, 1980). Schwierigkeiten in der Wahl der Meßpunkte und zusätzliche, teils recht aufwendige Reduktionen durch den Schacht und das Grubengebäude begründen die Sonderstellung der Schachtgravimetrie zur Ermittlung der Blockdichte (s. Kap. 2.4.4.).

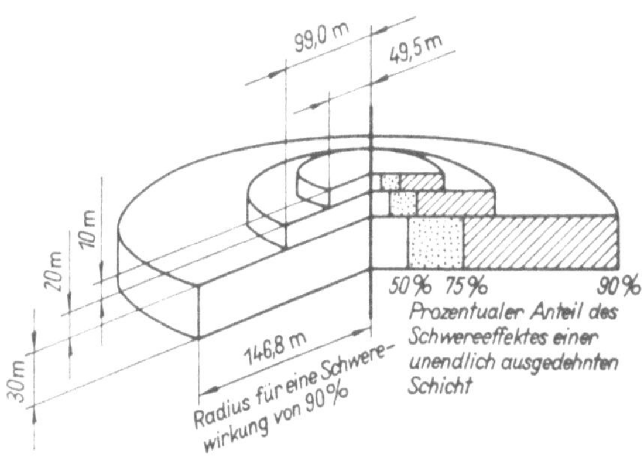

Abb. 2.23. Eindringtiefe bohrlochgravimetrischer Messungen für verschiedene Schichtmächtigkeiten (umgezeichnet nach Jones, 1972)

Bohrlochgravimetrische Untersuchungen zur Ermittlung von Blockdichten oder Dichte-Tiefen-Funktionen sind erst während der letzten Jahre nach der Entwicklung spezieller Bohrlochgravimeter möglich geworden. Der routinemäßige Einsatz jedoch wird unter Berücksichtigung einer Meßgenauigkeit von $< 0{,}1\ \mu m/s^2$ noch durch lange Meßzeiten von etwa 10 Minuten (Edcon, 1977) pro Meßpunkt erschwert. Trotzdem ist die Perspektive der Bohrlochgravimetrie zur Dichtebestimmung des Anstehenden unverkennbar, da in den Meßgrößen Störeinflüsse durch Spülung und Filterkuchen zurücktreten und den Dichtewerten eine gute Repräsentanz zur Kennzeichnung der durchsunkenen Schichten in Abhängigkeit von ihrer Mächtigkeit zugeordnet werden kann (Abb. 2.23).

Den technischen Stand der Bohrlochgravimetrie verdeutlichen am besten die Daten des 1978 erstmals eingesetzten La Coste-Romberg „slim hole" – Gravimeters (La Fehr, 1980). Die maximalen Bohrlochbedingungen werden mit 14,6° Neigung, 120 °C und 83 MPa hydrostatischer Druck angegeben, der Außendurchmesser der Sonde beträgt 105 mm. Durch konstruktive Maßnahmen wurde die Meßzelle des La Coste-Romberg-Landgravimeters um rund ein Drittel verkleinert. Probleme bereitet derzeit noch die exakte Positionsbestimmung bei Präzisionsmessungen in tiefen Bohrlöchern. Der erforderliche Bohrlochdurchmesser von 121 mm und die hohen Gerätekosten beschränken den Anwendungsbereich im wesentlichen auf die Kohlenwasserstofferkundung.

Neben der Aufnahme von Blockdichten eignen sich schacht- und bohrlochgravimetrische Messungen auch zur Bestimmung von Porositätswerten und zur Suche und Erkundung von Störkörpern, die sich seitlich vom Bohrloch befinden (YUNGUL, 1973).

Abb. 2.24 zeigt eine bohrlochgravimetrische Anomalie für einen Erzkörper, dessen Teufenlage sich aus dem Nulldurchgang der Δg-Kurve ableitet.

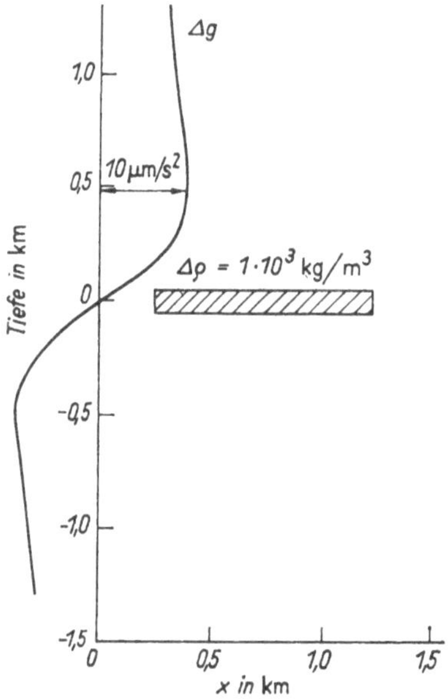

Abb. 2.24. Schwereverlauf nach der Bohrlochgravimetrie für einen seitlich vom Bohrloch gelegenen zweidimensionalen Erzkörper

Ist es möglich, den in mehreren Bohrungen ermittelten Schwereverlauf zu korrelieren, so kann zusammen mit den an der Erdoberfläche gewonnenen Schwerewerten eine dreidimensionale Erkundung durchgeführt werden, während sich mittels einzelner Bohrungen lediglich gravimetrische „Leithorizonte" erfassen lassen.

2.3.8.3. Untertagemessungen

Gravimetrische Untertagemessungen dienen der Bearbeitung von Problemen der Strukturerkundung und Grubensicherheit. Örtliche Begrenztheit der Meßpunktanordnung und häufig geringe Dimensionen der Objekte sind die Ursache dafür, daß Untertagemessungen vielfach als Mikromessungen angelegt werden (Tab. 2.1).

Abb. 2.25 zeigt das Ergebnis einer Messung zum Nachweis einer untertägigen Erosionsrinne im Hangenden eines Steinkohleflözes. Die aus den Meßergebnissen abgeleitete Lokalfeldkurve zeigt infolge der Wirkung dieser Rinne ein deutliches Minimum mit einer Amplitude von 2,4 $\mu m/s^2$.

Liegen die Meßergebnisse nur auf einer Strecke vor, dann sind sie ohne die Einbeziehung zusätzlicher geologischer oder anderer Informationen stets doppeldeutig. Ein Schweremaximum z. B. kann sowohl einen Störkörper höherer Dichte im Liegenden als einen geringerer Dichte im Hangen-

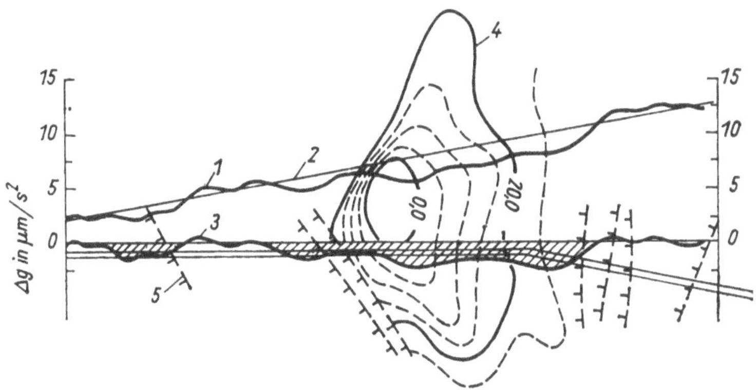

Abb. 2.25. Gravimetrische Untertagemessungen im Bereich einer karbonen Erosionsrinne (nach FAJKLEWICZ, 1964)
1 — BOUGUER-Schwere; *2* — Regionalfeld; *3* — Lokalfeld; *4* — Isohypsen der Erosionszone; *5* — Störungen

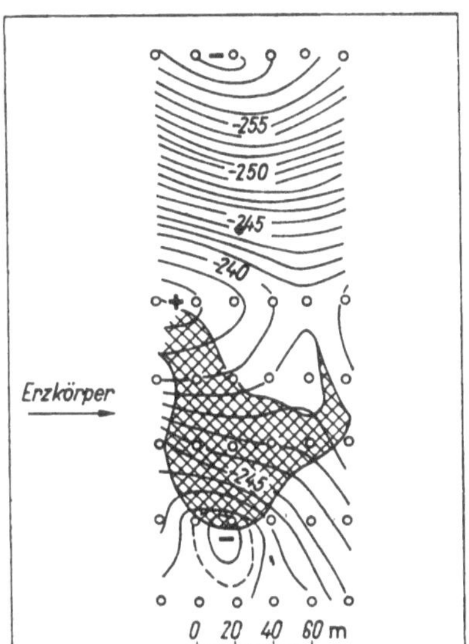

Abb. 2.26. Gravimetrische Untertagemessungen in sechs verschiedenen übereinanderliegenden Strecken zum Nachweis eines Erzkörpers (nach RUSU; SAVA, 1977)
Isanomalenabstand: 1 $\mu m/s^2$, o — Meßpunkte

den anzeigen. Einen Ausweg schaffen Messungen in mehreren übereinanderliegenden Strecken oder auch die Aufnahme des Vertikalgradienten (s. Kap. 2.3.9.).

Abb. 2.26 zeigt deutlich ein Schweremaximum längs von Strecken über und teilweise in einem Erzkörper; in den darunterliegenden Strecken tritt im gleichen Bereich ein Minimum auf.

Gravimetrische Untertagemessungen werden im wesentlichen nach folgenden Prinzipien durchgeführt:

- Vermessung einzelner Strecken und Ableitung von Schwereprofilen (Abb. 2.25),
- Vermessung mehrerer Strecken einer Sohle und Ableitung von Isanomalenkarten in der x-y-Ebene,
- Vermessung von Strecken auf verschiedenen Sohlen und Ableitung von Isanomalenkarten in der x-z-Ebene (Abb. 2.26); damit Ausschaltung von Doppeldeutigkeiten in der Interpretation,
- Vermessung neben- und übereinanderliegender Strecken; damit dreidimensionale Auswertung möglich (günstigste Form einer gravimetrischen Messung überhaupt).

2.3.9. Gradientenmessungen

Die Bestimmung von Gradienten aus Gravimeteraufnahmen setzt Messungen an zwei horizontal oder vertikal angeordneten Stationen voraus. Vertikale Anordnungen werden durch die Verwendung von Stativen (Abb. 2.27) verwirklicht.

Abb. 2.27. Anordnung zur Messung des Vertikalgradienten mittels eines LA COSTE-ROMBERG-Gravimeters nach FAJKLEWICZ

Näherungsweise gilt

$$g_x \approx \frac{\Delta g(x_1) - \Delta g(x_2)}{x_1 - x_2},$$
$$g_z \approx \frac{\Delta g(z_1) - \Delta g(z_2)}{z_1 - z_2}. \tag{2.29}$$

Hinweise über die zur Berechnung von g_x und g_z erforderliche Genauigkeit in der Bestimmung der Schweredifferenzen sowie der horizontalen bzw. vertikalen Meßpunktentfernungen gibt Abb. 2.28.

Bestimmungen des Vertikalgradienten erfordern eine besonders hohe Genauigkeit in der Ermittlung von Schweredifferenzen, da Stativhöhen von mehr als 3 m praktisch nicht handhabbar sind.

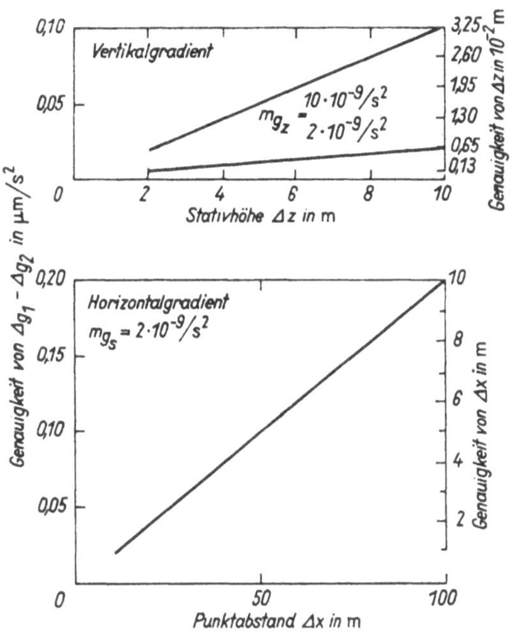

Abb. 2.28. Genauigkeiten der Meßgrößen zur Bestimmung von g_z und g_x aus Differenzmessungen

m_x – Fehler des Horizontalgradienten; m_z – Fehler des Vertikalgradienten

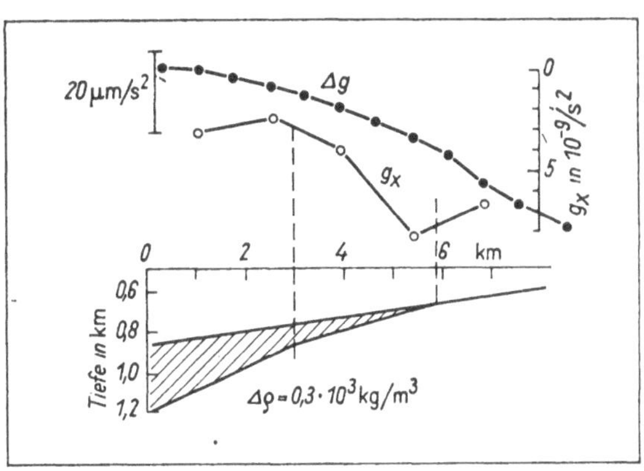

Abb. 2.29. Verlauf des Horizontalgradienten über einer stratigraphischen Falle (nach HAMMER; ANZOLEAGA, 1975)

$\Delta x = 100$ m; $m_{g_x} = 1 \cdot 10^{-9}/s^2$

Abb. 2.29 zeigt das Ergebnis einer Bestimmung von Horizontalgradienten über einer Erdölstruktur, die aus einer flächenhaften Aufnahme mit einer Punktanordnung im Dreiecksverband hergeleitet sind. Im Ergebnis werden Ausbiß sowie die Mächtigkeitszunahme der Struktur durch die Extremwerte in g_x wiedergegeben (s. Kap. 6.2.3.).

Abb. 2.30 zeigt das Ergebnis einer Bestimmung des Vertikalgradienten aus turmgravimetrischen Aufnahmen zum Nachweis alter Bergbaustollen.

Die deutliche Markierung oberflächennaher Strukturen bzw. Dichteanomalien durch den Vertikalgradienten ist die Grundlage turmgravimetrischer Spezialuntersuchungen zur Erkundung spezieller ingenieur- und bergbaulischer Situationen (Fajklewicz, 1980), Verbesserung der gravimetrischen Freiluftreduktion (Götze et al., 1978), zur Dichtebestimmung (Bližkovský, 1979; Madej, 1975) und zur Tiefenbestimmung.

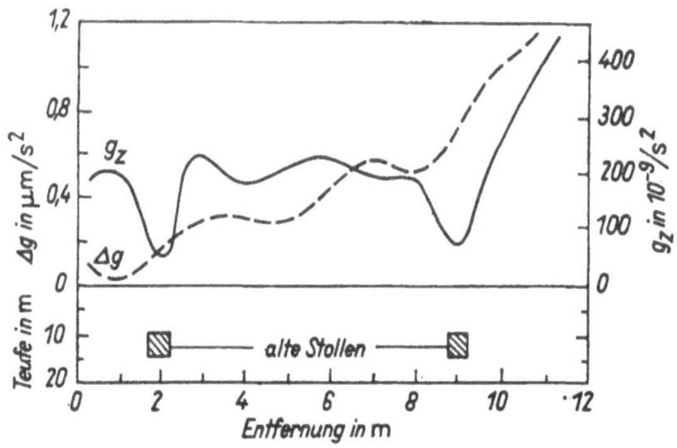

Abb. 2.30. Verlauf des Vertikalgradienten („Turmgradient") zum Hohlraumnachweis (nach Fajklewicz, 1977)
$\Delta h = 3$ m; $m_{g_z} = 10 \cdot 10^{-9}/s^2$; Punktabstand: 1 m

2.4. Reduktionen und Anomalien

2.4.1. Zielstellung

Die an verschiedenen Punkten gemessenen Schwerewerte lassen sich zunächst nicht ohne weiteres miteinander vergleichen. Sie sind auch nach Berücksichtigung erforderlicher Korrekturen (s. Kap. 2.3.3.; 2.3.8.) das Ergebnis einer Reihe orts- und zeitabhängiger Wirkungen. Dies sind Einflüsse der regularisierten Erde, der Höhe des Meßpunktes zum Bezugsniveau, bekannter Störmassen (Geländerelief im Bereich des Meßpunktes, Gesteinsplatte zwischen Meß- und Bezugsniveau, geologische Strukturen, bergmännische Auffahrungen bei Untertagemessungen) sowie unbekannter geologischer Strukturen bzw. ingenieur- oder bergbautechnischer Situationen.

Ein Vergleich der Schwerewerte untereinander mit dem Ziel, ausschließlich den Einfluß unbekannter Strukturen und Situationen hervortreten zu lassen, ist erst möglich, wenn die übrigen Wirkungen und Einflüsse auf den gemessenen Schwerewert beseitigt worden sind. Dies ist Aufgabe von Reduktionen (Symbol δ). Im Ergebnis führt die Verbindung von Reduktionen δg mit dem Meßwert g zur Anomalie Δg.

$$\Delta g = g - \delta g. \tag{2.30}$$

Aufgabenstellung und dementsprechend angepaßte Reduktionsverfahren lassen verschiedene Anomalien unterscheiden. Es sind dies die BOUGUER-Anomalie (s. Kap. 2.4.7.), die Freiluftanomalie (s. Kap. 2.4.8.) und die isostatische Anomalie (s. Kap. 2.4.9.). Diese Anomalien besitzen über gleichen geologischen Strukturen einen unterschiedlichen Verlauf (Abb. 2.31).

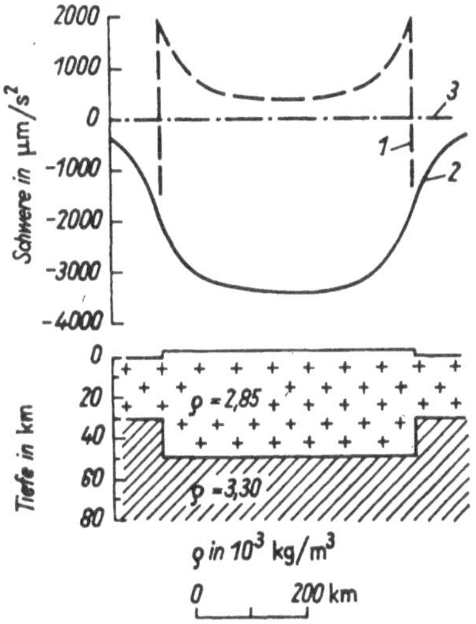

Abb. 2.31. Schwereanomalien über einer in schweres basisches Substrat eintauchenden Krustenscholle (nach EGYED, 1969)

1 – Freiluftanomalie $\Delta g'$ (betont die Ränder der nichtreduzierten Gesteinsplatte; die in der Tiefe gelegene Dichtegrenze tritt nur untergeordnet hervor); *2* – BOUGUER-Anomalie $\Delta g''$ (wegen der bis zur Bezugshöhe 0 erfolgten Gesteinsplattenreduktion wird der Tiefgang der Krustenscholle deutlich abgebildet); *3* – isostatische Anomalie Δg_I ($\Delta g_I = 0$ belegt, daß sich die Krustenscholle im Schwimmgleichgewicht befindet)

Bei der Deutung von Schwereanomalien muß beachtet werden, daß der Reduktionsvorgang rechnerische Veränderungen der korrigierten Meßwerte verursacht. Sie sind bei der Betrachtung der Ergebnisse stets zu berücksichtigen. Daher dürfen die einzelnen Schritte der Reduktion nicht formal angewendet werden, sondern sind der geologischen bzw. ingenieurtechnischen Aufgabenstellung anzupassen.

2.4.2. Normalschwerereduktion

Durch die Normalschwerereduktion wird die Wirkung der regularisierten Erde auf den gemessenen Schwerewert beseitigt (s. Kap. 1.3.3.3.). Dabei lassen sich je nach dem verwendeten Erdellipsoid unterschiedliche Normalschwereformeln benutzen (s. Kap. 1.107 und Tab. 1.1). In Europa sind die Darstellungen von HELMERT (1901) und CASSINIS (1930) (vielfach auch als Internationale Schwereformel bezeichnet) üblich. Diese Normalfelddarstellungen besitzen für $\varphi = 45° \cdots 55°$ untereinander und gegenüber dem Geodätischen Referenzsystem 1967 (IAG System 1967; s. Kap. 1.3.3.3.) folgende Differenzen

$$\gamma_0 \text{ (Cassinis)} - \gamma_0 \text{ (Helmert)}: \quad 110 \cdots 135 \ \mu\text{m/s}^2$$

$$\gamma_0 \text{ (Cassinis)} - \gamma_0 \text{ (1967)}: \quad -30 \cdots 41 \ \mu\text{m/s}^2$$

$$\gamma_0 \text{ (Helmert)} - \gamma_0 \text{ (1967)}: \quad 80 \cdots 104 \ \mu\text{m/s}^2$$

Für die Belange der angewandten Gravimetrie liegen die Werte der Normalschwere als Funktion der geographischen Breite tabelliert vor (SCHLEUSENER, 1958). Mit Hilfe dieser Tafeln kann eine graphische Bestimmung der Normalschwere über eine Konstruktion der Isanomalen von γ_0 erfolgen.

Genügt die Berücksichtigung von Normalschweredifferenzen $\Delta\gamma_0$ zwischen einem Feld-(φ) und einem Basispunkt (φ_B), dann folgt aus (1.107) bei Verzicht auf k_2 im IAG-System 1967

$$\Delta\gamma_0 = 51\,859 \ (\sin^2 \varphi - \sin^2 \varphi_B). \tag{2.31}$$

Bei Spezialaufnahmen mit wenigen Kilometern Ausdehnung genügt für einen Punktabstand Δx in N–S-Richtung

$$\Delta\gamma_0 = 0{,}0081 \sin^2 2\varphi_B \Delta x \quad \text{in} \quad \mu\text{m/s}^2, \quad \text{wenn } \Delta x \text{ in m}. \tag{2.32}$$

Bei $\varphi = 50°$ nimmt γ_0 nach (2.32) nach Norden um 8 μm/s² pro km zu. Ein Lagefehler des Meßpunktes von 50 m in N–S-Richtung verursacht damit einen Reduktionsfehler von 0,4 μm/s².

2.4.3. Freiluftreduktion

Das Ziel der Freiluftreduktion δg_{Nl} besteht darin, den Einfluß der Geländehöhe auf die an den einzelnen Feldpunkten gemessenen Schwerewerte zu beseitigen. Dazu werden sie auf ein gemeinsames Bezugsniveau umgerechnet. Für regionale Aufnahmen dient das Meeresniveau als Bezugsfläche; für Spezial- und Mikromessungen wird häufig ein Bezugsniveau in der Höhe des am tiefsten gelegenen Meßpunktes benutzt. Die Umrechnung erfolgt unter Berücksichtigung, daß die Normalschwere γ_0 mit der Höhe abnimmt. Die Abnahme wird durch den Freiluftgradienten gekennzeichnet und beträgt für die Praxis mit ausreichender Genauigkeit

$$\frac{\partial \gamma}{\partial h} = -3{,}086 \ \mu\text{m/s}^2 \text{ pro m}. \tag{2.33}$$

Dadurch folgt für die Freiluftreduktion

$$\delta g_{Nl} = -\frac{\partial \gamma}{\partial h} h. \tag{2.34}$$

Soll die Reduktion z. B. auf 0,1 μm/s² genau ermittelt werden, so ist für die Höhenmessungen eine Sicherheit von 0,03 m erforderlich.

Die Problematik der Freiluftreduktion liegt darin, daß der Freiluftgradient durch oberflächennahe Störkörper um $-0{,}18 \cdots 0{,}14\ \mu m/s^2$ pro m verfälscht werden kann (THYSSEN; STACKLER, 1956). Zur Zeit ist es, von wenigen Versuchen zur Messung des Freiluftgradienten im Gelände (GÖTZE et al., 1978) abgesehen, noch nicht möglich, diese Fehlerquelle für den Reduktionsprozeß zu beseitigen.

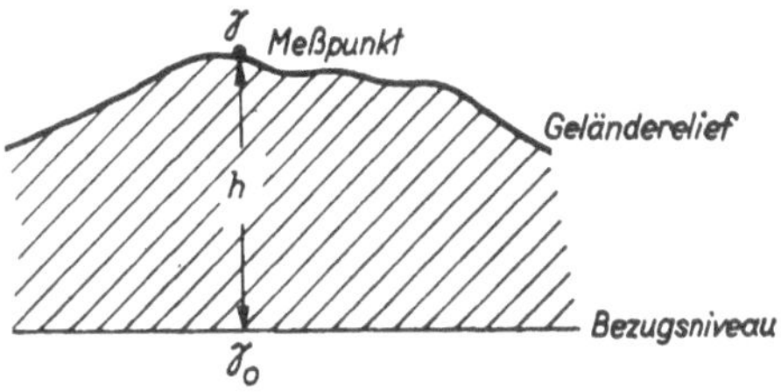

Abb. 2.32. Prinzip der Freiluftreduktion
Umrechnung der Normalschwere γ in der Höhe des Meßpunktes auf die Normalschwere γ_0 im Meeresniveau

2.4.4. Geländereduktion für Messungen über- und untertage

Bei Messungen übertage besteht das Ziel der Geländereduktion δg_{Top} darin, den Einfluß topographischer Unebenheiten auf die an den einzelnen Feldpunkten gemessenen Schwerewerte zu beseitigen. Dies geschieht im Prinzip durch einen Massenausgleich bezogen auf eine Ebene durch den Meßpunkt (Abb. 2.33 und 2.34).

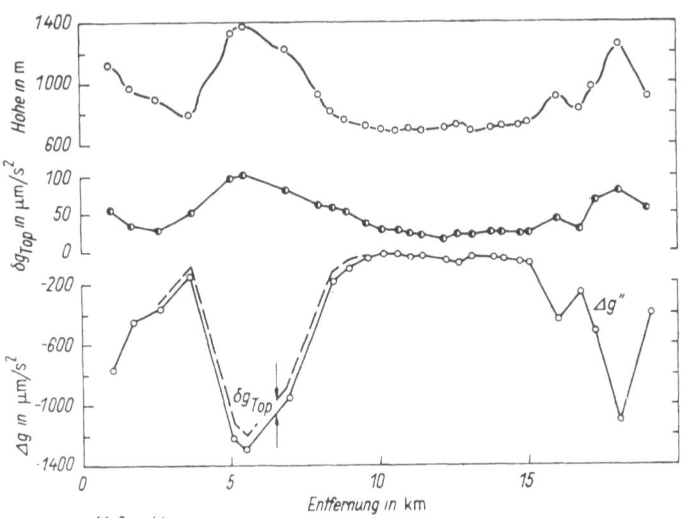

Abb. 2.33. Einfluß der Topographie auf Schweremessungen längs eines Profiles in den östlichen Zentralalpen

Die Berechnung der Geländereduktion erfolgt über eine Modellierung der Topographie mit einfachen Elementarkörpern, deren Schwerewirkung einzeln bestimmt und dann summiert wird.

Bei der manuellen Berechnung werden Kreisringschablonen benutzt; ihnen liegt eine Geländeaufteilung in Zylinderringsektoren zugrunde, in deren Mitte sich der Meßpunkt P befindet. Das bekannte Verfahren von SCHLEUSENER (1940) beruht auf einer achtstrahligen Geländeaufteilung mit den in Tab. 2.5 angegebenen Radien.

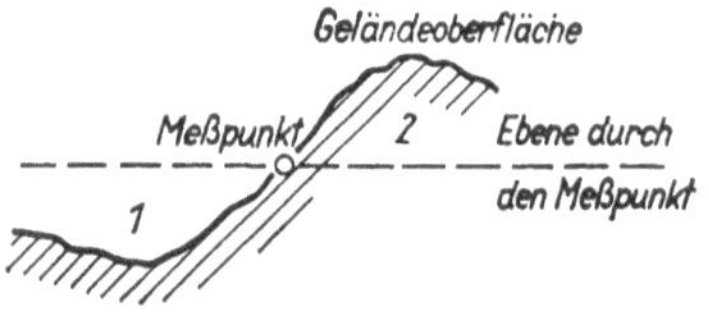

Abb. 2.34. Prinzip der Geländereduktion
1 – Täler werden rechnerisch aufgefüllt; *2* – Berge werden rechnerisch abgetragen

Tabelle 2.5. Einige Radien im Nomogramm von SCHLEUSENER (1940)

Nahreduktion Radius in m	Fernreduktion Radius in km
0···3	0,1···0,2
3···5	0,2···0,5
5···10	0,5···1
10···20	1···2
20···30	2···3
30···50	3···5
50···70	5···10
70···100	10···20

Für die Geländereduktion eines Sektors gilt nach Abb. 2.35a

$$\delta g_{\text{Top}} = \frac{\pi}{4} f \varrho \left(r_{i+1} - r_i + \sqrt{r_i^2 + h_i'^2} - \sqrt{r_{i+1}^2 + h_i'^2} \right). \qquad (2.35)$$

h_i' – mittlere Geländehöhe im jeweiligen Sektor bezogen auf die Meßpunkthöhe; wird aus topographischen Karten entnommen.

Für ingenieurtechnische Aufnahmen ist die Nahreduktion sehr exakt zu berechnen; der Fernbereich übt i. allg. einen konstanten Einfluß auf die Meßfläche aus und wird daher vernachlässigt. Demgegenüber spielt bei Regionalaufnahmen der Nahbereich eine untergeordnete Rolle. Nur unter extremen topographischen Bedingungen kann die Nahreduktion bis zu einem Radius von 160 m Werte bis zu 20 $\mu m/s^2$ erreichen (BEHLE et al., 1972). In der angewandten Gravimetrie genügt für Entfernungen topographischer Unebenheiten bis zu 20 km vom Meßpunkt eine ebene

Betrachtung, d. h., die Erdkrümmung kann vernachlässigt werden. Dadurch gilt – unabhängig vom Vorzeichen der h_i' (Berge, Täler) nach (2.35) stets $\delta g_{\mathrm{Top}} > 0$.

Bei der maschinellen Berechnung der Geländereduktion wird das umständliche und erneute Bestimmen der mittleren Geländehöhen an jedem Meßpunkt vermieden; dafür wird das Relief unter Zugrundelegen eines Orthogonalgitters (EHRISMANN; LETTAU, 1971) einmalig digitalisiert

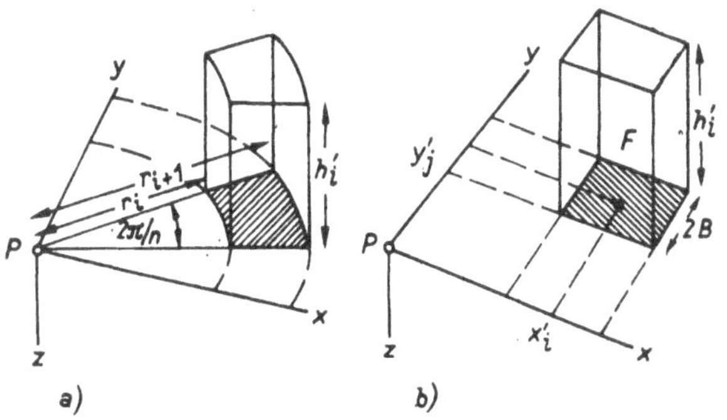

Abb. 2.35. Elementarkörper zur Berechnung der Geländereduktion
a) manuelle Berechnung; b) maschinelle Berechnung

Abb. 2.35b). Mit $h_i'^2 \ll x_i^2 + y_i^2$ gilt für eine quadratische Säule der Kantenlänge $2b$

$$\delta g_{\mathrm{Top}} = 2f\varrho b^2 \frac{h_i'^2}{r_i^3}\left(1 + \frac{3}{2}\frac{b^2}{r_i^2}\right). \tag{2.36}$$

Liegen die Prismen weiter vom Meßpunkt entfernt, so vereinfacht sich (2.36) über das Massenlinienmodell.

$$\delta g_{\mathrm{Top}} = 2f\varrho b^2 \frac{h_i'^2}{r_i^3}. \tag{2.37}$$

Ist die Bedingung $h_i'^2 \ll x_i^2 + y_i^2$ nicht erfüllt (Hochgebirgsbedingungen) so muß die exakte Quaderformel (1.70) trotz ihres hohen Rechenaufwandes benutzt werden.

Die Geländereduktion δg_{Top} folgt aus der Summation der Wirkung sämtlicher Prismen. Im Ergebnis der maschinellen Berechnung entsteht eine Karte der Geländereduktion; sie enthält die Reduktionswerte an den Gitterpunkten. Die Reduktionswerte der Meßpunkte erfordern eine anschließende Interpolation (Abb. 2.36), wobei die Höhen der Gitterpunkte als Gewichte dienen können. In der Praxis läßt sich der Aufwand senken, wenn für die weiter vom Punkt entfernten Elementarprismen die Kantenlänge durch Rasterverdopplung systematisch vergrößert wird. Dagegen ist die Berechnung des Innenraumes (Bereich der ersten Prismen mit dem Meßpunkt) oftmals schwierig, da hier die Geländeverhältnisse verschiedentlich sehr kleine Elementarprismen erfordern. Neben der Zylinderringmethode von SCHLEUSENER (1940) sind Sonderverfahren üblich (Modellannäherung nach PICK et al., 1961; Zylindersektoren mit geneigter Oberfläche nach SCHÖLER, 1976 usw.).

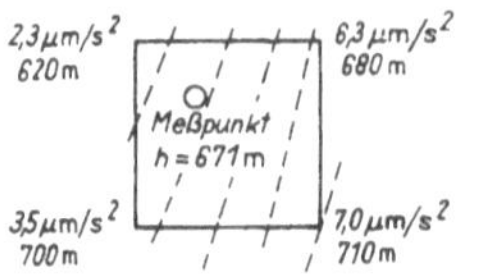

Abb. 2.36. Meßpunkt im Orthogonalgitter mit $\delta g_{\mathrm{Top}} = 3{,}6\ \mu\mathrm{m/s^2}$

Bei Messungen in bebauten Gebieten tritt an die Stelle der Geländereduktion die urbanistische Reduktion. Sie beseitigt den Einfluß z. B. von Gebäuden, Kellerräumen und einzelnen Mauern auf die an den Feldpunkten gemessenen Schwerewerte. Besondere Bedeutung besitzt sie bei der Reduktion von Meßwerten des Turmgradienten $\partial g/\partial h$. Die dafür von ŠLIZ (1975) entwickelten Verfahren setzen eine achtstrahlige Sektorenaufteilung des Geländes voraus; dadurch gilt für ein Element der Geländereduktion folgende Beziehung

$$\delta\left(\frac{\Delta g}{\Delta h}\right)_{\mathrm{Top}} = \frac{\pi f \varrho}{8\Delta h}\left(\frac{1}{r_i} - \frac{1}{r_{i+1}}\right)(h_{i_1}'^2 - h_{i_2}'^2); \tag{2.38}$$

h'_{i_1} – Differenz mittlere Säulenhöhe gegen untere Meßebene,
h'_{i_2} – Differenz mittlere Säulenhöhe gegen obere Meßebene,
Δh – Höhendifferenz beider Meßebenen.

Beim Einsatz in Gruben und in Bohrungen beseitigt die Untertagereduktion Einflüsse auf die Meßwerte, die auf topographische Unebenheiten der Erdoberfläche, die Schachtröhre und Strecken oder andere Grubenbaue zurückzuführen sind.

Zur Bestimmung der Wirkung topographischer Unebenheiten der Erdoberfläche gilt bei einer achtstrahligen Sektorenaufteilung für ein Element der Geländereduktion in guter Näherung

$$\delta g_{\mathrm{Top}} = \frac{\pi f \varrho}{8} h_i' \left(\frac{1}{r_i} - \frac{1}{r_{i+1}}\right)(h_i' + 2t_i) \tag{2.39}$$

h_i' – mittlere Säulenhöhe gegenüber dem Reduktionsniveau > 0 für Berge, < 0 für Täler,
t_i – Tiefendifferenz zwischen Meß- und Reduktionsniveau.

Nach (2.39) sind daher positive und negative Reduktionswerte möglich. Entsprechende Tabellen liegen von RISCHE (1957) vor. Der Einfluß der Schachtröhre auf seitlich vom Schacht in der Entfernung $\sqrt{x^2 + y^2}$ gelegene Meßpunkte läßt sich näherungsweise für die Oberkante ($t_1 = 0$) und einen unendlich tiefreichenden Schacht ($t_2 = \infty$) mit quadratischem Querschnitt $A \times A$ darstellen

$$\delta g = f \varrho \frac{4A^2}{\sqrt{x^2 + y^2}}. \tag{2.40}$$

Die Isanomalen der Schachtreduktion besitzen nach (2.40) einen kreisförmigen Verlauf. Genauere Formeln berücksichtigen ein exaktes Prismenmodell (RISCHE, 1957).

Zur Bestimmung der Wirkung von Strecken auf die gemessenen Schwerewerte kann in einfachen Fällen (z. B. angenähert rechteckige Querschnittsform der bergmännischen Auffahrungen) ein zweidimensionales Prismenmodell zugrunde gelegt werden. Der Abb. 2.37 sind die Reduktionswerte

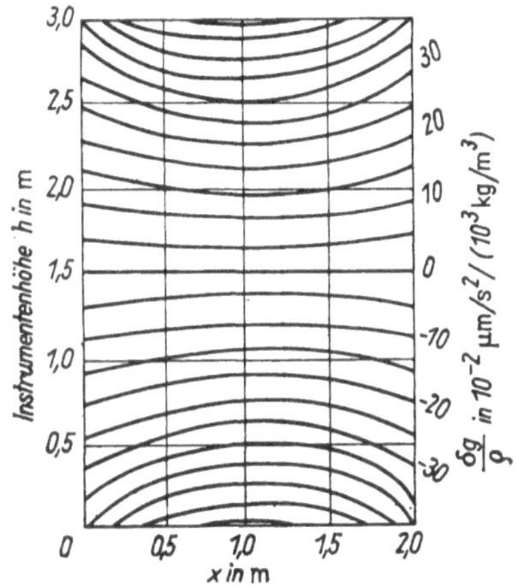

Abb. 2.37. Streckenreduktion für einen rechteckigen Querschnitt von 2 × 3 m (nach RISCHE, 1957)

für $x = 1$ m (Streckenmitte), $h = 0{,}4$ m und $\varrho = 2{,}5 \cdot 10^3$ kg/m³ beträgt $\delta g = -0{,}9$ µm/s²

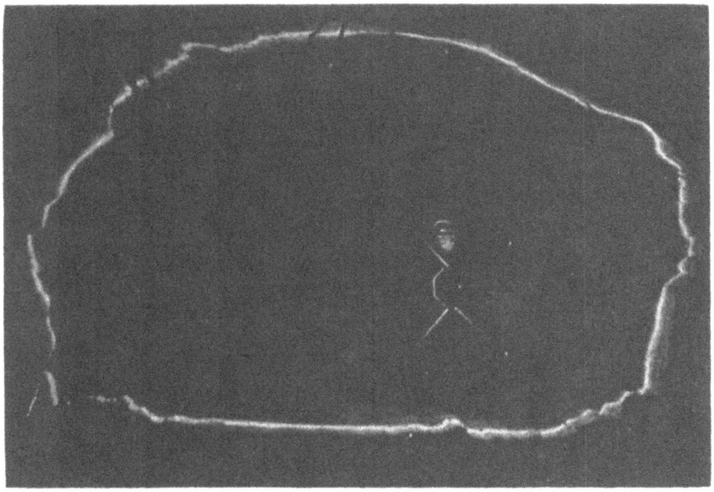

Abb. 2.38. Lichtschnitt zur Bestimmung des Streckenquerschnitts (nach LINDNER et al., 1981)

zu entnehmen, die infolge des Massendefizits der Strecke berücksichtigt werden müssen.

Aus Abb. 2.37 ist ersichtlich, daß bei einer Aufstellung des Gravimeters im Streckenzentrum die Reduktion Null wird. Dies kann zumindest näherungsweise unter Verwendung spezieller Stative vor allem bei den im Gang-

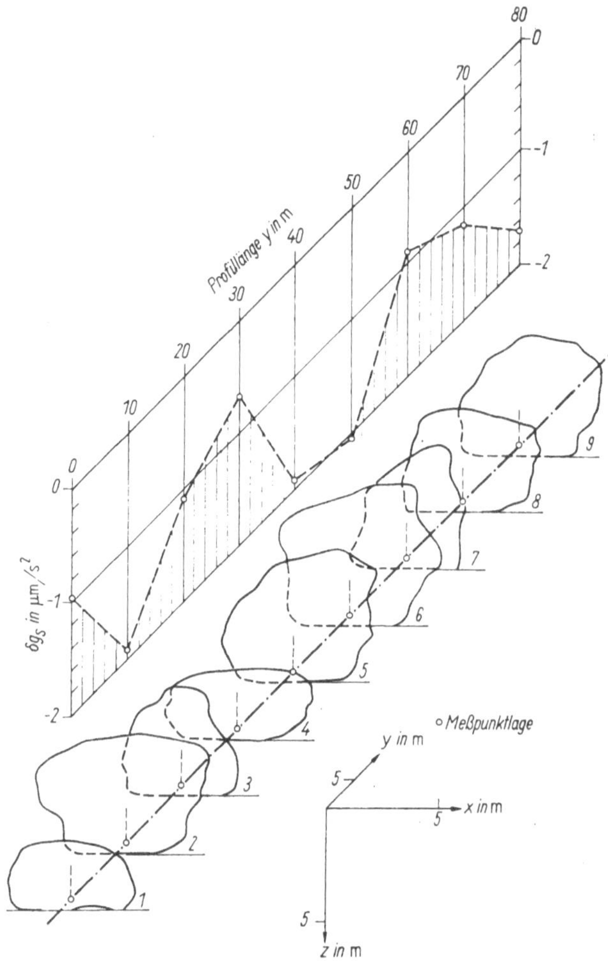

Abb. 2.39. Mittels Lichtschnitt aufgenommene Streckenquerschnitte und Reduktionsbeträge längs eines Untertageprofils (nach LINDNER et al., 1981)

erzbergbau üblichen Streckendimensionen erreicht werden (HUSSAIN et al., 1981). Bleibt der Streckenquerschnitt konstant und wird die Position des Stativs von Meßpunkt zu Meßpunkt beibehalten, so entfällt die Berechnung der Streckenreduktion. Auch weiter entfernt liegende Strecken – besonders in horizontaler Richtung – können in ihrer Schwerewirkung vernachlässigt werden; es genügt die Berücksichtigung der Strecke, in der gemessen wird. Bei wechselnden Querschnitten jedoch ist über entsprechende Modellierungsverfahren die Berechnung der Streckenreduktion unerläßlich (ANDREEV; SOKOLOVSKIJ, 1971; GLINSKI, 1978).

In besonderem Maße ist dies bei untertage-gravimetrischen Messungen im Kalibergbau oder in aufgefahrenen Kavernen erforderlich. Dabei hat sich zur Aufnahme des Streckenquerschnitts eine seit Jahren im Markscheidewesen bekannte Methode der Lichtschnittprofilierung bewährt (Abb. 2.38). Die bei der Lichtschnittprofilierung entstehende Schnittlinie von Lichtband und Streckenwand wird photographisch aufgenommen. Bei gleichzeitiger Aufnahme mit dem Gerät verbundener Fixpunkte läßt sich ein maßstabgerechtes und verzerrungsfreies Bild des Querschnitts der Strecke herstellen. Die Kontur wird digitalisiert und anschließend die Reduktion über Prismenmethoden oder Polygonverfahren rechentechnisch ermittelt.

Der Abb. 2.39 ist zu entnehmen, daß der Einfluß der Strecke auf den gemessenen Schwerewert um ein Mehrfaches die Meßgenauigkeit von Gravimetern übersteigen kann. In solchen Fällen ist die sichere Beherrschung der Streckenreduktion eine entscheidende Grundlage für den Erfolg von Untertagemessungen.

2.4.5. Bouguer-Reduktion

Das Ziel der BOUGUER-Reduktion δg_B besteht darin, die Wirkung der zwischen dem Meß- und Bezugsniveau gelegenen Gesteinsschicht auf die an den einzelnen Feldpunkten gemessenen Schwerewerte zu beseitigen (s. Kap. 1.2.4.2.). Als Modell dient eine allseitig unendlich ausgedehnte Platte, deren Mächtigkeit h gleich der Reduktionshöhe ist. Daraus folgt für die BOUGUER-Reduktion

$$\delta g_B = 2\pi f \varrho h = 0{,}4193 \varrho h \quad \text{in} \quad \mu\text{m/s}^2, \qquad (2.41)$$

$$\text{für} \quad \varrho \text{ in } 10^3 \text{ kg/m}^3 \quad \text{und} \quad h \text{ in m}$$

Tab. 2.6 enthält einige Hinweise, die bei der Anwendung der BOUGUER-Reduktion zu berücksichtigen sind.

Tabelle 2.6. BOUGUER-Reduktion unter verschiedenen Bedingungen

Einsatz	Lage des Meßpunktes gegenüber dem Bezugsniveau	BOUGUER-Reduktion δg_B
Land	darüber	$+2\pi f \varrho h$
	darunter	$-2\pi f \varrho h$
Seeboden	darunter	$-2\pi f h (\varrho_{\text{Seeboden}} + \varrho_{\text{Wasser}})$
Untertage,	darüber	$+4\pi f \varrho h$
Bohrloch	darunter	$-4\pi f \varrho h$

Ein spezielles Problem der BOUGUER-Reduktion ist die Wahl der richtigen Dichte. In Gebieten mit flachem Oberflächenrelief oder bei Spezialmessungen

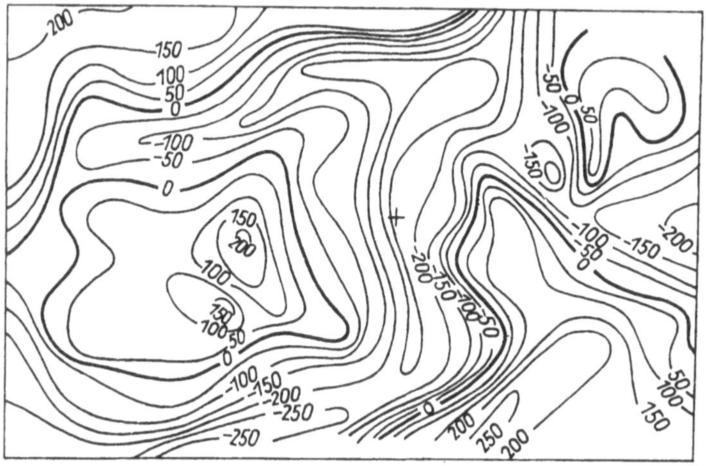

a

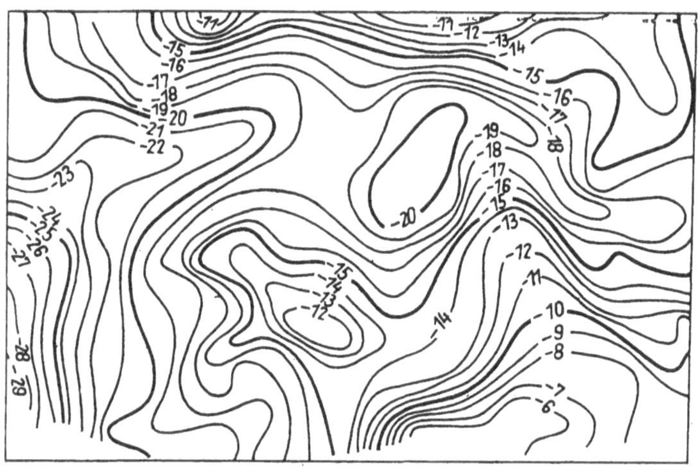

b

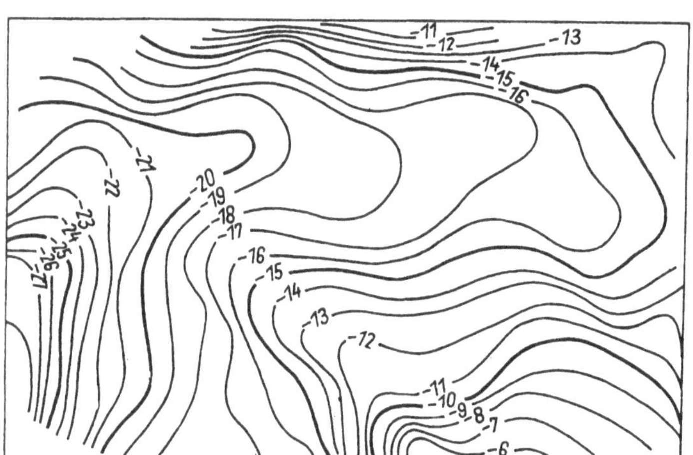

c

mit kleinen Reduktionshöhen wird i. allg. die Reduktion mit einer Einheitsdichte ausgeführt. Bei starkem Oberflächenrelief und größeren Reduktionshöhen führt diese Verfahrensweise jedoch zu Reduktionsanomalien. Sie korrelieren mit der Morphologie und behindern die Interpretation.

Reduktionsanomalien lassen sich durch Einführung von Zwischenniveaus und Verwendung von Dichtewerten des Anstehenden weitgehend vermeiden (s. Abb. 2.40c). Zwischenniveaus sollen möglichst dem Geländeverlauf folgen. Es sind ebene (Abb. 2.41) und gekrümmte Zwischenniveaus üblich.

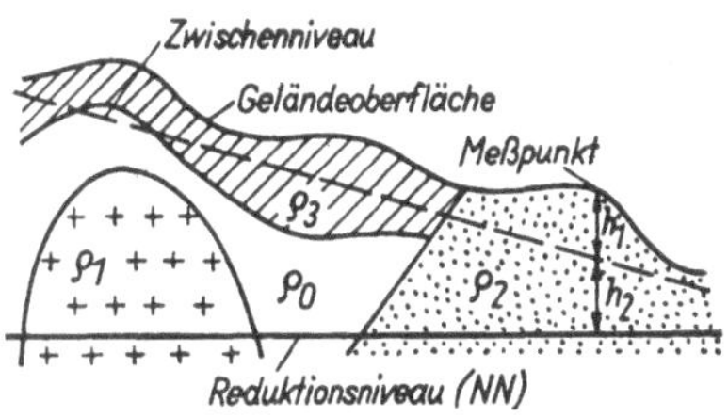

Abb. 2.41. BOUGUER-Reduktion mit geneigtem ebenen Zwischenniveau
h_1 — Resthöhe (Reduktion mit Oberflächendichte ϱ_2 bzw. ϱ_3); h_2 — Höhe: Zwischenniveau-NN (Reduktion mit Einheits- (Block-) Dichte)

2.4.6. Isostatische Reduktion

Das Ziel der isostatischen Reduktion δg_{I} besteht darin, die Beobachtungsergebnisse auf Schwerewerte umzurechnen, die sich für eine überall gleichmächtige Erdkruste (z. B. 30 km) ergeben. Sie erfolgt in zwei Schritten und umfaßt die vollständige topographische Reduktion $\delta g_{v\mathrm{Top}}$ und die Kompensationsreduktion δg_{K}. Es gilt

$$\delta g_{\mathrm{I}} = \delta g_{\mathrm{K}} - \delta g_{v\mathrm{Top}}. \tag{2.42}$$

Das Ziel der vollständigen topographischen Reduktion ist es, die Schwerewirkung aller zwischen Meßniveau und Geoid befindlichen Massen zu berücksichtigen. Dabei wird mit ähnlichen Kreisringsektoren gearbeitet wie bei der Berechnung der Geländereduktion; anstelle von h' tritt in (2.35) die Reduktionshöhe h. Das Ziel der Kompensationsreduktion ist es, Schwereänderungen zu erfassen, die auf das Vorhandensein ausgleichender Massen in tieferen Krustenbereichen zurückzuführen sind. Die Berechnung ihrer Schwerewirkung erfolgt auf der Grundlage der gleichen Säulenaufteilung wie bei der vollständigen Geländereduktion und setzt Annahmen

Abb. 2.40. Reduktionshöhen und BOUGUER-Anomalien (nach MILITZER; LINDNER, 1979)
a) Reduktionshöhen (Resthöhen) in m; b) $\Delta g''$ mit $\varrho = 2{,}15 \cdot 10^3$ kg/m³ (Einheitsdichte); c) $\Delta g''$ mit variablem ϱ (Dichtewerte des Anstehenden)
Isanomalenabstand von $\Delta g''$: 10 µm/s²

über die Tiefe der isostatischen Ausgleichsfläche voraus. Dazu sind Kreisringdiagramme in Verbindung mit Isostasiemodellen in Anwendung, z. B. von PRATT, AIRY, VENING-MEINESZ (MAGNIZKY et al., 1964).

Die isostatische Reduktion ist vorzugsweise mit geodätischen Zielsetzungen verbunden (s. Kap. 1.3.3.3.).

2.4.7. Bouguer-Anomalie

Die BOUGUER-Anomalie ist wie folgt definiert

$$\Delta g'' = g + \delta g_{\mathrm{Nl}} + \delta g_{\mathrm{Top}} - \delta g_{\mathrm{B}} - \gamma_0 . \tag{2.43}$$

Die Gesteinsplattenreduktion δg_{B} bewirkt, daß $\Delta g''$ bei richtiger Wahl der Reduktionsdichte geologische Strukturen oder bergbauliche und ingenieurtechnische Situationen unterhalb des Bezugsniveaus abbildet. Deshalb sind BOUGUER-Anomalien von größter praktischer Bedeutung für die angewandte Gravimetrie. Abb. 2.42 zeigt dies an einem Beispiel der Erkundung von Granitplutonen. Die Minima der BOUGUER-Anomalien zeigen einen bemerkenswerten Zusammenhang mit den in diesem Gebiet bekannten Zinngraniten variszischer Prägung, die gegenüber ihrem kristallinen Rahmen eine negative Dichtedifferenz von etwa $0{,}12 \cdot 10^3\ \mathrm{kg/m^3}$ aufweisen. Das häufige Auftreten negativer BOUGUER-Anomalien in orogenen Zonen weist auf eine Mächtigkeitszunahme leichten Krustenmaterials und damit auf die Existenz sog. Gebirgswurzeln hin. Demgegenüber zeigen weite Bereiche ozeanischer Gebiete starke positive Anomalien; sie sind ursächlich auf Hochlagen schweren Materials der tieferen Kruste oder des Grenzbereiches zwischen Kruste und oberem Mantel zurückzuführen.

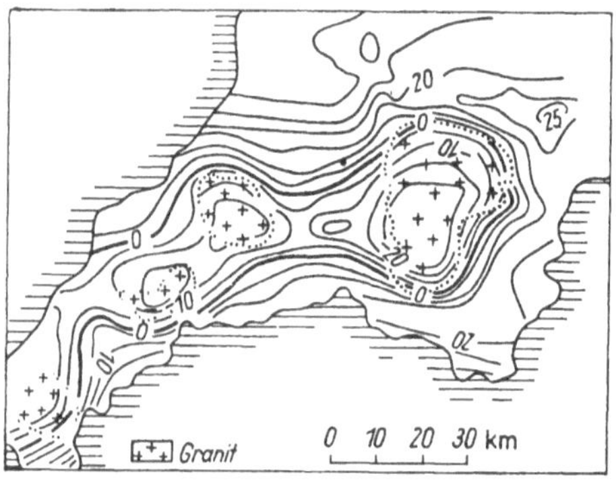

Abb. 2.42. BOUGUER-Anomalien über den amerikanischen Zinngraniten im Küstenbereich von SW-England (nach BOTT, 1974)

2.4.8. Freiluftanomalie

Die Freiluftanomalie ist wie folgt definiert

$$\Delta g' = g + \delta g_{\mathrm{Nl}} + \delta g_{\mathrm{Top}}{}^{1} - \gamma_0 . \tag{2.44}$$

[1] Verschiedentlich auch ohne δg_{Top} dargestellt.

$\Delta g'$ enthält bis auf δg_{Top} keine masseverändernden Reduktionen und kann daher als vereinfachte isostatische Anomalie der Ausgleichstiefe im Bereich des Meeresniveaus aufgefaßt werden. Freiluftanomalien dienen vielfach in der Seegravimetrie als Grundlage der Interpretation. Dabei treten insbesondere im Bereich großer Wassertiefen stark negative $\Delta g'$-Anomalien (Tiefseegräben) mit Störamplituden von weniger als $-2000\,\mu\mathrm{m/s^2}$ auf. Sie verlaufen häufig parallel zu vulkanaktiven Gebieten auf dem Festland. Die Anomalien belegen den fehlenden isostatischen Ausgleich dieser Bereiche (Abb. 2.43).

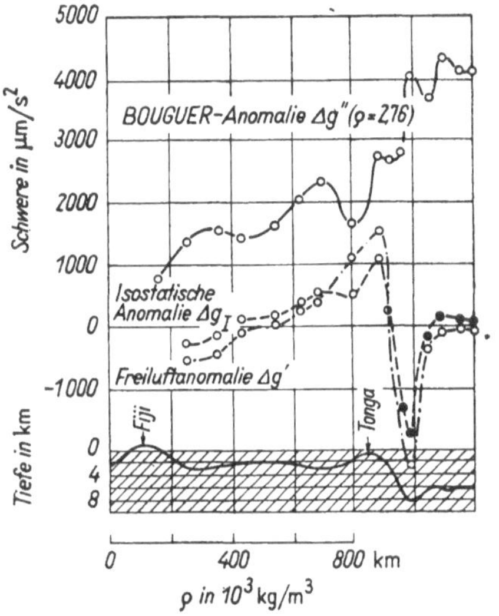

Abb. 2.43. Meerestiefen und Schwereanomalien über dem Tonga-Graben im Südpazifik (nach Talwani et al., 1961)

2.4.9. Isostatische Anomalie

Die isostatische Anomalie ist wie folgt definiert:

$$\Delta g_{\mathrm{I}} = g + \delta g_{\mathrm{NI}} - \delta g_{v\mathrm{Top}} + \delta g_{\mathrm{K}} - \gamma_0. \tag{2.45}$$

Δg_{I} kennzeichnet das Verhalten größerer regionaler Einheiten hinsichtlich des Bestehens von Schwimmgleichgewicht zwischen Krustenscholle und schwererem Substrat (Abb. 2.44)

Isostatisch ungestörte Bereiche ($\Delta g_{\mathrm{I}} = 0$) dienen vielfach zur Bestimmung der Normalschwere, wenn in (2.45) γ_0 unberücksichtigt bleibt. Die Bedeutung isostatischer Anomalien liegt in der Beurteilung des geologisch-tektonischen Verhaltens größerer Krustenabschnitte und ihrer Abgrenzung gegenüber benachbarten Einheiten. Dabei kommt insbesondere der Lokalisation von Schollen- bzw. Plattenrändern als Zentren geodynamischer Prozesse (Hypozentren von Erdbeben oder Subduktionszonen) große Bedeutung zu.

Abb. 2.45 zeigt die isostatische Anomalie im Bereich des Alpenorogens. Das Minimum der Bouguer-Anomalie deutet die Existenz einer Gebirgswurzel an. Das Auftreten einer isostatischen Anomalie führt darüber hinaus zu der Vermutung, daß sich nach Abschluß der Heraushebung des Orogens die Krustenschollen noch nicht wieder im Schwimmgleichgewicht befinden.

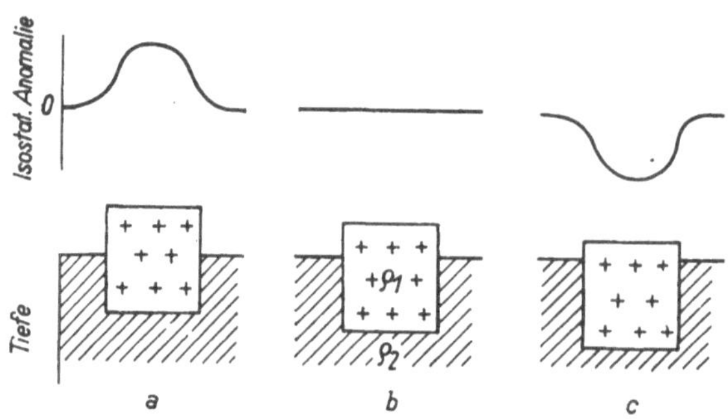

Abb. 2.44. Zusammenhang zwischen Tauchtiefe einer Krustenscholle und der isostatischen Anomalie ($\varrho_2 > \varrho_1$)

a) Scholle liegt zu hoch gegenüber der Ausgleichstiefe (Überkompensation); b) Scholle befindet sich im Schwimmgleichgewicht; c) Scholle liegt zu tief gegenüber der isostatischen Ausgleichsfläche (Unterkompensation)

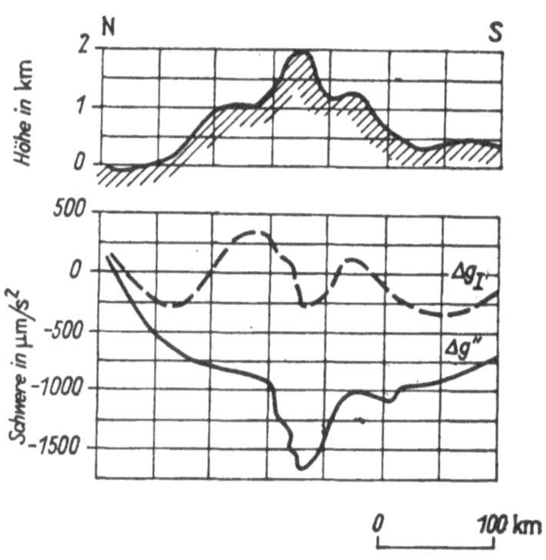

Abb. 2.45. Isostatische und BOUGUER-Anomalie über dem Alpenorogen (nach HEISKANEN, VENING-MEINESZ, 1958)

2.5. Petrophysikalische Grundlagen der angewandten Gravimetrie

2.5.1. Klassifikation von Dichten

Eine wichtige Grundlage für die erfolgreiche Lösung geologischer und ingenieurtechnischer Aufgabenstellungen sind Existenz und hinreichende Größe von Dichteunterschieden zwischen der zu erkundenden Situation und dem umgebenden Medium.

In Abhängigkeit von Porenraum und Porenfüllung der Gesteine sowie deren geologischer Vergangenheit werden verschiedene Dichten definiert; dies sind die Korndichte, Raumdichte, Trockendichte und die Sättigungsdichte. (Teilweise weichen in den montanwissenschaftlichen Sachgebieten die Bezeichnungen etwas untereinander ab.)

Die Korndichte bezieht sich ausschließlich auf die Festsubstanz der Gesteine (Poren- und Kluftraum bleiben unberücksichtigt). Sie ist immer größer als die Raumdichte und kann an Proben in guter Näherung aus den Korndichtewerten der gesteinsbildenden Minerale, d. h. aus dem moda-

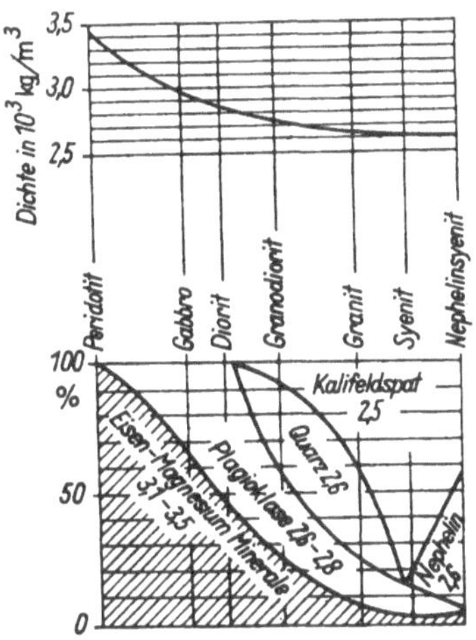

Abb. 2.46. Zusammenhang zwischen modalem Bestand und der Dichte (nach ANDREEV; KLUŠIN, 1962)

len Bestand bestimmt werden. Für Gesteine mit Porenvolumina $< 2\%$ entspricht die Korndichte weitgehend der Raumdichte (z. B. bei magmatischen Gesteinen). Die Bestimmung der Korndichte kann daher aus mineralogischen Untersuchungen erfolgen (Abb. 2.46, Tab. 2.7).

Tabelle 2.7. Dichtebestimmung aus dem modalen Bestand (nach LINDNER, 1972)

Gestein	modaler Bestand in %				Dichte in 10^3 kg/m^3
	Plagioklas	K(Na)-Feldspat	Quarz	Mafite	
Eibenstocker Granit (Erzgebirge)	22,9	30,2	37,6	9,3	2,62
Seidenberger Granodiorit (Lausitzer Massiv)	37	14	31	17	2,70

Die Raumdichte bezieht sich auf die Festsubstanz der Gesteine unter Einbeziehung der Poren- und Klufträume sowie deren Füllung. Zwischen der Raumdichte und dem Grad der Diagenese sowie den Lagerungsparametern (Druck, Temperatur) des Gesteins besteht ein enger Zusammenhang, der insbesondere bei Sedimenten hervortritt. Die Raumdichte wird in Trocken- und Sättigungsdichte untergliedert. Trockendichtewerte setzen einen luftgefüllten Poren- und Kluftraum voraus. Ihre experimentelle Bestimmung erfordert die Behandlung der Gesteinsproben in Trockenöfen. Diese Methode der Dichtebestimmung erfolgt speziell in Laboratorien.

Bei der Angabe der Sättigungsdichte werden die Poren als flüssigkeitsgesättigt angenommen. Sind noch gasgefüllte Poren- und Klufträume vorhanden, so ergeben sich Teilsättigungen. Gesteine unter natürlichen Lagerungsbedingungen besitzen in den meisten Fällen annähernd Sättigungsdichten.

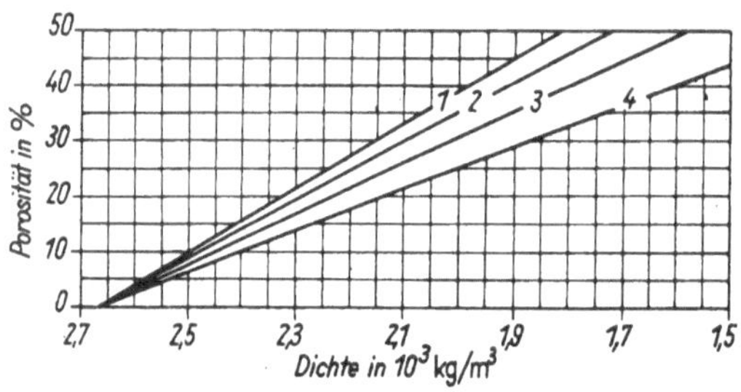

Abb. 2.47. Zusammenhang verschiedener Raumdichten für einige Sedimente (nach KOPF, 1967)

1 — Sättigungsdichte; *2* — Teilsättigungsdichte: Porenraum mit 75% Wasserfüllung; *3* — mit 50%; *4* — Trockendichte

Die Umrechnung der experimentell bestimmten Trocken- in Sättigungsdichtewerte kann über die Porosität mit Diagrammen erfolgen (Abb. 2.47).

2.5.2. Dichtewerte verschiedener Gesteine

Magmatite und Metamorphite zeigen auf Grund des sehr kleinen Porenraumes i. allg. keine wesentliche Varianz der Dichte. Dichtewerte, die am Anstehenden gewonnen werden, lassen sich auch für größere Lagerungstiefen annehmen. Diese Situation erleichtert eine quantitative Interpretation in kristallinen Bereichen. Die Intrusivgesteine zeigen eine deutliche Dichtezunahme mit abnehmendem Quarzgehalt (s. Abb. 2.46 und auch Abb. 2.48). Dies kommt auch bei den Effusivgesteinen zum Ausdruck (Abb. 2.49). Die Varietäten mit Bimsstein- und Blasentextur stellen dabei Sonderfälle dar. Bei den Metamorphiten besteht ein deutlicher Zusammenhang zwischen Dichte und Fazies. Beispielsweise zeigen die Gesteine der Amphibolitfazies und die der Kontaktmetamorphose i. allg. höhere Dichtewerte als vergleichbare Gesteine der Grünschieferfazies. Dabei wird die Dichte maßgeblich vom mineralischen Altbestand geprägt. So zeigen nach KOPF et al. (1961) beispielsweise die erzgebirgischen Rotgneise entsprechend ihrem granitischen Edukt Dichtewerte um $2{,}64 \cdot 10^3$ kg/m³. Die Graugneise dagegen besitzen ihrer sedimentären Herkunft gemäß Dichtewerte um $2{,}72 \cdot 10^3$ kg/m³ (Abb. 2.50).

Petrophysikalische Gruppe		Dichte in $10^3 \cdot kg/m^3$ Mittel
Alaskitgranite		2,56
Granosyenite		2,57
Biotitgranite		2,58
Rapackiwigranite		2,59
Syenite		2,62
Biotitgranite		2,62
Hornblendegranite		2,65
Nephelinsyenite		2,68
Granodiorite		2,69
Quarzdiorite		2,75
Diorite		2,81
Hypersthendiorite		2,85
Anorthisite		2,73
Amphibolitgabbros		2,88
Gabbro-Diabase		2,95
Gabbro		2,95
Gabbro-Norite		2,98
Norit		3,00
Olivingabbro		3,08
Drusite		3,10
stark	serpentinisierte Ultrabasite	2,90
mittel	serpentinisierte Ultrabasite	3,00
schwach	serpentinisierte Ultrabasite	3,00
Pyroxenite		3,15
Peridotite		3,20

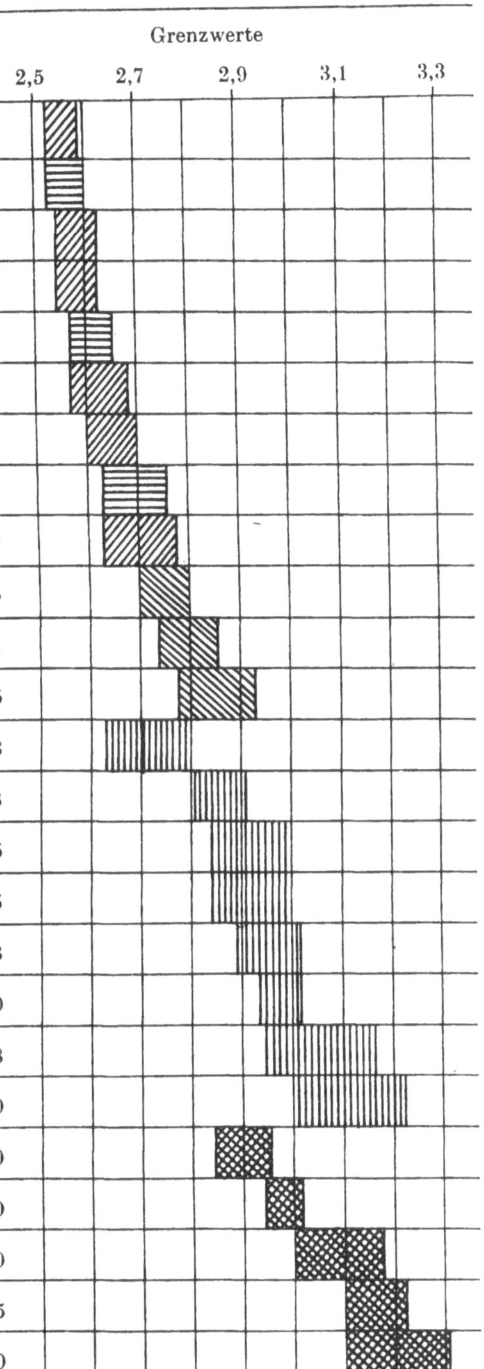

Abb. 2.48. Dichtewerte petrophysikalischer Gruppen von Intrusivgesteinen (nach MUDRECOVA et al., 1968)

Metamorphose	und Faziès	Gesteinsarten	Dichte in $10^3 \cdot kg/m^3$ Mittel	Grenzwerte 2,4 – 3,4
Regionalmetamorphose	Grün-schiefer-fazies	Phyllite	2,75	
		Serizitquarzite	2,58	
		Mikrokristalline Schiefer		
		quarz-serizitisch	2,75	
		quarz-chloritisch	2,62	
		kieselig	2,60	
		chloritisch	2,76	
		Aktinolithschiefer	2,85	
		Glimmerschiefer	2,78	
		Marmorkalke	2,67	
	Epidot-Amphibolit-fazies	Quarzite	2,64	
		Marmore	2,70	
		Kristalline Schiefer		
		biotitisch	2,63	
		biotit-feldspatreich	2,70	
		feldspatreich	2,77	
		tonerdereich	2,75	
	Amphibolit-fazies	Gneise		
		Zweiglimmergneis	2,72	
		Biotitgneis	2,63	
		Tonerdegneis	2,74	
		Amphibiolitgneis	2,78	
		Pyroxengneis	2,85	
		Amphibiolite		
		feldspatreich	2,87	
		monomineralisch	3,00	
		granatreich	3,10	
	Granulit-fazies	Granulite	2,72	
		Pyroxenschiefer	3,05	
	Eklogitfazies	Eklogite	—	

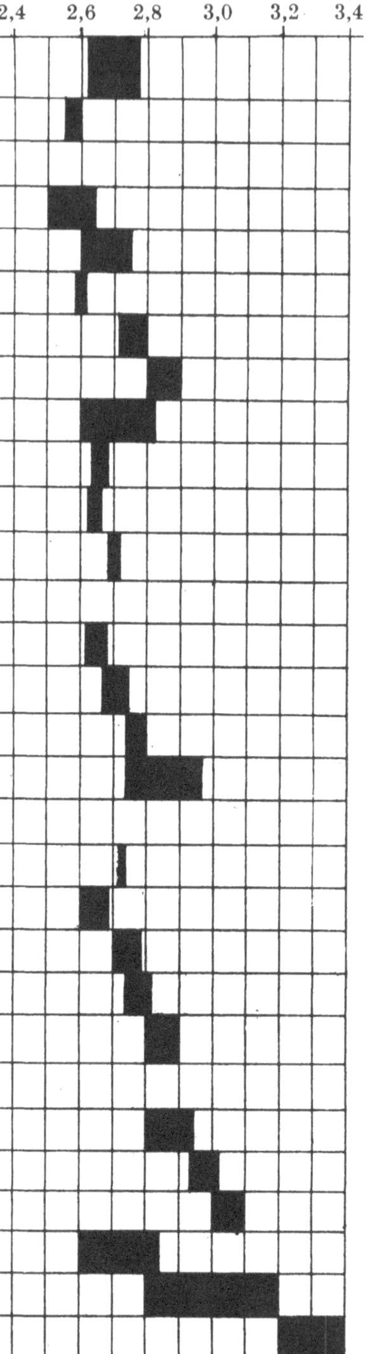

Fortsetzung der Tabelle

Metamorphose und Fazies	Gesteinsarten	Dichte in $10^3 \cdot kg/m^3$ Mittel	Grenzwerte 2,4 2,6 2,8 3,0 3,2 3,4
Kontakt-metamorphose	Fleckschiefer	2,76	
	Hornfelse	2,74	
Ultra-metamorphose	Migmatite	2,65	
	Charnockite	2,70	
	Granite, metasomatisch		
	plagiogranitisch	2,65	
	plagiomikroklinisch	2,62	
	mikroklinisch	2,58	
Hydrothermale Metamorphose	Greisen	2,62	
	Skarne		

Abb. 2.49. Dichtewerte petrophysikalischer Gruppen von Effusivgesteinen (nach MUDRECOVA et al., 1968)

Die Dichtewerte der Sedimente ergeben sich vor allem aus dem mineralischen Bestand (Korndichte), dem Porenvolumen sowie dem Anteil und der Art der Porenfüllung. Zusätzlich erfolgt eine Beeinflussung der Dichtewerte durch Kompaktion infolge lithostatischen Druckes, Diagenese und Zementation sowie Alterung und Verwitterung. Als Folge dieser Einflüsse besitzen die meisten Sedimente eine teufenabhängige Dichte; d. h., am Anstehenden bestimmte Dichtewerte können nicht ohne weiteres für größere Teufen extrapoliert werden. Abb. 2.51 zeigt eine solche teufenbezogene Dichtefunktion für geologisch äquivalente Einheiten aus schachtgravimetrischen Messungen.

Abb. 2.52 enthält eine Darstellung verschiedener sedimentärer Einheiten für unterschiedliche Lagerungsteufen, die aus experimentellen Dichtebestimmungen im Labor abgeleitet ist. Mit Ausnahme der porositätsarmen Gesteine Anhydrit, Kalkstein, Gips und Steinsalz zeigen alle anderen dargestellten Sedimente eine zunehmende Dichte mit der Lagerungsteufe. Es ist allerdings zu beachten, daß die Dichte-Teufen-Funktionen letztlich nur eine Annäherung an die tatsächliche Situation sein können. Der Grund liegt darin, daß die Dichtewerte der Einzelproben auch bei gleichem Gestein in gleicher Tiefe einen gewissen Streubereich besitzen. Diesem Effekt überlagern sich noch regionale Unterschiede. Trotz dieser Einschränkung stellen

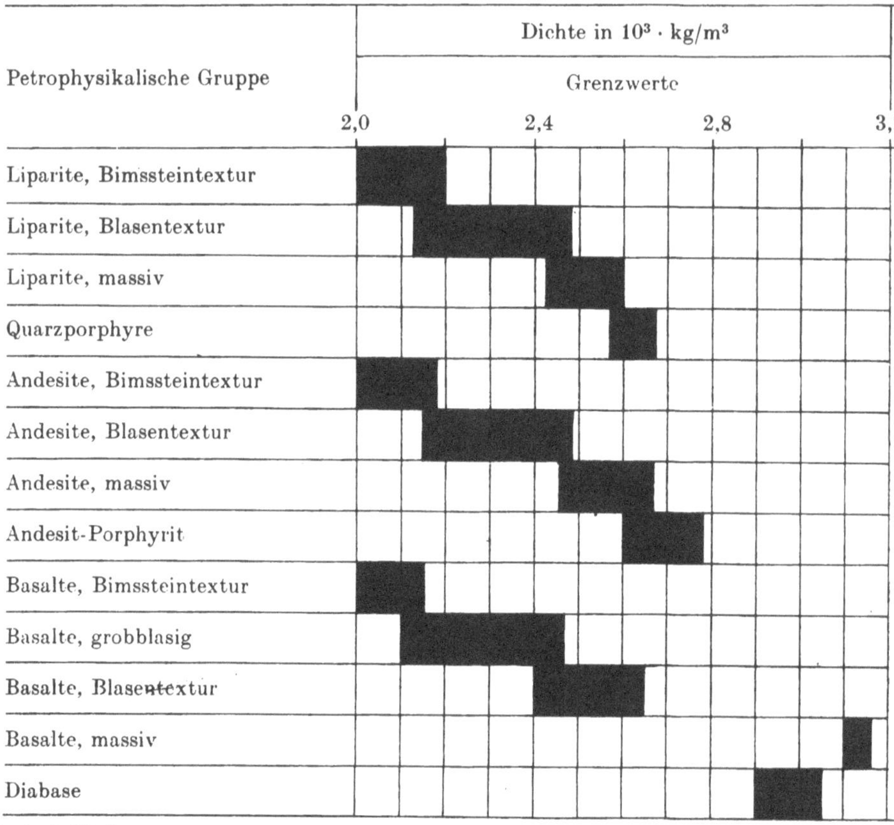

Abb. 2.50. Dichtewerte metamorpher Gesteine (nach MUDRECOVA, 1968)

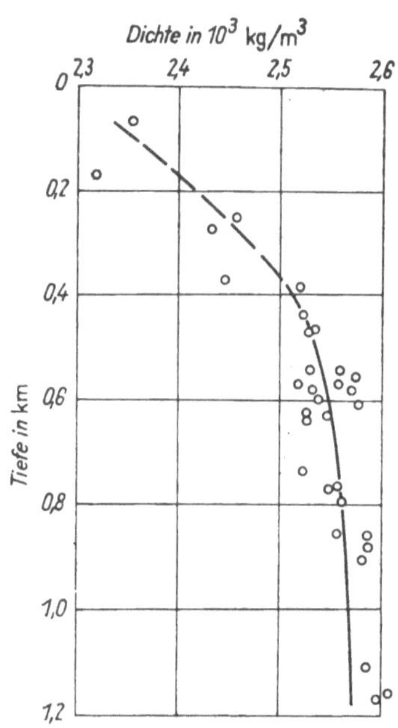

Abb. 2.51. Dichte-Teufen-Funktion des Rotliegenden und des Präperm aus dem westsächsischen Steinkohlenrevier (nach RISCHE, 1957)

statistisch gesicherte Dichte-Teufen-Funktionen abgeschlossener regionaler Einheiten eine gute Grundlage bei der quantitativen Deutung von Schwereanomalien dar. Dabei wird angenommen, daß dichteverändernde Einflüsse – wie z. B. hohe Bedeckungsmächtigkeiten – irreversibel sind (Kopf, 1967). Ist ein Sedimentgestein durch tektonische oder andere Vorgänge in geringere Teufe umgelagert worden, so müssen für die Interpretation die Dichtewerte benutzt werden, die das gleiche Gestein in größerer Teufe

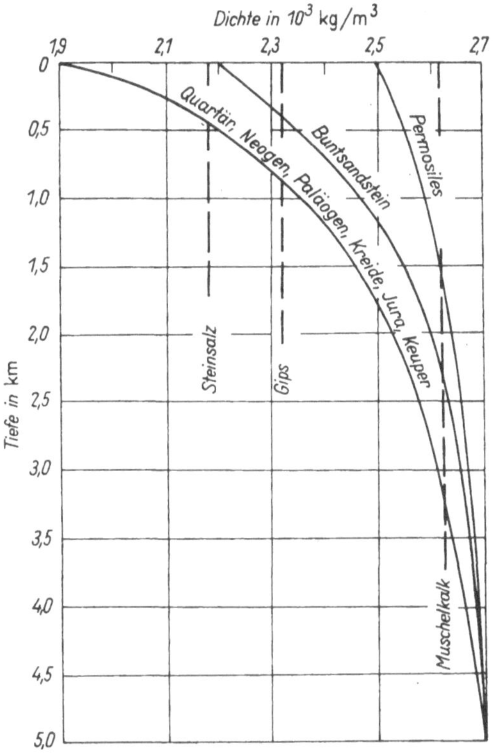

Abb. 2.52. Dichte-Teufen-Funktionen einiger Sedimente aus dem Norddeutsch-Polnischen Becken (Sättigungsdichten) (nach Kopf, 1967)

erworben hat. Für viele Sedimente kann aus den Dichte-Teufenfunktionen bei etwa 5 km Teufe angenähert der Wert $2{,}7 \cdot 10^3$ kg/m³ angenommen werden.

In diesem Bereich sind sie untereinander nicht mehr anomalienbildend. Zugleich ist dies auch ein charakteristischer Dichtebereich für verschiedene magmatische und metamorphe Gesteine. Daher bestehen für dieses Teufenintervall häufig Schwierigkeiten, aufgefundene Anomalien geologisch richtig zuzuordnen.

Für die Bearbeitung lokaler Strukturen und bergbaulicher Situationen (insbesondere des Braunkohlenbergbaus) im Oberflächenbereich gelten die in Abb. 2.53 zusammengestellten Dichtewerte.

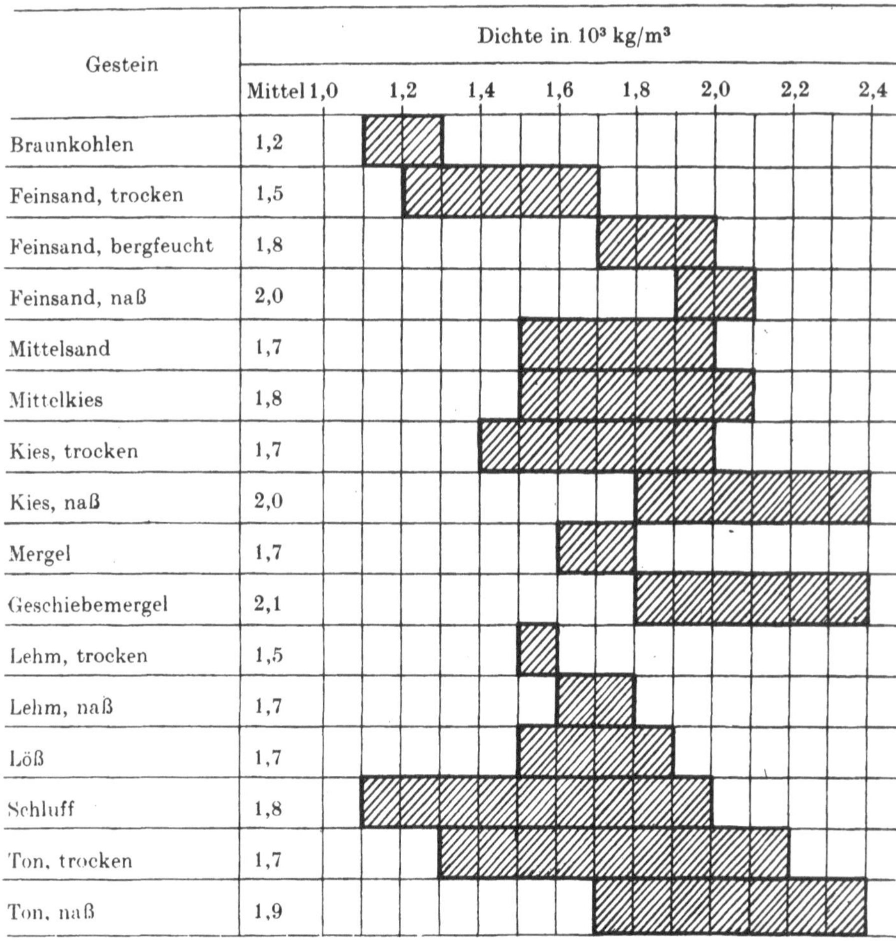

Abb. 2.53. Dichtewerte von Sedimenten im Oberflächenbereich (nach Angaben von SCHÖSSLER, 1969)

2.5.3. Dichtebestimmung mit Labormethoden

Am meisten verbreitet ist die Dichtebestimmung an Handstücken oder Bohrkernen im Labor nach der Auftriebsmethode. Der Grund liegt in der leichten Durchführbarkeit und der hohen Genauigkeit der Messungen. Üblich sind Dichtebestimmungen mit der hydrostatischen oder der MOHRschen Waage. Meist wird die hydrostatische Waage vorgezogen. Abb. 2.54 verdeutlicht das Prinzip.

Aus der trocken und getaucht gewogenen Probe ergibt sich die Dichte

$$\varrho = \frac{m}{m - m_w} \varrho_w ; \tag{2.46}$$

m – Masse der trockenen Probe; m_w – Masse der getauchten Probe, ϱ_w – Wasserdichte.

Dichtebestimmungen an möglichst vielen und charakteristischen Gesteinen (Abb. 2.55) liefern vor allem in kristallinen Einheiten statistisch gesicherte Werte, die in Dichtebezirkskarten zusammengefaßt werden können. Diese Karten bilden eine wichtige Grundlage für die Reduktion und Deutung gravimetrischer Messungen (Abb. 2.56).

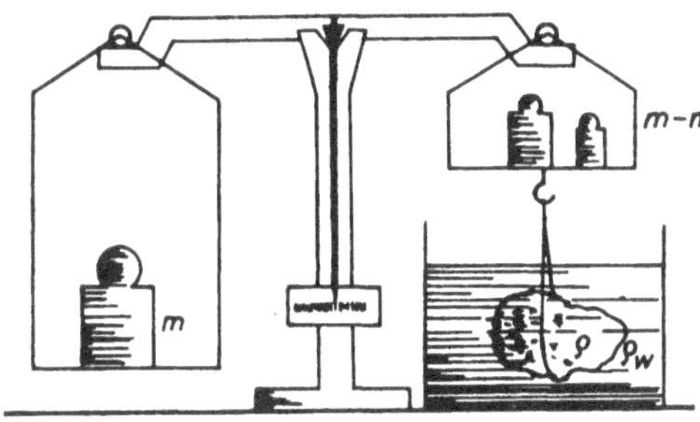

Abb. 2.54. Dichtebestimmung mit der hydrostatischen Waage

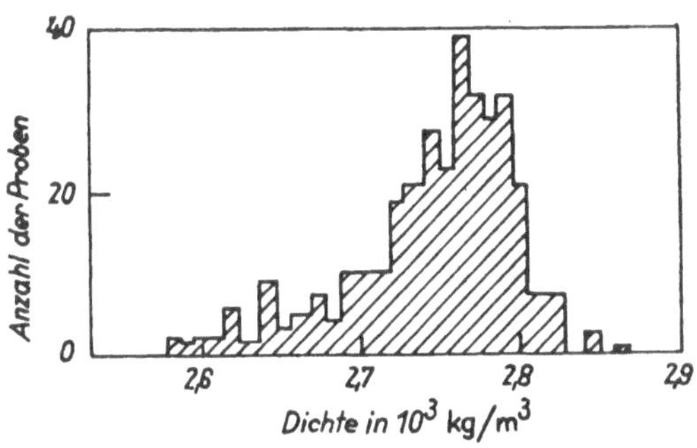

Abb. 2.55. Dichtewerte von Phylliten aus dem Erzgebirge (nach KOPF et al., 1961)

Bei den Sedimenten wird meist die Trockendichte bestimmt. Dazu wird den Proben zunächst in Trockenöfen das Porenwasser entzogen; anschließend werden sie für die Naßwägung paraffiniert. Die Trockendichte ergibt sich aus

$$\varrho = \frac{m}{(m^{(\mathrm{P})} - m_{\mathrm{w}}^{(\mathrm{P})})\,\dfrac{1}{\varrho_{\mathrm{w}}} - (m^{(\mathrm{P})} - m)\,\dfrac{1}{\varrho_{\mathrm{P}}}} \tag{2.47}$$

m – Masse der trockenen unparaffinierten Probe,
$m^{(\mathrm{P})}$ – Masse der trockenen paraffinierten Probe,
$m_{\mathrm{w}}^{(\mathrm{P})}$ – Masse der getauchten paraffinierten Probe,
ϱ_{w} – Dichte von Wasser,
ϱ_{P} – Dichte von Paraffin.

Grundsätzlich kann nach Sättigung des Porenraumes mit der Auftriebsmethode auch eine vollständige Dichte- und Porositätsbestimmung er-

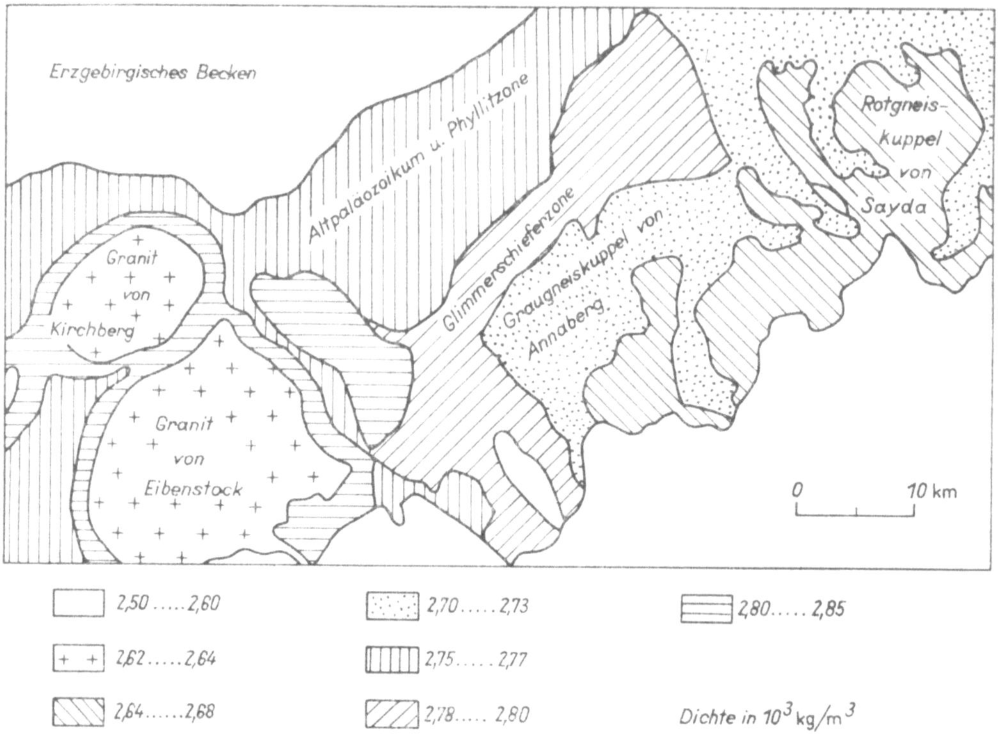

Abb. 2.56. Dichtebezirkskarte des Westerzgebirges (nach KOPF et al., 1961)

folgen. Bei Porositäten von $\geqq 5\%$ und günstigen Sättigungseigenschaften der Gesteinsproben führen auch einfache Versuchsanordnungen zu guten und reproduzierbaren Ergebnissen (WALACH, 1976).

2.5.4. Dichtebestimmung mit gravimetrischen Methoden

Trotz der hohen inneren Genauigkeit von Dichtebestimmungen an Handstücken kann die Verwendung im Labor ermittelter Dichten besonders für die Reduktion gemessener Schwerewerte problembehaftet sein. Mit der Entnahme von Proben aus dem Gesteinsverband ändern sich deren physikalische und chemische Zustandsbedingungen. Druckentlastung, Änderung des Feuchtegehaltes und Verwitterung lassen systematische Abweichungen vom Dichtewert des gleichen Gesteins unter natürlichen Lagerungsbedingungen erwarten. Hinzu kommt, daß an der Oberfläche oder in Aufschlüssen entnommene Proben nur bedingt repräsentativ für das Anstehende sind. Daher sind Verfahren zur Dichtebestimmung des Gebirges unter den Bedingungen der ungestörten Lagerung von großer Bedeutung. Gravimetrisch bestimmte Dichtewerte sind als Mittel über einen definierten Teufenbereich aufzufassen und werden als Blockdichten bezeichnet. Zu ihrer Bestimmung gibt es verschiedene Möglichkeiten.

Nach PARASNIS erfolgt die Dichtebestimmung aus den normalen gravimetrischen Aufnahmen (ohne zusätzliche Messungen). Voraussetzungen für das Verfahren sind größere Höhenunterschiede zwischen den Meßpunkten, flachliegendes Reduktions- bzw. Zwischenniveau und eine homogene Verteilung der Dichte. Unter der Annahme, daß die Reduktionsdichte für den Bereich Erdoberfläche-Zwischenniveau richtig gewählt wurde, kann die BOUGUER-Anomalie $\Delta g''$ im Zwischenniveau näherungsweise Null gesetzt werden (BOUGUER-Reduktion erfolgt nur von der Oberfläche bis zum Zwischenniveau). Unter dieser Voraussetzung gilt

$$\Delta g'' = \Delta g' - 2\pi f \varrho h_1 = 0. \tag{2.48}$$

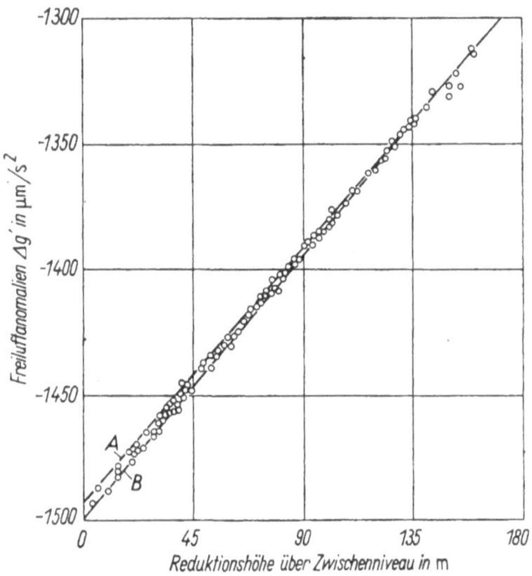

Abb. 2.57. Dichtebestimmung nach PARASNIS zur Bestimmung der Graugneisdichte im Erzgebirge (Zwischenniveau 600 m über NN) (nach MILITZER; LINDNER, 1979)
$\varrho_A = 2{,}68 \cdot 10^3$ kg/m³; $\varrho_B = 2{,}78 \cdot 10^3$ kg/m³

Damit läßt sich die Dichte aus der Freiluftanomalie $\Delta g'$ und der Reduktionshöhe h_1 ableiten:

$$\varrho = \frac{\Delta g'}{2\pi f h_1}. \tag{2.49}$$

Die berechnete Blockdichte hat nur für den Teufenbereich zwischen der Geländeoberfläche und dem Zwischenniveau Gültigkeit. Sie kann nach (2.49) graphisch aus dem Anstieg der $\Delta g'$-Anomalien als Funktion der Resthöhen h_1 ermittelt werden. Die Methoden nach PARASNIS ist besonders bei Messungen in Gebieten mit anstehendem Kristallin verbreitet.

Abb. 2.57 enthält eine Anwendung zur Bestimmung der Graugneisdichte im Erzgebirge. Die beiden möglichen Ausgleichsgeraden begrenzen die Streubreite der Blockdichte. Der Mittelwert von 2,73 · 10³ kg/m³ steht in Übereinstimmung mit der Labordichte von Handstücken mit $2{,}72 \cdot 10^3\ \mathrm{kg/m^3}$. Wegen der Einfachheit des Verfahrens sollte es bei Gravimetermessungen im Gebirge stets zur Kontrolle der eingesetzten Reduktionsdichten Anwendung finden. Die Methode nach PARASNIS läßt sich in modifizierter Form auch zur Dichtebestimmung geschütteter Dämme für ingenieurtechnische Belange einsetzen (MADEJ, 1975).

Dem Verfahren nach NETTLETON liegt zugrunde, daß sich die Morphologie im Schwerebild abzeichnet, wenn die zur BOUGUER-Reduktion verwendete Dichte falsch gewählt wurde. In diesem Falle entstehen sog. Reduktionsanomalien. Ist die Reduktionsdichte kleiner als die wahre

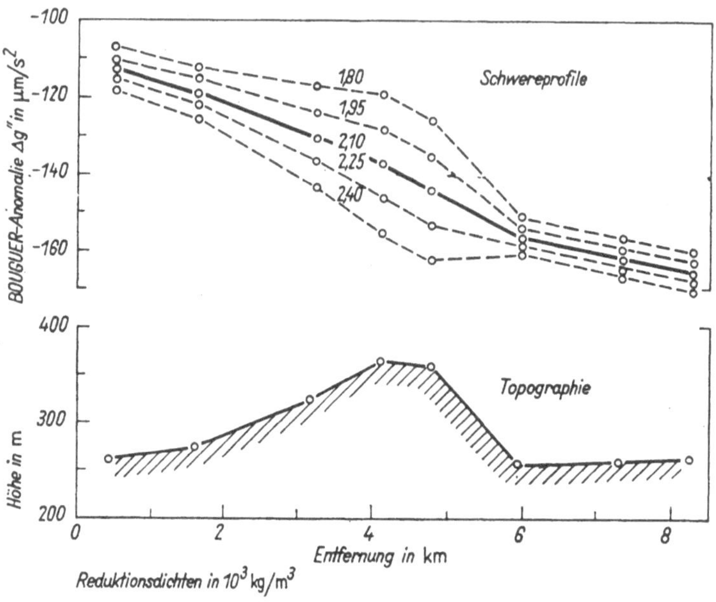

Abb. 2.58. Dichtebestimmung nach NETTLETON (nach WALACH, 1982)

Dichte, so folgen die Reduktionsanomalien dem Geländeverlauf (z. B. Schweremaxima über Bergen, Minima im Bereiche von Tälern); andernfalls zeigen die Anomalien einen zur Morphologie inversen Verlauf. Bei richtiger Wahl der Reduktionsdichte besteht nach NETTLETON (1939) keine Korrelation zwischen BOUGUER-Anomalie und Reduktionshöhe. Diese Art der Dichtebestimmung erfolgt graphisch. Dabei werden verschiedene, zunächst willkürliche Reduktionsdichten zur Ableitung der BOUGUER-Anomalien längs eines Profils mit möglichst großen Höhenunterschieden eingesetzt. Anschließend erfolgt ein Vergleich der verschiedenen, so erhaltenen BOUGUER-Anomalien $\Delta g''$ mit dem Geländerelief. Die $\Delta g''$-Anomalie, welche keine Abbildung des normalen (oder inversen) Reliefs zeigt, enthält die wahre Blockdichte. Abb. 2.58 zeigt eine Anwendung, nach der die Reduktionsdichte mit $\varrho = 2{,}1 \cdot 10^3\ \mathrm{kg/m^3}$ die Blockdichte des Anstehenden widerspiegelt.

Die Forderung, daß zwischen $\Delta g''$ und h keine Korrelation bestehen soll, liefert eine analytische Variante des Verfahrens (JUNG, 1953). Für die Näherungsdichte ϱ_N und n Meßpunkte gilt

$$\varrho = \varrho_N + \frac{\sum_{i=1}^{n} (\Delta g_i'' - \overline{\Delta g_i''})(h_i - \overline{h_i})}{2\pi f \sum_{i=1}^{n} (h_i - \overline{h_i})^2} \tag{2.50}$$

$\overline{\Delta g_i''}$ – Mittel der BOUGUER-Anomalien $\Delta g_i''$; $\overline{h_i}$ – Mittel der Höhen h_i.

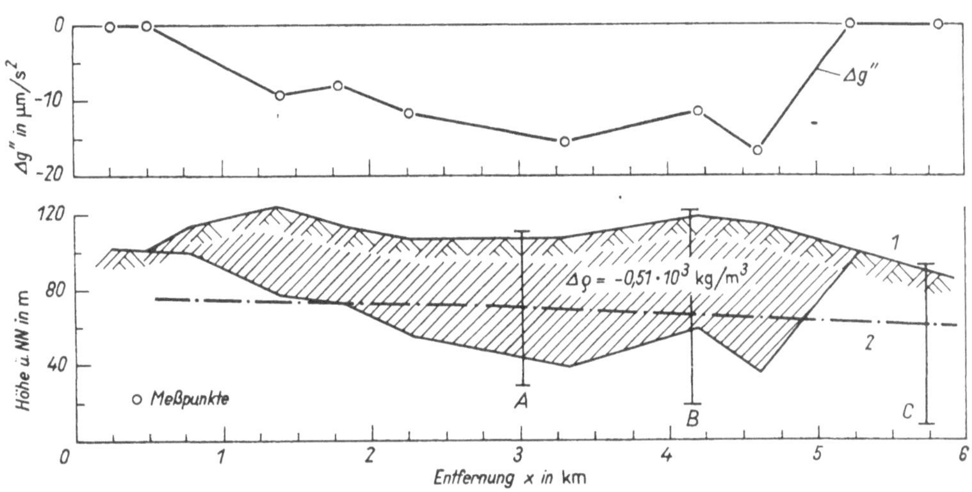

Abb. 2.59. Dichtebestimmung über ein modifiziertes NETTLETON-Verfahren (nach LINDNER; WRUCK, 1978)

1 – Oberflächenrelief, *2* – Grundwasserspiegel nach Bohrlochmessung; *A, B, C* – Flachbohrungen

Weitere Varianten des NETTLETON-Verfahrens zur Bearbeitung flächenhafter Felder liegen von GRANT; ELSAHARY (1962) und von LEPPICH (1976) vor.

Verschiedene Aufgaben aus dem ingenieurtechnischen Bereich erfordern Dichtebestimmungen oberflächennah gelegener meist inhomogener Bereiche. In diesem Fall kann eine Modifizierung des NETTLETON-Verfahrens zu guten Ergebnissen führen. Abb. 2.59 zeigt eine solche Situation im Bereich einer Endmoräne. Die BOUGUER-Anomalie $\Delta g''$ zeigt einen inversen Verlauf zur Morphologie. Die verwendete Reduktionsdichte wird damit als zu hoch ausgewiesen. Durch Modellierung der dargestellten linsenartigen Einlagerung vermutlich trockenliegender Sande mit einer Dichtedifferenz von $-0{,}5 \cdot 10^3$ kg/m³ konnte die Abzeichnung des Oberflächenreliefs im Schwerebild ausgeschaltet werden.

Das NETTLETON-Verfahren setzt die gleichen Bedingungen voraus, wie das Verfahren nach PARASNIS. Zu beachten ist, daß der berechnete

Blockdichtewert nur für das Schichtpaket zwischen dem höchsten und dem tiefsten Meßpunkt des Profils gilt. Außerdem ist vor Anwendung des Verfahrens der Einfluß des Regionalfeldes zu beseitigen. Die Annahme, daß zwischen $\Delta g''$ und h keine Korrelation besteht, stellt mitunter eine Zwangsbedingung dar, die mit den tatsächlichen geologischen Bedingungen nicht in Übereinstimmung zu bringen ist; z. B. besitzen herausgewitterte Härtlinge auf Bergen höhere Dichten und sind damit echt anomalienbildend, so daß eine formale Anwendung des Verfahrens zu fehlerhaften Dichtewerten führt.

Die Unzulänglichkeiten des NETTLETON-Verfahrens, insbesondere jedoch seine begrenzte Tiefenreichweite, können durch die Aufnahme vertikaler

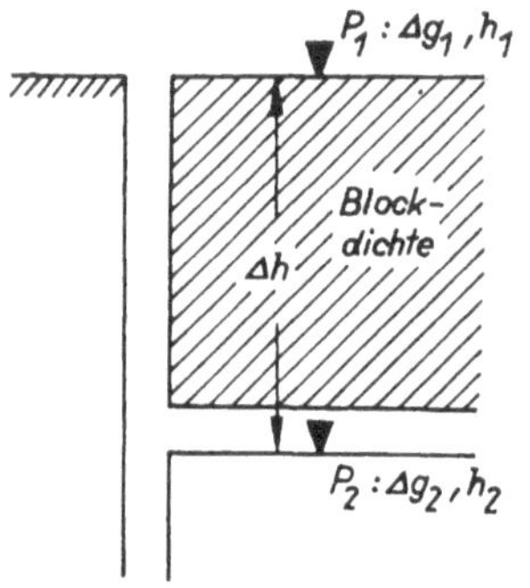

Abb. 2.60. Prinzip der Dichtebestimmung mittels vertikaler Schwereprofile
P_1, P_2 — Aufstellungspunkte des Instrumentes;
Δg_1, Δg_2 — in P_1, P_2 gemessene Schwerewerte;
Δh — Höhendifferenz zwischen P_1, P_2

Schwereprofile mittels schacht- oder bohrlochgravimetrischer Messungen überwunden werden (Abb. 2.60). Die Schwereänderung zwischen zwei übereinanderliegenden Meßpunkten P_1 und P_2 einer Gesteinsplatte mit der Mächtigkeit Δh und der Blockdichte ϱ beträgt nach (2.33; 2.41) unter Beachtung der Bedingungen des Vollraumes

$$\Delta g_2 - \Delta g_1 = \Delta g = \Delta h \left(\frac{\partial \gamma}{\partial h} - 4\pi f \varrho\right). \qquad (2.51)$$

Bei Angabe der Dichte in 10^3 kg/m^3 und Δh in m folgt für

$$\Delta g = \Delta h(3{,}086 - 0{,}8386\varrho) \quad \text{in} \quad \mu\text{m/s}^2 \qquad (2.52)$$

und für die Blockdichte

$$\varrho = 3{,}680 - 1{,}1924 \frac{\Delta g}{\Delta h}. \qquad (2.53)$$

Gegebenenfalls sind an den gemessenen Schwerewerten Δg_1 und Δg_2 noch Gelände- und Untertage-(Schacht- und Strecken-)Reduktionen anzubringen und in (2.53) zu berücksichtigen. Werden bei den Gravimetermessungen n

verschiedene Schichten der Mächtigkeiten h_i und mit den Dichtewerten ϱ_i durchteuft, dann folgt die Gesamtblockdichte aus

$$\varrho = \frac{\sum_{i=1}^{n} \varrho_i h_i}{\sum_{i=1}^{n} h_1}. \tag{2.54}$$

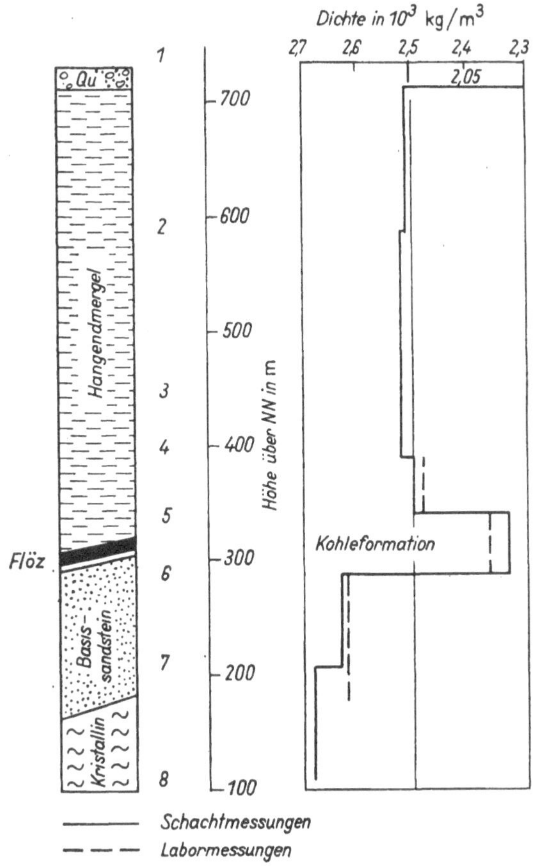

Abb. 2.61. Blockdichtebestimmung aus Schacht- und Labormessungen (nach WALACH, 1982)

Abb. 2.61 zeigt eine Blockdichtebestimmung nach Schacht- und Labormessungen aus einem inneralpinen Tertiärbecken. Für die Sedimentgesteine ergibt sich nach (2.53) eine Gesamtblockdichte von $2{,}50 \cdot 10^3$ kg/m³. Die Kohleformation ist durch ein deutliches Dichteminimum gekennzeichnet.

Aus (2.53) folgt für den Dichtefehler m_ϱ bei Vernachlässigung der Gelände- und Untertagereduktion sowie des Teufenfehlers bei einem Fehler der Schweredifferenz $m_{\Delta g}$

$$m_\varrho = \frac{m_{\Delta g}}{0{,}838 \Delta h}. \tag{2.55}$$

Er ist damit der Genauigkeit der Gravimetermessungen direkt und dem durchmessenen Teufenintervall umgekehrt proportional. Stehen nur Instrumente mit geringer Meßgenauigkeit zur Verfügung oder werden die Messungen durch Bodenunruhe usw. erschwert, so müssen entsprechend größere Teufenintervalle bearbeitet werden (Tab. 2.8).

Tabelle 2.8. Mindestteufenintervalle für eine Blockdichtegenauigkeit von 0,02 · 10^3 kg/m^3

Fehler der Schweredifferenz in µm/s^2	Teufenintervall Δh in m
0,1	6
0,2	12
0,5	30
1,0	60
1,5	90

Die Beziehungen (2.53···2.55) gelten nur für den Fall horizontal geschichteter Medien. Bei schrägem Einfallen der geologischen Horizonte treten Scheindichtewerte auf; sie sind i. allg. kleiner als die wahren Dichten. Sollen auch unter diesen Bedingungen exakte Blockdichtewerte erhalten werden, so ist eine entsprechende Erweiterung von (2.53) erforderlich, welche die Bohrloch- und Schichtneigung berücksichtigt.

Abb. 2.62 erläutert dies für den zweidimensionalen Fall und unter der Annahme, daß die Schweremessungen zur Dichtebestimmung in einem Bohrloch durchgeführt werden. — Im wesentlichen sind drei verschiedene Möglichkeiten zu berücksichtigen, die in Tab. 2.9 zusammengestellt sind.

Tabelle 2.9. Dichtebestimmung mittels Bohrlochgravimetrie bei geneigtem Schichteinfallen und geneigter Bohrlochachse (nach SNYDER; MERKEL, 1977)

Bedingung	ϱ in 10^3 kg/m^3
Schicht und Bohrloch geneigt	$\frac{1}{\Delta h} \frac{1}{\cos\alpha\cos(\alpha+\beta)} \times [3{,}68\Delta h \cos\alpha - - 1{,}1924\Delta g]$
Schicht horizontal; Bohrloch geneigt	$\frac{1}{\Delta h}\left[3{,}68\,\Delta h - \frac{1{,}1924}{\cos\alpha}\Delta g\right]$
Schicht geneigt; Bohrloch vertikal	$\frac{1}{\Delta h}\frac{1}{\cos^2\beta}[3{,}68\Delta h - 1{,}1924\Delta g]$

Abb. 2.63 zeigt das Ergebnis einer bohrlochgravimetrischen Dichteaufnahme in einer Tiefbohrung. Die Dichtewerte belegen zwar den generellen Trend einer Zunahme mit der Lagerungsteufe, zeigen jedoch, daß in einzelnen Horizonten auch Abnahmen möglich sind. Zugleich wird der Unterschied zu den im Labor an Kernmaterial ermittelten Dichtewerten deutlich;

er beträgt bis $0{,}2 \cdot 10^3\,\mathrm{kg/m^3}$. Bohrlochgravimetrisch bestimmte Dichtewerte erlauben eine Umrechnung in Porositätswerte Φ. Nach McCulloh (1967) gilt unter der Voraussetzung, daß die Korndichte ϱ_K und die Dichte der Porenfüllung ϱ_P bekannt sind

$$\Phi = \frac{\varrho_K - \varrho}{\varrho_K - \varrho_P}. \tag{2.56}$$

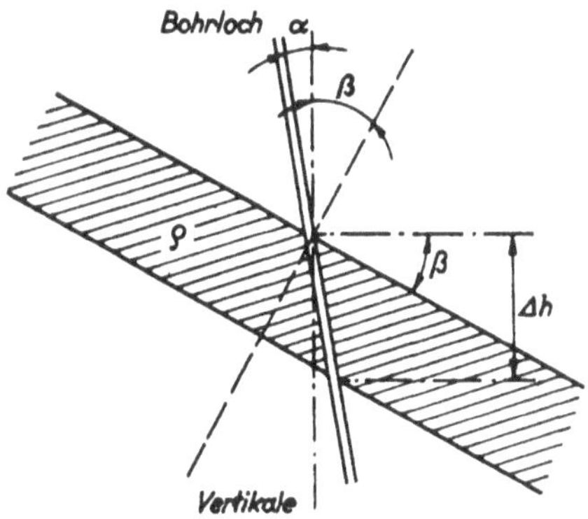

Abb. 2.62. Verlauf von Bohrlochachse und Einfallen einer geneigten geologischen Einheit
α – Abweichung der Bohrlochachse gegenüber der Vertikalen; β – Einfallen der Schicht mit der Dichte ϱ

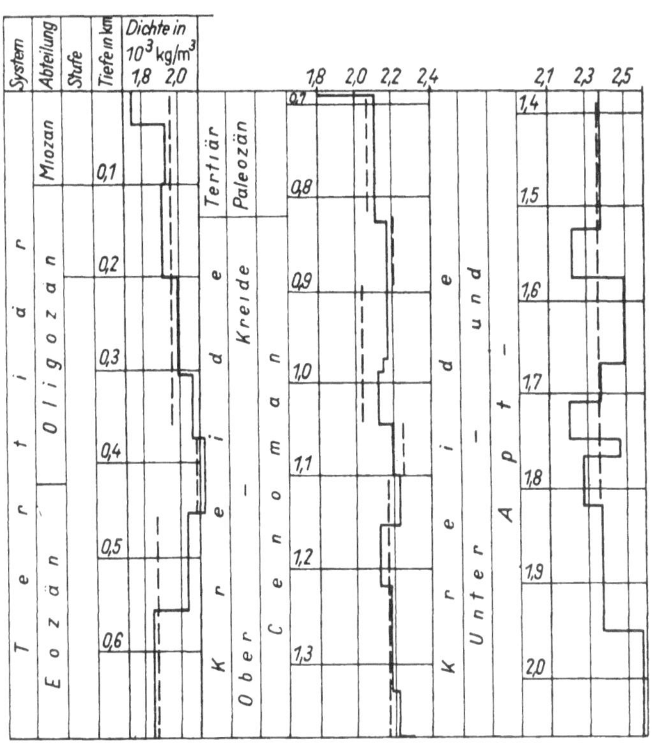

Abb. 2.63. Bohrlochgravimetrisch bestimmte Dichten in einer Tiefbohrung (nach Fedjanin et al., 1975)
——— Dichte nach Bohrlochgravimetrie; -------- Dichte nach Laboruntersuchungen

Häufig wird $\varrho_P = 1$ angenommen (Wasserfüllung). Abb. 2.64 zeigt bohrlochgravimetrisch bestimmte Dichte- und daraus abgeleitete Porositätswerte.

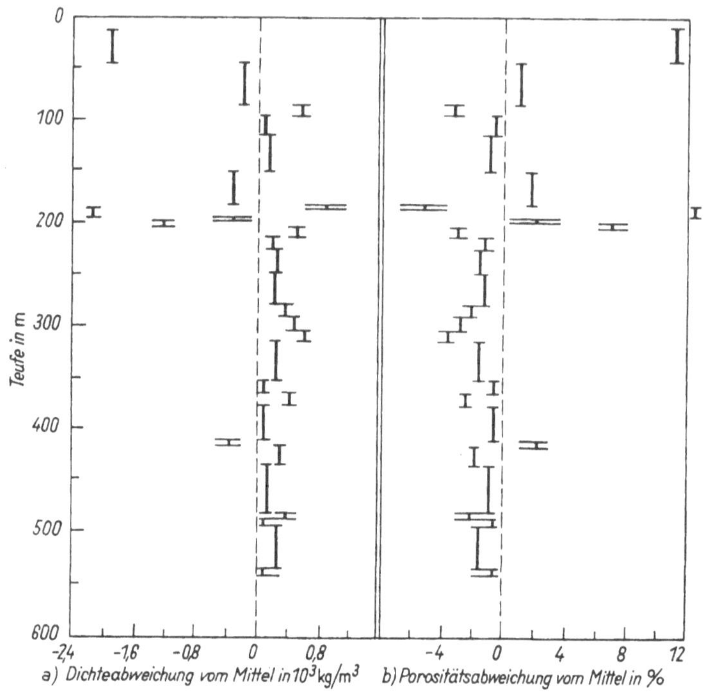

Abb. 2.64. Dichte- und Porositätsänderungen in einem Quarz-Diorit-Massiv (umgezeichnet nach SCHMOKER, 1977)

a) Abweichungen der Blockdichte $\Delta\varrho$ gegenüber einem mittleren Dichtewert; b) Abweichungen der Porosität $\Delta\Phi$ gegenüber einem mittleren Porositätswert ($\Delta\Phi$ wurde unter der Annahme bestimmt, daß Dichteänderungen nur durch Porositätsschwankungen hervorgerufen werden)

3. Angewandte Magnetik

H. Militzer, R. Scheibe, W. Seiberl

3.1. Geophysikalische, geologische und ingenieurtechnische Grundlagen

3.1.1. Magnetfeld der Erde und magnetische Anomalien

Die Erde besitzt ein Magnetfeld. Die Existenz dieses Feldes läßt sich an jedem Punkt der Erde durch eine in ihrem Schwerpunkt aufgehängte, frei bewegliche Magnetnadel nachweisen; sie stellt sich in Richtung des geomagnetischen Feldes ein. Der Vektor $\boldsymbol{T}$ dieses Feldes heißt Totalfeldvektor und wird durch mindestens drei erdmagnetische Elemente in Größe und Richtung vollständig bestimmt.

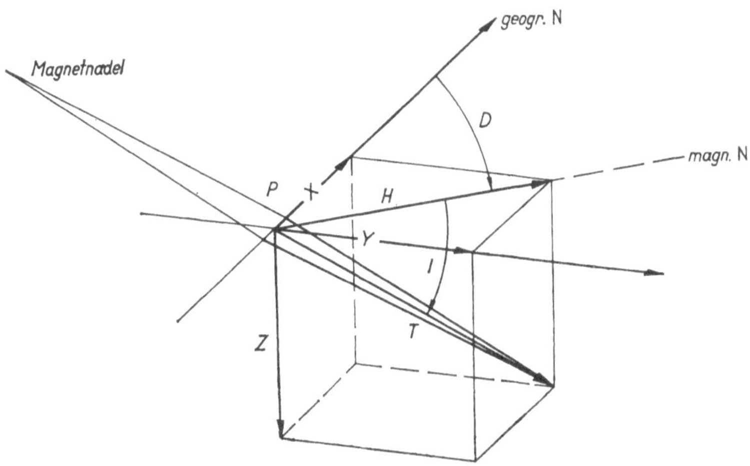

Abb. 3.1. Elemente des erdmagnetischen Feldes im Punkt P

T – Totalintensität (Betrag von $\boldsymbol{T}$)

Z – Vertikalintensität (Komponente von $\boldsymbol{T}$ in Lotrichtung; nach unten positiv)

H – Horizontalintensität (Komponente von $\boldsymbol{T}$ in Richtung magnetisch Nord)

X – Komponente von $\boldsymbol{T}$ bzw. $\boldsymbol{H}$ in Richtung geographisch Nord

Y – Komponente von $\boldsymbol{T}$ bzw. $\boldsymbol{H}$ in Richtung geographisch Ost

D – Deklination (Winkel zwischen magnetisch und geographisch Nord)

positiv / negativ bei östlicher / westlicher Abweichung

I – Inklination (Winkel zwischen Horizontalebene und $\boldsymbol{T}$; nach unten positiv)

Aus Abb. 3.1 folgen die Verknüpfungsbeziehungen

$$T^2 = H^2 + Z^2 = X^2 + Y^2 + Z^2, \tag{3.1}$$

$$T = \frac{H}{\cos I} = \frac{Z}{\sin I}, \tag{3.2}$$

$$\tan I = \frac{Z}{H}, \qquad \tan D = \frac{Y}{X}, \tag{3.3}$$

Die vertikale Ebene durch $\boldsymbol{T}$ und $\boldsymbol{H}$ wird als magnetischer Meridian bezeichnet; $\boldsymbol{Z}$ und $\boldsymbol{X}$ bestimmen den geographischen Meridian. Das Magnet-

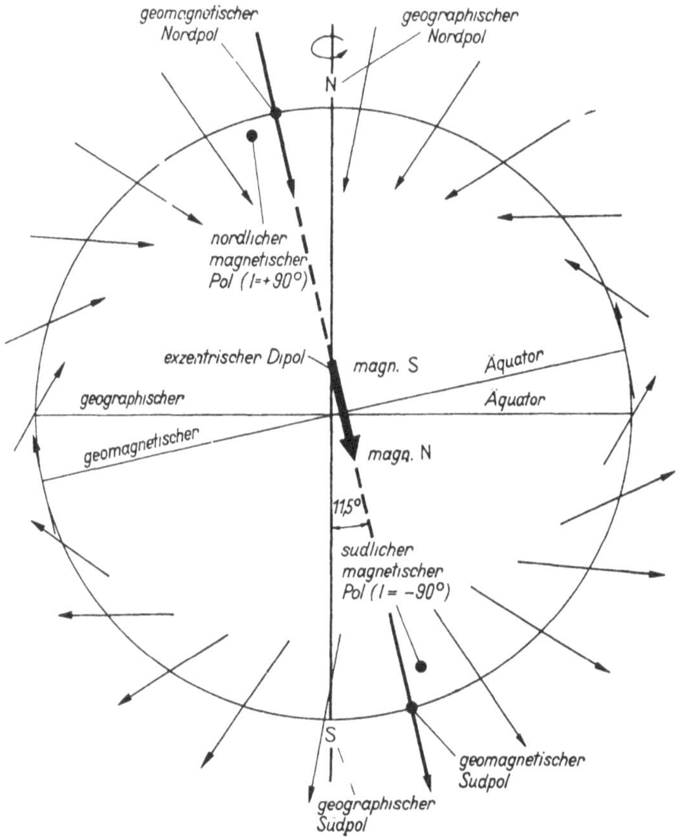

Abb. 3.2. Schematisierte Vektordarstellung des erdmagnetischen Feldes unter Annahme eines exzentrischen Dipols

feld der Erde ähnelt in groben Zügen dem Feld eines Stabmagneten (Dipol), der sich mit dem magnetischen Moment der Erde ($m_{CE} = 1{,}02 \cdot 10^{17}\,\mathrm{V \cdot s \cdot m}$) im Erdmittelpunkt befindet und dessen Länge klein im Verhältnis zum Erdradius ist (zentrischer Dipol). Die magnetische Achse ist gegenüber der Rotationsachse der Erde etwa um 11,5° geneigt. Eine bessere Näherung für das Erdfeld entsteht, wenn der Dipol unter Beibehaltung der Achsenrichtung etwa 350 km aus dem Erdmittelpunkt heraus verschoben wird (exzentrischer Dipol) (s. Kap. 1.3.1.; 1.3.3.4.; Abb. 3.2).

Die Durchstoßpunkte der geomagnetischen Achse an der Erdoberfläche sind die geomagnetischen Pole. Sie weichen jedoch noch erheblich von den wahren magnetischen Polen ab; das sind jene Punkte, an denen die Inklination $I = \pm 90°$ beträgt.

Das wahre erdmagnetische Feld unterliegt verschiedenen zeitlichen Änderungen. Diese werden als Variationen bezeichnet und zusammen mit den erdmagnetischen Elementen an weltweit verteilten geomagnetischen

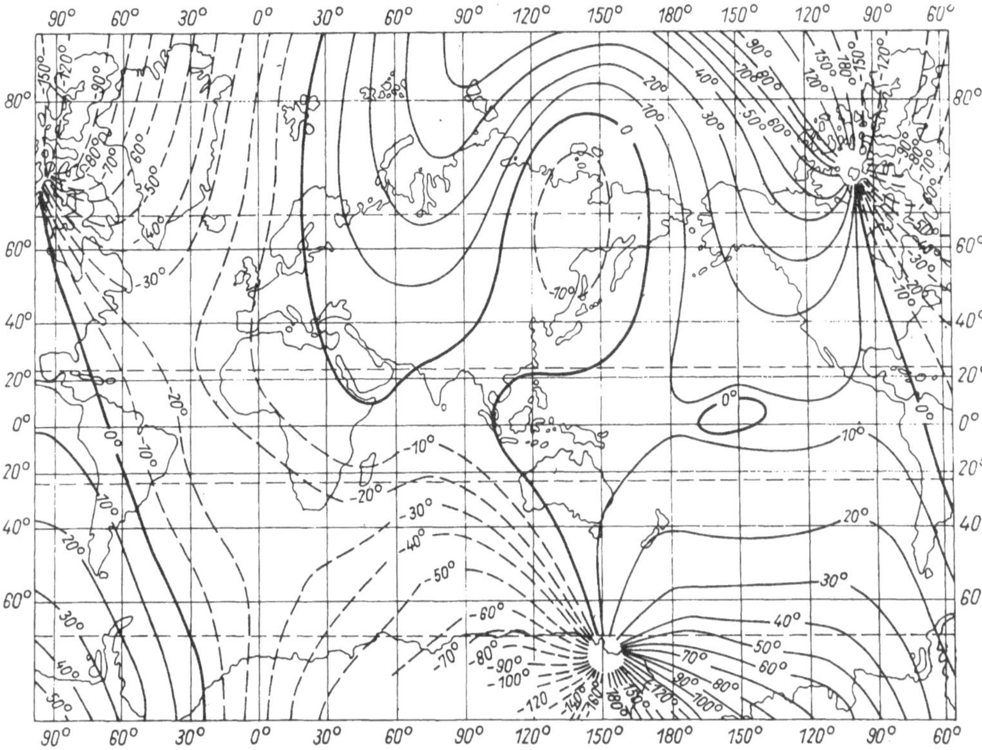

Abb. 3.3. Isogonen des Hauptfeldes für die Epoche 1960,0 (nach JANOVSKIJ, 1964)

———— östliche (positive) Deklination

-------- westliche (negative) Deklination

Observatorien kontinuierlich beobachtet. – Im Ergebnis globaler Erforschungen wird das Magnetfeld der Erde wie folgt unterteilt

- Hauptfeld (reguläres Feld, Dipolfeld); vorherrschender Feldanteil mit einer relativ geringen, aber langzeitlichen Änderung (Säkularvariation); Ursprung im Erdinneren;
- Außenfeld (Variationsfeld): intensitätsmäßig ein Bruchteil des Hauptfeldes; ändert sich relativ rasch (teils zyklisch, teils zufällig); Ursprung außerhalb der festen Erde;
- Anomalienfeld (Restfeld, irreguläres Feld): meist viel kleiner als das Hauptfeld; zeitlich nahezu konstant; Ursprung in der oberen Erdkruste.

Die auf dem Festland (an Observatorien) sowie auf den Weltmeeren (mit Hilfe von Schiffen und Flugzeugen) durchgeführten Beobachtungen ermöglichen die Darstellung globaler magnetischer Feldverteilungen in Form isomagnetischer Karten. Sie müssen wegen der Variationen immer auf eine bestimmte Epoche bezogen werden. Auf isomagnetischen Karten sind Orte mit gleichen Werten eines erdmagnetischen Elements durch isomagne-

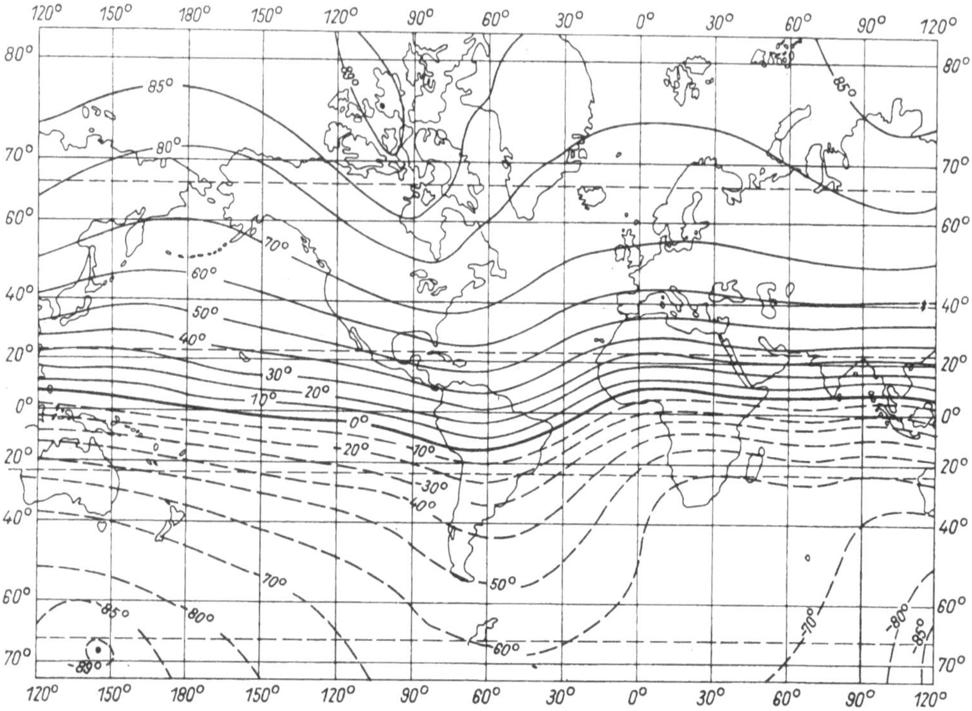

Abb. 3.4. Isoklinen des Hauptfeldes für die Epoche 1945,0 (nach VESTINE et al., 1947)
——— positive Inklination
-------- negative Inklination

tische Linien miteinander verbunden. Zu unterscheiden sind

- Isogonen – Linien gleicher Deklination (vgl. Abb. 3.3),
- Isoklinen – Linien gleicher Inklination (vgl. Abb. 3.4),
- Isodynamen in T, H, Z, X oder Y – Linien gleicher Werte des entsprechenden Elements (vgl. Abb. 3.40),
- Isoporen – Linien gleicher jährlicher Änderung der einzelnen Elemente (Linien gleicher Säkularvariation).

Für einige erdmagnetische Elemente vermittelt Tab. 3.1 einen Überblick über Extremwerte.

Für die geomagnetische Erkundung ist die Kenntnis der Inklination und der Totalintensität besonders wichtig, da diese Elemente Form und Ampli-

Tabelle 3.1. Beträge der erdmagnetischen Elemente an den Polen und am Äquator

Element	an den magnetischen Polen	am magnetischen Äquator
Inklination I	±90°	0°
Horizontalintensität H	0 nT	25000···40000 nT
Vertikalintensität Z	60000···70000 nT	0 nT
Totalintensität T	60000···70000 nT	25000···40000 nT

tude magnetischer Anomalien entscheidend beeinflussen. Magnetische Beobachtungen seit über 400 Jahren an einzelnen Orten der Erde zeigen, daß die Jahresmittelwerte der erdmagnetischen Elemente einer allmählichen zeitlichen Änderung unterliegen (Säkularvariation; Abb. 3.5). Diese zyklischen Variationen erreichen erhebliche Amplituden (für Europa z. B. 30° in D und 10° in I) und äußern sich vor allem in einer relativ raschen Verlagerung der aktuellen magnetischen Pole.

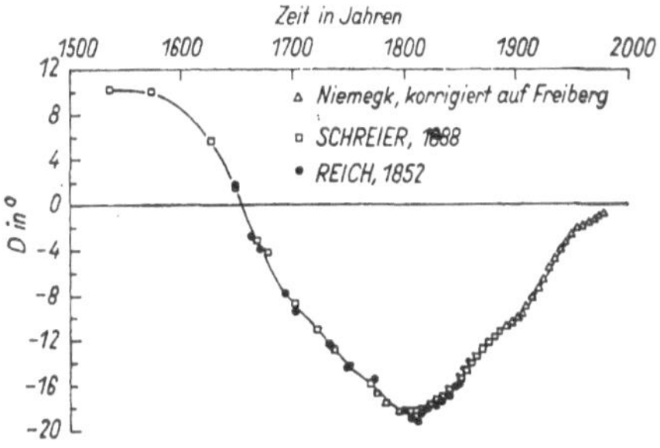

Abb. 3.5. Säkulare Änderung der Deklination von 1530 bis 1978 für Freiberg (nach RÖSLER et al., 1978)

Für das Verständnis der Entstehung des erdmagnetischen Hauptfeldes sind von Bedeutung:

- Eine sphärische harmonische Analyse (Entwicklung nach Kugelfunktionen) der auf der Erdoberfläche durchgeführten magnetischen Beobachtungen ergibt, daß etwa 99% des Feldes von Quellen im Erdinneren herkommen und nur etwa 1% von äußeren Quellen stammt (s. Kap. 1.3.3.4).
- Das erdmagnetische Feld kann nicht auf permanenten Magnetismus des Erdkörpers zurückgeführt werden, da durch die Temperaturzunahme zum Erdinneren hin bereits in 20···50 km Tiefe keine Remanenz mehr möglich ist.
- Das erdmagnetische Feld zeigt eine deutliche Rotationssymmetrie um die von der Rotationsachse der Erde etwas abweichende geomagnetische Achse.

Wichtige Aspekte des Prozesses der Entstehung des geomagnetischen Hauptfeldes sind gegenwärtig noch nicht geklärt. Allgemein hat sich jedoch die Ansicht durchgesetzt, daß das Magnetfeld durch Materieströmungen erzeugt wird, die mit Geschwindigkeiten in der Größenordnung von

0,01···0,1 cm/s im gutleitenden flüssigen äußeren ($r \approx 1300 \cdots 3500$ km) Erdkern vorhanden sind. Der Vorgang wird Dynamomechanismus genannt. Ein so verstandener Geodynamo wird mit Selbsterregung angenommen, indem in ihm eine gutleitende Flüssigkeit mit komplizierter mechanischer Bewegung umläuft, während elektrische Ströme, die durch chemische oder thermische Veränderungen erzeugt werden können, durch sie hindurchfließen. Das Zusammenwirken der mechanischen Bewegung leitfähigen Materials mit dem elektrischen Strom erzeugt ein Magnetfeld. Als Quellen für die kinetische Energie kommen thermische Konvektionen durch radioaktive Wärmeproduktion sowie Konvektion durch ungleichförmige Präzession von Erdmantel und Erdkern in Frage. Mit der Theorie vom hydromagnetischen Geodynamo können sowohl der in geologischen Zeiträumen nachgewiesene Polaritätswechsel des Erdmagnetfeldes als auch die allmähliche Änderung des Hauptfeldes (Säkularvariation) erklärt werden.

Periodische und zufällige Schwankungen des erdmagnetischen Feldes in Intensität und Richtung können von einigen Sekunden bis zu mehreren Jahren variieren. In Tab. 3.2. sind die für die angewandte Geomagnetik besonders wichtigen Variationen zusammengestellt.

Tabelle 3.2. Einige Typen magnetischer Variationen

Periode bzw. Dauer	Typ	Bezeichnung	Intensität	wahrscheinliche Ursache
11 a		Sonnenflecken-Zyklus-Variation	bisher nicht absolut gemessen	wechselnde Ionisation der Ionosphäre durch variable UV-Strahlung der Sonne
24 h	S_q, S_d	sonnentägige Variation	einige 10 nT	Ionosphärenströme, induziert durch Gezeitenbewegung der Ionosphäre im Erdmagnetfeld
12,5 h	L	mondtägige Variation	einige nT	
1···3 d	D_{st}	magnetischer Sturm	max. einige 1000 nT	durch von der Sonne kommende Partikel ausgelöster äquatorialer Ringstrom
max. 1 h	sfe	Sonneneruptionseffekt	einige nT bis einige 10 nT	solare UV-Strahlung in Verbindung mit Eruption der Chromosphäre
20···120 min	b	Bai-Störung	einige 10 nT bis einige 100 nT	intensive Ionosphärenströme in der Polarlichtzone, vor allem auf der Nachtseite
6···300 s	p	Pulsationen, Oszillationen	0,01 nT bis einige 10 nT	magnetohydrodynamische Wellen, Eigenschwingungen der Ionosphäre usw.

Einige typische magnetische Variationen zeigen Abb. 3.6 und 3.7.

Mit Ausnahme der Säkularvariation haben alle magnetischen Variationen ihren Ursprung außerhalb der festen Erde. Sie sind ursächlich auf elektrische Ströme in ionisierten Schichten der äußeren Atmosphäre zurückzuführen.

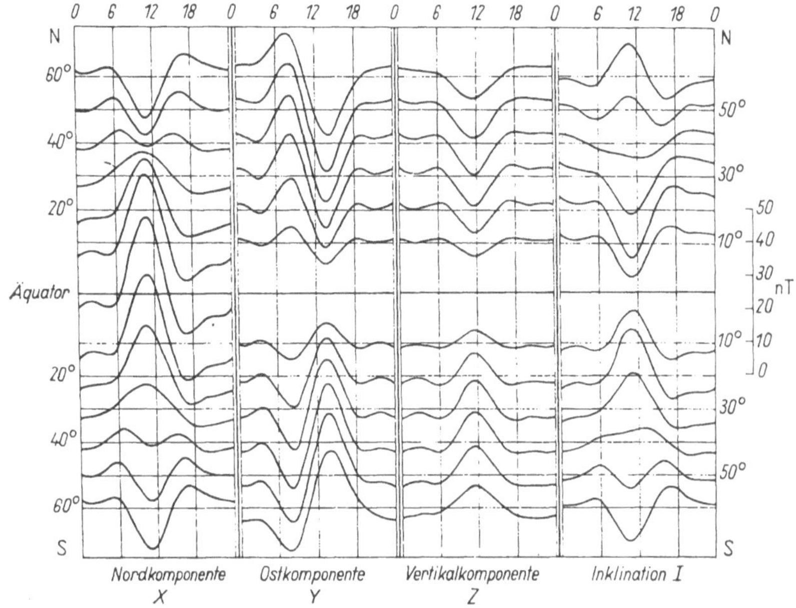

Abb. 3.6. Mittlere sonnentägige Variation in Abhängigkeit von der geographischen Breite (nach Chapman; Bartels, 1940)

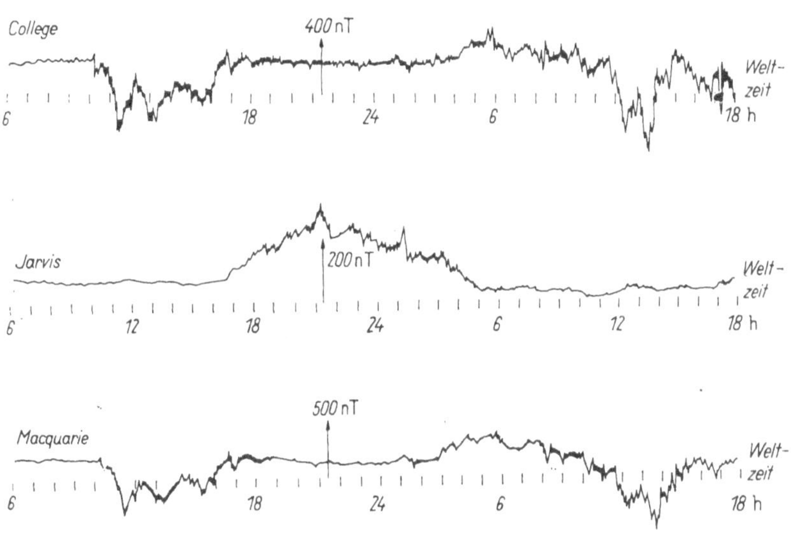

Abb. 3.7. Magnetischer Sturm vom 16. 2. 1958; Magnetogramm der Horizontalintensität von den Stationen College, Jarris und Macquarie (nach Ondoh; Maeda, 1962)

So bewirken in der Troposphäre besonders bei Gewitteraktivität elektrische Ströme mit hohen Leistungen sporadische Störungen des geomagnetischen Feldes; in der Ionosphäre verursachen atmosphärische Gezeiten eine Bewegung von Quellen elektrostatischer Felder (Dynamowirkung), und in der Magnetosphäre sind es Bewegungen des kosmischen Plasmas (freie Elektronen, positive Ionen, Neutralteilchen) sowie des Sonnenwindes (gerichteter Plasmastrom) (Tab. 3.2).

Magnetische Variationen haben für die angewandte Geomagnetik eine große Bedeutung; ihre Wirkungen auf gemessene Feldwerte müssen meist als Variationskorrektur berücksichtigt werden. Magnetische Stürme können Feldmessungen sogar unmöglich machen.

Erdmagnetische Anomalien sind örtliche Abweichungen der Elemente vom Hauptfeld. Das Anomalienfeld ergibt sich aus der Differenz zwischen Innenfeld und Normalfeld (s. Kap. 1.3.4.1.). Die Ursachen magnetischer Anomalien liegen in Magnetisierungskontrasten der Gesteine der oberen Erdkruste, insbesondere im unterschiedlichen Gehalt an ferromagnetischen Mineralen. Da oberhalb der CURIE-Temperatur jegliche Remanenz verschwindet, wird die Kruste unterhalb 20···50 km (CURIE-Isotherme) als praktisch quellenfrei angesehen (s. Kap. 4.2.). Magnetische Anomalien können in ihrer Amplitude das Hauptfeld weit übersteigen; Beispiele dafür sind die Kursker magnetische Anomalie (KMA) in der UdSSR mit $\Delta T_{max} = 190\,000$ nT und der Erzberg bei Kiirunavara in Nordschweden mit $\Delta Z_{max} = 70\,000$ nT. Für die Suche und Erkundung können — je nach der Aufgabenstellung — Anomalien bis zu einer Amplitude von 0,1 nT von Interesse sein.

3.1.2. Aufgabenstellung und Einsatzkriterien

Geomagnetische Messungen dienen der Suche und Erkundung, der geologischen Kartierung, dem bergmännischen Abbau, der Lösung geotechnischer, archäologischer oder technischer Probleme sowie der Erforschung der

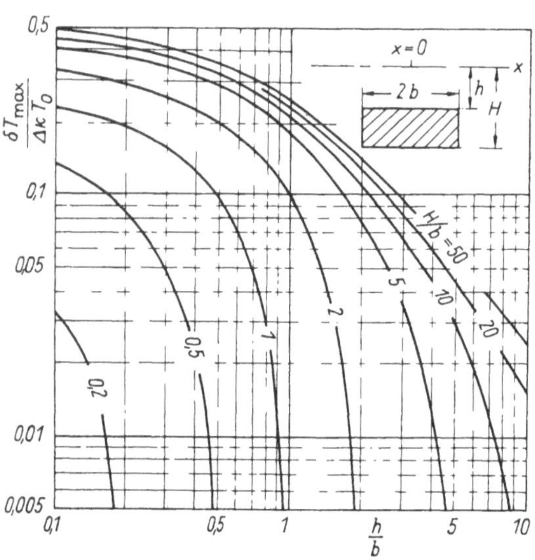

Abb. 3.8. Maximale Störwirkung δT_{max} über einem prismatischen Modellkörper ($I_0 = 90°$)

Tabelle 3.3. Einsatzmöglichkeiten der angewandten Geomagnetik

Art der Messung	Sachgebiet	Aufgaben
Regionalaufnahmen (insbes. mittels Aeromagnetik)	Regionalerkundung	– Erkundung regionaler geologischer Strukturen (insbes. des kristallinen Grundgebirges) – Abgrenzung von Vulkanitprovinzen und Plutoniten – Rayonierung – Vorlaufuntersuchungen für den gezielten Einsatz weiterer geophysikalischer und geologischer Aufnahmen
	Präzisierung des regionalen Baus (insbes. im Rahmen der Kohlenwasserstofferkundung)	– Erkundung von Bau und Zusammensetzung des Grundgebirges – Lokalisierung von Vulkaniten und Plutoniten – Erkundung der Tektonik von Käno-, Meso- und Paläozoiden
Übersichts- und Spezialaufnahmen	Suche und Erkundung von Erzlagerstätten	– Suche, Erforschung der horizontalen und vertikalen Ausdehnung sowie Abschätzung des Metallinhaltes von Erzlagerstätten (Magnetit, Titanomagnetit, Magnetkies, Ilmenit, Hämatit, Brauneisen, Chromit, Bauxit sowie alle Erze mit ferrimagnetischen Komponenten)
	Suche und Erkundung von Lagerstätten der Steine und Erden	– Suche und Abgrenzung abbauwürdiger Festgesteine (insbes. Magmatite), Gerölle, Geschiebe sowie Verwitterungsprodukte (z. B. Kaolin)
	geologische Kartierung	– Abgrenzung verdeckter Gesteinskontakte und tektonischer Störungen
	Hydrogeologie	– Nachweis von Pleistozänrinnen – Erforschung des Festgesteinsreliefs
	Suche künstlicher magnetisierter Objekte	– Suche von Eisenteilen in wasserbedeckten Gebieten (getauchte Unterseeboote, gesunkene Schiffe, Minen, Pipelines usw.) – Suche verschütteter oder vergrabener Eisenteile auf dem Festland (Tagebaugeräte, Kraftfahrzeuge, Flugzeugaggregate, Blindgänger, Waffen, Bohrwerkzeuge, Rohrleitungen, gleichstromführende Kabel usw.) – Suche unmagnetischer Objekte, die zum besseren Wiederauffinden mit Dauermagneten versehen werden („magnetische Markierung"; z. B. bedeutsame Stellen in Bohrungen und an Pipelines, Skiläufer in lawinengefährdeten Gebieten)

Tabelle 3.3. (Fortsetzung)

Art der Messung	Sachgebiet	Aufgaben
	Archäologie	– Suche und Erkundung von Gegenständen aus gebranntem Ton oder Lehm (Ziegel, Töpfereiwaren, Brennöfen, Herde), von Wällen, Bauwerken aus Naturstein, Gräbern und Siedlungsplätzen
mikromagnetische Messungen	geologische Spezialuntersuchungen	– Ermittlung der Sedimentationsrichtung von Lockersedimenten – Analyse der Fluidaltextur von Effusivgesteinen – Erforschung der Tektonik unter geringmächtiger Verwitterungsdecke
	Ingenieurwesen	– Untersuchung rutschungsgefährdeter Bereiche – Ortung alter Schächte und oberflächennaher Hohlräume
Untertage- und Bohrlochmessungen	Bergbau	– Bestimmung von Lage und Ausdehnung stark magnetisierter Körper, insbes. von Erzlagerstätten – Abgrenzung von Basaltoiden im Salzgebirge zur Ortung ausbruchsgefährdeter CO_2-Anreicherungen
paläo- und archäomagnetische Untersuchungen	globale Geologie	– Erforschung von Kontinentaldrift und Polwanderung im Sinne der Plattentektonik – Ermittlung von Feldinversionen und sea-floor spreading für entwicklungsgeschichtliche Studien der Erde
	regionale und lokale Geologie	– Erforschung postgenetischer Bewegungen regionaler Einheiten – Datierung und Korrelation von Magmatiten und fossilfreien Sedimentiten; Untergliederung von Magmatiten

Entwicklungsgeschichte der Erde. Die Geomagnetik ist sowohl Vorlaufmethode für den Einsatz kostenintensiver Such- und Erkundungsverfahren als auch Spezialmethode zur Klärung örtlich eng begrenzter Verhältnisse. Sie ist eines der schnellsten und billigsten geophysikalischen Erkundungsverfahren. Insbesondere ermöglichen Untersuchungen von der Luft aus in kurzer Zeit die Aufnahme großer Gebiete. – Geomagnetische Messungen können zur Lösung der in Tab. **3.3** zusammengestellten Aufgaben herangezogen werden.

Als Voraussetzungen für den effektiven Einsatz geomagnetischer Messungen gelten, daß zwischen den gesuchten Strukturen, Gesteinsgrenzen bzw. Inhomogenitäten und der Umgebung ein hinreichend großer Magnetisierungskontrast besteht und daß Mächtigkeit und Ausdehnung der Störkörper bzw. das Relief einer Magnetisierungsgrenze gegenüber der Tiefenlage ausreichend dimensioniert sind. Vor der Durchführung magnetischer Messungen empfiehlt sich deshalb eine Abschätzung der zu erwartenden Störamplituden. Für einfache geometrische Modelle können Störkörperformeln (s. Kap. 1.3.5.) oder Nomogramme (Abb. 3.8) verwendet werden. Amplitude und Ausdehnung der erwarteten Anomalien bestimmen die Meßdichte und die erforderliche Meßgenauigkeit.

3.2. Meßgrößen und Meßgeräte

3.2.1. Meßkomponenten

Für das Verständnis der Meßgrößen in der angewandten Geomagnetik ist der totale Störvektor $\boldsymbol{F}$ einer magnetisch wirksamen Struktur von Bedeutung; er ändert sich nach Größe und Richtung von Ort zu Ort (Abb. 3.9) und kann lediglich durch seine Komponenten ΔZ und ΔH meßtechnisch erfaßt werden.

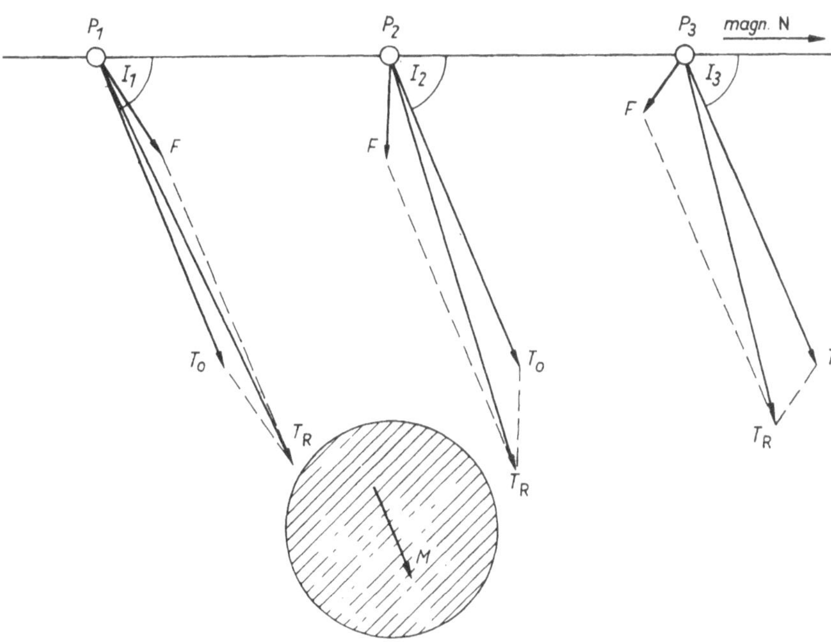

Abb. 3.9. Vektorielle Addition des totalen Störvektors $\boldsymbol{F}$ und des Normalfeldes $\boldsymbol{T}_0$ zum resultierenden Totalfeldvektor $\boldsymbol{T}_R$ für drei Punkte eines N-S-Profils

$\boldsymbol{F}$ bildet mit dem ungestörten Normalfeld $\boldsymbol{T}_0$ den resultierenden Feldvektor $\boldsymbol{T}_R$. Mit Totalfeldmagnetometern wird $|\boldsymbol{T}_R|$ gemessen und nach der Normalfeldreduktion ΔT_R dargestellt. Theoretisch ist diese Meßgröße nur sehr schwer zu erfassen, weil die Richtung von $\boldsymbol{T}_R$ meist unbekannt ist. Da im allgemeinen $F \ll T_0$ gilt, ist die Anomalie des Betrages der Totalintensität in guter Näherung gleich der Projektion von $\boldsymbol{F}$ auf $\boldsymbol{T}_0$. Für Anomalien $< 10^3$ nT ist der Fehler vernachlässigbar klein (s. Kap. 1.3.4.3.) (LOGAČEV; ZACHAROV, 1979; TELFORD et al., 1976).

Da die Anzeige aller Magnetometer von der Permeabilität des umgebenden Mediums abhängt, in dem das Feld gemessen wird, und die Permeabilität von Luft bzw. Wasser strenggenommen von der des Vakuums verschieden ist, werden seit Einführung des SI alle Magnetometer in Einheiten der magnetischen Induktion $\boldsymbol{B}$ geeicht (vgl. LOWES, 1974; HAHN, 1978). Im folgenden wird deshalb unter den magnetischen Feldgrößen Totalintensität T, Vertikalintensität Z usw. stets die magnetische Induktion verstanden (vgl. Kap. 1.3.1.).

3.2.2. Mechanisch-optische Magnetometer (Feldwaagen)

Für die angewandte Geomagnetik besaßen die Feldwaagen als Relativinstrumente wegen ihrer einfachen Handhabung und ihrer Handlichkeit bis in die jüngste Vergangenheit eine große Bedeutung. Dies bezieht sich speziell auf Torsionswaagen (Torsionsmagnetometer). Im Prinzip beruht die Arbeitsweise eines Torsionsmagnetometers darauf, daß ein an einem Band aufgehängtes Magnetsystem als Waage wirkt, an der sich die erdmagnetische Vertikalintensität (beim Z-Magnetometer) bzw. die Horizontalintensität (beim H-Magnetometer) und die Schwerkraft zusammen mit der Torsionskraft des Bandes das Gleichgewicht halten.

In Abb. 3.10 sind der prinzipielle Aufbau und die Wirkungsweise eines solchen Systems schematisch dargestellt. Die allgemeine Gleichgewichtsbedingung lautet:

$$m_C Z \cos \bar{\varphi} - m_C H \cos \alpha \sin \bar{\varphi} - mgs \cos (\gamma - \bar{\varphi}) + \tau(\bar{\varphi}_0 - \bar{\varphi}) = 0, \tag{3.4}$$

τ – Torsionskonstante.

Für eine Z-Waage beträgt der Skalenwert $S = \Delta Z / \Delta \bar{\varphi}$ in der Nähe von $\bar{\varphi} = 0$

$$S = \frac{\tau}{m_C}. \tag{3.5}$$

Feldwaagen mit Bandaufhängung haben sich im praktischen Einsatz vor allem auf Grund ihres großen Meßbereiches (bis zu 40000 nT), ihrer kurzen Beruhigungsdauer durch große Dämpfung und geringes Trägheitsmoment (ca. 1 min Meßzeit pro Aufstellung), einer nahezu vollständigen Temperaturkompensation und einer guten Nullpunktskonstanz über Jahrzehnte be-

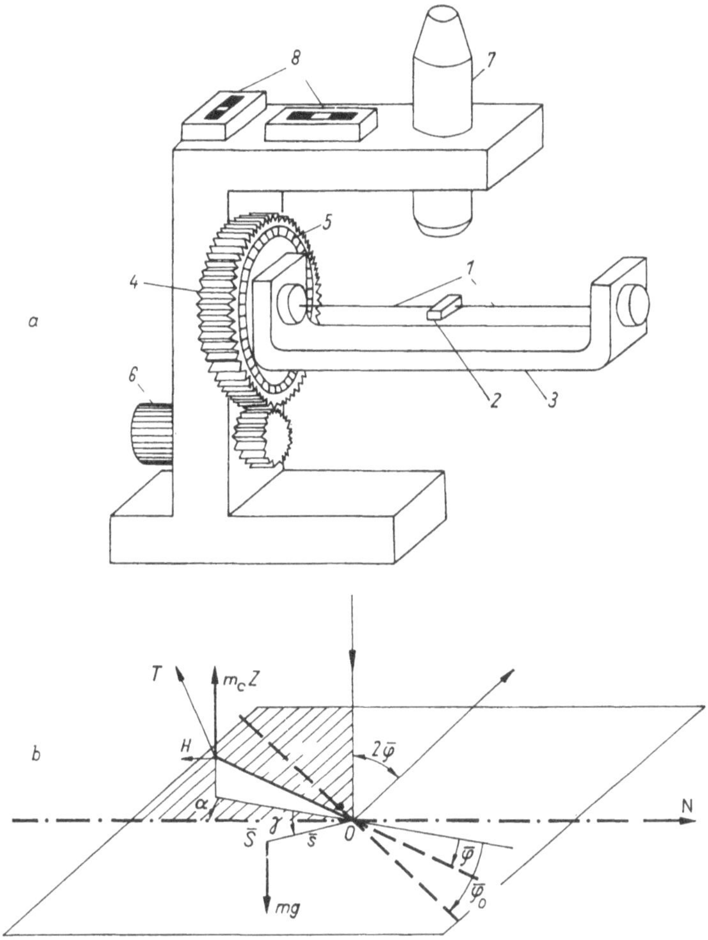

Abb. 3.10. Magnetische Z-Torsionswaage

a) schematischer Aufbau

1 – Torsionsband,
2 – Magnetsystem,
3 – Systemträger,
4 – Torsionskreis,
5 – Kreisteilung (Torsionsskale),
6 – Einstellknopf für Torsion,
7 – Autokollimationsfernrohr,
8 – Libellen,

b) Wirkprinzip

α – Azimut der Schwingungsebene gegen magnetisch Nord,
γ – Winkel zwischen der Längsachse des Magneten und der Verbindungsgeraden Drehpunkt (0) – Schwerpunkt ($\bar{S}$),
$\bar{\varphi}$ – Auslenkungswinkel,
$\bar{\varphi}_0$ – Auslenkung in torsionsfreier Lage,
m_C – magnetisches Moment des Magnetsystems,
$\bar{s}$ – Schwerpunktabstand,
m – Masse des Magnetsystems,
g – Schwerebeschleunigung

währt. Sie sind teilweise noch heute im Einsatz. Das gilt insbesondere für Torsionsmagnetometer, die nach der Nullmethode arbeiten; das sind Systeme, bei denen der Magnet nach erfolgter Auslenkung mit Hilfe der Torsion des Bandes oder durch ein Spulenfeld an jedem Meßpunkt wieder in die horizontale Lage gebracht wird. Gemessen wird der Torsionswinkel bzw. der Kompensationsstrom. Die Ablesung ist von der Orientierung und Horizontierung weitgehend unabhängig; dadurch wird der Meßfortschritt bedeutend erhöht.

Eine andere Weiterentwicklung mechanisch-optischer Magnetometer stellen flüssigkeitsgelagerte Waagen dar. Das Magnetsystem schwebt in einer Flüssigkeit, horizontiert und orientiert sich selbsttätig, ist absolut stoßgeschützt und ideal gedämpft. Die Messung erfolgt ohne Stativ nach der Nullmethode unter Verwendung eines Kompensationsmagneten bei digitaler Meßwertanzeige. – Systeme dieser Art sichern bei verminderter Genauigkeit einen besonders hohen Meßfortschritt.

3.2.3. Sättigungskernmagnetometer (Ferrosonde, Förster-Sonde, fluxgate-Magnetometer)

Sättigungskernmagnetometer bestimmten bis in die 60er Jahre die Meßtechnik für magnetische Messungen in bewegten Systemen; sie werden auch heute noch für Messungen in Flugzeugen, Satelliten und Raumsonden sowie als kleine tragbare Geräte eingesetzt.

Das Meßelement von Sättigungskernmagnetometern besteht im wesentlichen aus einem oder mehreren schmalen Kernen hochpermeablen Materials (z. B. Mu-Metall, Permalloy, Hyperm, Ferrit) mit nahezu linearer B(H)-Charakteristik. Bei den in der angewandten magnetischen Meßtechnik meist gebräuchlichen Sondenkonstruktionen – der Doppelkernsonde (Abb. 3.11a) – sind zwei Kerne parallel zueinander angebracht und mit je einer Primär- sowie Sekundärwicklung versehen. Erstere sind gegeneinander, letztere hintereinander geschaltet. Die Primärwicklung wird durch einen Niederfrequenzgenerator ($f = 50 \cdots 1\,000$ Hz) mit einem konstanten Strom gespeist. Die Stromstärke ist ausreichend, um die hochpermeablen Kerne bis zur Sättigung zu magnetisieren.

Die Entstehung der Signalspannung an einer Doppelkernsonde ist in Abb. 3.11b schematisch dargestellt. Das durch den Generator in den Kernen 1 und 2 erzeugte Primärfeld (links unten) ist ohne äußeres Magnetfeld gleich groß und entgegengesetzt gerichtet. Bei Anwesenheit einer äußeren Feldkomponente H_0 parallel zur Längsachse der Kerne jedoch verschiebt sich die Symmetrie zwischen den magnetischen Wechselfeldern in den Kurven 1 und 2 um H_0. Dadurch wird auch der Arbeitspunkt auf der $B(H)$-Charakteristik verschoben (links oben) und die in den beiden Kernen induzierten Impulse der Flußdichte werden in ihrer Symmetrie gestört (rechts oben). Die Folge davon ist, daß die Impulse der zeitlichen Ableitung der Flußdichte $\mathrm{d}B/\mathrm{d}t$ der beiden Kerne zeitversetzt auftreten und die Summe $(\mathrm{d}B_1/\mathrm{d}t + \mathrm{d}B_2/\mathrm{d}t)$ als Signal gewertet werden kann (rechts unten). Die Breite dieser Signale und ihr zeitlicher Abstand hängen von der Amplitude des äußeren magnetischen Feldes H_0 ab und werden meßtechnisch genutzt.

Kompensierende Sättigungskernmagnetometer (Abb. 3.12) dienen besonders bei kontinuierlich arbeitenden Geräten in bewegten Systemen zur Erhöhung der Meßgenauigkeit. Dabei wird die Sonde als Nullinstrument in Kompensationskreisen benutzt. Die Sondenausgangsspannung übernimmt das Steuern eines Servomotors, der den zur Kompensation notwendigen Strom regelt. Das Kompensationsfeld wird entweder mittels stromdurchflossener Spulen oder durch Dauermagnete erzeugt.

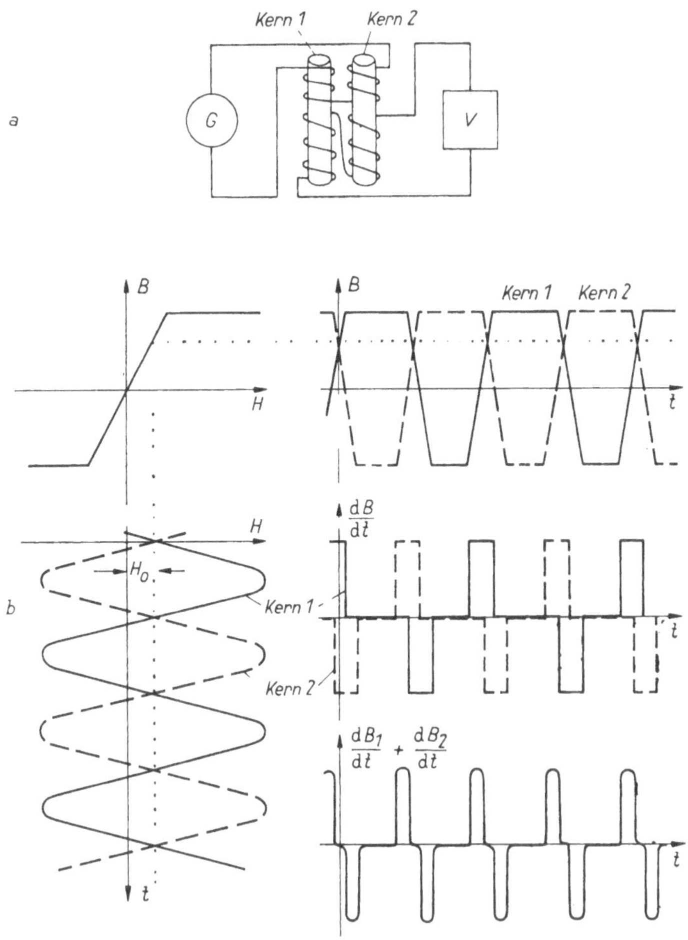

Abb. 3.11. Sättigungskernmagnetometer vom Typ der Doppelkernsonde (nach SCHMIDT; AUSTER, 1971)

a) schematische Schaltung

G – Niederfrequenzgenerator

V – Selektivverstärker und Meßgerät

b) Entstehung der Ausgangsspannung

Beim $2f$-Verfahren wird mit Hilfe eines Selektivverstärkers die zweite Harmonische aus der Sondenausgangsspannung herausgesiebt, verstärkt und der Steuerwicklung eines Servomotors zugeführt. Die Erregerwicklung dieses Motors erhält vom Generator über Verdoppler, Phasenschieber und Verstärker eine konstante Spannung der Frequenz $2f$. Der Servomotor verschiebt den Schleifer eines Potentiometers, bis die Sonde im Feld Null liegt. Ändert sich das Erdfeld, dreht der Motor automatisch den Kompensationsstrom nach. Da Feldänderung und Kompensationsstrom einander proportional sind, können die Bewegungen des Schleifers des Potentiometers direkt aufgezeichnet werden.

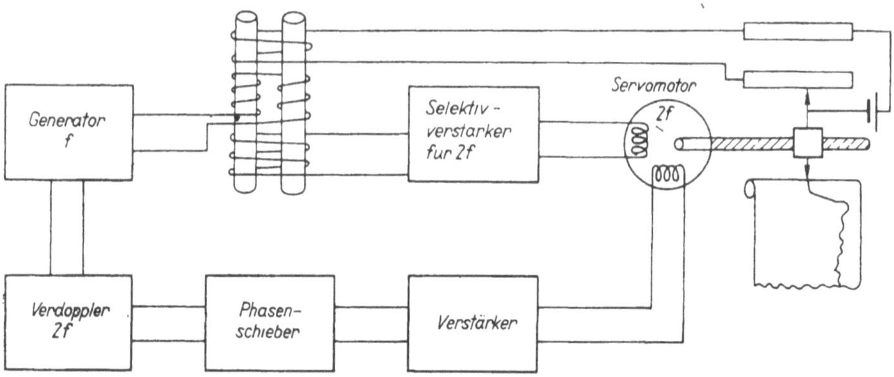

Abb. 3.12. Blockdiagramm eines kompensierenden Sättigungskernmagnetometers mit Doppelkernsonde (nach SCHMIDT; AUSTER, 1971)

Sättigungskernmagnetometer erfassen stets nur die Komponente des magnetischen Feldes, die mit der Kernlängsrichtung (Empfindlichkeitsachse) übereinstimmt. Sie sind deshalb besonders zur Messung eines oder mehrerer Elemente des Vektors der erdmagnetischen Induktion geeignet. Probleme entstehen bei der Orientierung der Empfindlichkeitsachse des Sensors in die Bezugsrichtung, da Abweichungen zu erheblichen Verfälschungen der Meßwerte führen können. Nur bei der Aufnahme der Totalintensität haben Schwankungen um die vorgegebene Richtung geringe Auswirkungen auf den Meßwert. Dies ist letztlich der Grund, weshalb nahezu alle Aeromagnetometer zur Aufnahme der Totalintensität ausgelegt sind.

Sättigungskernmagnetometer besitzen folgende Merkmale:

- beschleunigungsunempfindlich und damit zur Messung von bewegten Systemen (Flugzeug, Satellit, Rakete, Schiff, Kraftfahrzeug) aus geeignet;
- großer Meßfortschritt: bei Bodenmessungen (ca. 15 s pro Meßpunkt) durch Wegfall des Einnordens, einer exakten Horizontierung und Befestigung auf einem Stativ; bei Messungen auf bewegten Systemen durch kontinuierliche Meßwertaufnahme;
- geringe Masse (1…3 kg), niedriger Preis (in Höhe der Kosten für eine empfindliche Torsionswaage), Direktanzeige des Meßwertes in nT;

- Schwellenwert etwa 1…2 nT, Spezialentwicklungen für stationären Betrieb (z. B. MFM-3 der Fa. Scintrex Ltd./Kanada) bis zu 0,01 nT;
- durch Temperatur- oder Erschütterungseinwirkung auf die Kerne kann eine erhebliche Nullpunktdrift auftreten; bei guten Geräten ist eine Stabilität 1 nT/Monat erreichbar (PRIMDAHL, 1979);
- Richtungsabweichungen zwischen der Empfindlichkeitsachse des Meßsystems und der Meßkomponente können insbesondere bei ΔZ-Bodenmessungen zu Fehlern führen.

3.2.4. Kernpräzessionsmagnetometer (Protonenmagnetometer, Kerninduktionsmagnetometer)

Kernpräzessionsmagnetometer nutzen als Meßprinzip die kernmagnetische Resonanz sowie die freie Präzession von Protonen im erdmagnetischen Feld aus. Sie bestimmen z. Z. den Stand der Meßtechnik in der angewandten Geomagnetik. – Das physikalische Prinzip von Kernpräzessionsmagnetometern geht darauf zurück, daß Protonen (Wasserstoffkerne) einen Spin (Drehimpuls infolge Eigenrotation) besitzen, der ein magnetisches Kernmoment erzeugt. Dadurch verhält sich jedes Proton wie ein winziger Stabmagnet. Unter normalen Bedingungen sind die Spinachsen wahllos orientiert; die Magnetfelder heben sich gegenseitig auf.

Werden die Protonen einem polarisierenden Feld ausgesetzt, das möglichst senkrecht zum Erdfeld wirkt, so richten sich die Spinachsen in Richtung des Zusatzfeldes aus. Wird es abgeschaltet, so verhalten sich die Protonen wie winzige Kreisel und präzedieren um die Erdfeldrichtung. (Die Analogie zwischen der Präzession eines Kreisels im Schwerefeld der Erde und der eines Protons im Erdmagnetfeld ist in Abb. 3.13 dargestellt.) Die Präzessionsfrequenz heißt LARMOR-Frequenz f_L und ist proportional der erdmagnetischen Totalintensität T. Wird folglich eine Protonenprobe von einer Spule umgeben, so induziert die Bewegung der Protonen als Ladungsträger in ihr eine Signalspannung mit der Frequenz f_L.

$$f_L = \frac{1}{2\pi} \gamma_P T \tag{3.6}$$

$\gamma_P = (2{,}6751301 \pm 75 \cdot 10^{-7}) \cdot 10^8\ s^{-1} \cdot T^{-1}$ — gyromagnetisches Verhältnis für Protonen (Naturkonstante).

Der apparative Aufbau eines Kernpräzessionsmagnetometers umfaßt im wesentlichen folgende Baugruppen (Abb. 3.14):

- Sonde, bestehend aus einem Gefäß (einige 100 cm³) mit einer wasserstoffreichen Flüssigkeit (Wasser, Methanol, Äthylalkohol usw.), umgeben von einer Zylinder- oder Toroidspule zur Polarisation (Feldstärke $10^5 \cdots 10^6$ A/m) und einer zweiten Wicklung zum Empfang des Signals (meist wird ein und dieselbe Wicklung zur Polarisation und zum Empfang benutzt);
- Steuerteil (Zeitschalter) zur Regelung der Arbeitstakte Polarisation und Signalempfang, manuell schaltbar (Bodenmagnetometer) oder auto-

matisch über stufenweise regelbare Schaltzeiten mittels Multivibratoren (Aero- und Seemagnetometer); Zeitdauer des gesamten Zyklus (Polarisieren – Abschalten – Frequenzmessung) in modernen Geräten maximal 1 s;

- Signalverstärker (Niederfrequenzverstärker mit geringer Bandbreite, stufenweise umschaltbar für größere Unterschiede der Totalintensität);
- Frequenzmessung durch einen Zählprozeß (Periodendauermeßverfahren, sog. reziproke Kernpräzessionsmagnetometer); Periodendauer wird mittels eingebautem Mikrorechner meist in direkte Anzeige umgewandelt (SCHULZ; CARSTENS, 1979) oder über Phasenvergleich mit einer stabilen Frequenz bestimmt (direkt anzeigende Kernpräzessionsmagnetometer).

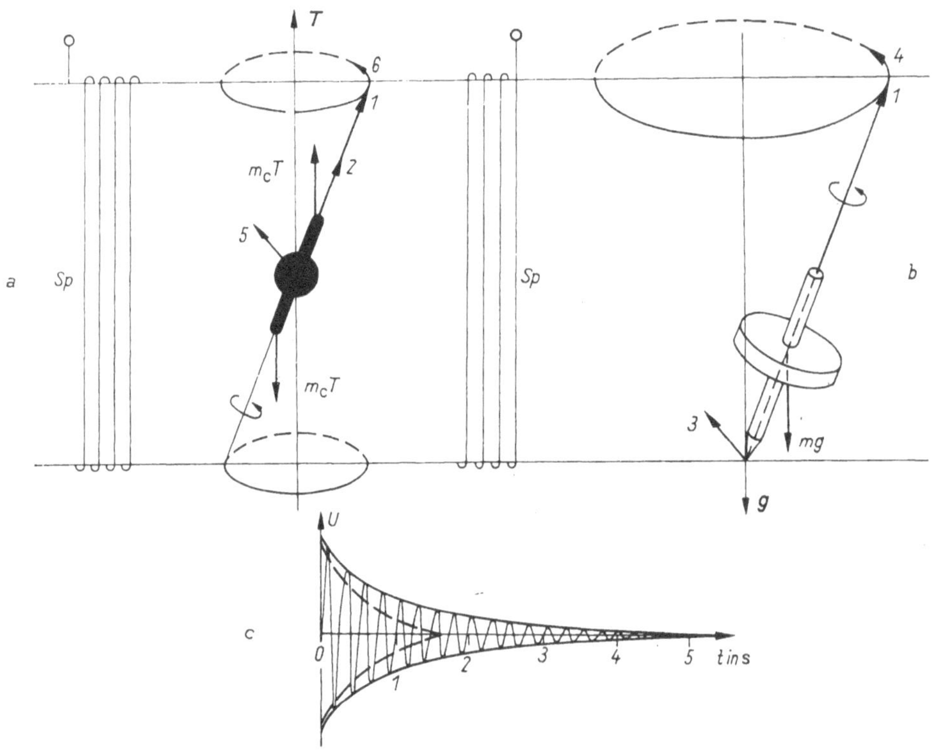

Abb. 3.13. Analogie der Präzession eines Protons im Erdfeld $\boldsymbol{T}$ nach Abschalten des Polarisationsstromes (a) und der Präzession eines Kreisels unter Einfluß des Schwerefeldes der Erde (b) (nach TELFORD et al., 1976)

c) Relaxation des Protonenpräzessionssignals bei

———— homogenem Magnetfeld,

-------- inhomogenem Magnetfeld,

1 – Drehimpuls,
2 – magnetisches Moment m_C des Protons,
3, 5 – Drehmoment,
4, 6 – Änderung des Drehimpulses,
Sp – Polarisations- und Empfangsspule

Abb. 3.14 zeigt als Beispiel das Blockschaltbild eines Aeroprotonenmagnetometers mit Frequenzmessung nach der Methode des Phasenvergleichs.

Kernpräzessionsmagnetometer besitzen folgende Merkmale:

- beschleunigungsunempfindlich und damit zur Messung von bewegten Systemen aus geeignet;
- jede Messung stellt eine Absolutbestimmung von T dar, da gem. (3.6) in die Bestimmung von T nur eine Naturkonstante – das gyromagnetische Verhältnis – eingeht;
- keine Temperaturabhängigkeit;

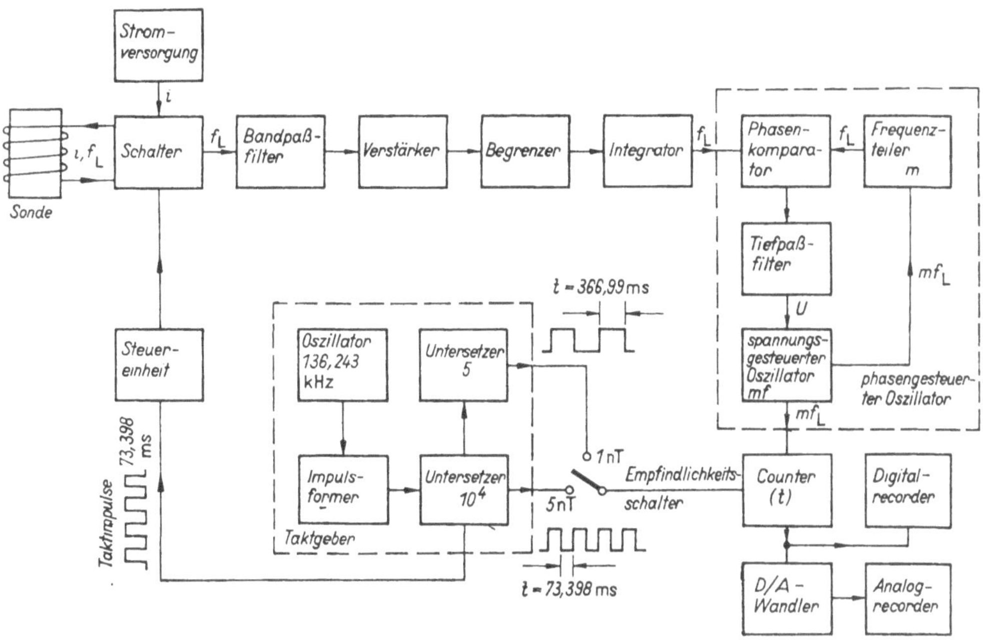

Abb. 3.14. Blockschaltbild des Aeroprotonenmagnetometers vom Typ AM-101 der Fa. Barringer Research (nach Hood, 1971)

- großer Meßfortschritt bei Bodenmessungen (ca. 10 s pro Meßpunkt) durch geringe Masse, Wegfall von Horizontierung und Orientierung, digitale Meßwertanzeige;
- Meßwerte können leicht auf Datenträger (Lochstreifen, Magnetband) gespeichert und nachfolgend automatisch bearbeitet werden (Primärbearbeitung, Kartenkonstruktion, Feldtransformationen);
- Schwellenwert etwa 0,1 ··· 1 nT;
- keine kontinuierliche Messung möglich (jedoch wird z. B. bei einem Meßintervall von 1 s und einer Fluggeschwindigkeit von 300 km/h noch aller 83 m ein Meßwert erfaßt, so daß die Technik für Aufnahmen im Maßstab $\leq$ 1:25000 völlig ausreichend ist);

- bei großen Gradienten des erdmagnetischen Feldes nimmt die Amplitude des Präzessionssignals so rasch ab (Abb. 3.13c), daß eine Messung unmöglich wird (je nach Sondenkonstruktion bei 100···5000 nT/m);
- die Messung ist empfindlich gegenüber äußeren elektrischen Störungen.

Der Nachteil einer diskontinuierlichen Meßwerterfassung ist bei Protonenmagnetometern nach dem Prinzip der erzwungenen Präzession (Magnetometer nach dem OVERHAUSER-Prinzip, Spin-Präzessionsmagnetometer) überwunden. Die Protonenflüssigkeit eines solchen Magnetometers enthält eine paramagnetische Substanz; sie ermöglicht es, die wesentlich größeren Spinmomente von Elektronen auf Protonen zu übertragen. Dadurch präzedieren die polarisierten Protonen kontinuierlich mit der LARMOR-Frequenz f_L. Die Verstärkung der Kernmomente gewährleistet eine Verringerung des Schwellenwertes auf 0,01···0,1 nT.

3.2.5. Absorptionszellenmagnetometer (Quantenmagnetometer, Magnetometer mit optisch gepumpten Gasen)

Absorptionszellenmagnetometer beruhen auf dem ZEEMAN-Effekt. Man versteht darunter die Erscheinung, daß die Spektrallinien vieler Atome in mehrere, eng benachbarte Komponenten aufspalten, wenn die strahlenden Atome in ein Magnetfeld gebracht werden. Der frequenzmäßige Abstand benachbarter Komponenten ist der magnetischen Feldstärke proportional und kann demzufolge zur Feldstärkemessung ausgenutzt werden. Die rein spektroskopische Ermittlung der Linienaufspaltung ist umständlich und als Meßprinzip wenig geeignet. Stattdessen kommt ein Prinzip zur Anwendung, das vereinfacht wie folgt zu verstehen ist. Wird dem zu messenden magnetischen Gleichfeld ein senkrechtes Wechselfeld überlagert, dann entstehen Resonanzerscheinungen, wenn die Frequenz dieses Feldes mit dem Frequenzunterschied der ZEEMAN-Komponenten übereinstimmt. Es ist die LARMOR-Frequenz der Elektronen. Der Nachweis der Resonanz erfolgt optisch. Man benutzt dazu eine Absorptionszelle, die einen stark verdünnten atomaren Dampf bei Zimmertemperatur enthält wie z. B. K-, Rb- oder Cs-Dampf bzw. He. Dieser Dampf wird der Strahlung einer kräftigen Spektrallampe des gleichen Dampfes ausgesetzt. Der Resonanzfall ist mit einer starken Verminderung der Absorptionseigenschaften des bestrahlten Dampfes verbunden. Man kann dies feststellen, wenn das Licht einer zweiten, schwachen z. B. mit Rb-Dampf gefüllten Spektrallampe nach Passieren der Zelle auf eine photoelektrische Anordnung auftrifft. Auf diese Weise wird die Magnetfeldmessung auf eine einfache Frequenzmessung zurückgeführt. Die Größenordnung der Frequenz beträgt etwa 200 kHz.

Das Prinzip der Resonanzmethode ist der Abb. 3.15 zu entnehmen. Die Frequenz des an der Absorptionszelle anliegenden, senkrecht zu $\boldsymbol{B}$ orientierten elektromagnetischen Wechselfeldes wird so eingestellt, daß Resonanz der ZEEMAN-Niveaus des Grundzustandes eintritt. Sie ist am

Rückgang des Fotostromes erkennbar. Nach Einstellung maximaler Absorption folgt die Frequenz des Generators über eine geeignete Regeleinrichtung selbständig den Änderungen der erdmagnetischen Induktion. Häufig werden auch Geräte eingesetzt, bei denen die Frequenzmessung mittels eines Modulationsverfahrens erfolgt (MILITZER; SCHEIBE 1981).

Die Meßmethoden selbst sind denen ähnlich, die auch beim Protonenpräzessionsmagnetometer Anwendung finden (z. B. digitale Zählung der

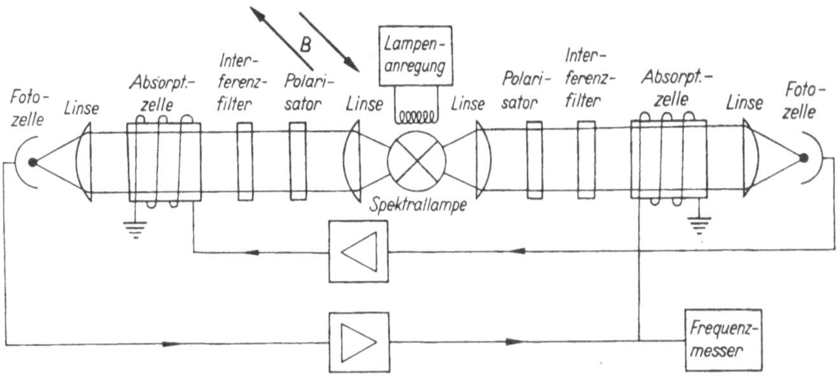

Abb. 3.15. Prinzipdarstellung eines Absorptionszellenmagnetometers der Resonanzmethode (nach SCHMIDT; AUSTER, 1971)

Schwingungen während eines definierten Zeitintervalls). Absorptionszellenmagnetometer besitzen folgende Merkmale:

- beschleunigungsunempfindlich und damit zur Messung auf bewegten Systemen geeignet;
- jede Einzelmessung stellt eine Absolutbestimmung von T dar; die Genauigkeit der Absolutmessung ist jedoch geringer als bei Protonenmagnetometern;
- höchste Empfindlichkeit; Schwellenwert 0,0025 ··· 0,1 nT;
- Messung sehr schwacher Felder möglich (Einsatz bei kosmischen Untersuchungen);
- bessere Zeitauflösung gegenüber Protonenmagnetometern ermöglicht großen Meßfortschritt bei Bodenmessungen und gute Effektivität durch hohe Fluggeschwindigkeit bei Aeromessungen;
- hoher Anschaffungspreis.

3.2.6. Apparative, zweckgebundene Besonderheiten

In Tabelle 3.4 sind für verschiedene Einsatzgebiete die heute gebräuchlichsten Magnetometertypen zusammengestellt. Die Reihenfolge entspricht etwa der Rangfolge für die angewandt-geophysikalische Meßtechnik (eingeklammerte Instrumente sind nur versuchsweise oder in Einzelfällen im Gebrauch).

Tabelle 3.4. Eignung der Magnetometer für verschiedene Einsatzgebiete

Einsatz	geeignete Magnetometer	Schwellenwert	Meßwertfolge in s	Bemerkungen
Boden-messung	Kernpräzessions-magnetometer	0,1···1 nT	1···3	vor allem kleine, leichte Instrumente mit direkter digitaler Anzeige
	Sättigungskern-magnetometer	1···10 nT	kontinuierlich	
	Absorptions-zellen-magnetometer	0,01···0,1 nT	kont.···0,3	
	Feldwaage	1···20 nT	20···60	
Aero-messung	Kernpräzessions-magnetometer	0,01···1 nT	0,1···1	
	Absorptions-zellen-magnetometer	0,0025···0,05 nT	kontinuierlich	
	Sättigungskern-magnetometer	0,01···2 nT	kontinuierlich	
	(Supraleit-fähigkeits-magnetometer)	ca. 10^{-5} nT	kontinuierlich	
See-messung	Kernpräzessions-magnetometer	0,01···1 nT	1···60	hohe Absolutgenauigkeit erforderlich
	(Absorptions-zellen-magnetometer)	0,01···0,05 nT	kontinuierlich	
Bohrloch-messung	Sättigungskern-magnetometer (Kernpräzessions-magnetometer) (Absorptions-zellen-magnetometer)	1···100 nT	kont. T od. Z bzw. punktweise 3 Komponenten kontinuierlich	Verwendung von Geräten mit nichtsättigender Aussteuerung
Variograph	Kernpräzessions-magnetometer	0,01···1 nT	1···60	
	mechanisch-optische Magnetometer	0,2···2 nT	kontinuierlich	
	Absorptions-zellen-magnetometer	0,01···0,1 nT	kontinuierlich	
	Sättigungskern-magnetometer	0,01···2 nT	kontinuierlich	

Tabelle 3.4. (Fortsetzung)

Einsatz	geeignete Magnetometer	Schwellenwert	Meßwertfolge in s	Bemerkungen
Gradientometer mit fester	Absorptionszellenmagnetometer	ca. $4 \cdot 10^{-3}$ nT/m	kontinuierlich	
Sonden installation	(Supraleitfähigkeitsmagnetometer)	ca. $3 \cdot 10^{-5}$ nT/m	kontinuierlich	Messung mehrerer Komponenten gleichzeitig möglich
	Sättigungskernmagnetometer	1 nT/m	kontinuierlich	nur für Bodenmessung als Suchgerät (FÖRSTER-Sonde)
Gradientometer mit Sonden in getrennten Schleppkörpern	Absorptionszellenmagnetometer	ca. $3 \cdot 10^{-4}$ nT/m	kontinuierlich	
	(Kernpräzessionsmagnetometer)	ca. $3 \cdot 10^{-3}$ nT/m	0,5···1	

Bohrlochmagnetometer werden vor allem in der Eisenerzerkundung sowie zur Ermittlung von gesteinsmagnetischen Parametern durchteufter Gebirgsbereiche eingesetzt. Dementsprechend werden in apparativer Hinsicht unterschieden

- Suszeptibilitäts-($\varkappa$-)Bohrlochmeßgeräte; i. allg. kontinuierliche Meßwertaufnahme durch Bestimmung der Induktivitätsänderung einer Spule mittels Brückenschaltung;
- ΔZ- bzw. ΔT-Bohrlochmagnetometer; meist kontinuierliche Meßwertaufnahme; ΔT-Messung mittels Sondennachführsystem, ΔZ-Messung mittels kardanisch aufgehängten Sondenpendels; häufig Sonden für kombinierte ΔZ-/$\varkappa$-Bohrlochmessung (Abb. 3.16);
- Mehrkomponenten-(Vektor-)Bohrlochmagnetometer; i. allg. punktweise Messung von drei orthogonalen Komponenten als Grundlage zur Konstruktion von Störvektoren.

Variographen (stationäre, automatisch registrierende Magnetometer) werden bei allen magnetischen Aufnahmen, deren Genauigkeit besser als ± 5 nT ist, zum Erfassen des Einflusses der täglichen Variationen eingesetzt. Für die Seemagnetik wurden spezielle Registrierbojen geschaffen.

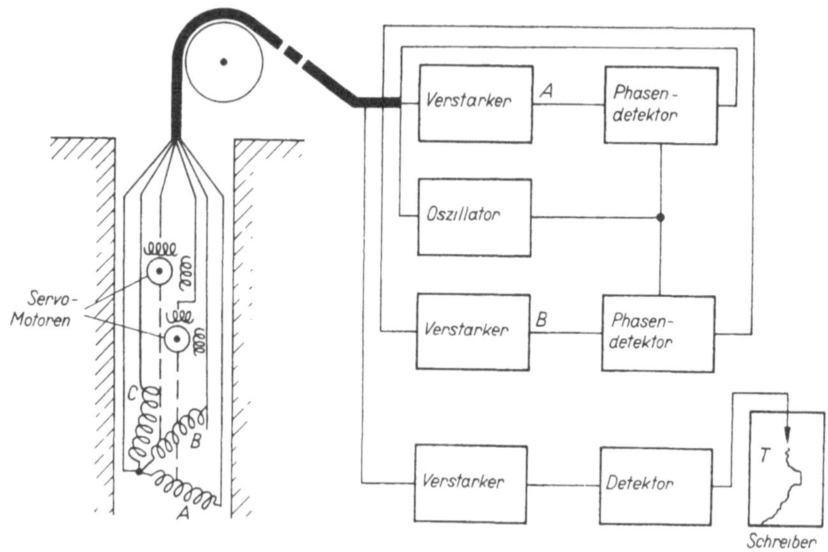

Abb. 3.16. Blockschaltbild einer ΔT-Bohrlochmeßapparatur mit automatischer Hilfssondennachsteuerung (nach Broding et al., 1952). Die axiale Sonde (A) und die transversale Sonde (B) betreiben Servomechanismen, bis die durch A und B bestimmte Ebene feldfrei ist und die Meßsonde C in Richtung der Totalintensität liegt

3.3. Vorbereitung und Durchführung von Messungen

Zur Vorbereitung geomagnetischer Messungen ist es erforderlich, die Geräte zu eichen, Bezugs- und Anschlußpunkte festzulegen, die Meßpunkte in Meßnetze einzuordnen und Festlegungen über geeignete, der Aufgabenstellung angepaßte Profil- und Punktabstände zu treffen.

3.3.1. Eichung

Bei allen Magnetometern muß zur Kontrolle möglicher Veränderungen ihrer mechanischen, magnetischen, elektrischen oder elektronischen Parameter in regelmäßigen Abständen die Anzeige überprüft werden. Diese Maßnahme wird als Eichung bezeichnet. Sie kann dadurch erfolgen, daß das Meßsystem (z. B. Feldwaage, Sonde eines Sättigungskernmagnetometers) in ein künstliches, definiertes Magnetfeld gebracht wird, dessen Induktion $\boldsymbol{B}$ bekannt und regelbar ist, oder daß einzelne (meist elektronische) Baugruppen des Magnetometers auf ihre unveränderliche Funktionsweise hin untersucht werden; diese Kontrolle kann häufig nur beim Gerätehersteller erfolgen.

Künstliche Magnetfelder lassen sich mittels Dauermagneten oder stromdurchflossener Spulen bzw. Spulenanordnungen erzeugen. Die bekannteste für Eichzwecke verwendete Spulenanordnung ist die Helmholtz-Spule (Abb. 3.17). Sie besteht aus einem Paar identischer Kreisspulen (gleicher Querschnitt und gleiche Windungszahl n), die koaxial im Abstand ihres Radius r angeordnet sind. Für das Mittelpunktsfeld B senkrecht zur Spulenebene gilt

$$B = \frac{3{,}2\pi n I}{r\sqrt{125}} \cdot 10^3 = CI \qquad (3.7)$$

(in nT, wenn I in A und r in m angegeben werden)

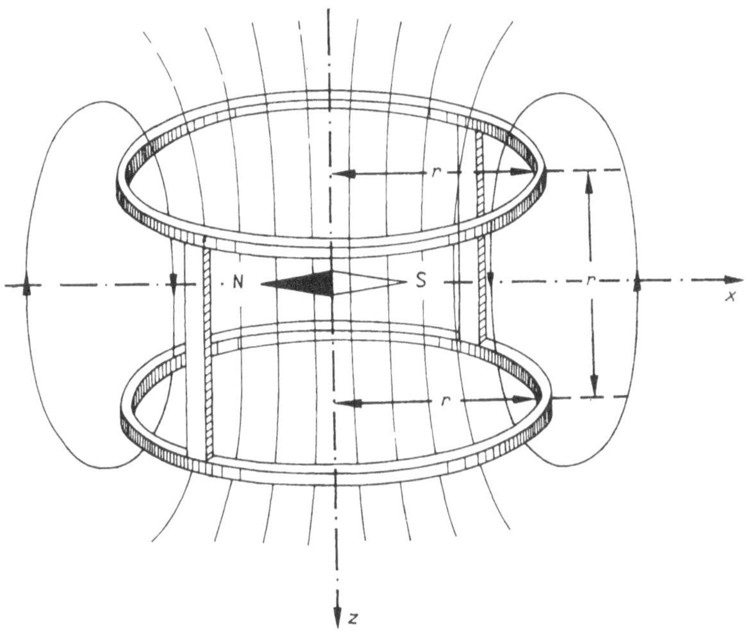

Abb. 3.17. HELMHOLTZ-Spule mit ihrem Magnetfeld (Schwingungsebene des Magneten liegt in der Zeichenebene)

Die Ausmaße der HELMHOLTZ-Spulen sind so zu wählen, daß sich das zu eichende Meßsystem bequem in den homogenen Feldbereich einbringen läßt (das Feld ist innerhalb eines Bereiches $z = \pm 0{,}11r$ und $x = \pm 0{,}14r$ bis auf $1 \cdot 10^{-5}$ konstant). Die Achse der HELMHOLTZ-Spule muß bei der Eichung in die Richtung der Meßkomponente des Magnetometers zeigen. Das Ergebnis der Eichung ist bei Relativinstrumenten der Skalenwert S in nT/Skt.

$$S = \frac{2CI}{\Delta s}, \qquad (3.8)$$

Δs – Differenz der Ablesung in Skalenteilen bei Umpolen des Stromes.

Zusammenfassend kann auf folgende Eichverfahren verwiesen werden

- Feldwaage – HELMHOLTZ-Spule;
- Sättigungskernmagnetometer – HELMHOLTZ-Spule; Eichung des Potentiometers; bei Doppelkernsonden Überprüfung des Abgleichs zwischen beiden Kernen;

- Kernpräzessionsmagnetometer – Überprüfung der Oszillatorfrequenz mit einem Frequenznormal;
- Absorptionszellenmagnetometer
  Relativeichung: Überprüfung der Oszillatorfrequenz
  Absoluteichung: Vergleich mit Kernpräzessionsmagnetometer

3.3.2. Anschluß der Messungen, magnetische Netze

Aus Gründen der Vergleichbarkeit müssen geomagnetische Messungen an Bezugspunkte mit bekannten Werten der magnetischen Induktion angeschlossen werden (Prinzip der Relativmessung). Gewisse Ausnahmen bilden lediglich mikromagnetische Messungen und Arbeiten im Rahmen der Suche künstlicher magnetischer Objekte. Dem Anschluß dienen – ähnlich wie in der Gravimetrie – Basisnetze verschiedener Ordnung. Jedoch ist zu beachten, daß infolge der Säkularvariationen kein globales magnetisches Netz existiert und daß Feldmessungen letztlich an die nationalen Observatorien anzuschließen sind. Die Absolut- bzw. Störwerte der Observatorien werden aus fortlaufenden Registrierungen durch Mittelbildung bestimmt und zusätzlich durch internationale Vergleichsmessungen gesichert.

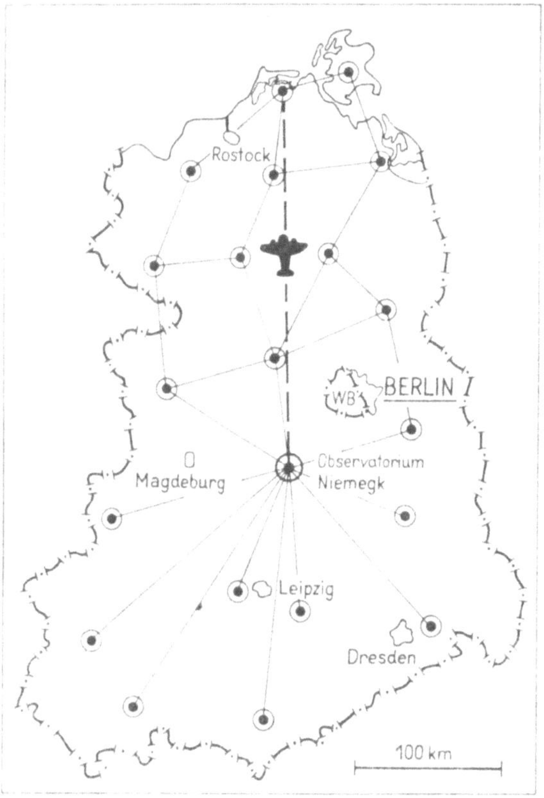

Abb. 3.18. Magnetische Basisnetze I. Ordnung der DDR (nach MILITZER; SCHEIBE, 1981)

Zur Erfassung des Hauptfeldes zwischen den Observatorien werden für Zwecke der allgemeinen Geophysik Landesvermessungen durchgeführt. Die Stationsabstände betragen dabei i. allg. 10–30 km. Durch die Aufnahme von mindestens drei erdmagnetischen Elementen kann an jeder Station der Vektor des Totalfeldes nach Betrag und Richtung bestimmt werden.

Obwohl die Anlage der Stationen von Landesvermessungen den Forderungen der angewandten Geophysik genügt, die an Anschlußpunkte zu stellen sind, haften ihren Werten vor allem auf Grund von Variationsunterschieden zwischen Meß- und Bezugspunkt häufig doch relativ große Fehler an; deshalb verbietet sich meist ihre Verwendung für praktische Belange.

Für die angewandte Magnetik und insbesondere für Regionalaufnahmen wird meist ein unabhängiges Basisnetz I. Ordnung errichtet. Abb. 3.18 zeigt die Lage der Basispunkte I. Ordnung für das Territorium der DDR sowie die zwei- bis achtfach mit jeweils mehreren Magnetometern vermessenen Verbindungsstrecken. Vom Aufbau her weist das Netz im nördlichen und südlichen Teil einen prinzipiellen Unterschied auf, der sich für die Anlage von Basisnetzen verallgemeinern läßt. Es ist im Süden der DDR der sternförmige Direktanschluß jeder Station an den Bezugspunkt (Observatorium Niemegk, $\varphi_0 = 52{,}07°$ nördlicher Breite, $\lambda_0 = 12{,}68°$ östlicher Länge) gegenüber der netzförmigen Verbindung benachbarter Stationen im Norden bei mehrfachem Direktanschluß eines der entferntesten Punkte per Flugzeug.

Der Ausgleich magnetischer Basisnetze kann ebenso wie bei Schwerenetzen manuell oder maschinell nach dem Prinzip der vermittelnden oder der bedingten Beobachtungen erfolgen (s. Kap. 2.3.2.). Auf Grund der säkularen Änderungen des erdmagnetischen Feldes besitzen großregionale Basisnetze nur eine zeitlich begrenzte Gültigkeit; sie sind je nach den Genauigkeitsforderungen im Abstand von 5–10 Jahren neu anzuschließen.

Für magnetische Regional- und Spezialmessungen werden Feldbasisnetze angelegt. Sie dienen dem Anschluß sämtlicher Stationen und umfassen bei Regionalmessungen ca. 5–15 Basispunkte II. Ordnung pro Meßgebiet; zwecks Ausschaltung gestörter Anschlußpunkte werden sie mit mindestens drei Anschlußpunkten I. Ordnung verbunden. Zusätzlich umfaßt jedes Kartenblatt im Maßstab 1:25000 ein Netz von 5–12 Basispunkten III. Ordnung; sie sind mit mindestens zwei Punkten II. bzw. I. Ordnung durch Dreifachmessung verbunden (Abb. 3.19).

Bei Spezialmessungen werden Netze mit einer Maschenweite gewählt, die ein stündliches Anmessen bequem ermöglichen. Sie werden an mindestens drei Basispunkte beliebiger Ordnung angeschlossen.

Bei der Vermessung sehr kleiner Flächen (z. B. Spezialmessungen im Ingenieurbau, Suche künstlicher magnetisierter Objekte) oder in wenig erforschten Gebieten kann ausnahmsweise an einen beliebigen Punkt in magnetisch ungestörtem Gebiet angeschlossen werden; sein Niveau ist willkürlich festzulegen.

Auf Anschlußmessungen kann mit beträchtlichem ökonomischen Nutzen verzichtet werden, wenn zur Messung und Variationsregistrierung Absolutinstrumente benutzt werden, die praktisch keinen Gang besitzen (Kernpräzessions- und Absorptionszellenmagnetometer), die Messungen ein räumlich so begrenztes Gebiet umfassen, daß ein einheitlicher Variationsverlauf angenommen werden kann und regelmäßige Überprüfungen der Magnetometeranzeige durch Vergleich untereinander und mit der Registrierstation eine ausreichende Übereinstimmung der Absolutwerte

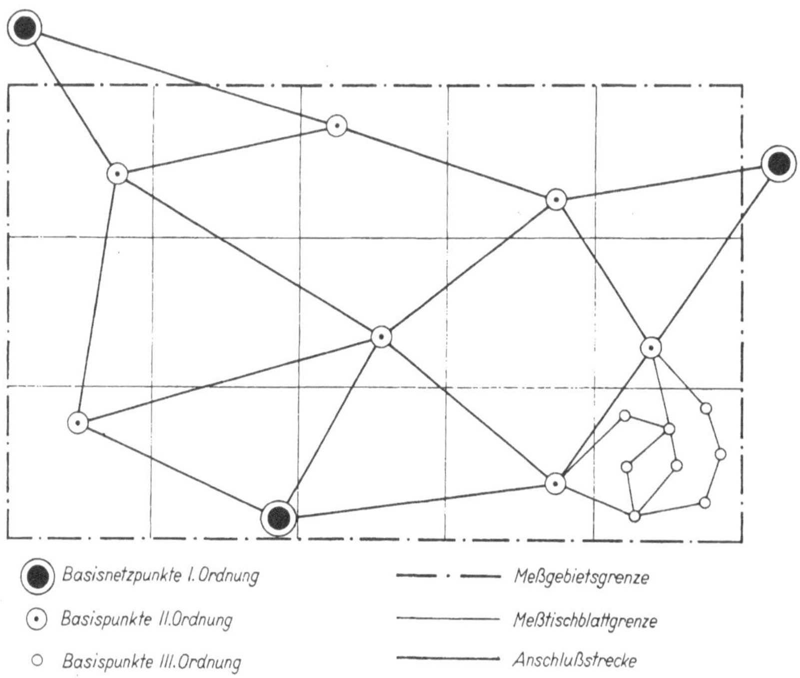

Abb. 3.19. Prinzip der Anlage eines Feldbasisnetzes für Regionalmessungen

ergeben. In solchen Fällen ist es lediglich noch erforderlich, das Störniveau des Registrierpunktes bzw. – bei sehr ausgedehnten Meßgebieten – der verschiedenen Registrierstationen durch Anschlußmessungen zu ermitteln.

Die ΔT-Werte an den einzelnen Feldpunkten ergeben sich aus der Ablesung am Magnetometer $T = T(x, t)$, der Anzeige des Momentanwertes am Variographen $T_V = T_V(t)$ in Verbindung mit dem Basiswert T_B am Registrierpunkt und dem Normalfeldwert für die einzelnen Meßpunkte $T_0 = T_0(x)$ bzw. die Normalfelddifferenz zwischen Registrierpunkt und Meßpunkt $\Delta T_0 = \Delta T_0(x)$ (Abb. 3.20).

Zur Berechnung der ΔT-Werte gibt es zwei Möglichkeiten. Für die manuelle Auswertung von T-Messungen ist es i. allg. bequemer, den absoluten Momentanwert T_v des Variographen zu verwenden und die Normalfelddifferenz ΔT_0 zum Registrierpunkt zu bestimmen

$$\Delta T = T - T_V + T_B - \Delta T_0. \tag{3.9}$$

Bei der automatischen Primärbearbeitung der Meßwerte dagegen wird meist der absolute Normalfeldwert T_0 für jeden Meßpunkt durch Interpolation zwischen Bezugspunkten oder aus der entsprechenden Normalfeldformel berechnet. Es genügt deshalb, die Unterschiede ΔT_v der Variationsregistrierung gegenüber dem Basiswert am Registrierpunkt T_B zu

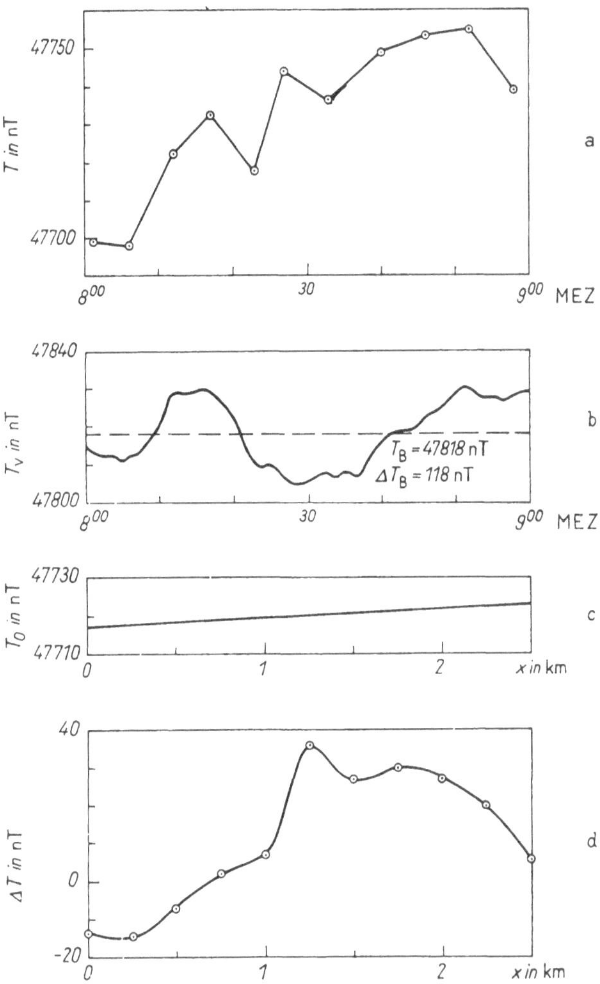

Abb. 3.20. Absolutmessung ohne Anschluß

a) Ablesungen der Totalintensität $T(x, t)$ längs eines Profils,
b) Variationsregistrierung $T_V(t)$ (für den Registrierpunkt gelten: Normalfeld $T_{0B} = 47\,700$ nT, Störwert $\Delta T_B = 118$ nT, Basiswert $T_B = 47818$ nT),
c) Normalfeld $T_0(x)$ auf dem Profil,
d) berechnete Störwerte $\Delta T(x)$

benutzen

$$\begin{aligned} \Delta T &= T - \Delta T_{\mathrm{V}} - T_0, \\ \Delta T_{\mathrm{V}} &= T_{\mathrm{V}} - T_{\mathrm{B}}. \end{aligned} \tag{3.10}$$

Absolutmessungen ohne Anschluß werden besonders dann durchgeführt, wenn die regelmäßige Rückkehr zu einem Basispunkt mit erheblichen Schwierigkeiten verbunden ist. Das betrifft vor allem Bodenmessungen in schwer zugänglichen Gebieten (Urwald, Hochgebirge, Wüste), Aeromessungen und Seemessungen.

3.3.3. Fehlerbestimmung

Zur Abschätzung und Kontrolle der Meßgenauigkeit dienen Wiederholungsmessungen. Dazu werden i. allg. ca. 10% der Feldpunkte – möglichst gleichmäßig über das gesamte Erkundungsgebiet verteilt – in einer unabhängigen Schleife nochmals vermessen.

Für den mittleren quadratischen Fehler der Einzelmessung $m_{\Delta T_E}$ aus zwei voneinander unabhängigen Meßreihen gilt

$$m_{\Delta T_E} = \pm \sqrt{\frac{1}{2n} \sum v_i^2}. \tag{3.11}$$

v – Differenz zwischen den Beobachtungen, n – Anzahl der Differenzen (bei 2facher Messung der Wiederholungspunkte).

$m_{\Delta T_E}$ ist abhängig von der Meßgenauigkeit des Magnetometers, der Unsicherheit in der Erfassung der Variationen und vom Instrumentengang.

Der Gesamtfehler $m_{\Delta T}$ des Störwertes an den einzelnen Meßpunkten wird darüber hinaus durch Lagefehler $m_{T(\varphi,\lambda)}$ (bestehend aus der Ungenauigkeit der Normalfeldreduktion m_{NF} und dem Horizontalgradienten des Feldes m_{T_s}) sowie Unsicherheiten des Feldbasisnetzes $m_{\mathrm{B}III}$ beeinflußt (Fehler der Basisnetze höherer Ordnung können auf Grund der Verschachtelung der verschiedenen Netze unberücksichtigt bleiben)

$$m_{\Delta T} = \pm \sqrt{m_{\Delta T_E}^2 + m_{\mathrm{B}III}^2 + m_{\mathrm{NF}}^2 + m_{T_s}^2}. \tag{3.12}$$

3.3.4. Profil- und Punktabstand

Der überwiegende Teil magnetischer Bodenmessungen sowie sämtliche Aufnahmen aus der Luft und auf See werden entlang von Profilen durchgeführt. Ist der gegenseitge Abstand der Profile größer als die Entfernung der Meßpunkte, so müssen die Profile möglichst senkrecht zur Vorzugsrichtung der Anomalien bzw. zur Streichrichtung geologischer Strukturen verlaufen. Die Wahl von Profil- und Punktabstand wird bestimmt durch

- die geologische Situation, insbesondere durch die Tiefenlage und Ausdehnung magnetisch wirksamer Komplexe, folglich durch die „Wellenlängen“ der Anomalien;

- die petromagnetischen Unterschiede, folglich durch die Amplituden der Anomalien;
- die geforderte Genauigkeit der geophysikalischen Aussage und damit durch den Aufnahmemaßstab;
- das Verhältnis zwischen der Amplitude der interessierenden Anomalien und einem Störpegel (Rauschen), der aus der Meßgenauigkeit sowie dem Einfluß künstlicher Störungen und sehr oberflächennaher geologischer Inhomogenitäten folgt.

Bei Anomalien mit einer großen Störamplitude gegenüber der Meßgenauigkeit und dem Störpegel sollte zu ihrem Auffinden nach ZABOROVSKIJ; NIKITSKIJ (1969) der Profil- und Stationsabstand höchstens die Hälfte der Wellenlänge der Anomalie betragen. Für die Interpretation derartiger Anomalien ist jedoch eine 4–5fache Verdichtung des Aufnahmenetzes erforderlich. Wird bei Bodenmessungen mit einer größeren Anzahl von Anomalien gerechnet oder ist eine quantitative Interpretation vorgesehen, so erweist es sich häufig als rationell, von Anfang an mit größerer Meßdichte zu arbeiten (Profil- und Punktabstand $\leqq 1/10$ der Wellenlänge der zu erwartenden Anomalien). Dies gilt allgemein auch für aero- und seemagnetische Aufnahmen, bei denen eine nachträgliche Erhöhung der Meßdichte besonders aufwendig ist. Sollen Anomalien erkannt werden, deren Amplitude etwa der Meßgenauigkeit entspricht, so gelten für den Punktabstand die im Kap. 2.3.4. unter (2.26) aufgeführten und von POPOVIČ (1971) erarbeiteten Empfehlungen.

Im russischen und teilweise auch im englischsprachigen Schrifttum wird der Maßstab einer magnetischen Aufnahme angegeben, der etwa dem reziproken Punkt- bzw. Profilabstand in cm entspricht. Tab. 3.5. enthält die in der UdSSR gebräuchlichen Abstände für flächenhafte Aufnahmen nach ZABOROVSKIJ; NIKITSKIJ (1969).

Tabelle 3.5. Stations- und Profilabstände für flächenhafte magnetische Aufnahmen (nach ZABOROVKIJ; NIKITSKIJ, 1969)

Maßstab	Profilabstand in m		Stationsabstand in m
	Aeromagnetik	Bodenmagnetik	Bodenmagnetik
1:2500000	25000	–	–
1:1000000	10000	–	–
1: 500000	5000	–	–
1: 200000	2000	–	–
1: 100000	1000	1000	100···200
1: 50000	500	500	50···100
1: 25000	250	250	20··· 50
1: 10000	100	100	10··· 40
1: 5000	–	50	5··· 20
1: 1000	–	10	2··· 5

3.3.5. Regionalaufnahme

Unter Regionalaufnahmen werden in Mitteleuropa Aufnahmen im Maßstab von höchstens 1:25000 verstanden; in Ländern mit größerer Flächenausdehnung (UdSSR, USA) ist der Begriff meist auf viel kleinere Maßstäbe beschränkt. Meßtechnisch erfolgen sie am rationellsten von der Luft aus. Bodengebundene Regionalaufnahmen werden flächenhaft mit irregulärer Punktverteilung durchgeführt. Die Festlegung der Meßpunkte erfolgt in erschlossenen Gebieten vorwiegend nach der Topographie. Das

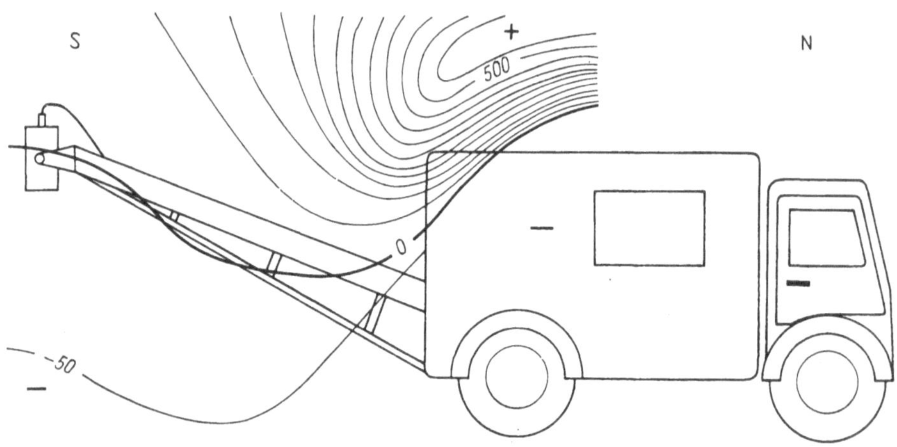

Abb. 3.21. Magnetische ΔT-Fahrzeugmessung mit Hilfe eines unmagnetischen Auslegers und schematische Darstellung des ΔT-Feldes des Fahrzeuges ($I = 67°$; $\lambda = 90°$; Kraftfahrzeug durch homogenes, induziert magnetisiertes Prisma angenähert)

ist bei einem relativ dichten Wegenetz meist bis zu einem Stationsabstand von 250 m mit einer dem Maßstab entsprechenden Lagegenauigkeit möglich.

In Gebieten, die weitgehend frei von künstlichen Störursachen und für ein geländegängiges Fahrzeug zugänglich sind (z. B. Steppen, Wüsten, Tundren), können magnetische Messungen vom Kraftfahrzeug aus durchgeführt werden. Dabei wird die Aufhängung der Sonde an einem unmagnetischen Ausleger so gewählt, daß sie sich im Bereich der geringsten Feldänderung hinter oder vor dem Fahrzeug befindet (Abb. 3.21) und der durch den Wagen verursachte Störeffekt bei allen Profilazimuten nahezu gleich ist. Bei automatischer Meßwertregistrierung und -bearbeitung kann die Produktivität solcher Fahrzeugmessungen bei relativ geringen Kosten sehr hoch sein.

3.3.6. Spezialaufnahme

Als Spezialmessungen werden i. allg. engmaschige Bodenmessungen bezeichnet, die auf markscheiderisch bestimmten, gefluchteten, meist äquidistanten Profilen ausgeführt werden (Abb. 3.22). Bei Kenntnis der Vorzugsrichtung der Anomalien kann der Profilabstand das 2⋯5fache des Stationsabstandes auf den Profilen betragen; andernfalls ist ein quadratisches Punktnetz anzustreben. Messungen auf einzelnen Profilen sollten stets die Ausnahme sein; sie können zur Lösung von Spezialproblemen dienen, wie z. B. der Ermittlung des optimalen Punktabstandes für nachfolgende Flächenmessungen oder der genaueren Erfassung der Anomalienform zur quantitativen Interpretation.

Abb. 3.22. Positionen der Sonde bei bodengebundenen Protonenmagnetometermessungen (nach BREINER, 1973)
a) normaler Stab (ca. 2 m),
b) langer Stab (ca. 4 m),
c) Rückentrage,
d) Zweimanngruppe

Tabelle 3.6. Maximale Störwirkung ΔT_{max} eines geländegängigen PKW (ca. 1 t Eisen mit einem magnetischen Moment $m_C \approx 60 \cdot 10^{-5}$ V · s · m)

Abstand in m	ΔT_{max} in nT
3	1500
5	400
10	60
20	7
30	2
50	0,4
100	0,05

Zwischen Regional- und Spezialmessungen sind die Übersichtsmessungen einzuordnen. Sie werden unregelmäßig angelegt und vor allem längs topographischer Linien (Wege, Schneisen, Flurgrenzen, Bäche usw.) durchgeführt. Da praktisch jeglicher Einmeßaufwand entfällt, sind sie besonders wirtschaftlich.

Bei der Durchführung von Spezialmessungen ist zu beachten, daß Beobachter bzw. Sondenträger absolut eisenfrei sind und die Meßpunkte einen hinreichend großen Abstand zu Straßen, geschotterten Wegen, elektrischen Leitungen, Eisenbahnen, Bauwerken usw. besitzen. Der Mindestabstand des Meßfahrzeuges zu den Meßpunkten hängt von der angestrebten Genauigkeit der magnetischen Aufnahme, der Empfindlichkeit des Magnetometers sowie der Größe des Fahrzeuges ab; er beträgt 20···100 m (Tab. 3.6.).

3.3.7. Mikroaufnahme

Mikroaufnahmen nach Lauterbach (1953/54) dienen zur Untersuchung der Feinstruktur des erdmagnetischen Feldes. Sie beruhen auf der Ermittlung mikromagnetischer Anomalien; das sind Störungen beliebiger Amplitude, die lediglich hinsichtlich ihrer Ausdehnung sehr kleine Dimensionen (ca. 1···10 m) besitzen. Mikroaufnahmen nach Jenny (1952) dagegen dienen dem Nachweis beliebig ausgedehnter Anomalien (lokal oder regional), die jedoch durch sehr kleine Störwerte (< 10 nT) gekennzeichnet sind. Dafür hat sich seit den 70er Jahren die Bezeichnung „hochauflösende Magnetik“ (high sensitivity (HSS) magnetics) durchgesetzt.

Das Ziel mikromagnetischer Aufnahmen ist die Herleitung geologischer, petrologischer und technischer Aussagen über den oberen Sedimentbereich oder das anstehende Gestein bei geringmächtiger Bedeckung. Die notwendig hohe Punktdichte schließt i. allg. eine Aufnahme größerer Flächen aus; deshalb wird die Vermessung meist auf quadratischen „Testflächen“ durchgeführt, deren Ausmaße 10 m × 10 m bis 50 m × 50 m betragen. Das Flächenausmaß soll möglichst ein Mehrfaches der Anomaliengröße sein. Voraussetzung ist, daß die obere Begrenzung der magnetisch wirksamen Situation nicht tiefer als 5···10 m liegt, kein starkes Relief besitzt und die Bedeckung möglichst homogen ist. Der Punktabstand folgt aus der Tiefenlage und der Magnetisierung des Untersuchungsobjektes und beträgt bei einer Oberkantentiefe von 5 m ca. 2···3 m; als Punktanordnung haben sich quadratische und dreieckige Meßnetze bewährt.

Bei Störamplituden $\leqq$ 10 nT setzen mikromagnetische Untersuchungen eine hohe Meßgenauigkeit voraus. Lauterbach (1953/54) sicherte sie bei Feldwaagemessungen durch wiederholtes Anmessen eines Kontrollpunktes im Abstand von 2 bis 3 Minuten bzw. durch fortlaufende Ablesung an einer zweiten ortsfesten Feldwaage. Heute geschieht dies durch den Einsatz von Kernpräzessions- oder Absorptionszellenmagnetometern mit einem Schwellenwert von 0,1···1 nT und einen im Untersuchungsgebiet aufgestellten Variographen. Rationell und mit hoher Genauigkeit werden mikromagnetische Messungen mit einem Differenzenmagnetometer (z. B. Collin et al., 1973) durchgeführt. Seine Arbeitsweise beruht auf einer automatischen Differenzbildung zwischen einem ortsfesten und einem beweglichen Magnetometer durch drahtlose Datenfernübertragung; es gewährleistet damit die beste Ausschaltung kurzperiodischer Variationen.

3.3.8. Gradientenmessung

Per Definition gilt für den Gradienten von T in Richtung r

$$\frac{\mathrm{d}T}{\mathrm{d}r} = T_r = \lim_{\Delta r \to 0} \frac{T_1 - T_2}{\Delta r} \approx \frac{\Delta T}{\Delta r} \tag{3.13}$$

Die Einführung des Differenzenquotienten $\Delta T/\Delta r$ an Stelle des Differentialquotienten ist möglich, wenn $\Delta r \ll r$ (nach BREINER (1973) hinreichend erfüllt für $\Delta r < r/5$); ΔT – Totalfelddifferenz zwischen zwei Sensoren, Δr – Abstand der Sensoren, r – Abstand Meßinstrument – Quelle der Anomalie.

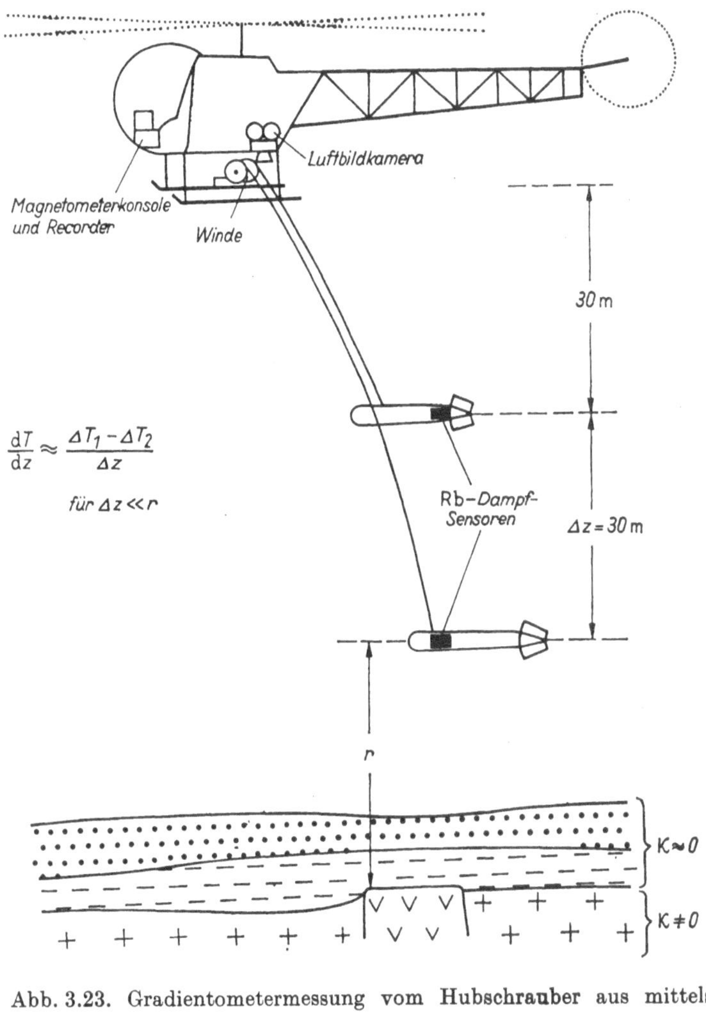

Abb. 3.23. Gradientometermessung vom Hubschrauber aus mittels Absorptionszellenmagnetometer (nach SLACK et al., 1967)

Gradientenmessungen werden mittels Gradientometer durchgeführt. Dabei sind gerätetechnisch zwei Arten zu unterscheiden

- Gradientometer mit Installation der Meßelemente in getrennten Schleppkörpern (Aero- und Seemessungen, vgl. Abb. 3.23) bzw. Messung mit einer Sonde nacheinander an verschiedenen Punkten im gleichen Abstand Δr (Bodenmessungen, vgl. Abb. 3.26); Einsatz vor allem in der Aeromagnetik (Messung von T_z) und Seemagnetik (Messung vorwiegend von T_x und T_y), Sensorenabstand 20 m⋯200 m. Der Vorteil dieser Meßanordnung ist ein hohes Auflösungsvermögen ($\leq 2 \cdot 10^{-3}$ nT/m bei Verwendung von Absorptionszellenmagnetometern). Die Nachteile sind Meß-

Abb. 3.24. Aerogradientometer mit fest installierten Sensoren (nach Sawatzky; Hood, 1974)

fehler durch Lageinstabilitäten der Sensoren untereinander und Abweichungen der Meßgröße vom theoretischen Gradienten für oberflächennahe Quellen.
- Gradientometer mit fester Installation der Meßelemente zueinander bei relativ kleinem Sensorenabstand (0,1 m⋯3,0 m; vgl. Abb. 3.24). Der Vorteil dieser Meßanordnung besteht darin, daß keine Meßfehler durch Lageinstabilitäten der Sensoren gegeneinander auftreten und daß die Meßgröße dem theoretischen Gradienten wegen $\Delta r \ll r$ sehr nahe kommt. Der Nachteil ist das geringere Auflösungsvermögen. Es kann meist durch den Einsatz hochauflösender Magnetometer ausgeglichen werden.

Wert und Informationsgewinn von Gradientenmessungen werden im Vergleich zu einer Aufnahme von ΔT bzw. ΔZ unterschiedlich eingeschätzt. Prinzipiell lassen sich mit ausreichender Genauigkeit sowohl aus dem Gradienten durch Integration ΔT als auch aus ΔT mit verschiedenen Transformationsverfahren $\mathrm{d}T/\mathrm{d}z$ und $\mathrm{d}T/\mathrm{d}x$ berechnen; trotzdem behalten die einzelnen Meßgrößen unter Berücksichtigung ihrer Merkmale und der jeweiligen geologisch-geophysikalischen Situation ihre Bedeutung. Gradientenmessungen besitzen ein hohes Auflösungsvermögen; sie eignen sich deshalb besonders zum Erfassen kleinerer Anomalien mit oberflächennah gelegenen Ursachen. Dagegen ist zur Erkundung ausgedehnterer Anomalien mit tiefergelegener Störursache (z. B. Erkundung des Grundgebirges unter mächtiger Sedimentbedeckung) ΔT als Meßgröße vorzuziehen. Der entscheidende Vorteil von Gradientometeraufnahmen gegenüber einer Aufnahme von ΔT besteht darin, daß durch die gleichzeitige Meßwertaufnahme in getrennten Sensoren die täglichen Variationen des erdmagnetischen Feldes in gleicher Weise auf die Meßelemente einwirken und somit ohne Einfluß sind.

Künstliche Störungen wirken sich unterschiedlich auf die Feldgrößen $\mathrm{d}T/\mathrm{d}r$ und ΔT aus. Elektrifizierte Eisenbahnen können z. B. durch das Auftreten von Strömen im Boden für größere Gebiete eine ΔT-Aufnahme unmöglich machen; unter gleichen Bedingungen haben Gradientenmessungen noch zu auswertbaren Ergebnissen geführt (LINSSER, 1970). Rundfunksender, Wasserleitungen o. ä. wirken sich dagegen stärker im Gradienten als in ΔT aus (BHATTACHARYYA, 1970).

Bei Messungen in bewegten Systemen führen Lageschwankungen der Sensoren in Abhängigkeit vom Haupt- und Anomalienfeld zu Meßwertverfälschungen; die mit dem Hauptfeld verbundenen Forderungen an die Lagestabilität sind in Tab. 3.7. zusammengestellt. Das Anomalienfeld führt besonders bei geringen Entfernungen zur Störquelle zu beträchtlich größeren Fehlern.

Tabelle 3.7. belegt, daß die Genauigkeitsforderungen besonders hoch gegenüber vertikalen Positionsschwankungen der Sensoren gegeneinander sind ($\pm 0{,}2$ m). Abb. 3.25 zeigt, daß der mit einer Anordnung nach Abb. 3.23

Tabelle 3.7. Gradienten des Normalfeldes für Europa und die daraus notwendigen Forderungen an die Lagestabilität der Sonden bei einem Meßfehler von $\pm 0{,}1$ nT in ΔT und $\pm 0{,}01$ nT/m in $\mathrm{d}T/\mathrm{d}Z$ bzw. $\mathrm{d}T/\mathrm{d}x$

Richtung	Gradient des Normalfeldes in nT/m	Maximal zulässige Schwankung der Sensoren in m		
		ΔT-Messung	Gradientenmessung	
			Sondensystem	Sonden gegeneinander
z (vertikal)	0,020 ··· 0,025	2	beliebig	0,2
x (N–S)	0,002 ··· 0,004	15	beliebig	1,5
y (E–W)	0 ··· 0,003	25	beliebig	2,5

gemessene Vertikalgradient teilweise erheblich von dem aus ΔT berechneten Verlauf in $\mathrm{d}T/\mathrm{d}z$ abweicht. Nach BHATTACHARYYA (1970) ist das ein Ausdruck ungenügender Stabilität der Sensoren. Gradientometeranordnungen mit geschleppten, frei beweglichen Sonden sind deshalb in den letzten Jahren in zunehmendem Maße durch hochauflösende ΔT-Messungen oder Gradientometer mit fest installierten Meßelementen ersetzt worden.

Ungeachtet der zahlreichen Gradientometerentwicklungen ist bei Bodenmessungen die Ermittlung von Gradienten durch die aufeinanderfolgende Messung an verschiedenen Punkten mit ΔT- oder ΔZ-Magnetometern ver-

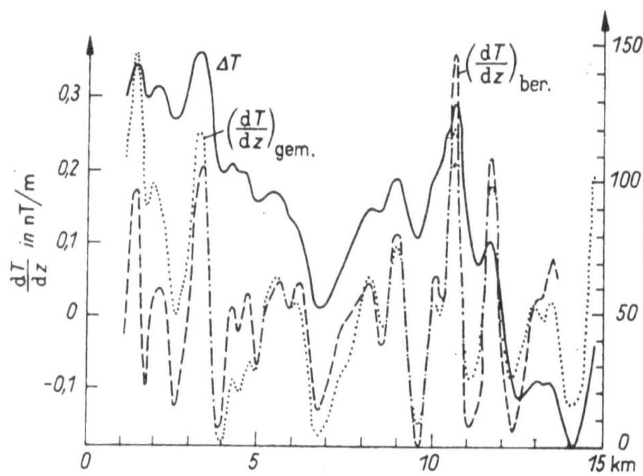

Abb. 3.25. Totalfeld, mit Gradientometer nach Abb. 3.23 gemessener und aus ΔT berechneter Vertikalgradient (nach BHATTACHARYYA, 1970)

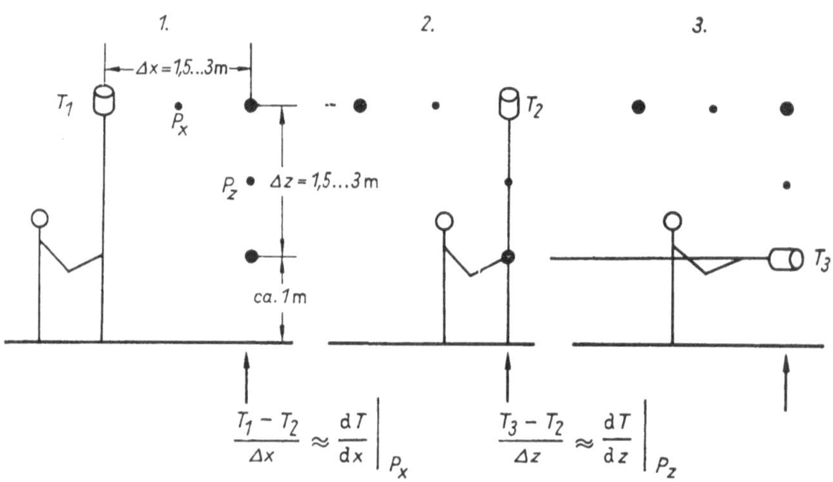

Abb. 3.26. Gradientenmessungen mit normalem Totalfeldmagnetometer (nach BREINER, 1973)

breitet (Abb. 3.26). Zwecks Ausschaltung von Variationseinflüssen ist auf rasche, gegebenenfalls auch wiederholte Messungen zu achten. Die Abstände zwischen den Meßpunkten müssen sehr genau eingehalten werden.

3.3.9. Messungen unter besonderen Bedingungen

3.3.9.1. Aeromessungen

Die meisten der in den letzten 25 Jahren weltweit durchgeführten magnetischen Messungen erfolgten unter Einsatz von Flugzeugen bzw. Hubschraubern. Sowohl die Qualität der registrierten Daten als auch die Kostenersparnisse im Vergleich zu äquivalenten Bodenmessungen sprechen eindeutig dafür, ein Luftfahrzeug als Meßplattform zu verwenden.

3.3.9.1.1. Magnetometereinbau im Fluggerät

Moderne Aeromagnetometer (Tab. 3.4.) ermöglichen absolut reproduzierbare Meßergebnisse mit relativen Schwellenwerten von $\pm 0{,}5$ nT; dabei sind die relativen Schwellenwerte der üblichen Meßgeräte noch um eine Zehnerpotenz kleiner anzusetzen. Da die derzeit verfügbaren Absorptionszellenmagnetometer i. allg. nur flugrichtungsabhängige Meßergebnisse ("heading error")

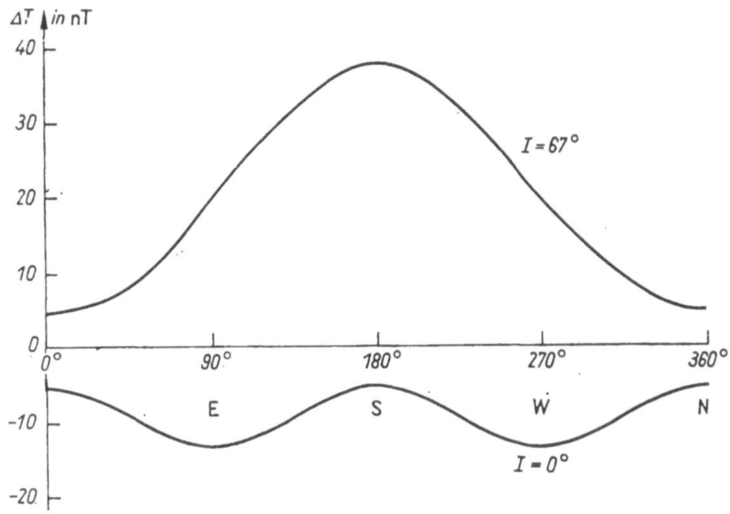

Abb. 3.27. ΔT-Wirkung eines Flugzeuges auf eine fest installierte Sonde in Abhängigkeit von der Flugrichtung (Deviation)

zulassen, wird nach wie vor den Protonenmagnetometern der Vorzug gegeben. Die Genauigkeit der aeromagnetischen Aufnahme hängt im wesentlichen von der Befestigungsart der Meßsonde am Fluggerät ab. Ziel der Sondenanordnung ist es, den Einfluß der magnetischen Eigenschaften des Luftfahrzeuges (ferromagnetische Bauteile, Wirbelstromsysteme usw.) auf die Messungen weitgehend zu unterdrücken. Dies läßt sich grundsätzlich durch folgende Sondenbefestigung erreichen:

– Feste Installation der Meßsonde am Fluggerät (Heck, Bug, Tragflächenenden (Abb. 3.28.). Störfeldkompensationen werden durch geeignete Anordnungen von Dauermagneten (passive Kompensation) bzw. durch orthogonale Spulensysteme (aktive Kompensation) bewerkstelligt. Die Störfelder hängen von der Stärke und Richtung des erdmagnetischen Feldes, vom verwendeten Fluggerät und von der Flugrichtung ab (Abb. 3.27.). Maßnahmen zu ihrer Verminderung können ausschließlich experimentell ermittelt werden. Moderne aktive Kompensationssysteme erlauben durch die zusätzliche Verwendung dreier orthogonaler Kernsaturationsmagnetometersonden die Kompensation der Wirbelstromanteile im Störfeld.

– Unterbringung der Meßsonde in einem aerodynamisch stabilen Schleppkörper ("bird"). Der Schleppkörper wird nach dem Start mittels einer Winde an einem 20···150 m langen Kabel herabgelassen (Abb. 3.28.). Dadurch wird der Einfluß von Störfeldern des Luftfahrzeuges stark reduziert. Bei turbulenten Flugbedingungen machen sich die Eigenbewegungen des Schleppkörpers auf die Messungen störend bemerkbar.

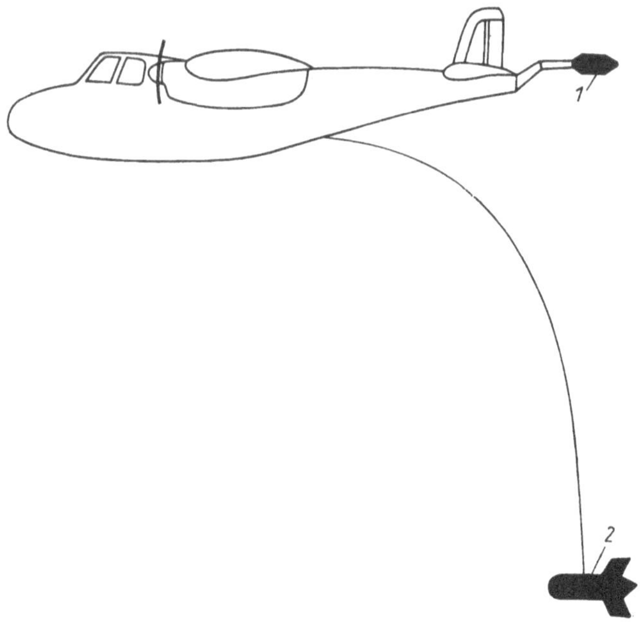

Abb. 3.28. Prinzipielle Möglichkeiten der Befestigung der Magnetometersonde an einem Flugzeug

1 – Sonde fest an einem Ausleger ("stinger") am Heck montiert,
2 – Sonde im Schleppkörper ("bird")

Da die Manövrierfähigkeit des Fluggerätes durch den Schleppkörper beeinträchtigt ist, muß eine Kappvorrichtung für das Schleppseil vorhanden sein.

3.3.9.1.2. Flugwegbestimmungen

Die Zuordnung der im Flugzeug gewonnenen Daten mit dem überflogenen Gelände kann mittels Luftbildortung, Doppler-Navigationsortung oder Funkortung erfolgen.

Bei der Luftbildortung wird im Fluggerät eine Kamera mitgeführt, die je nach Flughöhe, mittlerer Fluggeschwindigkeit und Meßzykluslänge Reihenbilder in Intervallen von 1 bis 5 s aufnimmt. Zusätzlich werden die durch das Zählwerk den einzelnen Messungen zugeordneten Meßwertnummern ("fiducial") auf den entsprechenden Reihenbildern aufgezeichnet.

Durch einen Vergleich der Reihenbilder mit einer topographischen Karte bzw. einem Fotomosaik ist es nun möglich, den Flugweg an Hand der georteten Paßpunkte zu rekonstruieren. Dieser Ortungsvorgang ist in Abb. 3.29 (Beilage) wiedergegeben. Die Luftbildortung ist heute nach wie vor die am meisten verwendete Ortungsmethode, wobei neuerdings an Stelle der fotografischen Aufzeichnung häufig eine Videokamera mit entsprechendem Wiedergabegerät tritt.

Die DOPPLER-Navigationsortung beruht auf der Frequenzänderung einer elektromagnetischen Welle, wenn sich Sender und Empfänger relativ zueinander bewegen (DOPPLER-Effekt). Die Relativgeschwindigkeit ist der Frequenzänderung direkt proportional. Bei den handelsüblichen

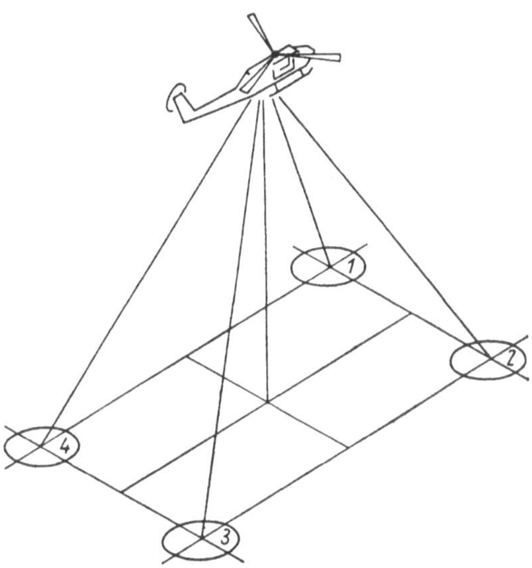

Abb. 3.30. Prinzip des DOPPLER-Navigationssystems mit vier verschiedenen Sende- und Empfangsanlagen

DOPPLER-Navigationsgeräten werden Wellenfrequenzen im GHz-Bereich benutzt. Wegen i. allg. vorhandener Luftströmungen bewegt sich das Fluggerät nicht entlang seiner Längsachse, sondern unterliegt einer gewissen Drift. Daher benutzt man heute DOPPLER-Navigationssysteme mit vier verschiedenen Sender-Empfangsanordnungen (Abb. 3.30). Ein im Gerät eingebauter Rechner bestimmt aus den vier Empfangssignalen die wahre Geschwindigkeit des Luftfahrzeuges über Grund. Zusätzlich werden dabei vom Rechner die Eingaben einer Kursreferenz (Magnetkompaß) sowie eines Kreiselsystems verarbeitet. Da die meisten heute verfügbaren DOPPLER-Navigationsgeräte über einen Digitalausgang verfügen, können die Koordinaten der Flugposition direkt auf Band gespeichert werden.

Bei der Funkortung (LAURILA, 1960; SONNENBERG, 1963) sind vor allem die Phasen- (DECCA, RAYDIST, LORAC) und die Impulssysteme (SHORAN) gebräuchlich. Die Ersteren kommen hauptsächlich bei großflächigen Meßeinsätzen zur Anwendung, wie z. B. bei der Prospektion nach Kohlenwasserstoffen in Shelfgebieten. Bei den Phasensystemen werden im Flugzeug die Signale einer Haupt- und zweier bzw. dreier Nebensendestationen empfangen und die entsprechenden Phasenunterschiede bestimmt. Der geometrische Ort gleicher Phasenunterschiede zwischen Haupt- und Nebensender an der Erdoberfläche ist eine Hyperbelschar. Daher ist die Verwendung einer zweiten Nebensendestation erforderlich, um die Position des Fluggerätes festzulegen. Zur Verbesserung der Positionsgenauigkeit kann eine dritte Nebensendestation verwendet werden. Um die verschiedenen Nebensendestationen voneinander unterscheiden zu können, senden sie elektromagnetische Wellen unterschiedlicher Frequenzen aus. Die zweckmäßige Einsatzentfernung der Phasensysteme liegt bis zu 400 km um die Senderpositionen.

Die Impulssysteme arbeiten mit einem Hauptsender, der im Fluggerät montiert ist, und zwei Bodenstationen. Der Bordsender sendet abwechselnd Impulse mit zwei verschiedenen Frequenzen aus, die jeweils von einer der beiden Bodenstationen – der Frequenz entsprechend – empfangen werden. Die Bodenstationen senden in der Folge ihrerseits Impulse aus, die vom Gerät im Flugzeug empfangen werden. Aus der Laufzeit der elektromagnetischen Signale vom Flugzeug zur Bodenstation und zurück zum Flugzeug kann man die Entfernung zwischen Flugzeug und Bodenstation bestimmen. Durch die Verwendung von zwei Bodenstationen, deren Lagen genau bekannt sein müssen, läßt sich die Position des Flugzeuges ermitteln. Wegen der hohen Frequenzen (200 bis 300 MHz), die bei den Impulssystemen benutzt werden, können diese Ortungsgeräte nur bis Sichtweitenentfernung eingesetzt werden.

3.3.9.1.3. Flughöhenbestimmung

Die Flughöhen werden entsprechend den verschiedenen Aufgabenstellungen bei der Projektplanung festgelegt. Sie sind vor allem abhängig von der Tiefenlage der zu erkundenden Strukturen, von der Wellenlänge und Amplitude der zu erkundenden Anomalien, vom Aufnahmemaßstab, von der Empfindlichkeit und minimalen Meßfolge des Magnetometers und von der Fluggeschwindigkeit. Dabei muß zwischen einer konstanten Flughöhe über einem Bezugsniveau (meist über NN) und konstanter Flughöhe über dem Gelände unterschieden werden (Abb. 3.32).

Zur Bestimmung der Flughöhe über einem bestimmten Bezugsniveau wird ein barometrischer Höhenmesser benutzt; damit lassen sich i. allg. die vorgesehenen Flughöhen auf ± 30 m einhalten.

Bei Flugvermessungsvorhaben, bei denen in konstanter Flughöhe über dem Gelände geflogen werden soll, werden Radarhöhenmesser verwendet. Die Genauigkeit guter Geräte liegt bei $\pm 5\%$ der angezeigten Flughöhe. Als größerer Störfaktor machen sich unterschiedliche Baumbedeckungen bemerkbar.

3.3.9.1.4. Aeromagnetisches Flugnetz

Die Anlage aeromagnetischer Messungen erfolgt meist längs äquidistanter Fluglinien und wenn möglich senkrecht zum allgemeinen geologischen Streichen. Zur Verbindung der Flugprofile untereinander werden i. allg.

rechtwinklig zu ihnen Kontrollprofile beflogen. Nach NETTLETON (1976) ist in der Kohlenwasserstoffprospektion ein Verhältnis Profilabstand zu Abstand der Querprofile von 1:5 bis 1:6 gebräuchlich (Abb. 3.31). BHATTACHARYYA (1971) empfiehlt dagegen ein Verhältnis von 1:20 und legt dabei zugrunde, daß die Querprofile doppelt vermessen werden. Die Abweichungen der Meßwerte zwischen Längs- und Querprofil an den Kreuzungspunkten stellen ein Maß für die Genauigkeit der Aeroaufnahme dar.

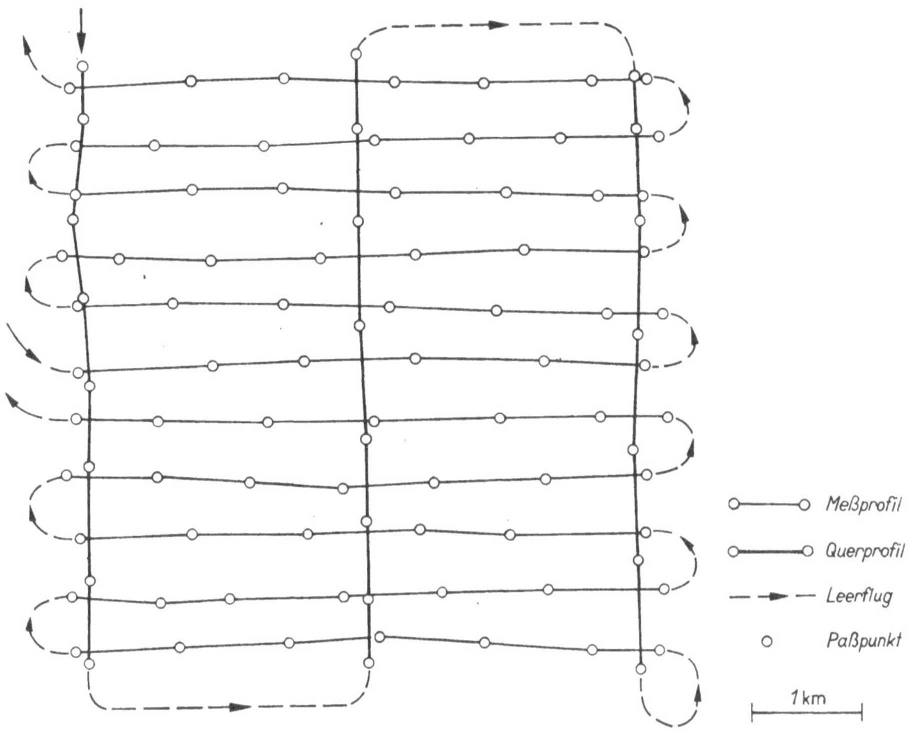

Abb. 3.31. Typisches aeromagnetisches Flugnetz

Je nach der Aufgabenstellung wird der Abstand zwischen den Flugprofilen von einigen Kilometern bis zu einigen hundert Metern gewählt. So sind z. B. bei überregionalen aeromagnetischen Vermessungen Abstände von etwa 2 km üblich. Bei gezielten Erzlagerstättenprojekten beträgt der Profilabstand etwa 200 m. Die Längen der Flugprofile hängen von der Fluggebietsgröße, der Leistungsfähigkeit des Fluggerätes und von der Konzentrationsfähigkeit des Flugpersonals ab. Überlange Profile sollten vermieden werden, da ansonsten eine zu rasche Ermüdung der Flugmannschaft eintreten kann, was in der Folge zu Navigations- und Höhenfehlern führt.

Bei überregionalen Befliegungen und im Rahmen von Kohlenwasserstoffprospektionsvorhaben wird meist mit konstanter Flughöhe über einem bestimmten Bezugsniveau geflogen. Dabei kann die Flughöhe je nach den topographischen Verhältnissen einige hundert Meter bis mehrere Kilometer über dem Bezugsniveau betragen. Grenzbereiche zweier Horizonte mit unterschiedlichen Flughöhen werden überlappend vermessen (Abb. 3.32). Auf diese Weise ist es möglich, die Meßdaten der verschiedenen Flughorizonte über Feldtransformationen (Feldfortsetzung nach oben und unten)

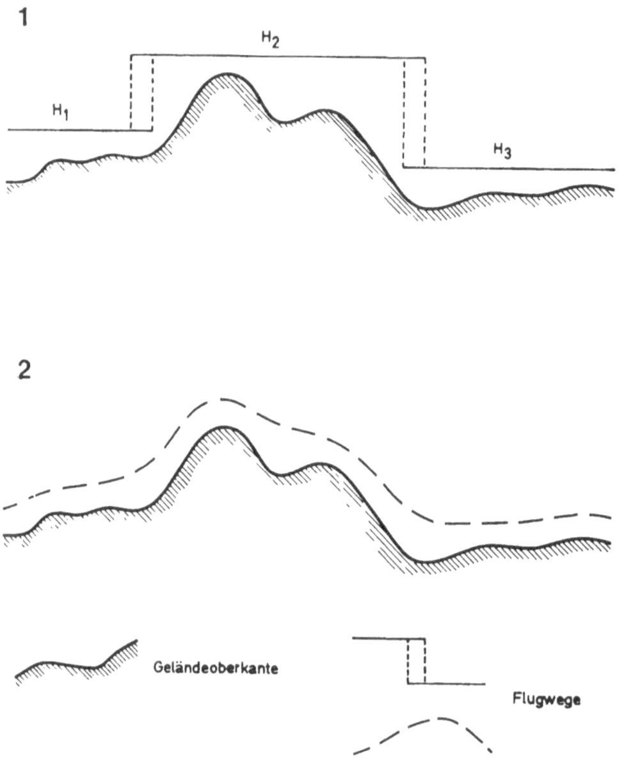

Abb. 3.32. Methoden der aerogeophysikalischen Befliegung

1 – konstante Flughöhen über einem Bezugsniveau mit Horizontüberlappungen bei verschiedenen Flugnetzen,

2 – konstante Flughöhe über Gelände

ineinander überzuführen. In der Erzlagerstättenprospektion wird mit einer konstanten Flughöhe von 30 m bis 150 m über dem Gelände gemessen (Abb. 3.32). Da diese nicht immer konstant gehalten werden kann, ist bei dieser Art der Befliegung mit größeren Fehlern an den Kreuzungspunkten zwischen Flug- und Kontrollprofilen zu rechnen. Bei extremen Geländebedingungen, bei denen auch unter Verwendung eines Hubschraubers eine Befliegung mit äquidistanten Profilen nicht mehr möglich ist, kann die aeromagnetische Vermessung entlang von Höhenschichtlinien durchgeführt werden. Dabei ist eine Navigationshilfe, wie z. B. ein Doppler-Navigationssystem, unerläßlich.

Der Meßpunktabstand auf den Flugprofilen hängt von der Fluggeschwindigkeit und dem verwendeten Magnetometer ab. Bei Instrumenten mit diskreter Meßwertbildung beträgt das kleinste Meßintervall 0,1 bis 4 s. Dadurch sind bei Fluggeschwindigkeiten von 100 bis 500 km/h Meßpunktabstände von 3 bis 600 m möglich. Üblicher sind Meßpunktabstände von 20 bis 100 m. Die kurzen Meßzyklen moderner Magnetometer ermöglichen den Einsatz schnellerer Flugzeuge und damit die Erhöhung der Effektivität.

3.3.9.2. *Seemessungen*

Für die Anlage und Durchführung seemagnetischer Messungen gelten im Prinzip die gleichen Forderungen wie für aeromagnetische Aufnahmen.

Tabelle 3.8. Störwirkung ΔT in nT von Schiffen auf ein geschlepptes Magnetometer (BREINER, 1975)

Größe des Schiffes in		ΔT in nT bei Länge des Schleppsystems von			
m	t	30 m	100 m	150 m	250 m
25	200	200	6	1,6	0,4
50	700	700	20	6	1,4
70	1700	1700	50	13	3,0
90	3300	3300	80	25	6,0

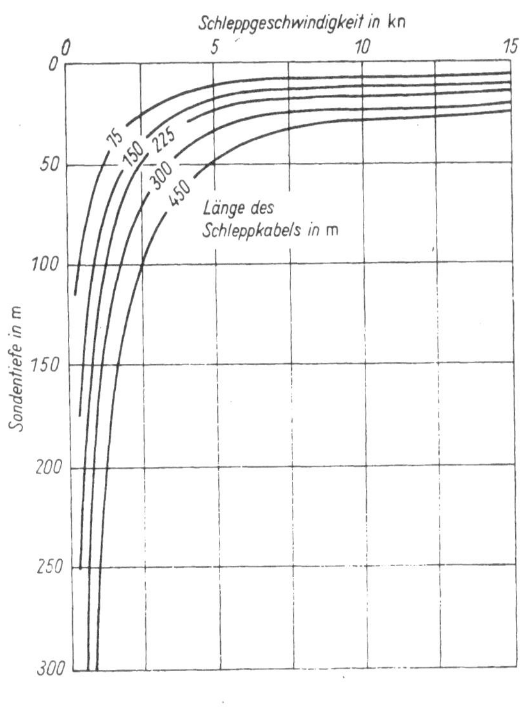

Abb. 3.33. Sondentiefe eines Seemagnetometers in Abhängigkeit von der Schleppgeschwindigkeit und Kabellänge (nach BREINER, 1975) (kn — Knoten; 1 kn = 0,51 m/s)

Das Meßelement wird in einem unmagnetischen Schwimmkörper ("fish") geschleppt, der sich in ausreichender Entfernung vom Vermessungsschiff befindet. Tabelle 3.8 dient zur Abschätzung der magnetischen Wirkung von Schiffen und damit zur Festlegung des erforderlichen Schleppabstandes.

Entscheidend für die Qualität einer seemagnetischen Aufnahme ist neben dem Abstand der Sonde zum Schiff die Sondentiefe unter der Wasseroberfläche. Sie muß so gewählt werden, daß durch Bewegungen des leitfähigen

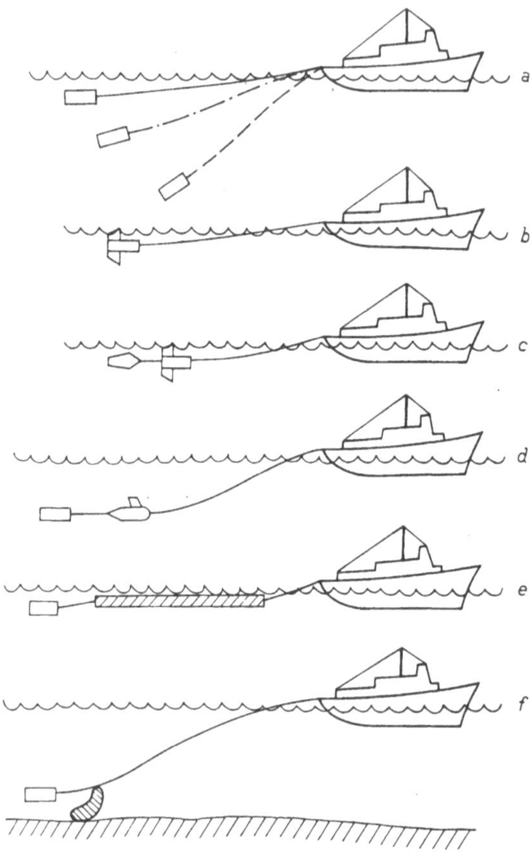

Abb. 3.34. Verschiedene Sondenkonfigurationen für Seemagnetometer (nach BREINER 1975)

a) gewöhnlicher Schwimmkörper bei unterschiedlicher Schleppgeschwindigkeit,

b) Schleppkörper mit Stabilisierungsflossen,

c) Flossen und Schleppkörper,

d) druckempfindlicher Tiefenregler,

e) Schwimmkabel,

f) Sondenbeschwerung für Seebodenmessungen

Seewassers und der Sonde im Magnetfeld der Erde hervorgerufene Induktionserscheinungen weitgehend vermieden werden. Von der Aufgabenstellung her kann es sowohl erforderlich sein, den Schleppkörper dicht über den Meeresboden gleiten zu lassen, als auch die Messungen möglichst weit entfernt vom Meeresboden in der Nähe der Wasseroberfläche durchzuführen. Die Tiefe der Sonde unter der Oberfläche wird durch die Schleppgeschwindigkeit und Kabellänge sowie durch das Kabelgewicht, die Form und Masse des Schleppkörpers bestimmt (Abb. **3.33**). Verschiedene Möglichkeiten zur Beeinflussung der Sondentiefe sind schematisch in Abb. **3.34** dargestellt.

Die Meßfolge (Punktabstand) ist wegen der relativ geringen Schiffsgeschwindigkeit gegenüber der Aeromagnetik unproblematisch. Sie wird meist experimentell ermittelt und beträgt ca. 5⋯30 s. Zur Positionsbestimmung dienen Verfahren der Funkortung mit Impuls- und Phasensystemen (vgl. Kap. 3.3.9.1.2.), der DOPPLER-Ortung (DOPPLER-Sonar) und Satellitenortung.

3.3.9.3. Untertagemessungen

Die Meßtechnologie unterscheidet sich bezüglich der Bestimmung des Instrumentenganges und zeitlicher Feldänderungen sowie der laufenden Überprüfung der Meßgenauigkeit durch Wiederholungsmessungen nicht von Messungen an der Erdoberfläche. An Einflüssen jedoch treten zusätzlich auf

- Störwirkungen durch das in der Umgebung der Strecke anstehende Gebirge;
- örtlich begrenzte, intensive Anomalien (bis ± 5000 nT) durch eiserne Gegenstände verursacht (z. B. durch Schienen, Rohre, Hunte, Fördereinrichtungen);
- zeitlich variable Störungen als Folge elektromagnetischer Felder grubenelektrischer Anlagen (elektrische Leitungen, Antriebsmotore, Elektroloks usw.); sie können nach TARCHOV et al. (1973) zu aperiodischen Variationen des magnetischen Feldes von mehreren tausend nT führen.

Der Einfluß natürlicher Störwirkungen läßt sich vermindern, wenn die Messungen möglichst genau in der Mittelachse der bergbaulichen Hohlräume ausgeführt werden. Auf eine Streckenreduktion wird wegen des hohen markscheiderischen, petrophysikalischen und auswertetechnischen Aufwandes verzichtet. Elektrisch bedingte Störungen werden durch die Verlagerung der Messungen in betriebsschwache Zeiten (Reparaturschichten, Wochenende, Feiertage) weitgehend vermieden. Die Verminderung von Störungen durch den vorübergehenden Ausbau der Eisenteile (TARCHOV et al., 1973) ist selten möglich. Deshalb sind magnetische Untertagemessungen prinzipiell nur zum Nachweis von Anomalien sinnvoll, deren Amplitude sehr deutlich über dem Störpegel liegt.

3.3.9.4. *Bohrlochmessungen*

Magnetische Bohrlochmessungen dienen zur Suche und Erkundung einschließlich der Bestimmung von Lage und Ausdehnung magnetisierter Körper, insbesondere von Eisenerzlagerstätten, auch wenn diese seitlich oder unterhalb vom Bohrloch liegen (Vektorbohrlochmagnetik) sowie zur Bestimmung der Suszeptibilität und gegebenenfalls des Eisengehaltes des durchteuften Anstehenden ($\varkappa$- oder kombinierte $\varkappa$- und ΔZ- bzw. ΔT-Bohrlochmessungen, „magnetische Karottage"; s. Kap. **3.2.6.**).

Vor Beginn der Messungen ist es erforderlich, einen Kontrollpunkt zur laufenden Überprüfung der Apparatur sowie zum Anschluß der Messungen auszuwählen, das System mittels HELMHOLTZ-Spulen zu eichen und das Normalfeld zu bestimmen (LOGAČEV; ZACHAROV, 1973).

Die Durchführung magnetischer Bohrlochmessungen entspricht im Prinzip der aller anderen Feldmessungen; das betrifft die Anlage eines Basispunktes in der Nähe des Bohrlochmundes zur Überwachung des Gangverhaltens der Apparatur wie auch das regelmäßige Anmessen von Wiederholungspunkten zur Ermittlung des Meßfehlers. Der Meßpunktabstand wird bei nicht kontinuierlich registrierenden Mehrkomponentenmagnetometern in Abhängigkeit vom jeweiligen Feldgradienten festgelegt und beträgt meist 5···20 m.

3.4. Korrekturen und Reduktionen

3.4.1. Zielstellung

Die an den einzelnen Feldpunkten gemessenen Werte T der magnetischen Induktion sind zunächst nicht miteinander vergleichbar. Sie enthalten eine Reihe zeit- und ortsabhängiger Anteile; dies sind die momentane Variation des erdmagnetischen Feldes (Außenfeld) $\delta T_V(x, y, z, t)$, der Instrumentengang $\delta T_I(t)$, das geomagnetische Hauptfeld $T_0(x, y)$ einschließlich der Säkularvariation, das geomagnetische Anomalienfeld (Wirkung induzierter und remanenter Magnetisierung von Teilen der oberen Erdkruste) $\Delta T(x, y, z)$, die Wirkung der Stationshöhe $\delta T_{Ni}(z)$ und der Einfluß des Geländereliefs $\delta T_{Top}(x, y, z)$ in der Umgebung des Meßpunktes.

Geologische Aussagen über den Untergrund sind allein aus der Anomalie ΔT möglich. Ein Vergleich der gemessenen Feldwerte untereinander mit dem Ziel, ausschließlich die Wirkung unbekannter Strukturen und Situationen hervortreten zu lassen, ist erst möglich, wenn die anderen Einflüsse auf den gemessenen Feldwert beseitigt worden sind. Dies ist die Aufgabe verschiedener Korrekturen und Reduktionen. Für den Störwert ΔT – die Anomalie – am Meßpunkt gilt dann

$$\Delta T = T - \delta T_V - \delta T_I - T_0 - \delta T_{Ni} - \delta T_{Top}. \tag{3.14}$$

Den größten Einfluß auf den gemessenen Feldwert haben die Variationen und das Normalfeld. Der Instrumentengang ist nur bei Feldwaagen und teilweise bei Sättigungskernmagnetometern bedeutsam. Eine Berücksichtigung der Wirkung unterschiedlicher Meßniveaus und des Geländereliefs ist lediglich in Einzelfällen möglich bzw. erforderlich.

3.4.2. Variationskorrektur

Der Einfluß regelmäßiger Variationen läßt sich nach Aufzeichnungen von Variographen im Gelände oder aus Registrierungen an entfernteren Observatorien relativ sicher eliminieren. Unregelmäßige Störungen, Schwankungen oder Pulsationen dagegen sind in Form und Intensität abhängig

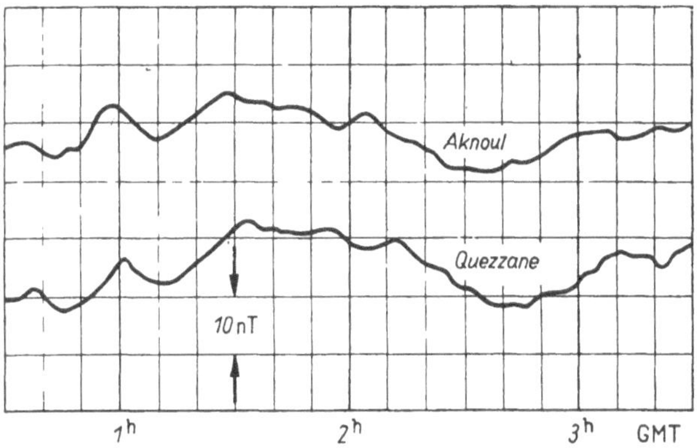

Abb. 3.35. ΔT-Vergleichsregistrierung zwischen zwei etwa 250 km entfernten Stationen in N-Marokko (nach DEMNATI, 1972)

von der geographischen Breite (Zunahme vom Äquator zur Polarlichtzone) sowie vom geologischen Tiefenbau entsprechend der Leitfähigkeits- und Magnetisierungsverteilung; sie verändern sich häufig von der Tag- zur Nachtseite der Erde. Deshalb gibt es keine allgemeingültige Vorschrift für das Erfassen und Beseitigen der Variationen.

In jedem Meßgebiet ist unter Berücksichtigung der angestrebten Meßgenauigkeiten zu prüfen, für welchen Bereich eine Variationsregistrierung gültig ist. Einige experimentelle Ergebnisse aus der Literatur können dabei als Richtwerte dienen:

- DEMNATI (1972) konnte durch systematische Untersuchungen in Marokko zeigen, daß an 7 von 9 Stationen mit einem Abstand von 100 km bis 250 km der mittlere Fehler der Variationen ± 5 nT beträgt (Abb. 3.35).
- In Irland beträgt im Umkreis von 100 km zur Registrierstation der Fehler der Variationskorrektur $\pm 2 \cdots \pm 6$ nT; dabei zeigen nach RIDDIHOUGH (1971) die Variationen Zeitverschiebungen über ganz Irland bis zu 20 Minuten und Amplitudenunterschiede von maximal 20%.
- An hochauflösende ($\leq 0{,}1$ nT) magnetische Messungen sind nach Untersuchungen von MIŠIN (1974) in Kasachstan/UdSSR wesentlich höhere Forderungen bezüglich der Variationserfassung zu stellen. Für eine Erfassung der Variationen mit einem mittleren Fehler von $\pm 0{,}2$ nT

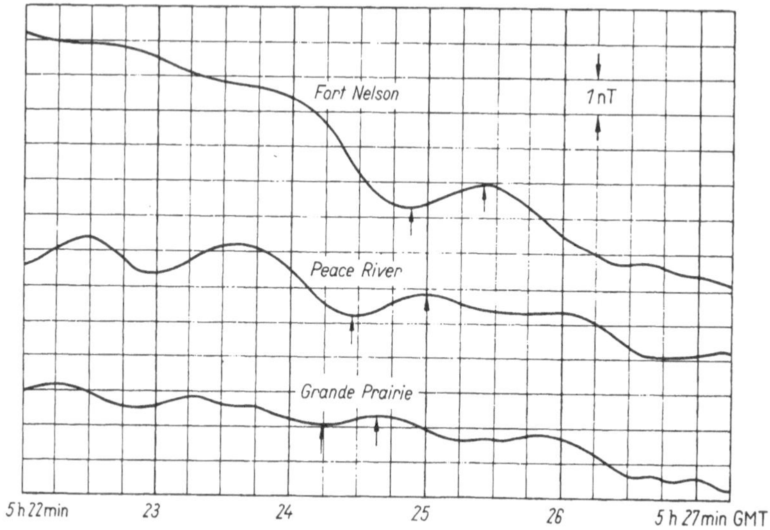

Abb. 3.36. ΔT-Vergleichsregistrierung zwischen drei 450 bzw. 150 km entfernten Stationen in Kanada (nach HARTMAN et al., 1971)
(Die Pfeile deuten auf Phasenverschiebungen der Pulsationen)

ist ein hochauflösender Variograph im Meßgebiet mit einer guten Synchronisation zwischen Registrierstation und Feldgerät erforderlich (Zeitfehler maximal 5 Sekunden).

– Vergleichsregistrierungen mit hochauflösenden Magnetometern wurden von HARTMAN et al. (1971) an drei 450 bzw. 150 km entfernten Stationen in Kanada durchgeführt. Die in Abb. 3.36 dargestellten Pulsationen besitzen sowohl zeitliche Unterschiede zwischen 10 und 45 Sekunden als auch Abweichungen in der Amplitude (Abnahme von Nord nach Süd etwa wie 4:2:1).
– Das Variationsverhalten auf dem Territorium der DDR wurde von PORSTENDORFER et al. (1976) und RITTER (1977) im Rahmen geomagnetischer Tiefensondierungen untersucht. Abb. 3.37 gibt die normierte Vertikalkomponente Z von Variationen mit Perioden von 20⋯60 min (Bai-Störungen) und Abb. 3.38 die WIESE-Pfeile[1] für vier Perioden-

[1] Der Induktionspfeil nach WIESE ergibt sich aus dem Zusammenhang der horizontalen Variationskomponenten äußerer Ursache δX_e und δY_e mit der Vertikalkomponente δZ_i des durch Leitfähigkeitsunterschiede im Untergrund erzeugten inneren (anomalen) Anteils nach

$$\delta Z_i = a\delta X_e + b\delta Y_e.$$

Die Länge des WIESE-Pfeiles stellt das Induktionsverhältnis c dar; es gilt

$$c^2 = a^2 + b^2.$$

Die Richtung ϑ (von Nord über Ost gezählt) folgt aus

$$\vartheta = \operatorname{arc\,tan} \frac{b}{a}.$$

bereiche wieder. Einer Änderung der Länge der WIESE-Pfeile entspricht eine Amplitudenänderung der Z-Variationen; eine Umkehr der Pfeilrichtung deutet auf deren Richtungsumkehr.

Zur Bestimmung der Variationskorrektur ergeben sich in Abhängigkeit vom Variationsverhalten im Meßgebiet, vom Aufnahmemaßstab sowie

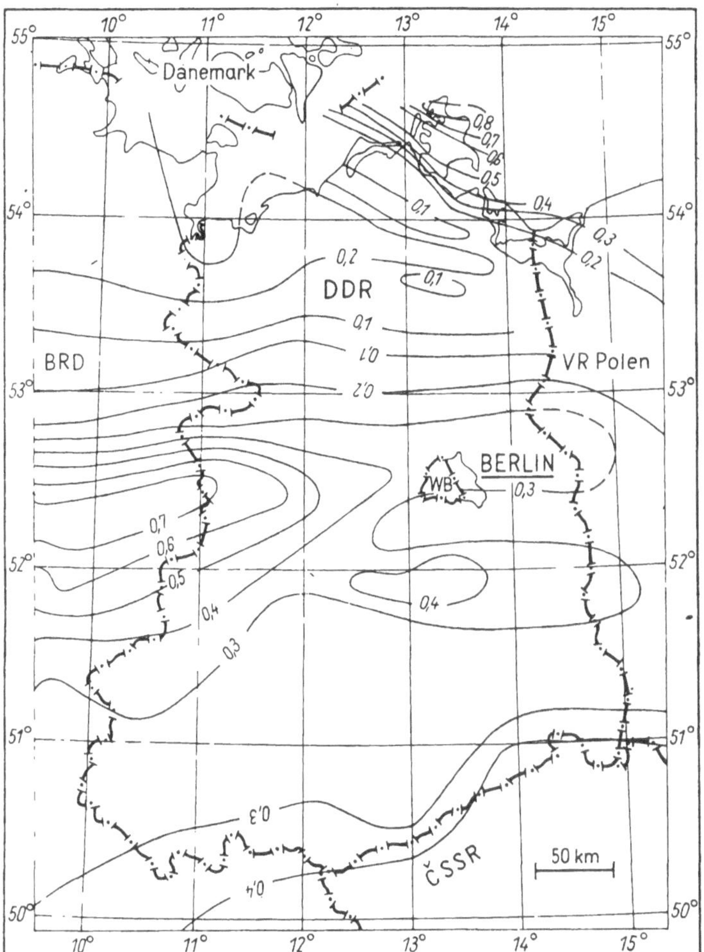

Abb. 3.37. Normierte Z-Komponente $|c|$ der Variationen mit Perioden von 20…40 min für die DDR (nach RITTER, 1977)

von der erforderlichen Meßgenauigkeit die Möglichkeiten von Kontrollpunktmessungen, Observatoriumsregistrierungen, Registrierungen im Meßgebiet oder Differenzenmessungen.

Unter Kontrollpunktmessungen wird das regelmäßige Anmessen ein und desselben Punktes oder auch mehrerer Stationen mit bekannter Störwertdifferenz verstanden. Dadurch kann die durch langperiodische Varia-

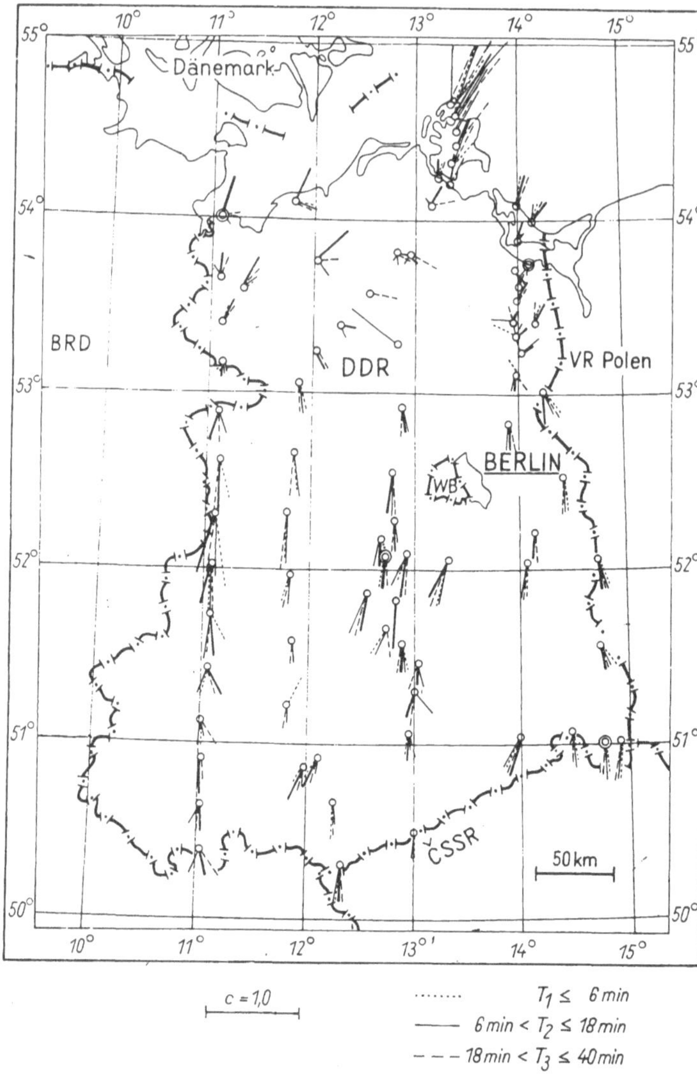

Abb. 3.38. Frequenzabhängige Induktionspfeile (WIESE-Pfeile) für das Gebiet der DDR (nach RITTER, 1977)

tionen und Instrumentengang bedingte Änderung der magnetischen Induktion ermittelt und (meist linear über die Zeit) ausgeglichen werden. Der Fehler der Variationsbestimmung beträgt bei einem Abstand der Kontrollpunktmessungen von 1···2 Stunden ca. $\pm 10 \cdots 20$ nT, da Variationen mit Perioden < 1 Stunde nicht erfaßt werden (Abb. 3.35).

Observatoriumsregistrierungen liefern Korrekturwerte, deren Verwendung bis zu Entfernungen von maximal 50···100 km sinnvoll ist. Der mittlere Fehler beträgt dann $\pm 5 \cdots \pm 10$ nT; er kann durch zusätzliches, regelmäßiges Anmessen eines Kontrollpunktes noch verringert werden.

Registrierungen mit speziellen Variographen (s. Kap. 3.2.6.) bilden die Grundlage ausreichend sicherer Variationskorrekturen für alle Arten von Regional- und Spezialmessungen am Boden, in der Luft und auf See. Bei einer geforderten Genauigkeit von $\pm 2 \cdots 3$ nT kann z. B. ein Abstand der Feldpunkte zum Variographen von 20···50 km noch zulässig sein. Abb. 3.37 und 3.38 zeigen jedoch, daß über wesentlich kürzere Entfernungen Vorzeichenumkehr und Amplitudenänderungen um den Faktor 2 auftreten können. In solchen Gebieten sowie bei hochauflösenden magnetischen Aufnahmen ist die Entfernung zur Registrierstation zu verringern. – Die Registriergeschwindigkeit des Variographen muß von der magnetischen Aktivität sowie von der angestrebten Genauigkeit abhängig gemacht werden; sie wird experimentell bestimmt. Feld- und Registriergerät müssen gut synchronisiert sein. Die Beiträge der Variationen können manuell oder bei automatischer Primärbearbeitung maschinell von dem Meßwert am Feldgerät subtrahiert werden.

Differenzenmessungen bieten die Möglichkeit, den Einfluß der Variationen mit größter Genauigkeit zu erfassen. Dabei eingesetzte Differenzenmagnetometer bilden automatisch die Differenz zwischen dem Meßwert am Feldgerät und einer benachbarten ortsfesten Basisstation mittels Datenfernübertragung. Die Methode sichert absolute Gleichzeitigkeit und ermöglicht die sofortige Wiederholung der Feldmessungen bei apparativen oder umweltbedingten Störungen an einem der beiden Instrumente.

Der Einsatz von Differenzenmagnetometern dient folglich der Erhöhung des Meßfortschritts (z. B. SCOLLAR, 1966) und vor allem der Steigerung der Meßgenauigkeit (z. B. wird in Frankreich mit einem tragbaren Doppelresonanzmagnetometer nach dem OVERHAUSER-Effekt ein Schwellenwert von 0,01 nT bei einer Reichweite von ca. 10 km erzielt; COLLIN et al, 1973).

3.4.3. Instrumentengangkorrektur

Der Instrumentengang (Nullpunktsdrift) umfaßt die Summe aller durch mechanische, thermische, elektrische oder magnetische Veränderungen im Magnetometer verursachten Meßfehler sowie die Variationsunterschiede zwischen Registrier- und Feldstation. Absolutinstrumente (z. B. Kernpräzessionsmagnetometer) besitzen keinen Instrumentengang; von ihnen angezeigte Meßwerte hängen ausschließlich von atomphysikalischen Konstanten ab. Bei diesen Geräten werden deshalb mit den üblichen Gangbestimmungsverfahren lediglich Variationsunterschiede erfaßt, die zweckmäßigerweise trotzdem als Gang bezeichnet und behandelt werden.

Die Bestimmung des Instrumentenganges erfolgt unter Verwendung von Basisstationen durch regelmäßiges Anmessen ein und desselben Punktes (Schleifenmessung) oder unterschiedlicher Punkte mit bekannter Störwertdifferenz (Streckenmessung; vgl. Abb. 3.39). Der Instrumentengang folgt nach Anbringen der Variationskorrektur für den Augenblick des Anmessens eines Basispunktes aus dessen Sollwertdifferenz. Bei Streckenmessungen ist zusätzlich die Störwertdifferenz zum ersten Anschlußpunkt zu berücksichtigen; evtl. im Basisnetz enthaltene Spannungen gehen dann in den Gang mit ein. Das ist jedoch kein Nachteil, da auf diese Weise durch die Gangkorrektur auch ein Ausgleich der Netzspannungen erfolgt.

Der an den Basispunkten ermittelte Gang wird normalerweise linear über die Zeit verteilt und als Korrektur an die Meßwerte angebracht. Feldwaagen und Saturationskernmagnetometer besitzen oft einen so großen

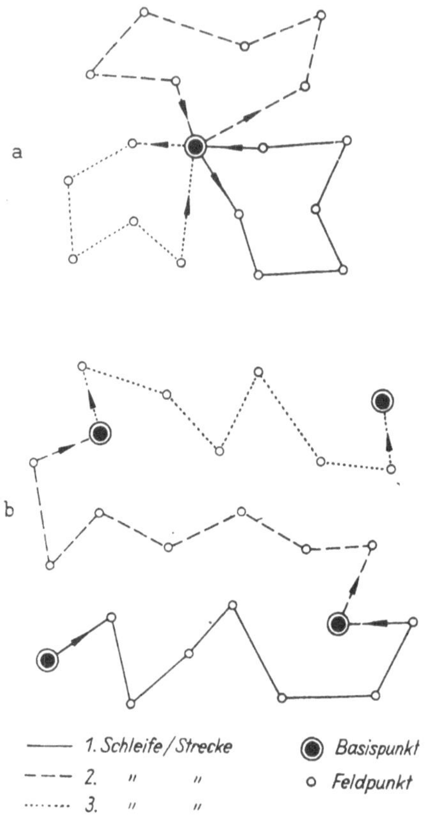

Abb. 3.39. Schematische Darstellung von Schleifenmessungen (a) und Streckenmessung (b)

Instrumentengang, daß es zur Erhöhung der Genauigkeit ratsam sein kann, Gangkurven zu konstruieren. Dies ist besonders für eine automatische Primärbearbeitung günstig.

3.4.4. Normalfeldreduktion

Die Normalfeldreduktion dient der Beseitigung örtlicher Änderungen des erdmagnetischen Hauptfeldes. Dieser Feldanteil ist mathematisch schwer beschreibbar und unterliegt der Säkularvariation. Unsicherheiten in der Verfahrensweise ergeben sich aus der Notwendigkeit einer Glättung, d. h. einer willkürlichen Festlegung über die Grenze zwischen Anomalie und Normalfeld, sowie daraus, daß die für die Normalfeldberechnung erforderlichen Mittelwerte der Observatorien erst mit ein oder mehreren

Jahren Verspätung zur Verfügung stehen und folglich extrapoliert werden müssen. Deshalb wurden verschiedene globale und regionale Normalfelder aufgestellt; sie geben den normalen Feldverlauf abhängig von der Anzahl der verwendeten Bezugspunkte sowie vom Grad der Reihenentwicklung unterschiedlich stark geglättet wieder.

Je nach Aufgabenstellung, Aufnahmemaßstab und angestrebter Genauigkeit ist zwischen folgenden Normalfeldern für Reduktionszwecke zu wählen

– Berücksichtigung eines einheitlichen Süd-Nord-Gradienten (in Mitteleuropa ca. 2,5 nT/km); nur für kleinräumige Spezialmessungen ohne Anschluß an Nachbarmeßgebiete geeignet;

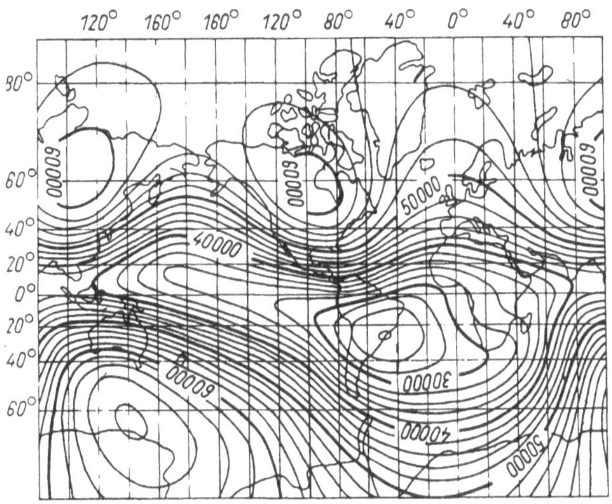

Abb. 3.40. Totalintensität T des IGRF – 1965,0; Isodynamen in nT (nach FABIANO; PEDDI, 1969)

– Normalfeldberechnung aus den Meßwerten durch Polynomentwicklung oder auf graphischem Wege; Anwendung insbesondere in wenig erforschten Gebieten;
– regionales Normalfeld (meist aus den Jahresmittelwerten eines Zentralpunktes und mehrerer Observatorien oder Säkularstationen vom Rand des Gültigkeitsbereiches entwickelt); für regionale und lokale Aufnahmen im Gültigkeitsbereich geeignet;
– globales Normalfeld (nach Kugelfunktionsentwicklung (s. Kap. 1.3.3.4.) aus einem möglichst gleichmäßig über die Erde verteilten Netz von Beobachtungsstationen oder aus Satellitenmessungen aufgestellt); für großregionale, kontinentale und globale Darstellungen geeignet.

Die Abbildungen 3.40 und 3.41 vermitteln einen Eindruck über den Verlauf eines globalen Normalfeldes auf der Grundlage des Internationalen Geomagnetischen Referenzfeldes (IGRF) bzw. eines regionalen Normalfeldes nach RÖSSIGER (1942) für Mitteleuropa.

Die praktische Durchführung der Normalfeldreduktion erfolgt durch

- die Berechnung von Normalfeldtabellen für regelmäßige Intervalle der geographischen Breite und Länge; danach wird die Normalfeldreduktion für jeden einzelnen Meßpunkt durch lineare Interpolation ermittelt;
- die Konstruktion von Normalfeldschablonen, das sind Karten mit Linien gleicher Normalfeldwerte im Maßstab der Punktkarte; damit kann die Reduktion für den Meßpunkt sofort abgelesen werden;

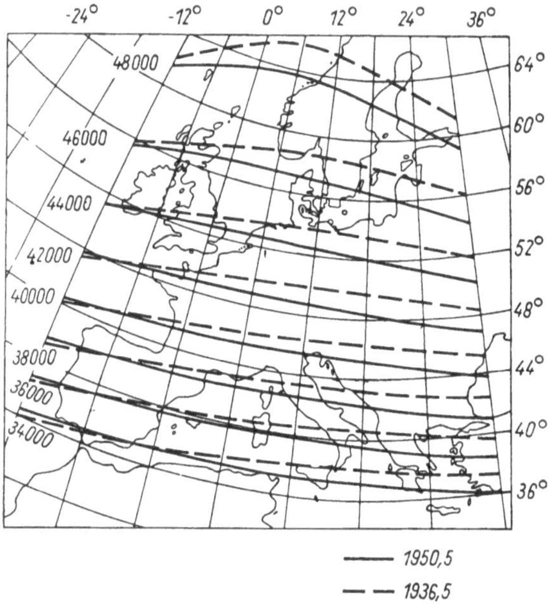

Abb. 3.41. Normalfeld nach RÖSSIGER (1942); Darstellung der Vertikalkomponente in nT für Mitteleuropa und die Epochen 1936,5 und 1950,5 (nach THIELE, 1952)

- maschinelle Berechnung bei automatisierter Primärbearbeitung; dabei wird die Normalfeldreduktion für die Meßpunkte direkt aus dem analytischen Normalfeldausdruck berechnet oder durch Interpolation aus bekannten Normalfeldwerten an einzelnen Gitterpunkten oder Blattschnittecken bestimmt.

3.4.5. Höhenreduktion

Änderungen des erdmagnetischen Feldes mit der Höhe werden bei Bodenmessungen i. allg. vernachlässigt, weil die Abnahme des Hauptfeldes in gemäßigten Breiten und Oberflächennähe (< 20 km) für T und Z nur etwa 0,02···0,03 nT/m beträgt. Bei aeromagnetischen Messungen und Präzisionsaufnahmen im Gebirge (IVANOV, 1976) besteht meist die Notwendigkeit, die Meßwerte mit einer Höhenreduktion zu versehen. Dies gilt besonders, wenn aeromagnetische Aufnahmen aus verschiedenen Höhen auf ein gemeinsames Niveau gebracht werden sollen. Dabei läßt sich aber nur der Vertikalgradient des Hauptfeldes berücksichtigen; der Anteil des Magnetfeldes der Erdkruste, der nach Messungen mittels Raketen- und Ballonaufstiegen die gleiche Größenordnung erreichen kann, muß auf Grund seiner räumlichen Schwankungen vernachlässigt werden. Bei Annäherung des erdmagnetischen Hauptfeldes T_0 durch einen zentrischen Dipol mit dem Moment m_{CE} gilt

$$T_0(r, \theta) = \frac{m_{\mathrm{CE}} \sqrt{1 + 3 \cos^2 \theta}}{r^3}, \tag{3.15}$$

und es folgt für die Höhenabhängigkeit des Hauptfeldes

$$\frac{\partial T_0}{\partial r} = -\frac{3 m_{\mathrm{CE}} \sqrt{1 + 3 \cos^2 \theta}}{r^4} = -\frac{3}{r} T_0. \tag{3.16}$$

Die Berechnung der vertikalen Feldänderung läßt sich verbessern, wenn das Dipolfeld durch die dem Hauptfeld entsprechende Kugelfunktionsentwicklung ersetzt wird (s. Kap. 1.3.3.4.). Dann lassen sich die Vertikalgradienten der orthogonalen Komponenten X, Y und Z berechnen. Sie wurden für die Erdoberfläche ($r = R_0$) von VESTINE et al. (1947) numerisch ermittelt und als Funktion von θ und λ tabellarisch dargestellt (FANSELAU, 1959). Aus den Vertikalgradienten von X, Y und Z folgt der Vertikalgradient der Totalintensität T zu

$$\frac{\partial T}{\partial r} = \left(\frac{\partial X}{\partial r} \cos D + \frac{\partial Y}{\partial r} \sin D\right) \cos I + \frac{\partial Z}{\partial r} \sin I. \tag{3.17}$$

Wesentlich genauer erscheinen neuere Versuche, den Einfluß unterschiedlicher Höhen durch Feldfortsetzung vom jeweiligen Meßniveau auf eine horizontale Bezugsebene zu beseitigen (erste erfolgreiche Erprobung bei Bodenmessungen von IVANOV, 1976; in der Aeromagnetik von TSAY, 1976, und BHATTACHARYYA et al., 1979).

3.4.6. Geländereduktion

Aufgabe der Geländereduktion ist es, die magnetische Wirkung von Geländeunebenheiten in der Umgebung des Meßpunktes auf den Feldwert zu beseitigen. Dieser Einfluß kann in Gebieten mit hoher Suszeptibilität des Anstehenden bei mäßigem Relief bereits 1000 nT betragen; trotzdem wurde bisher eine Geländereduktion nur selten berücksichtigt. Gründe dafür sind meist Unsicherheiten in der Kenntnis des Suszeptibilität und Remanenz der anstehenden Gesteine. Außerdem ist die Geländereduktion auch deshalb problematisch, da infolge des komplizierten Geländereliefs Richtung und Betrag der induzierten Magnetisierung nicht genau genug bekannt sind. In jedem Fall ist nur eine grobe Näherung möglich.

Prinzipiell bestehen folgende Möglichkeiten einer Geländereduktion

– Anwendung normierter Modellkurven für typische Geländeformen; auf einfache geometrische Formen und zweidimensionale Modelle ($y \to \infty$) beschränkt, nicht zur automatisierten Bearbeitung geeignet; Diagramme für kamm-, tal- und terrassenförmige Strukturen liegen für die Z-Komponente vor (Ivanov, 1976; Abb. 3.42);

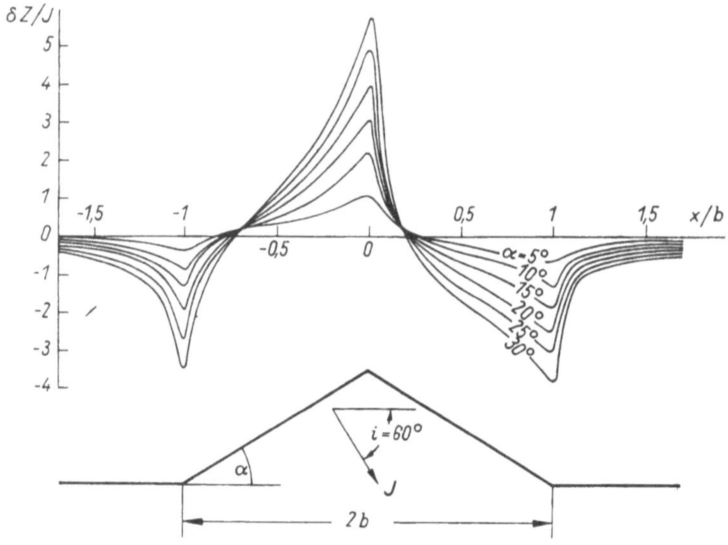

Abb. 3.42. Modellkurven zur Abschätzung kammförmiger δZ-Reliefwirkungen bei einer Gerätehöhe von 1/60 b; $J = \Delta \varkappa T_0 / 4\pi$ – magnetische Polarisation
i – Inklination des Polarisationsvektors
(nach Ivanov, 1976)

– Zerlegung des Geländereliefs in Elementarkörper und manuelle bzw. maschinelle Berechnung der Geländewirkung für einen Zentralpunkt
  · Zerlegung in Zylinderringsektoren; eignet sich für die Berechnung von Tabellen und Nomogrammen wie in der Gravimetrie (Lindner; Scheibe, 1978);
  · Zerlegung in vertikale Prismen mit jeweils gleich großer, quadratischer Grundfläche; eignet sich speziell für maschinelle Berechnungen (Bhattacharyya, 1964; Sharma, 1966);
  · Aufgliederung in horizontale Schichten; ermöglicht die automatische oder halbautomatische Ermittlung der Geländewirkung auf der Grundlage polygonal begrenzter, dünnschichtiger Elemente (Bott, 1963; Talwani, 1965) oder vertikaler, polygonaler Prismen (Plouff, 1976; Abb. 3.43).
– Unterdrückung der Geländewirkung mittels linearer Filter; durch Kreuzkorrelation von magnetischer und topographischer Karte wird ein Filter berechnet, der im Wellenzahlbereich eine Unterdrückung des topographischen Rauschens gestattet (z. B. Clarke, 1971).

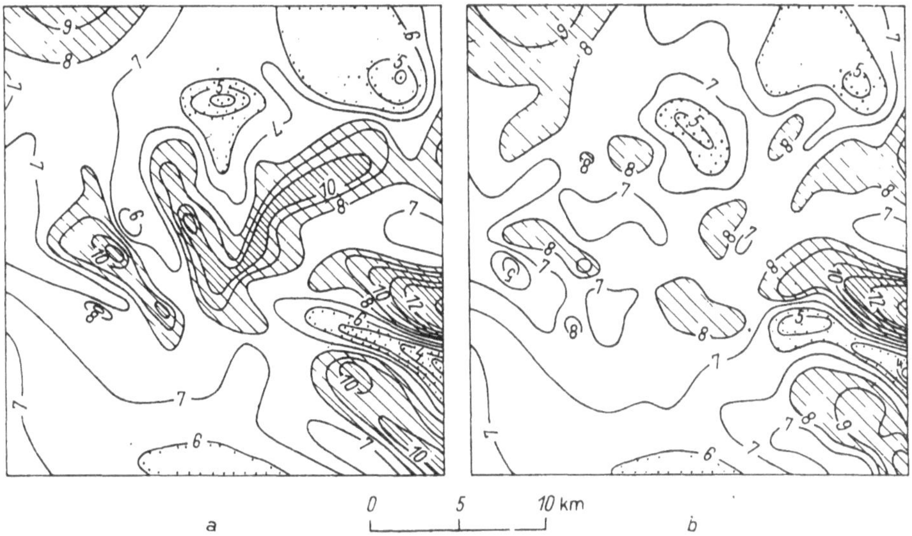

Abb. 3.43. Aeromagnetische ΔT-Karte vor (a) und nach (b) der Geländereduktion mittels vertikaler polygonaler Prismen (nach PLOUFF, 1976)
Einheit: 100 nT; Flughöhe: 4270 m über NN; verwendete Parameter: Magnetisierung $M = 4$ A/m, Inklination $I = 42°$, Deklination $D = 7°$ W

3.4.7. Kompilation von aeromagnetischen und seemagnetischen Messungen

Um die hohe Genauigkeit der modernen Magnetometer ausnützen zu können, muß ein entsprechender Aufwand bei der Datenbearbeitung bzw. der Datenkompilation betrieben werden. Voraussetzung dafür ist eine digitale Aufzeichnung der Meßdaten im Fluggerät bzw. Schiff. Dabei werden die Meßgebietskennung, die Profilnummer, das Datum und die Uhrzeit (meist in Weltzeit), die Meßwertnummer („fiducial"), die Totalintensität des erdmagnetischen Feldes und ggf. die Flughöhe auf Magnetband gespeichert. Ist eine elektronische Navigationshilfe (z. B. Dopplersystem) vorhanden, so werden auch die Angaben über die Positionen des Flugzeuges bzw. Schiffes digital aufgezeichnet. Die Kompilation der Daten kann, bis auf die Flugwegrekonstruktion und die Digitalisierung der Paßpunkte bei Luftbildortung, weitgehend automatisch auf einer Großrechenanlage durchgeführt werden.

In Abb. 3.44 ist ein Flußdiagramm für eine digitale Bearbeitung aeromagnetischer Daten bei erfolgter Luftbildortung wiedergegeben.

Die zeitaufwendigsten Schritte der Datenbearbeitung sind dabei die Datenüberprüfung und Fehlersuche sowie die Flugwegrekonstruktion. Im Rahmen der Kompilation aero- und seemagnetischer Aufnahmen müssen aus den Meßwerten noch verschiedene Fehler eliminiert werden. Fehler mit hochfrequentem Spektrum (z. B. „spikes", das sind stark von den benachbarten Meßwerten abweichende Ausreißer) lassen sich i. allg. relativ einfach automatisch unterdrücken, da ihr Frequenzinhalt sehr verschieden von dem aeromagnetischer Anomalien ist. So können spikes mit Hilfe sog. Spikefilter aus den Daten entfernt werden. Letztere arbeiten so, daß ein herausfallender Meßwert durch ein gewogenes Mittel der Nachbarschaftswerte ersetzt wird (Holroyd, 1974). Hingegen machen sich Fehler mit niederfrequentem Spektrum, z. B. Instrumentendrift, erst beim Konturieren der Daten bemerkbar, da ihre Frequenzcharakteristika jenen aero-

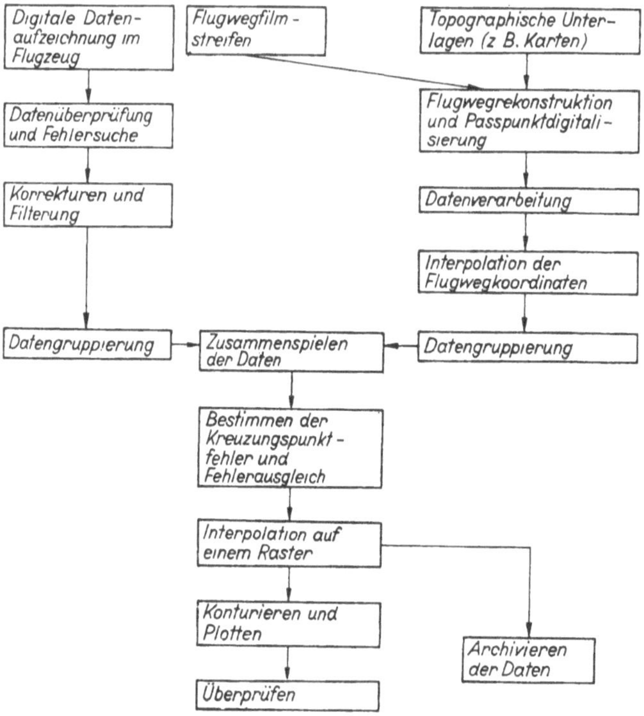

Abb. 3.44. Flußdiagramm eines digitalen Bearbeitungsprogrammes aeromagnetischer Daten

magnetischer Anomalien entsprechen. Letztgenannte Fehler können nur über ein interaktives Kompilationsprogramm (Überwachung der automatischen Datenverarbeitung am Bildschirm und ggf. manueller Eingriff) vor der endgültigen Kartenherstellung entfernt werden. Die Überprüfung der georteten Paßpunkte erfolgt über einen Geschwindigkeitstest. Aus der Zeit zwischen zwei aufeinanderfolgenden Paßpunkten und der entsprechenden Entfernung läßt sich die Geschwindigkeit bestimmen. Weicht diese von einer bestimmten mittleren Geschwindigkeit relativ stark ab, so ist dies ein Hinweis dafür, daß einer der Paßpunkte falsch geortet wurde.

Nach der Überprüfung der Daten und der Unterdrückung etwaiger Fehler werden die Feldbeiträge der zeitlichen Variationen des Erdfeldes (Tagesgang, kurzperiodische Variationen usw.) mit Hilfe von Registrierungen einer Bodenstation berücksichtigt. (Die Säkularvariationen werden vor allem durch das Normalfeld berücksichtigt; auch dauert die geomagnetische Aufnahme eines Gebietes, d. h. mit gleichem Registrierpunkt, wohl selten länger als ein Jahr.) Ist keine Bodenstation vorhanden, so kann die Beseitigung der zeitlichen Variationen aus den Meßdaten über die Kreuzungspunktfehler der Meß- und Querprofile erfolgen. Sind in den Daten Störanteile vom übermäßigen Schwingen des Flugkörpers vorhanden, so lassen sie sich über ein digitales Tiefpaßfilter unterdrücken.

Nach dem Zusammenspielen der überprüften und korrigierten Meßdaten sowie der entsprechenden Meßpunktkoordinaten erfolgt die Bestimmung der Kreuzungspunkte der Meß- und Querprofile über ein Suchprogramm. Die an den Kreuzungspunkten i. allg. auftretenden Fehler zwischen Meß- und Kontrollprofilen haben verschiedene Ursachen. In der Aeromagnetik erfolgen die Höhenkorrekturen mit Hilfe der Flughöhenregistrierungen und des Vertikalgradienten des Hauptfeldes, so daß der Beitrag anomaler Vertikalgradienten unberücksichtigt bleibt. Ebenso tragen Fehler bei der Bestimmung der Meßpunktkoordinaten, der Variationsermittlung sowie ggf. der Flughöhenmessung zum Kreuzungspunktfehler bei. Der Ausgleich von Kreuzungspunktfehlern kann nach dem Verfahren von Bhattacharyya (1971) wie folgt vorgenommen werden. Die an einem Punkt A zur Zeit t_{iA} gemessene Totalintensität $T(A, t_{iA})$ besteht aus den Anteilen

$$\begin{aligned} T(A, t_{iA}) = S_i + F(t_{iA}) + D(A, t_{iA}) + H(A, t_{iA}) \\ + I(A, t_{iA}) + G(A); \end{aligned} \tag{3.18}$$

S_i – Niveaufehler des Profiles i durch Instrumentengang,
$F(t_{iA})$ – normale Variation des geomagnetischen Feldes (Tagesgang, Pulsationen, Stürme usw.),
$D(A, t_{iA})$ – anomaler, räumlich veränderlicher Anteil der Variationen durch Induktionserscheinungen in der Erdkruste,
$H(A, t_{iA})$ – Fehler durch Höhenschwankungen des Magnetometers um das Bezugsniveau,
$I(A, t_{iA})$ – Fehler durch Unsicherheiten in der Ortung,
$G(A)$ – stationärer, räumlich veränderlicher Feldanteil (Haupt- und Krustenfeld),

Ziel der Kompilation ist es, aus $T(A, t_{iA})$ den Anteil $G(A)$ zu bestimmen.

Jede entsprechend Abb. 3.31 durchgeführte magnetische Aufnahme setzt sich aus zahlreichen Elementarschleifen – ähnlich $A - B - C - D$ der Abb. 3.45 zusammen; sie werden aus den Profilen i und $i + 1$ sowie den Kontrollprofilen j und $j + 1$ gebildet. Die Eckpunkte einer solchen Schleife sind durch zwei Meßwerte belegt; sie unterscheiden sich um den Betrag D_A, D_B, D_C und D_D voneinander. Es gilt z. B.

$$D_A = T_i(A, t_{iA}) - T_{j+1}(A, t_{j+1,A}). \tag{3.19}$$

Aus den Differenzen an den Eckpunkten kann die Gesamtdifferenz (Drift) D der Schleife berechnet werden

$$D = D_A - D_B + D_C - D_D. \tag{3.20}$$

D folgt ebenso aus der Summe der Meßwertdifferenzen über die Teilstrecken AD, BA, CB und DC

$$D = D_{AD} + D_{BA} + D_{CB} + D_{DC}. \tag{3.21}$$

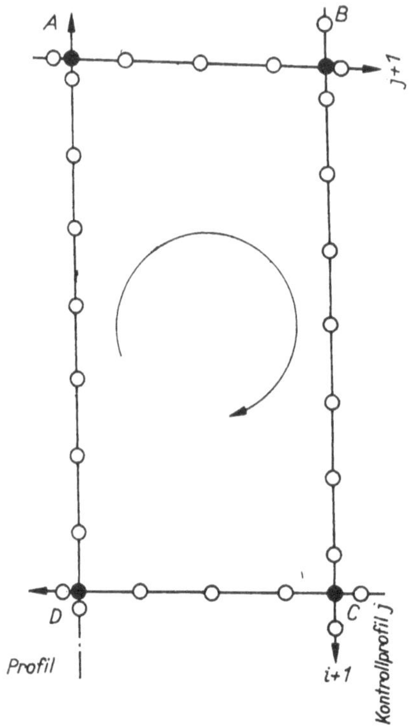

Abb. 3.45. Elementarschleife, aus Meß- und Kontrollprofilen gebildet
○ Meßpunkt ● Schnittpunkt Profil/Kontrollprofil

Der vollständige Ausdruck für die Differenz D_{AD} lautet z. B.

$$D_{AD} = F(t_{iA}) - F(t_{iD}) + D(A, t_{iA}) - D(D, t_{iD}) + H(A, t_{iA}) - H(D, t_{iD}) + I(A, t_{iA}) - I(D, t_{iD}) + G(A) - G(D). \tag{3.22}$$

Die Gesamtdrift D über die Elementarschleife ist somit frei vom gesuchten Feldanteil G. Bei der Kompilation wird die Drift für alle Segmente einzeln bestimmt und nach Minimierung bezogen auf die Gesamtdifferenz von den Meßwerten abgezogen.

Sind die Kreuzungspunktfehler aus den Daten entfernt, so sind die nächsten Schritte das Interpolieren der Meßdaten auf einem äquidistanten Raster und das Anbringen der Normalfeldreduktion. Die interpolierten Werte sind Ausgangspunkt für das nachfolgende Konturierungsprogramm und geeignete Feldtransformationsverfahren (s. Kap. 1.5.2.). Die Interpolation ist ein sehr kritischer Schritt bei der automatischen Datenbearbeitung, weil sich hier Fehlplanungen im Profilnetz bemerkbar machen. Wurde z. B. für eine bestimmte Quellentiefe ein zu großer Profilabstand gewählt, so kann es zur Auflösung von an und für sich langgestreckten Anomalien in kleine, kreisförmige Anomalien kommen (Hood et al., 1979). Bei mittels Hand konturierten magnetischen Karten können solchen Fehler durch das Auswertepersonal ausgebessert werden.

Über automatische und semiautomatische Kompilationsprogramme ist verschiedentlich in der Literatur berichtet worden (z. B.: Naudy, 1970; Bhattacharyya, 1971; Holroyd, 1974; Kuzmin et al., 1976).

4. Paläo- und Archäomagnetik

H. MAURITSCH

4.1. Einleitung

Während in der Geomagnetik vorwiegend die induzierte Magnetisierung und die Prozesse, die zur induzierten Magnetisierung führen, von Interesse sind, werden in der Paläomagnetik Ursache, Alter und Art der remanenten Magnetisierung in natürlichen Gesteinen untersucht. Gesteine führen in einer meist dia- oder paramagnetischen Matrix Mineralien, die remanente Magnetisierung über geologische Zeiträume konservieren können. Diese „primäre" oder „fossile" Remanenz kann Aufschluß über die Intensität und Polarität des Erdmagnetfeldes zum Bildungszeitpunkt sowie über die tektonische und genetische Geschichte des Gesteins geben.

Die geschichtliche Entwicklung der Paläomagnetik ist in den entsprechenden Kapiteln in MC ELHINNY (1973) und BIRETT (1974) übersichtlich zusammengestellt.

4.2. Physikalische Grundlagen

Die Gesamtmagnetisierung eines Materials kann als Summe von induzierter und remanenter Magnetisierung geschrieben werden (vgl. Kap. 1.3.4.1.)

$$\boldsymbol{M} = \boldsymbol{M}_r + \boldsymbol{M}_i . \tag{4.1}$$

Die induzierte Magnetisierung $\boldsymbol{M}_i$ ist proportional dem externen Feld $\boldsymbol{H}$

$$\boldsymbol{M}_i = \varkappa \boldsymbol{H} . \tag{4.2}$$

Die Proportionalitätskonstante $\varkappa$ ist die magnetische Suszeptibilität.

Die magnetische Flußdichte bzw. magnetische Induktion ist definiert durch

$$\boldsymbol{B} = \mu_0(\boldsymbol{H} + \boldsymbol{M}_i) . \tag{4.3}$$

Für die magnetische Permeabilität gilt

$$\mu = \mu_0(1 + \varkappa) = \mu_0 \mu_r . \tag{4.4}$$

Dabei ist $\mu_0 = 4\pi \cdot 10^{-7}\ \mathrm{V \cdot s \cdot A^{-1} \cdot m^{-1}}$ die Permeabilität für Vakuum und μ_r die relative Permeabilität.

Es kann bei der Suszeptibilität zwischen isotroper, scheinbarer und pauschaler Suszeptibilität unterschieden werden.

$$|\boldsymbol{M}_i| = \frac{\varkappa}{1 + \varkappa N} |\boldsymbol{H}_{eff}| = \varkappa' |\boldsymbol{H}_{eff}| ; \tag{4.5}$$

daraus folgt

$$\varkappa = \frac{|\boldsymbol{M}_i|}{(|\boldsymbol{H}_{\text{eff}}| - |\boldsymbol{M}_i|\,N)}. \tag{4.6}$$

In dieser Formel ist $\boldsymbol{H}_{\text{eff}} = \boldsymbol{H} - \boldsymbol{H}_{\text{ent}}$ ($\boldsymbol{H}$ – äußeres Feld (Erdfeld), $\boldsymbol{H}_{\text{ent}}$ – entmagnetisierendes Feld), N – der mittlere Entmagnetisierungsfaktor der magnetischen Körner, $\varkappa$ die isotrope und $\varkappa'$ die scheinbare Suszeptibilität; letztere ist material- und formabhängig. Bei den meisten natürlichen Gesteinen ist die induzierte Magnetisierung kleiner als 1 A/m, also im Vergleich mit dem Erdfeld (40 A/m) sehr gering, so daß das entmagnetisierende Feld vernachlässigt werden kann; eine Ausnahme bilden ferrimagnetische Partikel.

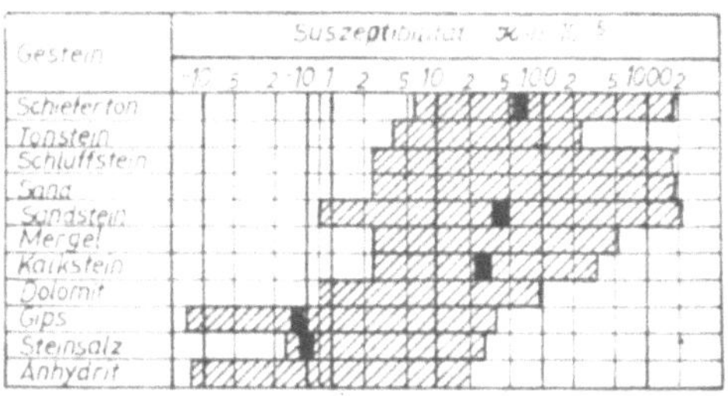

Abb. 4.1. Suszeptibilitätsverteilung in Sedimenten (nach Zaborovskij; Nikitskij, 1969 Sharma, 1975; Nettleton, 1976; aus Militzer; Scheibe, 1981)

Die pauschale Suszeptibilität $\varkappa_p$ ist nach Sharma (1975)

$$\varkappa_p \approx \frac{\varkappa}{(1 + N\varkappa)}\,p = \varkappa' p \quad \text{für} \quad p \ll 1, \tag{4.7}$$

worin p der Volumenanteil des magnetischen Materials ist. Aus der Formel für die pauschale Suszeptibilität kann der Volumenanteil des magnetischen Materials abgeschätzt werden. Da die Korngröße einen großen Einfluß auf die isotrope Suszeptibilität hat, sollte für jede geomagnetische Untersuchung eine eigene Erfassung der Suszeptibilität der beteiligten Gesteine erfolgen. In der Folge sollen einige Tabellen die Größenordnung der Suszeptibilität veranschaulichen (Militzer; Scheibe, 1981).

Bei Sedimentgesteinen ist die Suszeptibilität meist geringer als in Metamorphiten und Magmatiten. Lediglich Tone und magnetit- bzw. hämatitführende Sande zeigen naturgemäß höhere Suszeptibilitäten (Abb. 4.1).

Bei Metamorphiten ist die Streuung der Suszeptibilität besonders groß. Umwandlungen von Eisenoxyden sowie deren Neubildung (Amphibolitfazies) können zu einer starken Erhöhung der Suszeptibilität, die Karbonatisierung von Serpentiniten zu einer starken Verringerung der Suszeptibilität führen (Abb. 4.2).

Bei Intrusivgesteinen nimmt die Suszeptibilität von den sauren zu den basischen global zu, was mit einem höheren Anteil an Mg-Fe-Silikatgemengteilen erklärbar ist (Abb. 4.3).

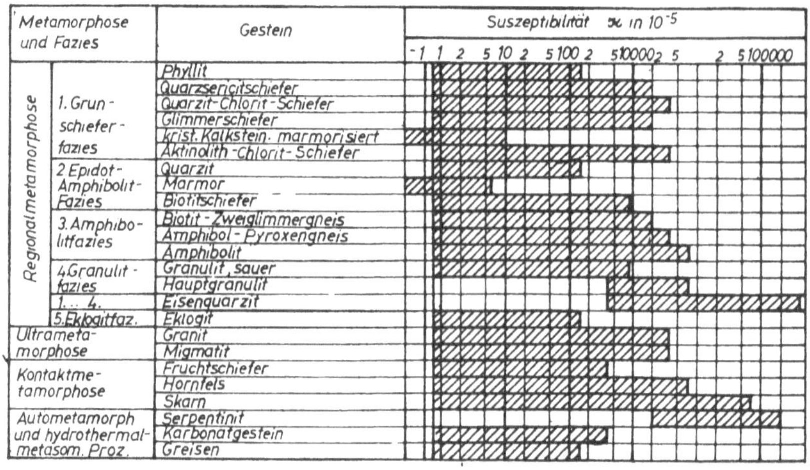

Abb. 4.2. Suszeptibilitätsverteilung in Metamorphiten (nach DORTMAN, 1976; aus MILITZER; SCHEIBE, 1981)

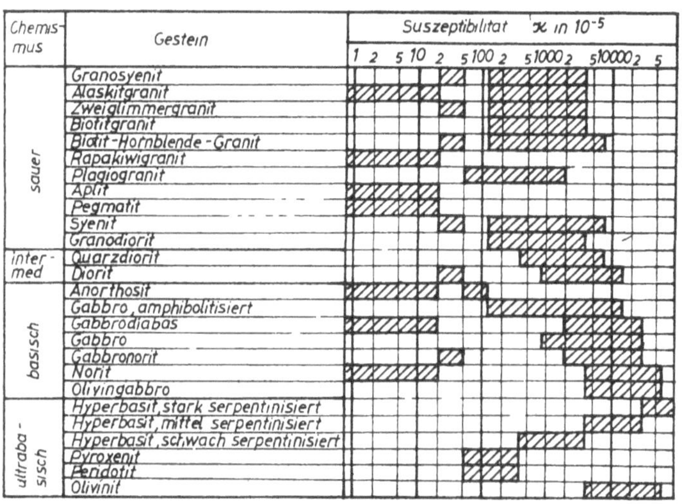

Abb. 4.3. Suszeptibilitätsverteilung in Intrusivgesteinen (nach DORTMAN, 1976; aus MILITZER; SCHEIBE, 1981)

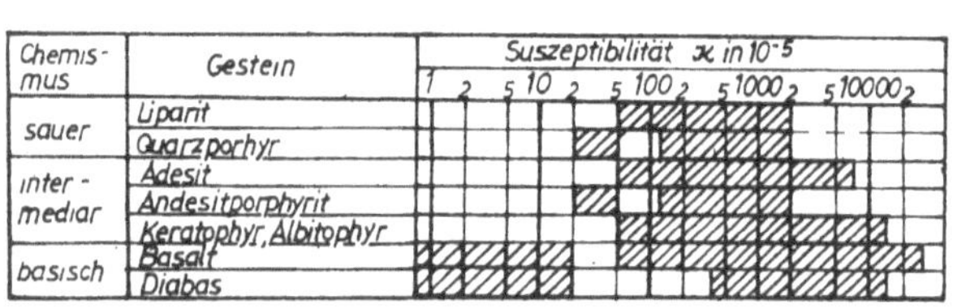

Abb. 4.4. Suszeptibilitätsverteilung in Effusivgesteinen (nach DORTMAN, 1976; aus MILITZER; SCHEIBE, 1981)

Grundsätzlich zeigt die Suszeptibilität der Effusiva eine ähnliche Verteilung wie die der Intrusiva, nur ist die Korngröße durch die rasche Abkühlung im Durchschnitt geringer und damit auch die Suszeptibilität (Abb. 4.4).

Tabelle 4.1. Suszeptibilitätsverteilung in Erzen (nach ZABOROVSKIJ; NIKITSKIJ, 1969; DORTMAN, 1976; aus MILITZER; SCHEIBE, 1981)

Erz	$\varkappa$ in 10^{-5}
sedimentär-metamorphe Magnetitquarzite	
Typ KMA, Krivoi Rog	100000 ··· 400000
Magnetitskarne, derb	300000 ··· 1000000
reich	150000 ··· 500000
arm	70000 ··· 250000
Magnesioferritskarne	100000 ··· 550000
Titanomagnetiterze, imprägniert	40000 ··· 100000
schlierig	200000 ··· 400000
Martit- und Brauneisenerze	100 ··· 2500
Siderit-Hydrogoethit-Erze	100 ··· 400
Chromiterze	100 ··· 4000
Kupfer-Nickel-Erze	300 ··· 30000
Zinnerze	5 ··· 200
Zinnerze mit Pyrrhotin	200 ··· 4800
Kupfererze	5 ··· 4000
polymetallische Erze, teilweise mit Pyrrhotin	5 ··· 1000
Silikatbauxite	100 ··· 20000
Kalkbauxite	10 ··· 900

Bei Erzen hängt die Suszeptibilität vom Gehalt der ferrimagnetischen Komponenten ab. Bei Chromiterzen sinkt mit steigendem Cr_2O_3-Gehalt die Suszeptibilität, während sie bei sulfidischen Erzen mit steigendem Pyrrhotingehalt zunimmt. Durch Verwitterung und andere chemische Veränderungen kann es sowohl zu einer Erhöhung ($FeOOH \rightarrow Fe_3O_4$ Dehydrierung; $Fe_2O_3 \rightarrow Fe_3O_4$ Reduktion) als auch zu einer Verringerung ($Fe_3O_4 \rightarrow Fe_2O_3$ Oxydation) kommen (Tab. 4.1).

Die Suszeptibilität wird in der Praxis am Anstehenden, im Labor an Probekörpern (Quader oder Bohrkerne) oder Granulat gemessen, wobei Messungen am Granulat entsprechende Massenkorrekturen erfordern. Grundsätzlich kommen bei Laboruntersuchungen zwei verschiedene Verfahren zur Anwendung

- durch Wägen bei verschiedenen elektromagnetischen Feldstärken in einer Spule (magnetische Waage);
- induktiv, indem die induzierte Magnetisierung in Abhängigkeit von einem definierten äußeren Feld gemessen wird. Diese Meßbrücken (Kappameter) können sowohl im Labor als auch in situ eingesetzt werden (JANÁK, 1977).

In isotropen Materialien entspricht die Richtung der induzierten Magnetisierung $\boldsymbol{M}_\mathrm{i}$ der Richtung des angelegten Feldes $\boldsymbol{H}$ und wird in jeder beliebigen Richtung gleich groß sein, wogegen bei dünnbankigen Sedimenten und metamorphen Gesteinen in der Schicht- bzw. Schieferungsfläche größere Suszeptibilitäten gemessen werden als senkrecht dazu.

Das Verhältnis $\boldsymbol{M}_\mathrm{r}$ zu $\boldsymbol{M}_\mathrm{i}$ wird als KÖNIGSBERGER-*Quotient* Q bezeichnet.

$$Q_\mathrm{n} = M_\mathrm{r}/\varkappa H; \tag{4.8}$$

$$Q_\mathrm{t} = M_\mathrm{t}/\varkappa H. \tag{4.9}$$

Dabei ist Q_n das Verhältnis der natürlichen remanenten Magnetisierung (NRM, $\mathrm{M_r}$) zur induzierten Magnetisierung durch das gegenwärtige Erdfeld. Q_t ist das Verhältnis der Thermoremanenz (TRM, $\boldsymbol{M}_\mathrm{t}$), erzeugt in einem Feld $\boldsymbol{H}$, zur induzierten Magnetisierung ($\boldsymbol{M}_\mathrm{i}$), erzeugt im gleichen Feld $\boldsymbol{H}$, aber bei Raumtemperatur (Tab. 4.2). Der KÖNIGSBERGER-Quotient hat große Bedeutung für die Beschreibung nach Alter und Gesteinsart.

Elektronen als geladene Teilchen verursachen durch ihre Bewegung, einmal um den Atomkern und einmal um die eigene Achse, zwei magneti-

Tabelle 4.2. KÖNIGSBERGER-Quotient Q für einige Gesteinsarten (nach DORTMAN, 1976; SHARMA, 1966; aus MILITZER; SCHEIBE, 1981)

Gestein			$\bar{Q}$	Q_{max}
Sedimentite (ohne Erze)			< 0,1	1
Metamorphite	1. Grünschieferfazies	Phyllit	0···0,1	
		Quarzit-Sericit-Schiefer,		
		Quarzit-Chlorit-Schiefer, Glimmerschiefer	0···0,5	2
		krist. Kalkstein, marmorisiert	0	
		Aktinolith-Chlorit-Schiefer	0···1,0	
	2. Epidot-Amphibolit-Fazies	Quarzit, Marmor	0	
		Biotitschiefer	0···0,3	2
	3. Amphibolitfazies	Gneis	0···0,5	2
		Amphibolit	0···1,0	
	4. Granulitfazies	Granulit	0···1,0	
	1. bis 4.	Eisenquarzit	0,1···5,0	
	5. Eklogitfazies	Eklogit	0···0,1	
	Ultrametamorphose	Granit, Migmatit	0···0,3	3
	hydroth.-metasom.	Greisen	0···0,3	3

Tabelle 4.2. (Fortsetzung)

Gestein			$\bar{Q}$	Q_{max}
Intrusiva	sauer	Granosyenit, Granit	0,1···0,3	2
		Aplit, Pegmatit	0···0,3	
		Syenit	0···2,0	
		Granodiorit	0,1···1,0	
	intermediär	Diorit	0···0,3	2
	basisch	Anorthosit	0···0,3	
		Gabbro	0···0,5	3
	ultrabasisch	Hyperbasit, Pyroxenit, Peridotit, Olivinit	0···0,5	5
Effusiva	sauer	Liparit	1···10	
		Quarzporphyr	0,05···2,0	
	intermediär	Andesit	1···15	
		Andesitporphyrit	0,5···3	
		Albitkeratophyr	0···1,0	
	basisch	Basalt	1···20	160
		Diabas	0···5	

sche Momente, das Bahnmoment und das Eigendreh- oder Spinmoment. Bei Gegenwart eines äußeren Feldes präzedieren die Bahnebenen um die äußere Feldrichtung und verursachen ein dem äußeren Feld entgegengerichtetes Moment (LENZsche Regel). Diese Eigenschaft wird als *Diamagnetismus* bezeichnet. Die diamagnetische Suszeptibilität ändert sich linear mit der Feldstärke und ist temperaturunabhängig. Weisen Atome in ihren Elektronenhüllen nicht kompensierte Elektronen auf, so ergeben sich nichtkompensierte Spinmomente. Ist das äußere Feld $\boldsymbol{H} = 0$, so sind die Spinmomente statistisch verteilt; ist $\boldsymbol{H} \neq 0$, so ergibt sich eine Einregelung der Spinmomente in Richtung von $\boldsymbol{H}$. Diese Eigenschaft ist temperaturabhängig und wird als *Paramagnetismus* bezeichnet.

Während dia- und paramagnetische Materialien schwache Dipoleffekte zeigen, weisen Materialien wie Eisen, Kobalt und Nickel starke magnetische Dipoleffekte auf; sie sind unter dem Begriff *Ferromagnetismus* bekannt. Wechselwirkungen benachbarter Atome bzw. deren Elektronen führen auch bei Abwesenheit eines äußeren Feldes zu gegenseitiger Ausrichtung; dadurch kommt es zur *spontanen Magnetisierung*. Diese Magnetisierung ist irreversibel und hängt vom äußeren Feld ab. Die Suszeptibilität ist eine Funktion der Temperatur und des äußeren Feldes. Oberhalb einer materialspezifischen kritischen Temperatur, der CURIE-Temperatur (T_C) gehen die ferromagnetischen Eigenschaften (spontane Magnetisierung) in paramagnetische über. Manche Mineralien sind durch eine Unterteilung in zwei Untergitter charakterisiert, die üblicherweise als A-Gitter und B-Gitter bezeichnet werden; dabei kommt es zu einer antiparallelen Ausrichtung der Spinmomente, und die Nettomagnetisierung ist Null. Dieses Phänomen ist unter der Bezeichnung *Antiferromagnetismus* bekannt. Die beschriebenen Eigenschaften gehen bei einer kritischen Temperatur,

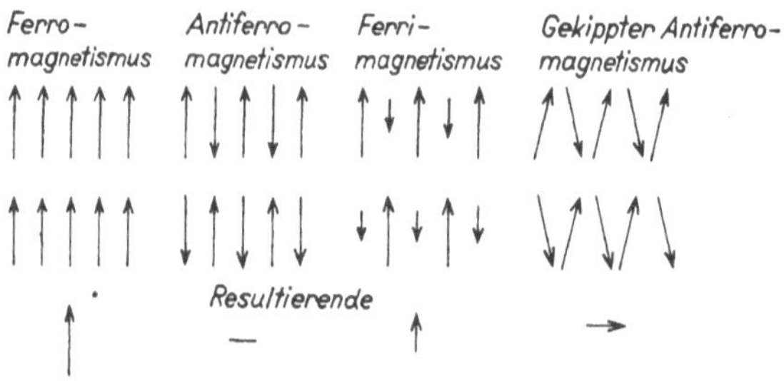

Abb. 4.5. Vektoren der spontanen Magnetisierung (aus McElhinny, 1973)
Dritte Zeile: resultierender Vektor

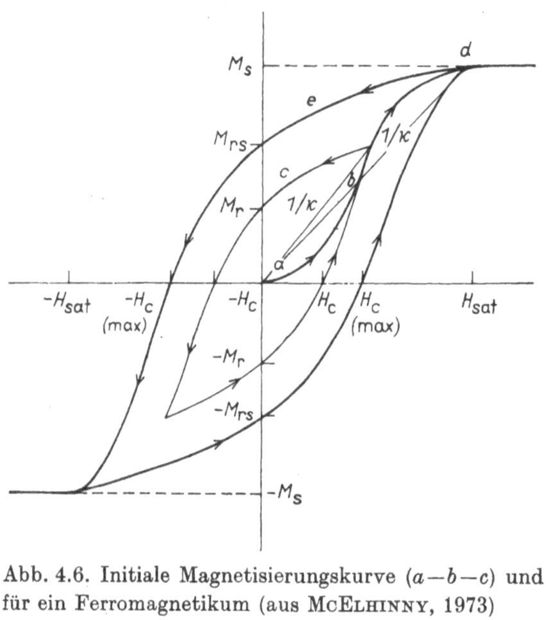

Abb. 4.6. Initiale Magnetisierungskurve ($a-b-c$) und Hysteresisschleife ($M-H$-Schleife) für ein Ferromagnetikum (aus McElhinny, 1973)

der Néel-Temperatur, in paramagnetische über. Sind die Momente der A- und B-Gitter nicht gleich, dann ergibt sich eine restliche spontane Magnetisierung; daraus resultieren schwache ferromagnetische Eigenschaften, die als *Ferrimagnetismus* bekannt sind (Abb. 4.5).

Alternativ können die Momente der beiden Untergitter gleich groß, aber nicht exakt antiparallel sein, was ebenfalls zu einer schwachen spontanen Magnetisierung, dem gekippten Antiferromagnetismus, führt. Diese

Eigenschaften sind feld- und temperaturabhängig, wobei jedes der beiden Untergitter eine andere Abhängigkeit zeigt.

Wird ein ferromagnetisches Material in einem initial-demagnetisierten Zustand in ein steigendes Feld gebracht, so folgt die Probe der Magnetisierungskurve, wie sie in Abb. 4.6 gezeigt wird. Mit steigendem $\boldsymbol{H}$ nimmt $\boldsymbol{M}$ im Bereich a linear zu und wieder auf 0 ab, wenn $\boldsymbol{H} = 0$ wird. Bei weiterer Erhöhung von $\boldsymbol{H}$ im Bereich b finden in den ferromagnetischen Materialien Drehprozesse der Dipolmomente statt, die irreversibel sind und bei Abnahme von $\boldsymbol{H}$ gegen 0 der Kurve c folgen. Der Abschnitt auf der Ordinate M_r ist die induzierte remanente Magnetisierung (JRM). Bei weiterer Erhöhung über d hinaus tritt Sättigung ein. Der Ordinatenabschnitt M_{rs} wird folgerichtig als Sättigungsremanenz bezeichnet. Polt man das Feld $\boldsymbol{H}$ um, so wird die JRM bzw. Sättigungsremanenz bei einer Feldstärke $-H_c$ bzw. $-H_{c_{max}}$, der Koerzitivkraft, abmagnetisiert sein. Der gleiche Ablauf ist auch bei inverser Feldrichtung gegeben. Bei mehrmaligen Änderungen der Polarität wird die Beziehung JRM-H immer den vorhin besprochenen Kurvenabschnitten folgen, woraus sich eine Schleife ergibt, die als Hysteresisschleife bezeichnet wird. Die Suszeptibilität entspricht darin der Steigung der jeweiligen Ursprungsgeraden durch einen Kurvenpunkt.

4.3. Physikalische Theorie des Gesteinsmagnetismus

Nimmt die Magnetisierung eines Körpers mit einem äußeren Feld zu, so weist dieser eine *magnetostatische Energie* bzw. eine Energie der *Selbstmagnetisierung* auf, deren Betrag von der Form des Körpers abhängt. Eine Eisenstange wird z. B. in der Längsachse leicht, quer dazu schwer magnetisierbar sein. Die magnetostatische Energie ist im ersten Fall Null, im zweiten ein Maximum und wirkt der Magnetisierung entgegen. Dieses entmagnetisierende Feld ist proportional einem Faktor, der von der Form des Körpers abhängt und als *Entmagnetisierungsfaktor* N bezeichnet wird. Dieser Faktor, ermittelt für ein Ellipsoid, streut zwischen 0 und 1 (Stoner; Osborn, 1945). Für eine Eisenstange ist $N = 0$ längs und $N = 1/2$ quer zur Achse; für eine große dünne Platte ist $N = 1$. Diese magnetostatische Energie eines magnetisierten Kornes reduziert sich, wenn das Korn in Energiebereiche (Weissssche Bezirke) unterteilt wird. Zwei entgegengesetzt magnetisierte Bereiche werden durch Bereichswände getrennt, an die die Wandenergie gebunden ist. Da nach Weiss die Gesamtenergie ein Minimum ist, wird die Bereichsbildung so lang vor sich gehen, bis die durch die Unterteilung freiwerdende Energie geringer ist als die Wandenergie (Abb. 4.7).

Körner mit einem Bereich werden Einbereichs-, mit mehreren Bereichen Mehrbereichsteilchen genannt. Da das magnetische Verhalten von Ein- und Mehrbereichsteilchen sehr verschieden ist, kommt der Kenntnis darüber große Bedeutung zu (s. Kap. 4.3.2. und Abb. 4.8). Zusätzlich zur magnetostatischen Energie, deren Ursache in der Formanisotropie liegt, gibt es die magnetokristalline Kristallanisotropie; ihre Ursache liegt darin, daß die Bereichsmagnetisierung bestimmte Kristallachsenrichtungen bevorzugt;

sie werden leichte Achsen genannt. Diese liegen z. B. bei Fe in (100) der Würfelkante, bei Ni in (111) der Raumdiagonalen. Der Begriff leichte oder schwere Achsenrichtungen ergibt sich aus dem Energiebedarf zum Heraus-

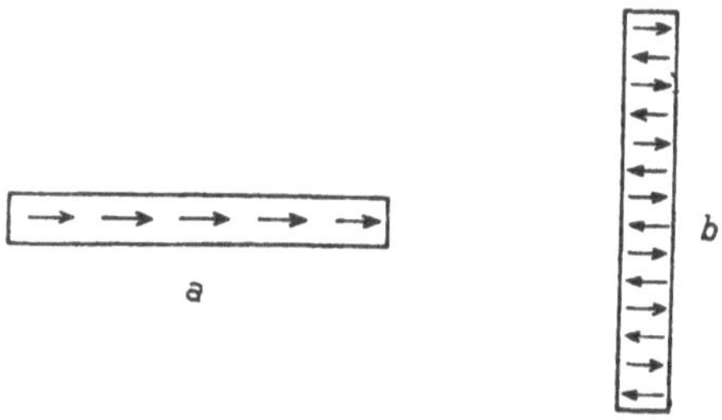

Abb. 4.7. Darstellung der a) leichten und b) schweren Magnetisierungsrichtung eines einachsial-symmetrischen Körpers (aus McElhinny, 1973)

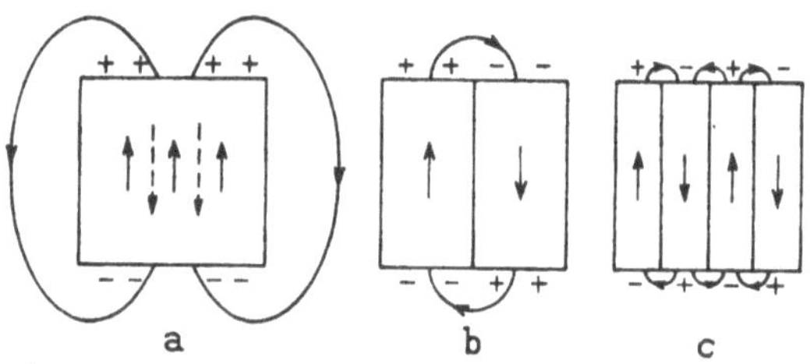

Abb. 4.8. Unterteilung eines Kornes in „Bereiche“ (nach Parasnis, 1973)
→ Bereichsmagnetisierung
⇢ entmagnetisierendes Feld

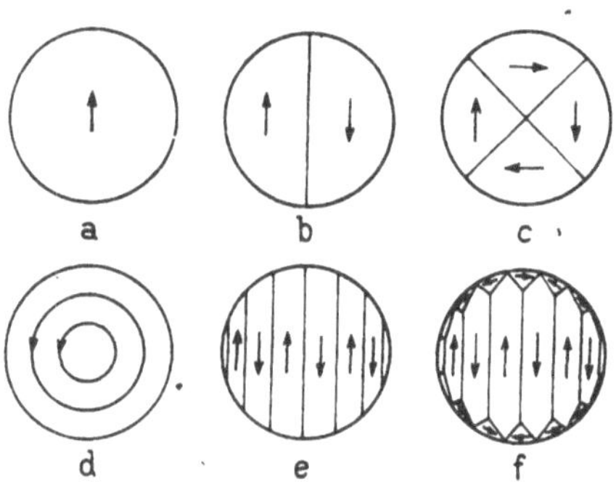

Abb. 4.9. Mögliche Bereichsstrukturen von Magnetit (aus Stacey, 1963)
a) Einbereich, b) Sonderfall von e), c) Sonderfall von f), d) ist wegen der Anisotropie nicht möglich

drehen der Bereichsmagnetisierung aus der Achsenrichtung. Ein zusätzlicher Effekt bei der Bereichsausbildung ist die Magnetostriktion; sie ist auf mechanische Deformation der Ferromagnetika zurückzuführen. Die Einbereichsgrößen d für verschiedene Ferromagnetika können nach der Methode von Kittel (1949) berechnet werden. Danach ergibt sich für

Hämatit $d = 0{,}15\ \mu m$ und für Magnetit $d = 0{,}03\ \mu m$. Hämatit in natürlichen Gesteinen wird daher meist im Einbereich sein, während Magnetit mit dieser Partikelgröße *superparamagnetische* Eigenschaften zeigt. Nach NÉEL (1955) und STACEY (1963) wird die Partikelgröße für Magnetit nach der Mehrbereichstheorie berechnet, wobei statt sphärischer elongierte Körner angenommen werden. Für Magnetit ergibt sich daraus ein $d \approx 3\ \mu m$. Die Einbereichsgröße kann bei elongierten Körnern danach bis zu zwei Zehnerpotenzen größer sein als bei sphärischen Körnern; ein für die Paläomagnetik entscheidendes Faktum (Abb. 4.9).

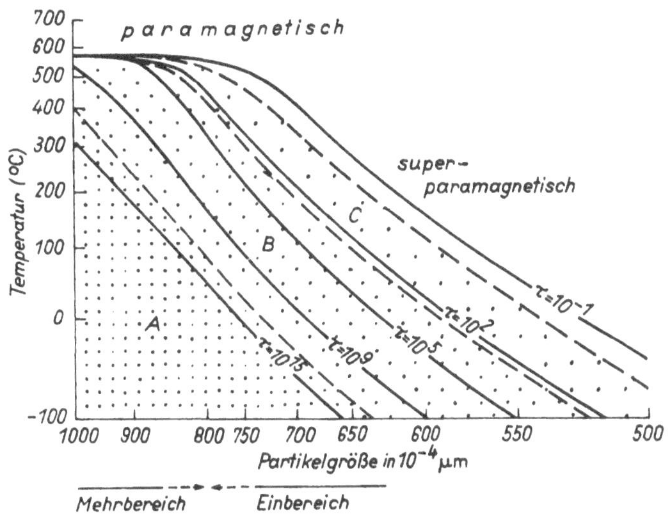

Abb. 4.10. Beziehung zwischen Temperatur, Partikelgröße und Relaxationszeit τ (aus TARLING, 1971)
Bereich A entspricht geologischen Zeiten,
Bereich C umfaßt Ergebnisse aus Laborexperimenten

In Mehrbereichen ist die magnetostatische Energie Null. Kleine Mehrbereichskörner (4-Bereich) können sich wegen nicht exakter Positionierung der Bereichswände wie Einbereichsteilchen verhalten (Pseudo-Einbereichsverhalten).

Die Theorie der Magnetisierung einer Ansammlung von Einbereichsteilchen, wobei sich die Teilchen untereinander nicht beeinflussen, geht auf NÉEL (1949; 1955) und mit gegenseitiger Beeinflussung auf DUNLOP; WEST (1969) zurück.

Unter *magnetischer Viskosität* versteht man die zeit- und temperaturabhängige Gleichverteilung der Bereichsmomente in einem Korn; sie entspricht einer Abnahme der Remanenz. Die Zeit der Remanenzabnahme heißt *Relaxationszeit* τ; sie hängt von der Koerzitivkraft ab. Dieser Zusammenhang ist von ausschlaggebender Bedeutung für die Stabilität von Gesteinen und stellt die Basis für die *magnetische Reinigung* dar. Zeigen Körner eine sehr kurze Relaxationszeit (einige 100 s), so nennt man ihr feldabhängiges Verhalten superparamagnetisch. Die Relaxationszeit wird klein, wenn die Temperatur sehr groß und das Kornvolumen klein wird. Für jedes Kornvolumen v gibt es eine kritische Blockierungstemperatur T_B, bei der die Relaxationszeit in Bereiche von 100—1000 s absinkt. Ebenso gibt es für jede Temperatur ein kritisches Blockierungsvolumen v_B, bei dem die Relaxationszeit sehr kurz wird (Abb. 4.10).

4.4. Remanente Magnetisierung natürlicher Gesteine

Die Remanenz in natürlichen Gesteinen geht auf verschiedene Kriterien bei ihrer Ausbildung zurück; dadurch ist eine teilweise Unterscheidungsmöglichkeit gegeben. Nur ferri- und antiferromagnetische Minerale haben die Möglichkeit, natürliche remanente Magnetisierung (NRM) zu tragen. Durch die statistische Verteilung der Körner in einer Matrix (unter 7 Vol. %) kann eine gegenseitige Beeinflussung (magnetostatische Wechselwirkung) vernachlässigt werden.

Als natürliche remanente Magnetisierung (NRM) bezeichnet man pauschal die Remanenz in natürlichen Gesteinen, ohne jede Spezifikation bezüglich ihrer Ausbildung.

Die Remanenz, die eine Gesteinsprobe bei der Abkühlung von der CURIE-Temperatur zur Raum-Temperatur in einem Feld aufnimmt, nennt man *totale Thermoremanenz* (TRM). Bei der CURIE-Temperatur stellt sich unter der Wirkung eines äußeres Feldes (Erdfeld) eine spontane Magnetisierung ein. Jedes einzelne Korn weist eine seinem Volumen v entsprechende Blockierungstemperatur T_B auf. Mit abnehmender Temperatur durchschreitet diese zunehmend viele Blockierungstemperaturen; dabei steigen die Relaxationszeiten sehr rasch an. Diese Erkenntnisse sind von grundlegender Bedeutung für die Paläomagnetik, da daraus die Stabilität der TRM über geologische Zeiträume hervorgeht. Die TRM wird nicht vollständig bei der CURIE-Temperatur angenommen, sondern bei den Blockierungstemperaturen und stellt somit die Summe der partiellen Thermoremanenzen (PTRM) dar. Bei Wiedererwärmung der Probe auf eine Temperatur $T < T_C$ werden alle Anteile der PTRM vernichtet, deren Blockierungstemperatur unter T lagen. Diese wichtige Verknüpfung für die Stabilität einer Probe stellt die Basis der Methode der *thermischen Reinigung* dar.

Die *chemische remanente Magnetisierung* (CRM) entsteht bei der Bildung magnetischer Mineralien oder chemischer Veränderungen bzw. Phasenwechsel dieser Mineralien in Gegenwart eines äußeren Feldes und bei Temperaturen unter der CURIE-Temperatur. Die CRM ist die bei Rotsedimenten am häufigsten auftretende Remanenz (COLLINSON, 1965a). Hämatit wird während der Diagenese der Sedimente gebildet. Diese Hämatitbildung kann entweder durch Dehydrierung von Eisenhydroxid (2 FeOOH $\rightarrow Fe_2O_3 + H_2O$; HEDLEY, 1968; STRANGWAY et al., 1968), Oxydation von Magnetit und Titanomagnetit zu Titanomaghämit und Titanohämatit (PORATH, 1968), sowie Reduktion von Hämatit zu Magnetit (KOBAYASHI, 1959) erfolgen. Wegen des oxydierenden Millieus bei der Rotsedimentbildung dürfte der Reduktion von Fe_2O_3 zu Fe_3O_4 weniger Bedeutung zukommen. Dies trifft jedoch nicht zu, wenn Rotsedimente im Laufe der geologischen Geschichte einer Erwärmung ausgesetzt sind. Der für die Paläomagnetik zweifellos wichtige Fall ist die Hämatitneubildung während der Kompaktion bzw. Diagenese der Sedimente. Die Bildung der CRM erfolgt beim Wachsen von Hämatitkörnern. Im Frühstadium ist das Korn klein, so daß die Relaxationszeit sehr kurz und das Verhalten superparamagnetisch ist. Die spontane Magnetisierung wird unter der Wirkung eines äußeren Feldes beim Durchschreiten der kritischen Korngröße eingefroren. Analog zur Bildung der TRM hat auch hier ein späterer Feldwechsel keinen Einfluß mehr auf die CRM.

Die *detritäre remanente Magnetisierung* (DRM) entsteht bei der unter dem Einfluß eines wirkenden Feldes mehr oder weniger orientierten Einbettung magnetischer Partikel in einem Sediment (Sedimentationsremanenz). Es werden dabei zwei Arten der DRM unterschieden; erfolgt die Orientierung während der Sedimentation, nennt man sie Sedimentations-DRM, erfolgt sie nach Ablagerung im weichen Sediment, Nachsedimentations-DRM. Viele Autoren haben den Sedimentations- und Nachsedimentationsprozeß studiert. Theoretisch wurde vor allem die Ausrichtung während des Absinkens im Wasser bearbeitet. Unter Vernachlässigung der Trägheitskräfte kann aus dem STOKESschen Gesetz die Fallzeit eines sphärischen Kornes über die Fallhöhe h berechnet werden.

Ist ein Material bei Normaltemperatur und mit bekannter Remanenz (TRM, CRM, DRM) dem Erdfeld ausgesetzt, so wird sich die Remanenz mit der Zeit verändern. Dieser neu angenommene Remanenzanteil ist instabil und heißt *isothermale remanente Magnetisierung* (IRM). Unter diesen Begriff wäre auch die Blitzschlagmagnetisierung einzuordnen.

Wird ein Material deformiert, so wird eine zusätzliche Magnetisierung verursacht; sie wird als *piezoremanente Magnetisierung* (PRM) bezeichnet. Diese zusätzliche Komponente bildet sich senkrecht zur Druckrichtung aus.

Unter viskoser remanenter Magnetisierung (VRM) kann jede Remanenz verstanden werden, die zeitlich instabil ist, d. h., deren Relaxationszeit innerhalb der Zeit eines Laborexperimentes liegt.

Die *charakteristische remanente Magnetisierung* (CARM) ist jene Remanenz, die nach der magnetischen Reinigung von sekundären Einflüssen übrig bleibt und für einen geologischen Bildungszeitraum repräsentativ ist.

Die Feststellung, daß es Gesteine mit einer zum Erdfeld antiparallelen Remanenzrichtung gibt, führte seit den 20er Jahren zu vielen Erklärungsversuchen; daraus haben sich zwei Ursachen als wahrscheinlichste herauskristallisiert: die sogenannte Selbstumkehr und die Umkehr des Erdmagnetfeldes. Zur Klärung der Selbstumkehrmechanismen wurden künstlich erzeugte Thermoremanenzen verwendet. Der erste erfolgreiche Versuch gelang an den Haruna-Daziten (NAGATA et al., 1952; UYEDA, 1955), wo eine zum äußeren Feld antiparallele TRM aufmagnetisiert wurde. Liegen zwei Mineralphasen, z. B. Hämatit und Hämoilmenit vor, die unterschiedliche CURIE-Punkte und Sättigungsmagnetisierungen aufweisen, so läuft die Entwicklung einer Phase im entmagnetisierenden Feld der anderen ab (Abb. 4.11; 4.13). Dadurch kommt es zu einer inversen Magnetisierung, die bei Normaltemperatur höher sein kann als die der Normalphase. Aus der Titanomagnetitreihe sind keine Selbstumkehrungen bekannt.

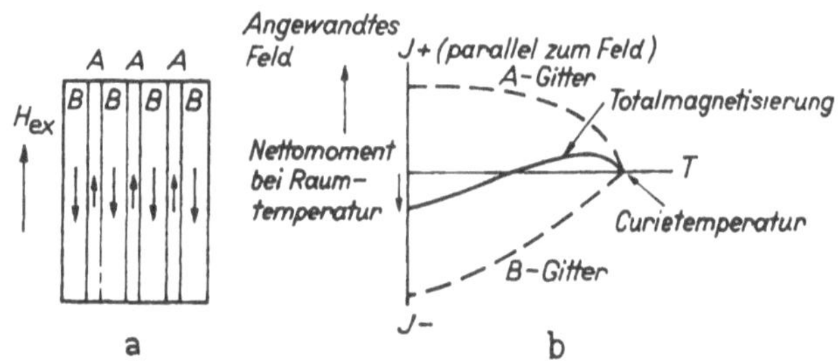

Abb. 4.11. Selbstumkehr-Mechanismus (aus IRVING, 1964)
a) Alternierend Lamellen von A und B, wobei die Magnetisierung von B größer ist als von A, b) die Änderungen der spontanen Magnetisierung mit der Temperatur ist für die beiden Untergitter unterschiedlich

4.5. Spannungseffekte und Anisotropie

Die meisten Gesteine werden im Laufe ihrer Geschichte durch Überlagerung oder tektonische Vorgänge beansprucht und deformiert. Die daraus resultierenden Spannungen können kein magnetisches Moment in einem Gestein induzieren, sondern die daraus resultierende Anisotropie beeinflußt

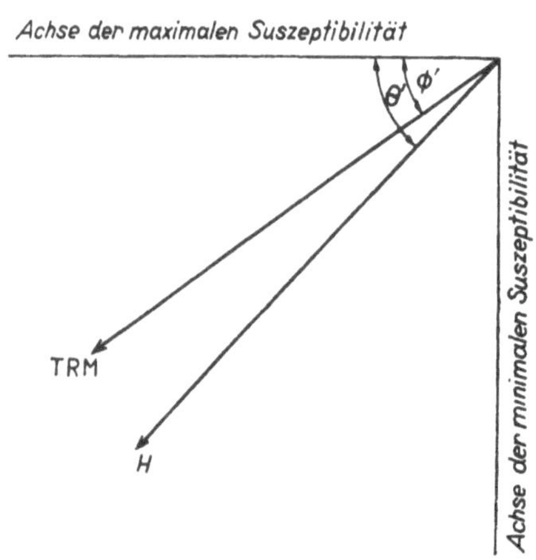

Abb. 4.12. Ablenkung der TRM von der Richtung des angewandten Feldes unter der Wirkung von Anisotropie (aus MCELHINNY, 1973)

die Magnetisierung des Korns. Magnetostriktion kann eine Abweichung des Vektors der remanenten Magnetisierung verursachen (GRAHAM, 1956), so daß ein unter Druck magnetisiertes Gestein nach der Entspannung eine vom äußeren Feld abweichende Remanenzrichtung zeigt (STOTT; STACEY, 1959; KERN, 1961; STACEY, 1963). Dieser Effekt kann durch partielle

Abmagnetisierung in einem Wechselfeld teilweise oder ganz eliminiert werden. In stark anisotropen Gesteinen wird die TRM von der Richtung des angewandten Feldes in Richtung der *leichten* Magnetisierungsrichtung abgelenkt sein. Die Anisotropie wird gemessen, indem die Suszeptibilität, die Sättigungsmagnetisierung, IRM und TRM in verschiedenen Richtungen in der Probe bestimmt werden. Da die Messung der Anisotropie der Suszeptibilität am einfachsten durchzuführen ist, hat sich diese Methode allgemein durchgesetzt. Der Grad der Anisotropie A_n wird durch das Verhältnis der maximalen zur minimalen Suszeptibilität ausgedrückt (Abb. 4.12):

$$A_n = \varkappa_{max}/\varkappa_{min}. \tag{4.10}$$

Aus der Richtung der Suszeptibilitätsverteilung kann auf die maximale bzw. minimale Druckrichtung geschlossen werden, woraus die zunehmende Bedeutung dieser Untersuchungen bei der Lösung tektonischer Fragen leicht zu ersehen ist.

4.6. Die magnetischen Mineralien

Die Mineralien, die für die remanenten magnetischen Eigenschaften von Gesteinen hauptsächlich verantwortlich zeichnen, können im ternären System FeO-TiO_2-Fe_2O_3 dargestellt werden. Innerhalb dieses ternären Systems gibt es drei Hauptgruppen von Mineralkompositionen: die Titanomagnetitreihe, die Titanohämatitreihe und die Pseudobrookitreihe; letztere ist paramagnetisch und damit für die Paläomagnetik uninteressant (Abb. 4.13).

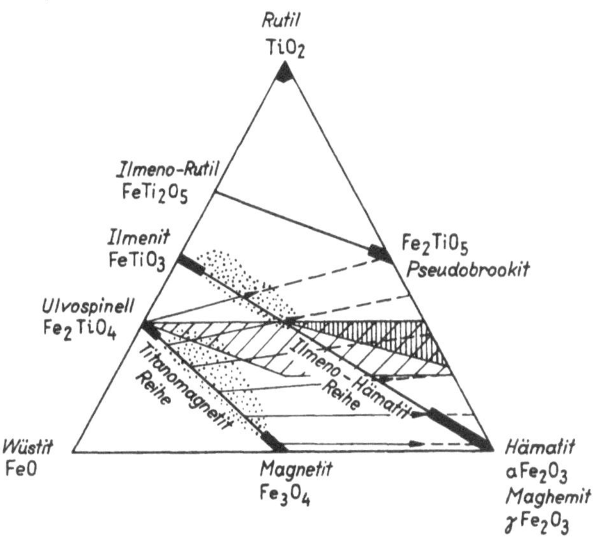

Abb. 4.13. Ternäres System $FeO-TiO_2-Fe_2O_3$ (aus TARLING, 1971)
Die punktierten Bereiche entsprechen der chemischen Zusammensetzung der Eisenoxide, wie sie in Vulkaniten vorherrschen. Die Pfeile zeigen die Oxydationsrichtung bei konstantem Fe:Ti-Verhältnis. In natürlichen Gesteinen liegen meist mehrere Mineralphasen vor. (Modifiziert nach VERHOOGEN, 1962 und O'REILLY; BANERJEE, 1967)

Die Zusammensetzung der magnetischen Mineralien in Vulkaniten wird in der Hauptsache von der Zusammensetzung des Muttermagmas bestimmt. Die physikalischen Eigenschaften werden während des Abkühlungsvorganges fixiert. Die Partikelgröße ist von der Abkühlungsgeschwindigkeit abhängig und sehr variabel. In Vulkaniten sind Kristallgrößen bis zu 0,55 mm durchaus üblich, wobei die durchschnittliche Korngröße zwischen 1 und 0,05 mm liegt. In Plutonen betragen die Kristallgrößen häufig mehr als 1 mm.

Magnetit (Fe_3O_4) hat eine inverse Spinellstruktur. Der CURIE-Punkt beträgt 578 °C und die Sättigungsmagnetisierung bei Raumtemperatur 38200 A/m. Der Tieftemperaturumwandlungspunkt liegt bei −143 °C.

Die *Ulvöspinell-Magnetitreihe oder Titanomagnetite* stellen bei Temperaturen über 600 °C eine komplette Mischungsreihe dar. Bei tieferen Temperaturen tritt meistens eine Zweiphasenentlösung ein; dabei erscheinen mit steigendem Titangehalt Entlösungslamellen parallel zu den kubischen Grenzflächen. Die Zellendimension nimmt zu, der CURIE-Punkt und die Intensität der Magnetisierung nehmen ab, je größer der Anteil von Ulvöspinell wird. Das Verhältnis scheint jedoch linear zu bleiben; die Zusammensetzung von natürlichen Spinellen wird mit zunehmender Oxydation in Richtung der Ilmenit-Hämatitreihe verschoben.

In der *Maghämit- und Magnetitreihe* ist der Maghämit (γFe_2O_3) ein kubisches Mineral; er geht bei Temperaturen von 200 bis 700 °C in Hämatit über.

Hämatit (αFe_2O_3) ist rhomboedrisch und besitzt eine NÉEL-Temperatur von 675 °C. Die Temperatur von −15 °C wird MORIN-Umwandlungstemperatur genannt, bei der die schwachen ferromagnetischen Eigenschaften verloren gehen und sich die Suszeptibilität sehr stark ändert.

In der *Hämatit-Ilmenit-Reihe* fällt die CURIE-Temperatur kontinuierlich von Hämatit zu Ilmenit.

Eisenhydroxide dehydrieren bei Temperaturen von 100 bis 200 °C und formen dabei aus Goethit (αFeOOH) Hämatit und aus Lepidokrokit (γFeOOH) Magnetit.

Von den *Eisensulfiden* (FeS_{1+x}) zeigt nur der Pyrrhotin ferrimagnetische, remanente Eigenschaften. Die NÉEL-Umwandlung zu paramagnetischen Eigenschaften erfolgt für alle Eisensulfide bei ca. 300 °C. Der Pyrrhotin (Magnetkies) Fe_7S_8 zeigt einen Maximalwert der Sättigungsmagnetisierung mit einem CURIE-Punkt bei $T_C = 325$°C.

Neben diesen Mineralien gibt es eine Anzahl von eisenführenden Mineralien, die zwar vorwiegend paramagnetische Eigenschaften besitzen, durch ihre erhöhte induzierte Komponente jedoch in der Magnetik allgemein eine erhöhte Bedeutung haben. Dazu gehören Jakobsit ($MnFe_2O_4$), Cubanit ($CuFe_2O_3$), Magnesiumferrit ($MgFe_2O_4$), Trevorsit ($NiFe_2O_4$), Chromit ($FeCr_2O_4$), Franklinit ((Fe, Zn, Mn) Fe, Mn) O_4 und Cassiterit (SnO_2).

Um Minerale zu unterscheiden, können neben den klassischen Methoden der Erzmikrospie, Röntgendiffraktometrie, Fluoreszenz und MÖSBAUER-Spektraluntersuchungen die physikalischen Eigenschaften der Minerale wie CURIE-Temperatur, Sättigungsverhalten und Tieftemperaturumwandlung benutzt werden; dies um so mehr, da sich Einbereichsteilchen mit anderen Methoden oft nicht nachweisen lassen. Die Messungen können sowohl an Konzentraten als auch an Probekörpern ausgeführt werden.

An Identifizierungsmethoden stehen im wesentlichen zur Verfügung

- Wechselfeldabmagnetisierung,
- thermische Abmagnetisierung,
- Tieftemperaturversuche,
- Sättigungsversuche oder I_s-T-Kurven (I_s-Sättigungspolarisation).

Bei der *Wechselfeldabmagnetisierung* wird eine Gesteinsprobe einem schrittweise erhöhten Wechselfeld ausgesetzt und die Resistenz der NRM beobachtet sowie die Koerzitivkraft bestimmt. Da Hämatit magnetisch

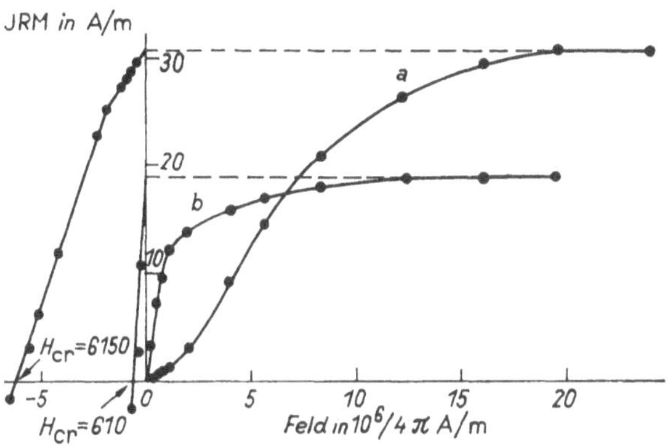

Abb. 4.14. JRM-Kurven von zwei Vulkanitproben des Antrim Plateaus in Nordaustralien (aus McElhinny, 1971; nach Luck, 1973)

(a) hämatitreiche Probe,

(b) magnetitreiche Probe,

H_{cr} ist in $10^3/4\pi$ A/m angegeben

wesentlich härter ist als Magnetit, kann eine Unterscheidung vorgenommen werden. Ebenso läßt sich der Typ der Magnetisierung feststellen, da die IRM, DRM und VRM weicher sind als die TRM und CRM. Der gleiche Vorgang wird bei der magnetischen Reinigung angewendet, um die fossile Remanenz (CARM) zu erhalten. Die Abmagnetisierung erfolgt in einem erdfeldfreien Raum, um Aufmagnetisierungen von anhysteretischen Remanenzen (ARM) zu vermeiden.

Bei der *thermischen Abmagnetisierung* wird die Probe in einem Ofen schrittweise aufgeheizt. Dabei werden laufend Blockierungstemperaturen durchlaufen und die Anteile der IRM und VRM früher abmagnetisiert als die TRM und CRM. Auf Grund der Curie- bzw. Néel-Temperatur kann zwischen verschiedenen Mineralien unterschieden werden. Die Messungen erfolgen in einem erdfeldfreien Raum.

Bei den *Tieftemperaturversuchen* kann das Material unter kontinuierlicher Beobachtung der NRM schrittweise abgekühlt und wieder erwärmt werden. Durch Gitteränderungen ändern sich NRM und Suszeptibilität sprunghaft, bei −15 °C für Hämatit und bei −143 °C für Magnetit. Man kann den Effekt verstärken, indem das Material bei −196 °C gesättigt und unter IRM-Beobachtung auf Raumtemperatur erwärmt wird.

Das Verhalten bei der Sättigung gibt einen wertvollen Hinweis, da z. B. Magnetit bei ca. 0,2 T und Hämatit bei ca. 2,0 T gesättigt ist. Durch Wechselfeldabmagnetisierung kann die Koerzitivkraft bestimmt werden. Die unter Wechselfeldabmagnetisierung und Sättigung beschriebenen Experimente verändern den Chemismus des Materials nicht (Abb. 4.14).

Bei den I_s-T-Kurven wird die Sättigungspolarisation bei steigender Temperatur beobachtet. Daneben gibt es noch weitere Techniken, auf die im Zusammenhang mit diesem Lehrbuch jedoch nicht eingegangen werden kann.

4.7. Die Magnetisierung natürlicher Gesteine

Bei der Besprechung der verschiedenen Remanenzen wurde schon auf die Bildungsumstände hingewiesen. Die Anwendung der Theorie der Magnetisierung auf Gesteine ist sehr kompliziert, da Effekte wie Einfluß des Matrixmaterials, Verwitterung, Korngrößen und Kornverteilung sowie tektonische Beanspruchung die NRM beeinflussen. Generell unterscheidet man

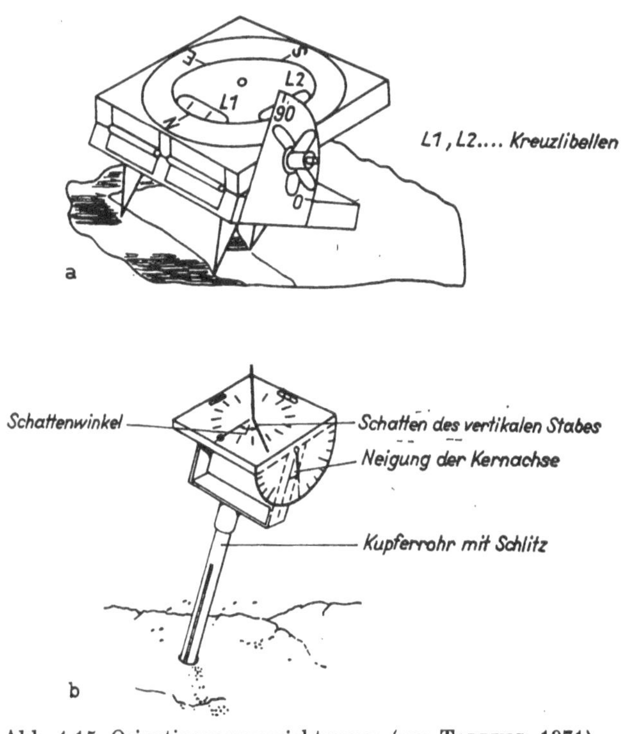

Abb. 4.15. Orientierungsvorrichtungen (aus TARLING, 1971)
a) Dreibein zur Handprobenorientierung,
b) Orientierungstisch zur Bohrkernorientierung

bei der NRM primäre und sekundäre Magnetisierung. Zur ersten Gruppe gehören die TRM, CRM und DRM, während zur zweiten Gruppe die VRM, IRM, PRM gehören. Die Trennung der primären von der sekundären Magnetisierung erfolgt mittels der magnetischen Reinigungsverfahren (s. Kap. 4.10).

4.8. Die Probenahme

Die Proben werden im Gelände als Handproben oder als Bohrkerne entnommen. Bei der Handprobeentnahme wird eine, durch drei auf dem Handstück markierte Punkte aufgerissene Ebene nach Streichen und Fallen eingemessen. Im Labor werden Würfel oder Bohrkerne senkrecht auf diese Ebene geschnitten bzw. gebohrt und mit einer Orientierung sowie einer Nummer versehen. Bei den Bohrkernen wird ein eigener Orientierungstisch in den Ringraum eingeschoben, und am horizontierbaren Obertisch werden Richtung und Neigung der Kernachse gemessen. Dies stellt die genaueste Methode dar (Abb. 4.15). Als Orientierungsgeräte werden Magnetkompaß, Sonnenkompaß (Creer; Sanver, 1967) sowie Visiereinrichtungen verwendet. Bei Untertageorientierung können von einem Vermessungsfixpunkt ausgehend Kleinlaservisierungen gemacht werden.

4.9. Messung der Remanenz

Für die Messung der Remanenz in natürlichen Gesteinen stehen verschiedene Instrumente zur Verfügung, wobei man nach der Grundlage der Meßmethode unterscheiden kann

- magnetostatische Meßeinrichtungen,
- Spinnermagnetometer,
- kryostatische Magnetometer.

Mittels *magnetostatischer Meßeinrichtungen* wird das Magnetfeld einer Probe in ihrer unmittelbaren Umgebung gemessen:

$$\text{Magnetisierung } |\boldsymbol{M}| = \frac{\text{magnet. Moment}}{\text{Volumen}} = \frac{m_c}{v}. \tag{4.11}$$

Die Proben werden in drei Achsenrichtungen x, y, z (Abb. 4.16b) gemessen, worin x die Nordrichtung und y die Ostrichtung ist. Die Messungen können in beiden Gaussschen Hauptlagen (Abb. 4.16a) ausgeführt werden, wobei die erste Hauptlage bevorzugt wird, da so der Effekt am größten ist. Es gilt

$$H_1 = 2\,\frac{m_{c_1}}{r^3} = 2\,\frac{M_1 v}{r^3}, \tag{4.12}$$

daraus folgt

$$M_1 = H_1 \frac{r^3}{2v}; \quad M_2 = H_2 \frac{r^3}{2v}; \quad M_3 = H_3 \frac{r^3}{2v}, \tag{4.13}$$

$$M = (H_1^2 + H_2^2 + H_3^2)^{1/2} \frac{r^3}{2v}; \tag{4.14}$$

$$\tan D = \frac{M_2}{M_1}; \quad \tan I = \frac{M_3}{M_H} = \frac{M_3}{(M_1^2 + M_2^2)^{1/2}}. \tag{4.15}$$

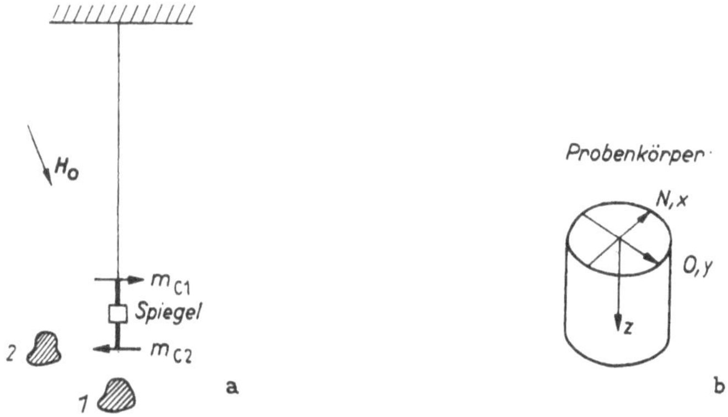

Abb. 4.16. Remanenzmessungen an Probekörpern (nach Angenheister; Soffel, 1972)
a) Position 1 und 2 entsprechen der Ersten und Zweiten Gaussschen Hauptlage,
b) Meßpositionen eines zylindrischen Probekörpers

Zu dieser Gruppe gehören die astatischen sowie die Fluxgatemagnetometer. Mißt man im feldfreien Raum, so wird direkt die Remanenz gemessen. Im Erdfeld müssen x, y und z auch in einer um 180° gedrehten Position x', y' und z' gemessen werden, um induzierte und remanente Magnetisierung trennen zu können (Collinson, 1967; Fromm, 1967).

Beim *Spinnermagnetometer* (*Rockgenerator*) wird eine Probe in einem Mehrfach-Mu-Metall-Schild gemessen, so daß die Messung im Nullfeld erfolgt. Dabei wird die Probe, egal ob Würfel oder Kern, auf einem rotierbaren Probenhalter fixiert und je nach Gerätetyp mit Drehzahlen zwischen 15 und 100 Umdrehungen pro Minute in Bewegung versetzt. Bei Rotation des Remanenzvektors in einer Ringspule wird ein sinusförmiges Signal erzeugt, das vor allem bei schwachen Magnetisierungen erheblich durch die Rauschspannung verzerrt wird. Es ist daher Aufgabe eines Rechenprogramms, die analog verzerrte Sinusschwingung zu digitalisieren und einer Fourier-Analyse zuzuführen, wodurch eine Trennung vom tatsächlichen Signal der Remanenz und dem Rauschen erreicht wird. In der Sinusschwingung ist die Amplitude ein Maß für die Intensität der Magnetisierung, die Lage des Nulldurchganges im Vergleich zur Standardprobe ein Maß für Deklination und Inklination. Die Probe wird dabei in sechs Positionen gemessen. Die Bestimmungsgrößen des Remanenzvektors, Deklination, Inklination und

Intensität werden auf einem Drucker ausgegeben bzw. auf einem Plotter in stereographischer Projektion dargestellt (MOLYNEUX, 1971).

Der letzte Stand der Geräteentwicklung ist zweifellos die *Kryogentechnik.* Dabei werden SQUID (superconducting-interference-device)-Elemente verwendet, so daß der Rauschpegel wesentlich reduziert ist. Ein solches Magnetometer kann aufgrund seiner hohen Auflösung sehr rasch arbeiten, und es sind für die Messung der Remanenz nur noch drei Meßpositionen erforderlich. Diese Geräte erlauben, bis zu 200 Proben pro Tag mit einer Intensität von $10-10^{-1}$ A/m zu messen. Ausführliche Beschreibungen von Geräten und Meßtechniken finden sich in "Methods in Paleomagnetism" von CREER; SANVER (1967).

4.10. Verfahren der magnetischen Reinigung

Bei den magnetischen Reinigungsverfahren unterscheidet man im wesentlichen drei Methoden: Wechselfeld-, thermische und chemische Reinigung. Wechselfeld und thermische Abmagnetisierung wurden bei den Identifizierungsmethoden besprochen. Erwähnt soll hier noch die chemische Reinigung werden, bei der konzentrierte Salzsäure in die Probe eingepreßt und die Veränderung der Remanenz in Abhängigkeit von der Einwirkzeit gemessen werden. Besteht der Verdacht, daß Proben oberflächlich magnetische Abriebpartikel von der Probenahme haben, die das Meßergebnis beeinflussen, so werden die Proben ebenfalls zwei bis drei Tage in ein Säurebad gelegt.

Sämtliche Reinigungsverfahren müssen in einem erdfeldfreien Raum ($H_{rest} = \pm 5$ nT) ausgeführt werden, um Aufmagnetisierungen zu vermeiden.

4.11. Feldfreier Raum

Die Ausschaltung des Erdmagnetfeldes im Ofen bzw. in den Wechselfeldspulen der Abmagnetisierungsapparaturen kann auf grundsätzlich zwei Arten erreicht werden. Durch ein System von drei aufeinander senkrecht stehenden Spulenpaaren kann das Erdfeld in drei Komponenten kompensiert werden. Das antiparallele elektromagnetische Feld kann über den Spulenstrom den Erdfeldänderungen per Hand oder über ein Fluxgatesystem automatisch nachgeregelt werden. Die andere Methode besteht darin, daß man Ofen und Wechselfeldspulen in einen mehrfachen Mu-Metallschild bringt und so das Erdfeld ausschaltet. Der Mu-Metallschild muß dabei von Zeit zu Zeit abmagnetisiert werden.

4.12. Zuverlässigkeitstest paläomagnetischer Ergebnisse

Eine Analyse der Remanenz soll klären, ob die Remanenz mit dem Gesteinsbildungsalter korrelierbar ist oder während seiner Geschichte durch Sekundärremanenzen (VRM) überlagert wurde. Erste Hinweise gibt die Verteilung der NRM, da bei Überlagerung die NRM-Richtungen entlang von Großkreisen liegen. Eine Gruppierung um die heutige Erdfeldrichtung weist auf eine vollständige rezente Überprägung (Verwitterung) hin. Im folgenden werden die wichtigsten Tests besprochen.

Der THELLIER-*Test* dient zur Untersuchung von möglichen Vektoranteilen einer VRM. Die Probe wird dabei 50 bis 100 Tage in zwei entgegengesetzten Orientierungen im Erdfeld gelagert und die Richtung der NRM gemessen. Ändert sich die Remanenz in dieser Zeit nicht, wird die VRM keine entscheidende Rolle spielen (Abb. 4.17a). Bei Änderung der NRM kann graphisch eine Abschätzung der VRM bzw. der Relaxationszeit erfolgen (Abb. 4.17b).

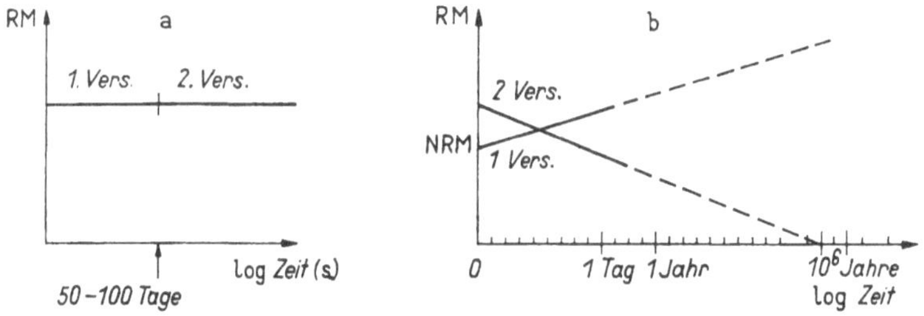

Abb. 4.17. Schematischer Ablauf von Stabilitätsuntersuchungen

Ein anderer Test sieht vor, daß die Proben in einem Nullfeld gelagert werden und die Abnahme der VRM beobachtet wird. Es kann aber auch das Material statistisch im Erdfeld gelagert und die Zunahme der Streuung gemessen werden. Generell sollten NRM bzw. CARM-Richtungen von gleichaltrigen Sedimenten und Vulkaniten eines Probenahmegebietes gut übereinstimmen (Abb. 4.17b).

Zeigen Sedimente eine extrem gute Inklinationsverteilung, so deutet dies auf eine CRM, bei großen Streuungen auf eine DRM hin. Neben den magnetischen Testmöglichkeiten kann man aus der Erzmikroskopie wesentliche Aufschlüsse erhalten. Diese Untersuchungen können jedoch fast nur an Vulkaniten vorgenommen werden, da bei Sedimenten normalerweise die Korngröße der Remanenzträger zu gering ist. So kann das Vorhandensein primärer Entmischungslamellen auf eine Hochtemperaturoxydation hinweisen. Sekundäre Magnetisierungen können bis zur Selbstumkehr bei Tieftemperaturoxydation auftreten. Wichtig sind ferner die vollständige Verdrängung von z. B. Magnetit durch Hämatit, wobei es zu einer Remanenzrichtung kommen kann, die jener des Erdfeldes bei der Verdrängung entspricht. Ganz allgemein können aus der Erzmikroskopie die Erzphase bzw. Mineralisierung, die Korngröße sowie der Grad der Oxydation abgeschätzt werden.

Ein sehr wesentlicher Test ist der *Faltungstest* oder GRAHAM-Test. Bei diesem Test wird der Bezug zwischen Remanenzrichtung und Sedimentationsfläche hergestellt. Da man in erster Näherung, vor allem bei feinstkörnigen Sedimenten, horizontale Schichtflächen annehmen kann, ergibt sich daraus die Möglichkeit, mit Hilfe von Streichen und Fallen der heutigen Schichtflächen rechnerisch den Zustand bei der Sedimentation herzustellen. Die Remanenzrichtungen in Kernen ein und desselben Horizontes einer Falte werden vor und nach der Ausglättung der Falte verglichen. Ist die Streuung vor der Ausglättung geringer als nachher, so bedeutet dies eine Magnetisierung nach der Verformung und damit ein für paläomagnetische Zwecke ungeeignetes Material. In diesem Falle spricht man von einem negativen Faltungstest. Nimmt die Streuung nach der Ausglättung signifikant ab, so spricht man von einem positiven Faltentest (Abb. 4.18).

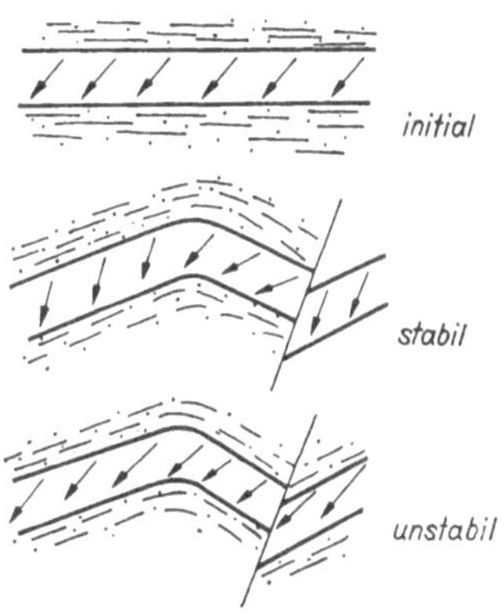

Abb. 4.18. Magnetisierungsrichtung im Sedimentationsstadium, nach der Deformation bei stabiler und bei unstabiler Magnetisierung (aus TARLING, 1971)

Ein weiterer Test ist der *Konglomerat-Test*. Man untersucht dabei eine Gesteinsserie und die daraus ableitbaren klastischen Sedimente. Besitzen die Konglomerate, die aus einem an sich stabilen Ausgangsgestein kommen, eine statistische Verteilung, so weist dies auf eine ältere, möglicherweise fossile Remanenz der magnetischen Komponenten hin. Sind die Konglomerate durch eine mehr oder weniger einheitliche Magnetisierungsrichtung gekennzeichnet, so deutet dies auf eine Remanenzbildung hin, die jünger ist als das Ablagerungsalter (Abb. 4.19).

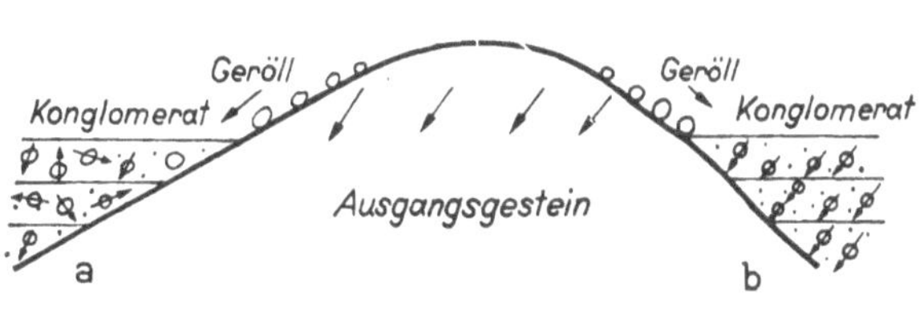

Abb. 4.19. Konglomerattest
a) NRM ist älter als Konglomeratablagerung,
b) NRM ist jünger als Konglomeratablagerung

Ein weiterer Test ist die Beobachtung von Kontaktzonen um Vulkanite bzw. Intrusivkörper. Bei diesen Kontaktzonen kommt es in den Umgebungsgesteinen zur Ausbildung einer PTRM bzw. einer TRM und somit zu einem allmählichen Übergang der Magnetisierungsrichtung des Intrusivkörpers zur Richtung des Nebengesteins. In gleicher Weise nimmt die meist höhere Intensität der TRM auf die geringere Intensität des Umgebungsgesteins ab (Abb. 4.20).

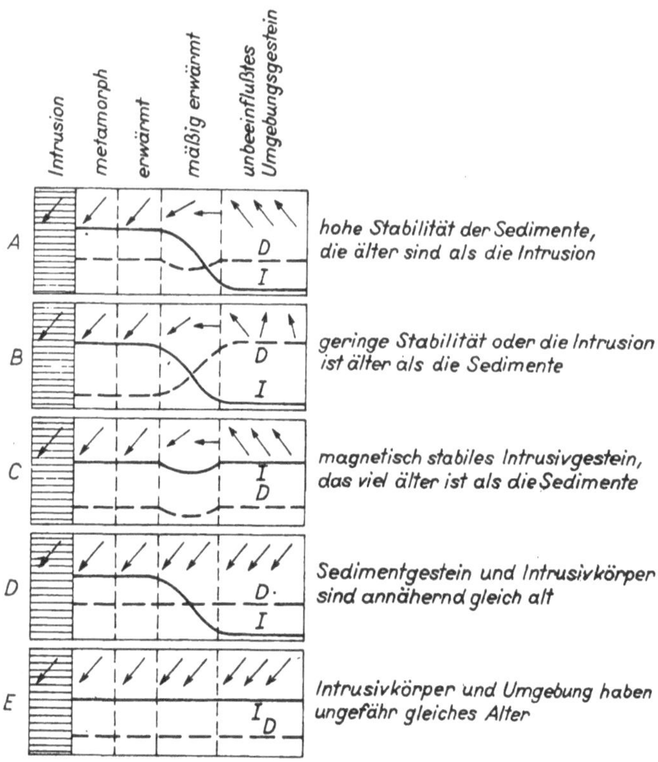

Abb. 4.20. Änderung der Magnetisierungsrichtung (Pfeile) sowie der Intensität (I) und der Dispersion (D) mit der Entfernung von einem Intrusivkörper (modifiziert von IRVING, 1964)

4.13. Statistische Analyse

Die Richtungen der Remanenz, gemessen an Einzelkernen eines Aufschlußbereiches, zeigen eine mehr oder weniger große Streuung; ihre wesentlichsten Ursachen sind: Ungenauigkeit bei der Probeneinmessung, sekundäre Magnetisierung (kann in Stärke und Richtung von Kern zu Kern variieren), Anisotropieeffekte, Änderungen des Erdmagnetfeldes bei der Remanenzbildung (darunter sind Effekte der Säkularvariation, Regionalanomalien, Feldumkehrungen, Polschwankungen und der Kontinentaldrift zu verstehen) sowie tektonische Effekte. Unter letzteren versteht man vor allem die Schwierigkeiten bei der Rekonstruktion der ursprünglichen Lagerung des Gesteinskomplexes; sie sind vor allem bei Magmatiten sehr groß.

Ziel der statistischen Behandlung von Remanenzrichtungen ist, Mittelwerte mit vergleichbaren Streuungen zu erhalten, um so signifikante Unterschiede in den Richtungen feststellen zu können.

Heute wird weltweit die *Statistik von* Fisher (1953) verwendet; sie hat zu einem mehr oder weniger einheitlichen Schema bei der Probeentnahme geführt. Die Statistik selbst entspricht der Statistik von Einheitsvektoren mit einer Gaussschen Verteilung um eine zentrale Richtung. Diese zentrale Vektorrichtung entspricht der aus durchschnittlich sechs Kernen pro Aufschluß errechneten, mittleren Magnetisierungsrichtung. In gleicher Weise erfolgt die Berechnung der mittleren Richtung einer geologischen Einheit, eines Kontinents oder einer Platte.

Der Mittelwertsvektor wird als Einheitsvektor betrachtet und aus x, y und z der Meßdaten errechnet. Ein Vergleich der Größe dieses Vektors und der Probenzahl ermöglicht eine erste Abschätzung der Übereinstimmung der einzelnen Magnetisierungsrichtungen. Von einer zweidimensionalen, kreissymmetrischen Gaussschen Verteilung ausgehend und unter Verwendung einer Wahrscheinlichkeitsdichtefunktion leitet sich eine Standardabweichung θ_{95} ab, die als ein Hauptkriterium für die Gütebeschreibung paläomagnetischer Ergebnisse gilt:

$$\theta_{95} = \frac{140}{\bar{K}}; \tag{4.16}$$

dabei ist

$$\bar{K} = \frac{n-1}{n-R} \quad \text{der Präzisionsparameter,}$$

n entspricht der Probenzahl und R dem Mittelwertsvektor.

Aus (4.16) wird der Halbwinkel des Streukegels errechnet:

$$\alpha_{95} = \frac{140}{\sqrt{\bar{K}n}}. \tag{4.17}$$

Danach liegt der Mittelwert mit 95%iger Wahrscheinlichkeit innerhalb dieses Streukegels.

4.14. Vergleich paläomagnetischer Daten

Ein weltweiter Vergleich paläomagnetischer Daten ist nur unter bestimmten Bedingungen möglich, da die Inklination I eine Funktion der geomagnetischen Poldistanz (Kobreite) p ist: $I = f(p)$. Der geometrische Zusammenhang wird durch die Annahme eines zentralen Dipols ermöglicht (vgl. Kap. 1.3.3.4.). Das magnetische Potential ist

$$U = \frac{m_{\mathrm{AE}} \cos p}{4\pi R_{\mathrm{E}}^2}; \tag{4.18}$$

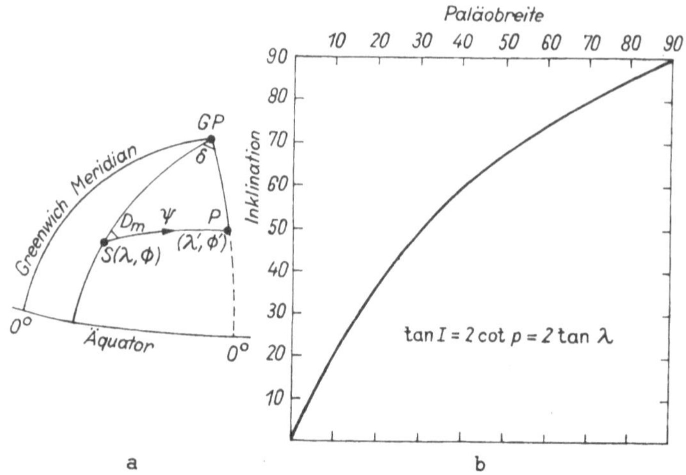

Abb. 4.21. Zur Berechnung des paläomagnetischen Poles (aus TARLING, 1971)

a) Darstellung der Beziehung von Probenahmepunkt, Paläopollage und Meridian von Greenwich,

b) Zusammenhang zwischen Paläoinklination und Paläopollage

$m_{AE} \approx 7{,}98 \cdot 10^{22}\,A \cdot m^2$ ist das AMPÈREsche Moment des zentralen Dipols der Erde und R_E der Erdradius.

$$T = \frac{\mu_0 m_{AE}}{4\pi R_E^3} (1 + 3\cos^2 p)^{1/2}, \tag{4.19}$$

$$H = \frac{\mu_0 m_{AE}}{4\pi R_E^3} \sin p, \tag{4.20}$$

$$Z = \frac{2\mu_0 m_{AE}}{4\pi R_E^3} \cos p, \tag{4.21}$$

$$\tan I = \frac{Z}{H} 2 \cot p = 2 \tan \lambda \quad \text{(Abb. 4.21)}. \tag{4.22}$$

4.15. Berechnung des paläomagnetischen Pols

Die Berechnung wird auf den Meridian von Greenwich bezogen. In einem Probenahmepunkt (S) mit den Koordinaten (λ und Φ)[1] hat das Feld die Richtungsgrößen Deklination (D) und Inklination (I). Desweiteren gilt, daß der zu berechnende Pol (P) mit den Koordinaten (λ' und Φ') auf einem

[1] Im Kapitel 4.15 bedeuten in Anlehnung an die in der Archäomagnetik übliche Bezeichnung

λ — (paläo-)geographische Breite,

Φ — (paläo-)geographische Länge.

Großkreis mit S liegt. Über die Kobreite p errechnen sich die Polkoordinaten:

$$\sin \lambda' = \sin \lambda \cos p + \cos \lambda \sin p \cos D, \tag{4.23}$$

$$\Phi' = \Phi + \beta, \quad \text{wenn} \quad \cos p \geqq \sin \lambda \sin \lambda', \tag{4.24}$$

$$\Phi' = \Phi + 180 - \beta, \quad \text{wenn} \quad \cos p < \sin \lambda \sin \lambda', \tag{4.25}$$

$$\sin \beta = \frac{\sin p \sin D}{\cos \lambda'} \; (-90^\circ \leqq \beta \leqq +90^\circ). \tag{4.26}$$

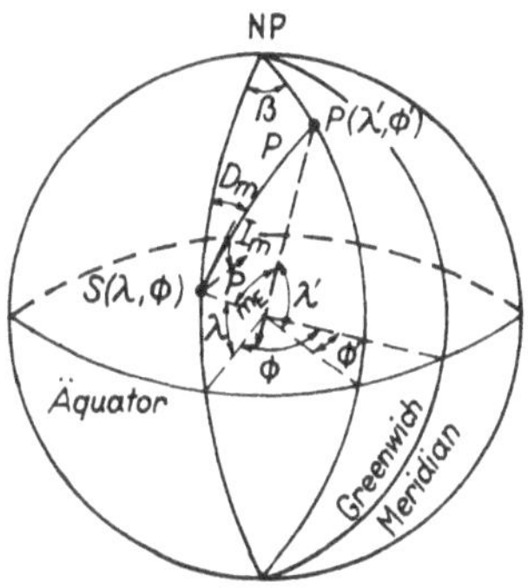

Abb. 4.22. Beziehung zwischen geographischer Breite, Kobreite, Paläodeklination und Inklination sowie Paläopollage (aus McElhinny, 1973)

Die Pollage wird meist aus dem Mittelwert von Deklination und Inklination (D_m, I_m) eines Gebietes berechnet, woraus die Streuung der Pollage abgeleitet werden kann. Da die Fehler dI_m mit einem Fehler dp in der Paläokobreite korrespondieren, gilt:

$$\mathrm{d}p = \frac{1}{2} \alpha_{95}(I + 3 \cos^2 p), \tag{4.27}$$

$$\mathrm{d}m = \alpha_{95} \frac{\sin p}{\cos I_m} \quad \text{(Abb. 4.22)}; \tag{4.28}$$

dp ist der Fehler der Kobreite und dm der Fehler im Azimut.

4.16. Darstellung paläomagnetischer Ergebnisse

Die Remanenzrichtungen werden je nach Zielsetzung wie Richtungsstabilität, Intensitätsstabilität, Wirkung tektonischer Korrekturen sowie von Metamorphoseeinflüssen in verschiedenen Diagrammen dargestellt. Das gebräuchlichste Diagramm für Pilot-Untersuchungen ist die Änderung der normierten Intensität (NRM, TRM, CARM) über der Wechselfeldstärke bzw. Temperatur (Abb. 4.23a, b). Dieses Diagramm findet auch bei Tieftemperaturversuchen Anwendung. Bei Sättigungsversuchen (J_s-T-Kurven) wird die Sättigungsmagnetisierung normiert aufgetragen (Abb. 4.23d). Die Übereinstimmung der Richtungen verschiedener Aufschlüsse vor und nach der tektonischen Korrektur wird in Polprojektion im Schmidtschen

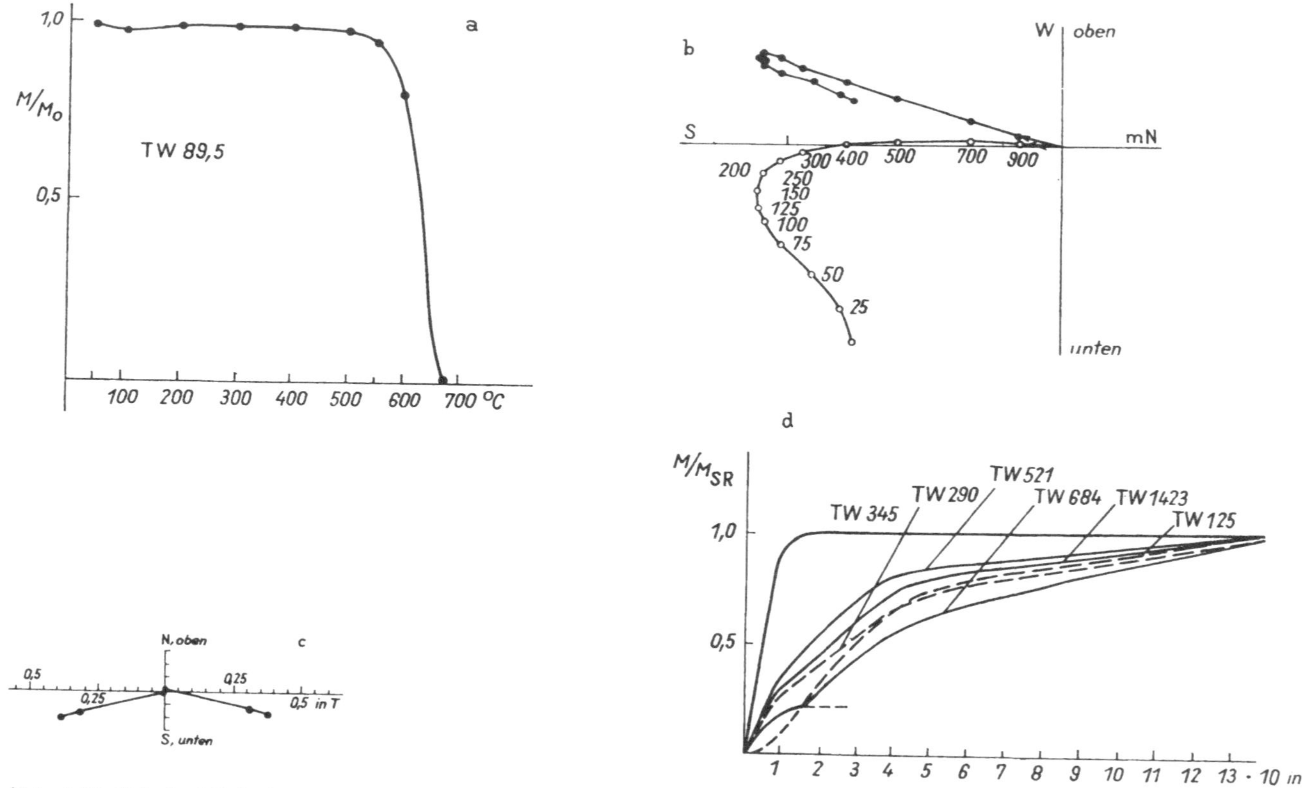

Abb. 4.23. Gebräuchliche Diagramme zur Darstellung von Remanenzrichtungen

a) Normierte Intensität gegen Abmagnetisierungstemperatur für eine Hämatitprobe aus dem Thüringer Wald,
b) ZIJDERVELD-Diagramm einer Wechselfeldabmagnetisierung (ZIJDERVELD, 1975) (die Zahlen geben die Wechselfeldstärke in $10^3/4\pi$ A/m an),
c) modifiziertes ZIJDERVELD-Diagramm (Intensität in T) (Probe TW 89,5 aus dem Thüringer Wald),
d) Sättigungsverhalten von Magnetit (TW 34,5) und Hämatitproben aus dem Perm des Thüringer Waldes (gestrichelt Vulkanitproben)

oder WULFFschen Netz aufgetragen (Abb. 4.24a, b). Die international anerkannt informativste Darstellung ist das ZIJDERVELD-Diagramm. Darin werden die Deklinationen und die Inklinationen gegen die normierte Intensität nach jedem Schritt der Abmagnetisierung aufgetragen (Einfluß

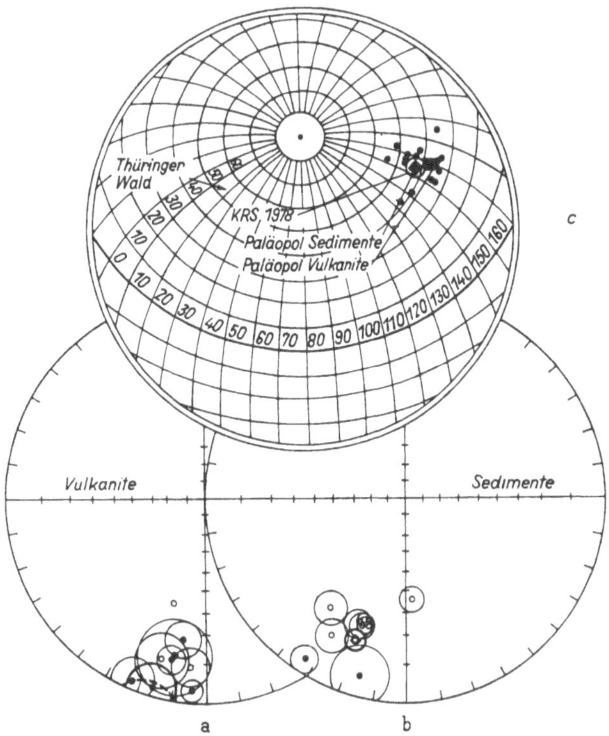

Abb. 4.24. Paläomagnetische Ergebnisdarstellung in Polprojektion
a) Mittelwerte der Vulkanitaufschlüsse des Thüringer Waldes,
b) Mittelwerte der Sedimentaufschlüsse des Thüringer Waldes
(in beiden Abbildungen sind mit geschlossenen Symbolen positive und mit offenen Symbolen negative Inklinationen dargestellt),
c) Darstellung der Polpositionen, gerechnet aus den Mittelwerten der Deklination D_m und der Inklination I_m der Aufschlüsse des Thüringer Waldes

sekundärer Magnetisierung; Abb. 4.23.c). In der Magnetostratigraphie wird meist ein stratigraphisches Profil in Korrelation mit der Verteilung von Paläodeklination, Paläoinklination und Paläointensität dargestellt.

4.17. Paläointensitätsmessungen

Die Paläomagnetik analysiert normalerweise die Richtung des Erdmagnetfeldes und damit seine Geometrie. Es gibt jedoch Probleme wie z. B. die Entstehungsmechanismen des Feldes, das Verhalten des Feldes bei Polaritätsänderung oder die Schwankungen bei der Säkularvariation, bei denen eine Bestimmung der Paläointensität von großer Bedeutung ist. Die Remanenz, die man hierfür verwendet, soll stabil und reproduzierbar sein; dies trifft lediglich auf die TRM zu.

Königsberger entwickelte in den 30er Jahren die erste Methode zur Ermittlung der Paläointensität, wobei er eine TRM durch Abkühlen im Erdfeld $\boldsymbol{H}_0$ erzeugte und die Beziehung zum Mineralbestand der Probe herstellte. Unter der Annahme, daß der Mineralchemismus während der Erwärmung nicht verändert wird, verglich er die NRM mit der in einem bekannten Feld erzeugten TRM und errechnete daraus die Paläofeldstärke.

Die Methode nach Thellier basiert auf den Ideen von Königsberger und wurde in erster Linie für archäomagnetische Messungen entwickelt. Als Träger der TRM wurde Hämatit angenommen. Dabei wurde das magnetische Moment, erworben zwischen 60 °C und 670 °C, als Vergleichsgröße für NRM und TRM verwendet. Da 60°C bei natürlichen Gesteinen eine nicht ausreichende Reinigungstemperatur ist (VRM), wurde die Methode mehrfach modifiziert und wird heute in folgender Form verwendet:

Die NRM wird thermisch abmagnetisiert und die Remanenzabnahme gegen die PTRM aufgetragen, die die Probe bei schrittweiser Erwärmung im Laborfeld $\boldsymbol{H}'$ annimmt. Daraus ergibt sich eine Gerade, mit deren Steigung aus $\boldsymbol{H}'$ die Paläofeldstärke berechnet werden kann: $\boldsymbol{H}_0 = m\boldsymbol{H}'$, worin $\boldsymbol{H}_0$ das Paläoerdfeld und m die Steigung der Geraden sind. Abweichungen am Beginn der Geraden sind Hinweise auf Effekte der VRM, während Abweichungen am Ende Hinweise für Oxydationseffekte sind. Diese Experimente werden in zwei Antiparallelstellungen durchgeführt. Die Methoden von Thellier haben sich weltweit bei der Ermittlung der Paläointensität durchgesetzt, da sie die zuverlässigsten Ergebnisse liefern. Durch die zweimalige, antiparallele Ausführung ist die Methode jedoch sehr zeitaufwendig, und es werden daher oftmals weniger genaue, aber raschere Methoden angewendet. Die häufigste Methode dieser Gruppe ist die sogenannte Wechselfeldmethode; dabei werden die NRM und die erzeugte TRM in einem Wechselfeld von 0···80000 A/m abmagnetisiert und der Quotient R = NRM/TRM bestimmt. Da NRM/TRM = H_0/H' ist, kann daraus H_0 berechnet werden.

4.18. Ergebnisse paläomagnetischer Untersuchungen

4.18.1. Magnetostratigraphie

Eines der wichtigsten Gebiete für die Anwendung paläomagnetischer Methoden ist die Beobachtung von Deklination, Inklination und Intensität in kontinuierlichen stratigraphischen Profilen. Diese Untersuchungen führten zu magnetostratigraphischen Profilen, mit deren Hilfe man paläontologisch nicht datierbare Horizonte einordnen kann. Darüber hinaus kann man daraus detailliert die Polwanderung ableiten. Naturgemäß wird die Magnetostratigraphie tertiärer und quartärer Schichten wesentlich detaillierter sein als ältere, da die Polaritätswechsel durch größere Schichtmächtigkeiten repräsentiert sind. Durch Vergleich der Polaritätsprofile von Tiefseebohrungen, die in fast allen Ozeanen abgeteuft wurden, konnte der Polaritätswechsel als weltweites Phänomen nachgewiesen werden. Ebenso konnte in Bohrungen zu beiden Seiten des mittelatlantischen Rükkens das magnetische Anomalienbild durch Polaritätsänderungen erklärt werden. Dieses Ergebnis war für die Rekonstruktion der Relativbewegungen zwischen den Kontinenten und der damit verbundenen Entwicklung der Tethys wesentlich (PITMAN; TALWANI, 1972).

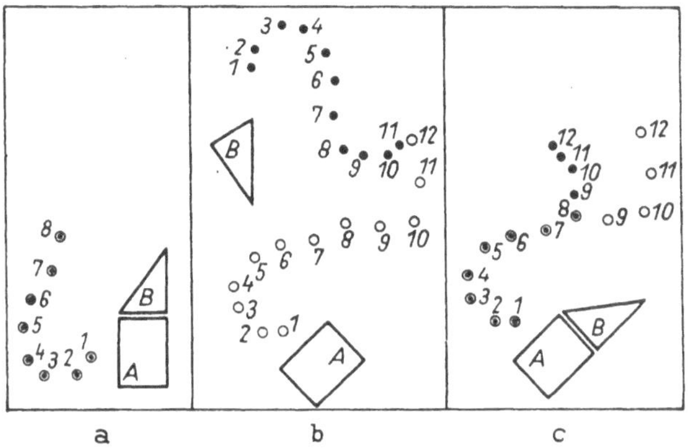

Abb. 4.25. Rekonstruktion der Relativpositionen von zwei Kontinenten *A* und *B*, die beide Bestandteil einer Platte waren (nach GRAHAM et al., 1964)

a) sind *A* und *B* Bestandteil einer Platte, decken sich die Polwanderungskurven,

b) nach Punkt *8* trennen sich *A* und *B*, haben dabei ihre eigene Polwanderungskurve, bis sie in Punkt *12* wieder einen gemeinsamen Punkt besitzen,

c) *A* und *B* rotieren zusammen bis *8*, um danach separiert zu werden.

4.18.2. Polwanderung und Kontinentaldrift

Unter der Annahme, daß der Dipolcharakter des Erdmagnetfeldes und die Polaritätsänderungen ein weltweites Phänomen sind, muß angenommen werden, daß die von verschiedenen Kontinenten bzw. Platten ermittelten Polwanderungskurven übereinstimmen (Abb. 4.25). Durch Vergleiche der Polwanderungskurven der verschiedenen Kontinente konnte festgestellt werden, daß, von einer gemeinsamen heutigen Pollage ausgehend, die Kurven auseinanderlaufen. Bringt man die Kurven zur Deckung, so ergibt sich aus der Relativentfernung der Kurven untereinander (Abb. 4.26) der Betrag der Drift und der relativen Rotation. Um diese Drift- bzw. Rotationsbeträge absolut erfassen zu können, bezieht man sie rechnerisch auf die heutigen geographischen Bedingungen (Pol der Rotationsachse).

4.18.3. Paläogeographie

Eine große Bedeutung kommt diesen Untersuchungen bei der paläogeographischen Rekonstruktion von Tethysräumen zu. Seit der Erkenntnis, daß ein Großteil der Erzlagerstätten sedimentären Ursprungs ist, haben diese

Untersuchungsmethoden auch Anwendung in der Lagerstättenprospektion gefunden.

Um die Anwendung der Methoden der Paläomagnetik zu demonstrieren, wurden zwei Beispiele ausgewählt, die im folgenden besprochen werden.

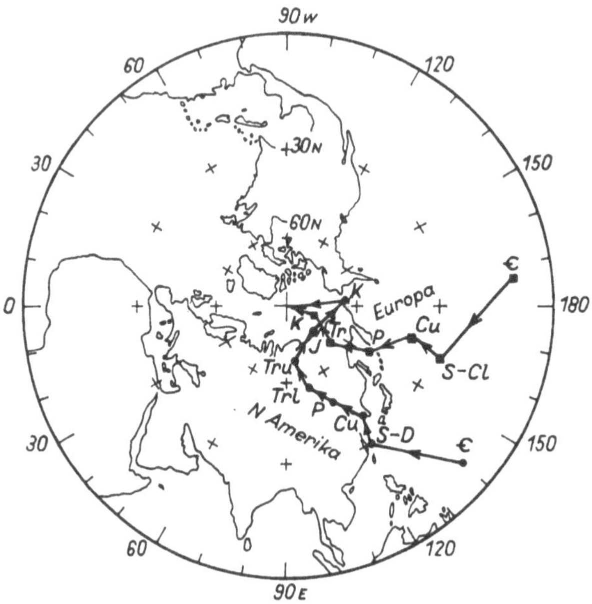

Abb. 4.26. Vergleich der Polwanderungskurven von Europa und Nordamerika (aus Mc Elhinny, 1973)

4.19. Praktische Anwendungsbeispiele

Das erste Beispiel von van den Berg (1978) demonstriert die *Mesozoische und Känozoische Bewegung der italienischen Halbinsel.* Am nördlichen Apennin wurde ein Profil in Umbrien (210 Proben) beprobt, wobei besonderes Augenmerk der Scaglia-Formation des Cenoman bis Mitteleozän geschenkt wurde. Drei Profile, die untereinander paläontologisch und lithologisch sehr gut korrelierbar waren, wurden mit Hilfe von Foraminiferenfaunen stratigraphisch genau eingestuft.

An einer großen Zahl von Pilotproben wurden die magnetischen Eigenschaften der verschiedenen Gesteinstypen untersucht. Wechselfeldabmagnetisierung bis 40,0 A/m und thermische Abmagnetisierung bis 700 °C zeigten vorwiegend Blockierungstemperaturen über 600 °C und hohe Koerzitivkräfte, was für Hämatit als Hauptträgermineral spricht. Außerdem kann den Zijderveld-Diagrammen entnommen werden, daß die charakteristische Remanenz von einer weichen, dem heutigen Erdfeld sehr nahe liegenden sekundären Komponente überlagert war. Bei Reinigungsfeldstärken von 1,25 – 3,75 A/m waren diese im wesentlichen abmagnetisiert. Gewissenhafte und detaillierte Studien überprüften die Eignung der magnetischen Eigenschaften für paläomagnetische Zielsetzungen in den Scaglia Rosso und Bianca, Fucoid Mergeln, Basal Miaolica Schichten, Calcari Diasprini und Ammonitico Rosso. Im oberen Apt wurden inverse Magnetisierungsrichtungen in den basalen Fucoidmergeln gefunden, die gut korrelierbar scheinen mit dem Hissarintervall nach McElhinny; Burek (1971) oder dem Akointervall (92—104 Mill. a) nach Keating et al. (1975).

Diese Interpretation ergibt für den Abschnitt M der magnetischen Anomalien, der Keathley-Hawailineation, Apt-Alter. Diese Einstufung ist in guter Übereinstimmung mit der auf der atlantischen Anomalienfolge beruhenden Zeitskale nach Larson; Pitman (1972). Weitere inverse Magnetisierungsrichtungen wurden in Aufschlüssen des Campan und jüngerer Schichten gefunden. Diese inversen Abschnitte sind in guter Übereinstimmung mit Polaritätswechseln aus dem Bottaccione-Profil nach Lowrie; Alvarez (1975). Ferner besteht eine gute Übereinstimmung der inversen Profilabschnitte mit den Polaritätswechseln nach der Zeitskala von Larson; Pitman (1972). Basierend auf diesen gut übereinstimmenden Daten kommt van den Berg zu dem Schluß, daß das *Lange Kretazische Normalintervall* vom oberen Apt bis zum Campan dauerte. Dieses Ergebnis wird zwar nicht von allen Autoren anerkannt, ist jedoch auf Grund der hohen Güte der Ergebnisse sehr wahrscheinlich. Aus den gereinigten Magnetisierungsdaten und unter Zuhilfenahme der Formel für einen koachsialen Dipol wurden für die verschiedenen Profilabschnitte die Mittelwerte der Paläodeklinationen und -inklinationen sowie die Paläopollagen für diese Mittelwerte berechnet. Da das beprobte Profil autochthon ist, können aus der Veränderung der Paläodeklination eine Rotation und aus der Änderung der Paläoinklination eine laterale Nord-Süd-Drift abgeleitet werden. Danach ergibt sich aus Abb. 4.27 folgende Abfolge von Rotation bzw. Drift: Im Profilabschnitt Toacien — Tithon kann weder Rotation noch Drift festgestellt werden. Im Abschnitt Tithon — Neokom beginnt sich sowohl eine Rotation als auch eine Südwärts-Drift abzuzeichnen. Zwischen dem Ober-Apt und dem Ober-Cenoman erfolgt eine Südwärts-Drift von ca. 10°, gefolgt von einer Gegenuhrzeigersinnrotation von ca. 30° im Zeitabschnitt Turon bis Santon. Danach folgt eine Nordwärtsbewegung von ca. 10° zwischen Santon und Campan. Während des Tertiärs bis zur gegenwärtigen Lagesituation der italienischen Halbinsel erfolgte eine weitere Nordwärtsdrift um 10° und eine Gegenuhrzeigersinnrotation von 25° seit dem Eozän (Abb. 4.28).

Diese großtektonische Interpretation macht es notwendig, die Bewegung auch in einem noch größeren Maßstab, nämlich der Relativbewegung zwischen Afrika und Europa, zu sehen. Faßt man mit dem Profil aus Umbrien die gesamte italienische Halbinsel als Teil Afrikas auf, so müssen die Polwanderungskurve für Afrika und das beprobte Profil übereinstimmen. Van den Berg konnte diese Übereinstimmung in überzeugender Form darstellen und ferner eine gute Übereinstimmung mit den heutigen Vorstellungen der Öffnung des Atlantiks (van der Voo; French, 1974; Pitman; Talwani, 1972) feststellen.

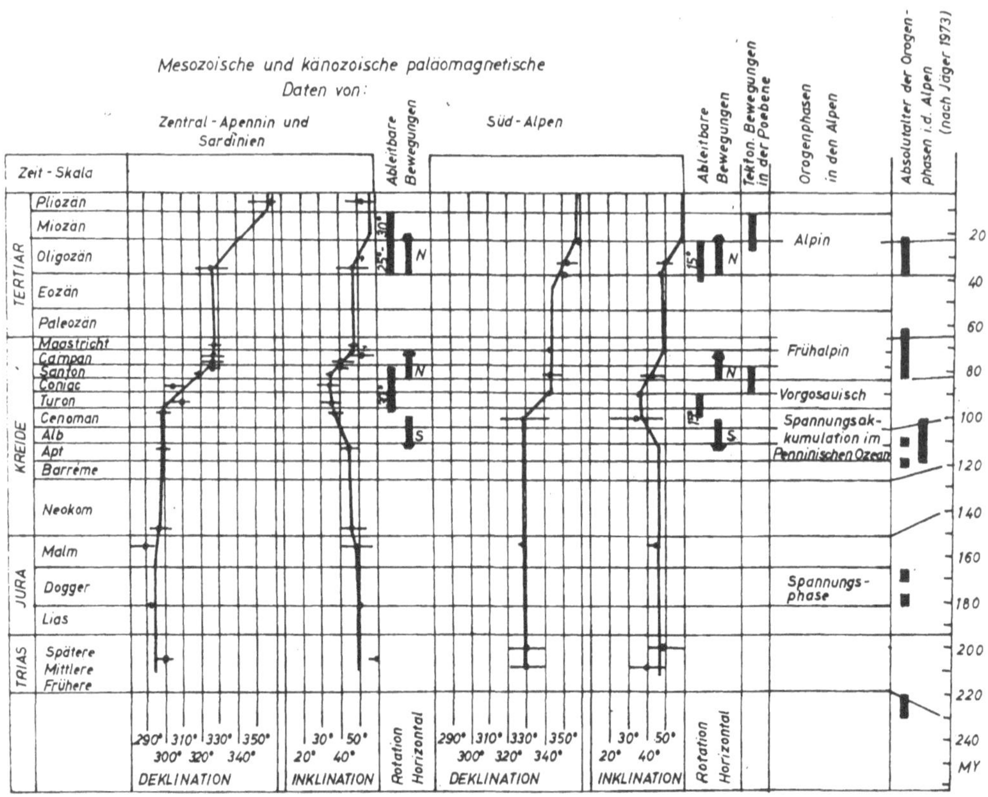

Abb. 4.27. Paläomagnetische Daten aus Alpen-Apennin (nach VAN DEN BERG, 1979)

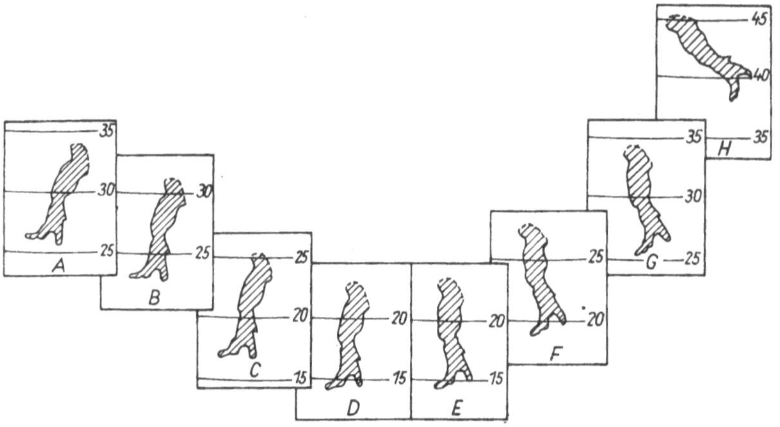

Abb. 4.28. Änderung der Position der italienischen Halbinsel von Mittel-Jura bis heute (nach VAN DEN BERG, 1979)

A — Mittel bis Oberjura,
B — Neokom bis Apt,
C — Obercenoman,
D — Unter-Turon bis Coniac,
E — Ober-Coniac bis Santon,
F — Ober-Santon bis Unter-Campan,
G — Campan bis Unter-Tertiär,
H — heute

In den nördlichen Kalkalpen wurden paläomagnetische Untersuchungen durchgeführt, um die Herkunft dieser Sedimente aufgrund der Paläodeklination und vor allem der Paläoinklination zu überprüfen. Dazu wurde ein Jura-Profil ausgesucht, da es sich vorwiegend um Rot-Sedimente mit einer ausreichend stabilen remanenten Magnetisierung handelt. Gesteinsmagnetische Untersuchungen zeigten vor allem den Magnetit als Hauptträger der remanenten Eigenschaften; der Hämatit dagegen, der dem Gestein die zum Teil intensive Rotfärbung verleiht, liegt in einem superparamagnetischen Korngrößenbereich. Der Magnetit wird dabei als spät-

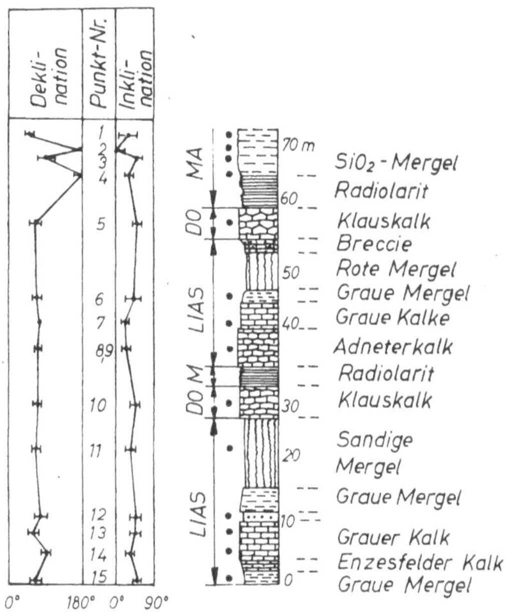

Abb. 4.29. Gegenüberstellung der paläomagnetischen Daten mit dem stratigraphischen Profil aus dem Jura der nördlichen Kalkalpen (PLÖCHINGER, 1973; 1975)

diagenetische Bildung aufgefaßt (MAURITSCH; FRISCH, 1978). Die Paläodeklination und Paläoinklination, berechnet und dargestellt als Mittelwert für die einzelnen Schichtglieder, zeigen eine konsistente Richtung, ohne daß man daraus eine bestimmte Bewegungstendenz ableiten könnte (Abb. 4.29).

Die Paläodeklination ergibt im Vergleich mit den jurassischen Werten aus den Südalpen und dem Apennin eine Uhrzeigersinnrotation von ca. 45° im Vergleich zu Stabil-Europa und von ca. 90° im Vergleich zu Stabil-Afrika (VAN DER VOO; FRENCH, 1974). Die Paläoinklination zeigt, daß der Ablagerungsraum dieser Sedimente wesentlich weiter im Süden lag, als ihre heutige Position auf Grund rein geologischer Überlegung vermuten läßt. Vergleicht man die Ergebnisse des Beispiels nach VAN DEN BERG mit jenen aus den Nördlichen Kalkalpen, so kann man eine gute Übereinstimmung der Paläoinklination für den Jura sowohl der Ostalpen als auch des Apennin feststellen; dies läßt den Schluß zu, daß der Ablagerungsraum der südlichen Tethys zuzuordnen ist. Das bedeutet ferner, daß die jurassischen Sedimente der Nördlichen Kalkalpen die gleiche tektonische Geschichte haben wie die gleichaltrigen Sedimente des Apennin und der Südalpen und erst seit dem Eozän oder später eine Separierung der Südalpen vom Apennin bzw. der Ostalpen von den Südalpen bzw. deren jurassischen Gesteinen eingetreten ist.

Das nächste Beispiel einer erfolgreichen Anwendung magnetischer Forschung ist das klassische Beispiel von NINKOVICH et al., (1966). Dabei wurden aus dem Nördlichen Pazifik Tiefseekerne untersucht. Die stratigraphische Position des Probenmaterials lag in der Nähe der Brunhes-

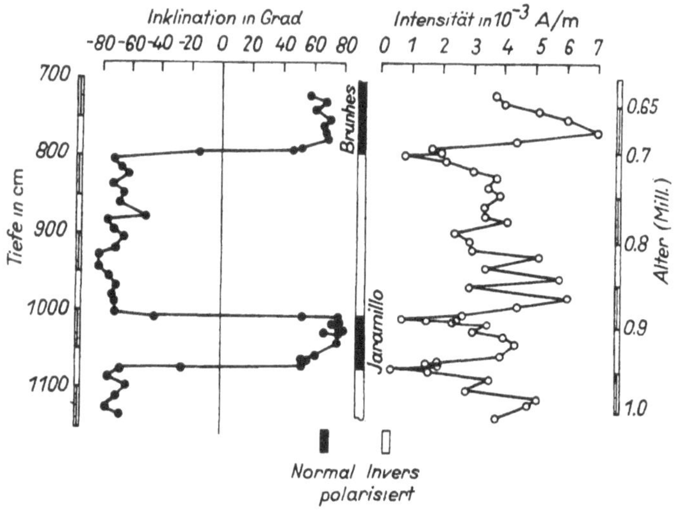

Abb. 4.30. Änderung der Intensität und Inklination der Magnetisierung mit der Tiefe eines Kernintervalles (Kern V-20-108) aus dem Nord-Pazifik (nach NINKOVICH et al., 1966)

Matuyama-Grenze und der Grenze des Jaramillo event's. Die Sedimentationsrate betrug ungefähr 1 cm pro 1000 Jahre, und die Intensität der Magnetisierung lag zwischen 3,77 – 6,28 nT/g. Der Probenabstand betrug etwa 1 cm, so daß die Polaritätsdaten zeitlichen Erdfeldänderungen von max. 1000 Jahren entsprachen. Wie man aus Abb. 4.30 sieht, bedeutet dies, daß Polaritätswechsel in einem Zeitraum von ca. 1000 Jahren vor sich gehen. Ein weiteres sehr wesentliches Detail dieser Untersuchungen brachte die Darstellung der Paläointensität an den Probenkörpern. Deutlich nimmt die Intensität der Magnetisierung bei Annäherung an eine Polaritätsgrenze allmählich gegen Null ab, um in umgekehrter Polarität die ungefähr gleiche Intensität wieder zu erlangen. Die Zeitspanne der Erdfeldabnahme und Wiederzunahme liegt in der Größenordnung von ca. 20000 Jahren. Wie man aus der Inklinationsverteilung ersehen kann, ändert sich die Richtung des Erdfeldes während dieser Zeit unwesentlich.

4.20. Archäomagnetik

Unter Archäomagnetik versteht man die Methoden, die eine Rekonstruktion der Änderungen der Richtung und der Intensität des Erdmagnetfeldes (Säkularvariation) über den Zeitraum observatorischer Beobachtung hinaus erlauben. Auf die Paläointensitätsmessungen wurde bereits in Kap. 4.17. eingegangen. Gebrannte Mauerziegel, Dachziegel und andere keramische Produkte erhalten beim Brennen eine sehr harte TRM aufgeprägt. Da diese Produkte auf einer annähernd horizontalen Unterlage gebrannt wurden, kann bei einwandfrei datierbaren Proben die Intensität für diesen Zeitraum ermittelt werden. Mit Hilfe der Intensität lassen sich Bauepochen bei archäologischen Großbauwerken unterscheiden.

Die Änderung der Paläointensität wurde von Bucha (1965) zusammengestellt und eine Abnahme um den Faktor 1,5 während der letzten 2000 Jahre gefunden. Smith (1970) konnte diesen Zeitraum auf 7000 v. d. Z. erweitern und für die letzten 1500 Jahre eine Abnahme des Dipolmomentes der Erde um 50% finden. Für eine zufriedenstellende Erfassung der Periodizität der Säkularvariation scheint der bisher zur Verfügung stehende Zeitraum noch etwas zu kurz zu sein. Manche Arbeiten deuten auf einen 1000-jährigen Zyklus hin (Nagata; Ozima, 1967). Für archäologische Prospektion ist die TRM ein wesentliches Faktum beim Nachweis archäologischen Mauerwerkes unter der Verwitterungskrume.

5. Bearbeitung und Interpretation der gravimetrischen und magnetischen Meßergebnisse

H. LINDNER; H. MILITZER; R. RÖSLER; R. SCHEIBE

5.1. Zielstellung

Das Ziel der Interpretation hängt von der Aufgabenstellung der durchgeführten Untersuchungen ab und besteht letztlich darin, die Meßergebnisse in geologisch-lagerstättenkundliche, geotechnische oder bergbautechnisch relevante Aussagen umzusetzen. Abgesehen von einigen Spezialaufgaben ist dies nicht auf direktem Wege möglich, sondern erfordert eine vorausgehende Bearbeitung des bereits reduzierten und korrigierten Datenmaterials. Dabei sind vorrangig die Aufgabenstellung, die geologische oder geotechnische Situation, bereits bekannte Informationen über das Untersuchungsobjekt, Meßgenauigkeit, Meßverband u. a. Gegebenheiten zu berücksichtigen. Vielfalt, objektbezogene Spezifik von Einflußgrößen und das Detail der jeweiligen Aufgabenstellung haben einerseits zur Entwicklung eines breiten Spektrums von Datenbearbeitungsverfahren geführt; andererseits verbietet sich von selbst deren normierte oder schematisierte Anwendung und fordern voll das schöpferische Denken des Bearbeiters. Auch mathematisch anspruchsvolle Bearbeitungsverfahren und moderne Rechentechnik können gewünschte Informationen nur dann deutlich machen, wenn sie bereits im primären Datenmaterial vorhanden sind — und sie führen auch nur dann zu sinnvollen Informationen, wenn sich deren Verbindung mit den Ergebnissen anderer Untersuchungen — im Sinne einer komplexen Interpretation — widerspruchsfrei ermöglichen läßt.

Nahezu die meisten Aufgabenstellungen erfordern die Anwendung verschiedener, in einer logischen Reihenfolge aufeinander abgestimmter Bearbeitungsverfahren. Wertigkeiten einzelner Verfahren gegenüber anderen bestehen kaum. Deshalb spiegelt auch die im folgenden vorgenommene Unterteilung der Bearbeitungsverfahren keine Rangfolge wider, sondern dient lediglich der Übersicht.

5.2. Bearbeitungsverfahren und Interpretationsbeispiele

Auf der Grundlage der im Kap. 1 vorgelegten potentialtheoretischen Ableitung wichtiger Bearbeitungsverfahren wird in diesem Kapitel vor allem deren praktische Handhabung erläutert. Durch Beispiele sollen die Wirksamkeit der Verfahren demonstriert und die Entscheidung über ihre Anwendung erleichtert werden.

Nahezu alle Bearbeitungsverfahren erfordern eine äquidistante Anordnung der Feldwerte, die bei der Messung nur in Ausnahmefällen vorliegt.

Für die erforderliche Interpolation sind manuelle und maschinelle Methoden in Anwendung (z. B. BARANOV, 1975; SÜNKEL, 1977; BOLONDI et al., 1977).

5.2.1. Verfahren der Feldtransformation

Unter Feldtransformationen werden alle rechnerischen Umwandlungen gemessener Potentialfeldanomalien verstanden, die sowohl einer potentialtheoretischen als auch einer empirischen Definition mit einer bestimmten geologischen Zielstellung genügen. Die Aufgabe dieser Verfahren besteht in erster Linie darin, aus dem gemessenen Feldverlauf die für die jeweilige

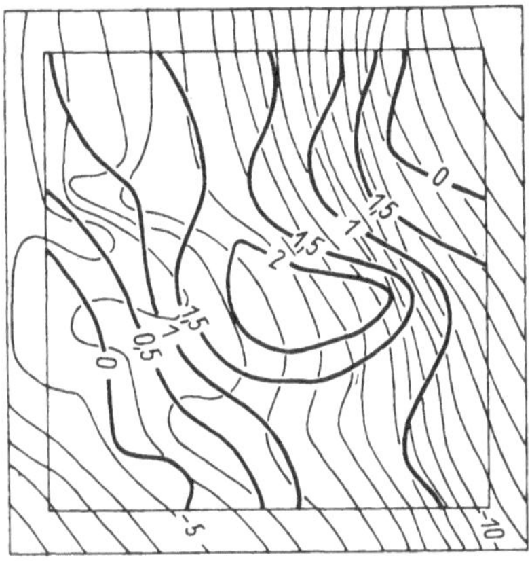

Abb. 5.1. Abtrennung der Wirkung eines hochgelegenen isolierten Störkörpers aus dem Meßbild durch Feldtransformation (nach SCHOEFFLER, 1975)

—— Isanomalen von $\Delta g''$;
—— Isanomalen von g_L

geologische oder ingenieurtechnische Zielstellung interessierende Nutzanomalie hervortreten zu lassen. Das Erkennen der Nutzanomalie ist dann besonders schwierig, wenn sie eine geringe Amplitude gegenüber randlichen Einlagerungen größerer Anomalien aufweist. Abb. 5.1 zeigt dafür ein Beispiel und läßt deutlich werden, daß der hochgelegene und für die Erkundung bedeutsame Störkörper in seiner Abgrenzung erst nach Ausführung einer Feldtransformation hervortritt. Dabei wurde der Einfluß des nicht interessierenden Regionalanteils beseitigt, der sich vor allem deutlich in der Scharung der $\Delta g''$-Isanomalen abzeichnet.

Feldtransformationen erlauben neben der Bestimmung der Lage des zu erkundenden Störkörpers auch seine laterale Konturierung. Besondere Bedeutung besitzen dabei die ersten und zweiten Vertikalableitungen der gemessenen Feldgrößen. So besitzen g_z und g_{zz} über senkrecht einfallenden Dichtegrenzen eine klar fixierbare Nullstelle gegenüber dem oft nicht eindeutig definierten Wendepunkt in Δg. Bei vertikaler Magnetisierung gilt dies auch für ΔT, T_z und T_{zz}, wobei die zweite Ableitung auf Grund des schärferen Signals die indikativere Feldgröße darstellt (Abb. 5.2).

Abb. 5.3 weist auf den Vorteil von Feldtransformationen bei der Festlegung tektonischer Störungen an einem Beispiel aus dem Lausitzer Massiv hin. Der in diesem Gebiet vorhandene regionale Tiefenbruch führt zu einer deutlichen Scharung der $\Delta g''$-Isanomalen. Der gleichzeitige regionale

Schwereanstieg nach S erlaubt jedoch zunächst keine genaue Festlegung der Störung. Erst nach Durchführung einer Feldtransformation kann sie aus dem Verlaufe der g_{zz}-Nullinie sicher erkannt werden. Das südlich der Nullinie

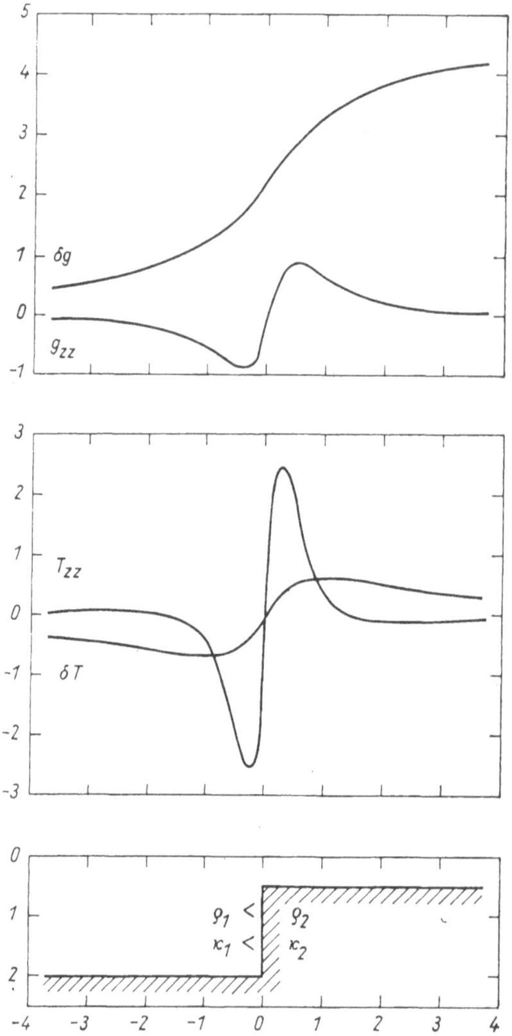

Abb. 5.2. Verlauf von gemessenen Feldgrößen und zweiten Vertikalableitungen über einer vertikalen Materialgrenze mit senkrechter Magnetisierung ohne Angabe der Dimension

gelegene g_{zz}-Maximum entspricht dabei der tektonisch gehobenen Scholle. Zur Ortsbestimmung geologischer Strukturen werden die Verfahren der Feldtransformation z. B. angewendet zwecks

- Nachweis und Trassierung tektonischer Störungen,
- Konturierung von Salzstöcken, Granitkörpern und Erzlinsen,
- Nachweis struktureller Hochlagen in tieferen sedimentären und kristallinen Einheiten.

Da in Gravimetrie und Magnetik i. allg. die gleichen Transformationsverfahren zur Anwendung kommen, wird für beide gemessene Feldgrößen das Symbol F eingeführt.

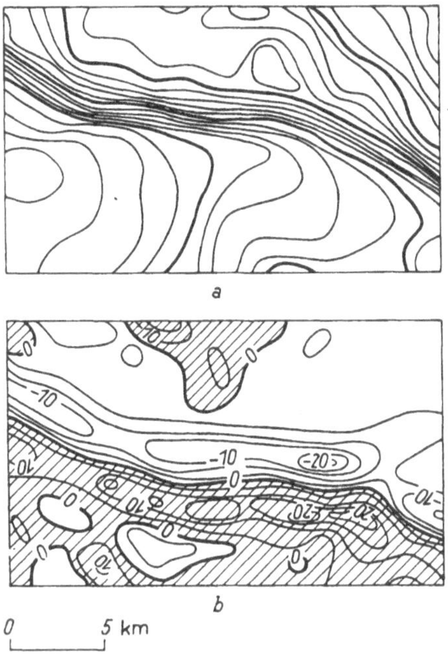

Abb. 5.3. Störungsfestlegung durch Feldtransformation (nach MILITZER; LINDNER, 1979).
a) Isanomalen von $\Delta g''$ (Abstand $10\,\mu m/s^2$);
b) Isanomalen von g_{zz} (Abstand $5 \cdot 10^{-11}\,m^{-1} \cdot s^{-2}$); /// — $g_{zz} > 0$

5.2.1.1. *Regional- und Lokalfeld*

Regionale Anomalien (F_R) werden durch den langwelligen Anteil der Feldstörungen beschrieben. Ihre Ursache sind meist tiefgelegene geologische Strukturen (z. B. Relief des kristallinen Grundgebirges). Aber auch flachliegende geologische Einheiten wie z. B. weitgespannte Sedimentbecken können regionale Anomalien verursachen. Dagegen enthalten lokale Anomalien (F_L) ausschließlich die Wirkung räumlich begrenzter geologischer Einheiten aus dem Oberflächenbereich. Sie werden im Sinne einer Feldertrennung aus

$$F_L = F - F_R \tag{5.1}$$

berechnet (Abb. 5.4). Die Ableitung des Lokalfeldes erfordert daher stets die vorherige Bestimmung des Regionalfeldes.

Eine graphische Trennung von Regional- und Lokalfeld ist dann zu empfehlen, wenn die Problemstellung sehr einfach ist oder keine ausreichenden Rechenhilfsmittel zur Verfügung stehen. — Bei Profilmessungen kann das Regionalfeld schon vielfach manuell durch einen Geradenansatz angenähert werden, der zweckmäßigerweise die ungestörten Bereiche der Anomalien verbindet, wie dies auch in Abb. 5.4 dargestellt ist. Bei flächenhaften Aufnahmen führt eine Glättung der Isanomalen zu einer sehr raschen

Regionalfeldbestimmung (Abb. 5.5). Das Lokalfeld ergibt sich dann aus den Abweichungen der gemessenen und regionalen Anomalien.

Eine weitere Möglichkeit der graphischen Regionalfeldbestimmung besteht im Verfahren des mittleren Gradienten (JUNG, 1961).

Die einer manuellen Verfahrensweise anhaftende Willkür des Bearbeiters läßt sich durch eine mathematische Bestimmung des Regional-

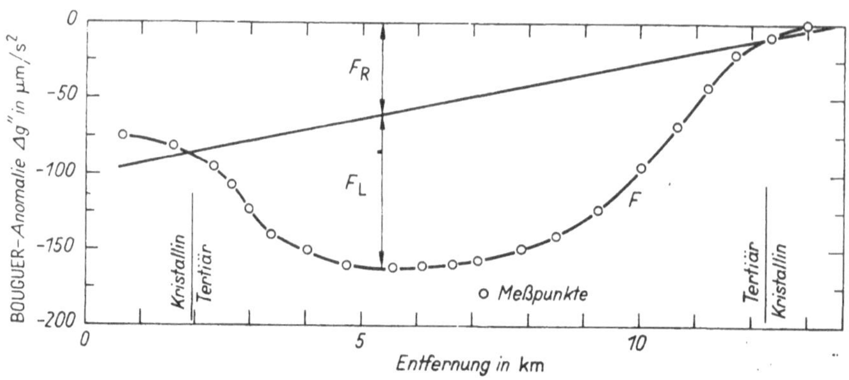

Abb. 5.4. Bestimmung des Lokalfeldes F_L als Differenz von gemessenem Feld F und regionalem Feld F_R

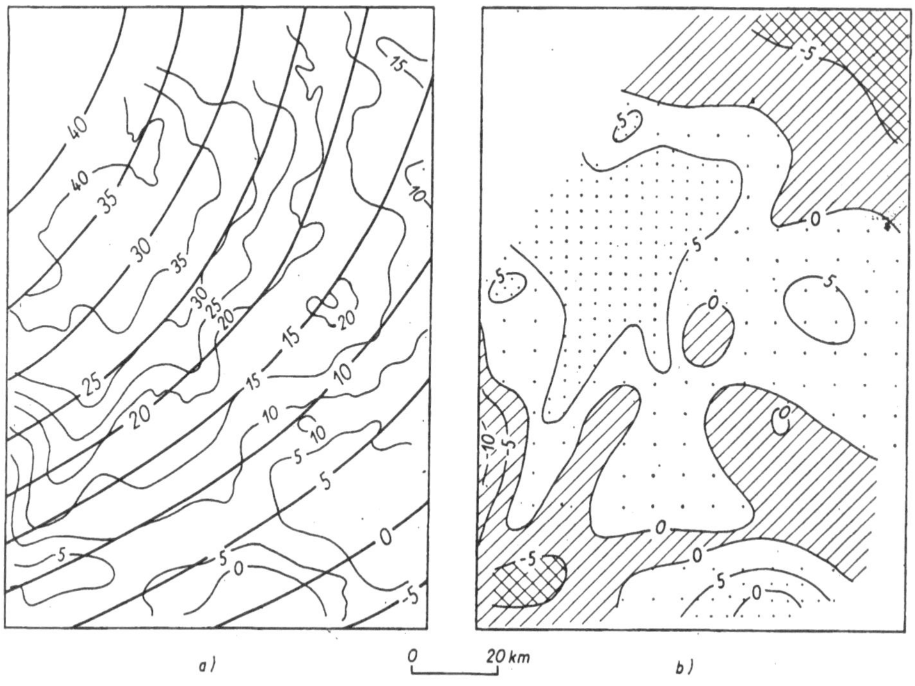

Abb. 5.5. Regionalfeldbestimmung durch manuelle Glättung

a) Isanomalen nach Messung und Glättung;

b) Isanomalen des Lokalfeldes

feldes z. B. mittels Polynomentwicklung oder Kreis- und Polygonsummation einschränken. Beim Verfahren der Polynomentwicklung erfolgt eine Annäherung des gemessenen Feldes durch zweidimensionale Potenzreihen unterschiedlicher Ordnung. In geometrischer Hinsicht handelt es sich dabei um die Ableitung von Trendflächen. Die Regionalfeldapproximation einer flächenhaften Anomalie durch ein Polynom 2. Grades lautet an den Gitterpunkten x, y

$$F_{\mathrm{R}}(x, y) = a_{00} + a_{01}y + a_{02}y^2 + a_{10}x + a_{11}xy + a_{20}x^2. \tag{5.2}$$

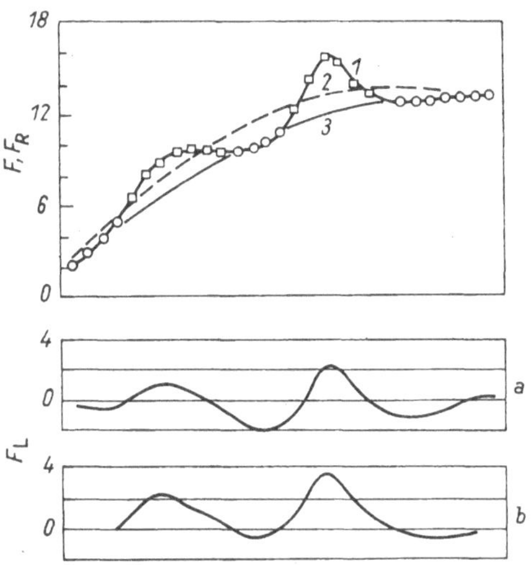

Abb. 5.6. Regional- und Lokalfeldberechnung mit Polynomentwicklung (nach SKEELS, 1967)

1 — F; *2* — F_{R} (Nutzung aller Meßpunkte ○, □); *3* — F_{R} (Nutzung ungestörter Meßpunkte ○);

a) F_{L} aus *2* (ungenügende Amplitudenwiedergabe und negative Begleitanomalien);

b) F_{L} aus *3* (ideale Lokalanomalie)

Die Koeffizienten a_{ij} lassen sich durch Ausgleichsrechnungen aus den an den Gitterpunkten bekannten Feldwerten ΔF ableiten (BARANOV, 1954). Ist die Regionalfeldanomalie aus ungestörten Feldbereichen darstellbar, dann ergibt sich die exakte Lokalanomalie des betreffenden Störkörpers (Abb. 5.6). Diese Bedingung läßt sich in der Praxis nur selten realisieren. Trotz einiger instruktiver Anwendungsbeispiele (z. B. COONS et al., 1967) hat sich das Verfahren der Polynomentwicklung wegen auftretender Probleme bei der Deutung der errechneten Felder sowie bei nachträglicher Vergrößerung der Meßgebiete nicht durchgesetzt.

Bei den Verfahren der Kreis- und Polygonsummation wird das arithmetische Kreismittel $\overline{F}(r)$ nach (1.187) benutzt. Die Verwendung diskreter, auf regelmäßige Gitter interpolierter Meßwerte F erfordert den Übergang vom Integral (1.187) zur Summe

$$\bar{F}(r) = \frac{1}{n}\,[F_1(r) + F_2(r) + \cdots + F_n(r)]. \tag{5.3}$$

In Anwendung sind quadratische und hexagonale (trigonale) Gitteranordnungen (Abb. 5.7).

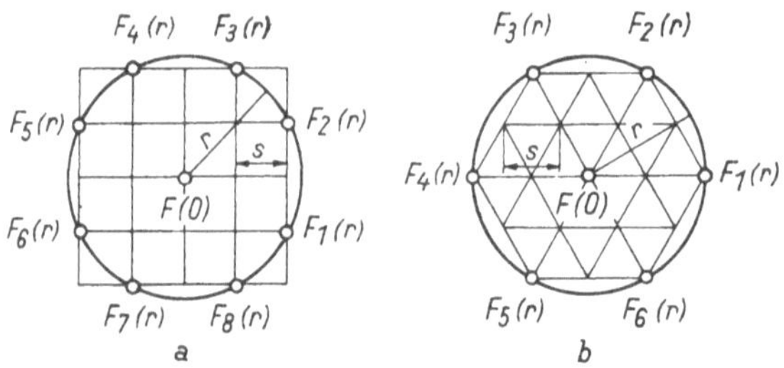

Abb. 5.7. Ableitung der $\bar{F}(r)$-Werte aus Feldwerten in Gitternetzen
a) quadratisches Netz: z. B. $r = s\sqrt{5}$ und $n = 8$;
b) hexagonales Netz: z. B. $r = 2s$ und $n = 6$

Die Funktion $\bar{F}(r)$ – bezogen auf den jeweiligen Kreismittelpunkt – besitzt für $r > r_0$ die Bedeutung eines Regionalfeldes, wenn in der Entfernung r_0 die Lokalanomalie abgeklungen ist. Im einfachsten Falle ergibt sich damit die Formel von GRIFFIN:

$$\begin{aligned} F_R &= \bar{F}(r) = \frac{1}{n}\sum_{i=1}^{n} F_i(r), \\ F_L &= F(0) - \bar{F}(r). \end{aligned} \tag{5.4}$$

Wegen ihrer Einfachheit ist (5.4) vor allem für eine manuelle Handhabung geeignet. – Problematisch ist die richtige Wahl des Radius. Wird r zu klein gewählt, dann erscheinen Feldanteile hochgelegener, kleinerer Störkörper in der Regionalanomalie. Die Folge davon ist eine mangelhafte Transformation des Lokalfeldes, wie dies im Prinzip auch in Abb. 5.6 dargestellt ist. Günstiger als (5.4) sind daher Formeln, in denen der regionale Anteil durch Verwendung mehrerer Kreisradien entwickelt wird. Dazu läßt sich die Darstellung der $\bar{F}(r)$-Funktion als biquadratische Parabel (vgl. 1.194)

$$\bar{F}(r) = a_0 + a_2 r^2 + a_4 r^4 \tag{5.5}$$

nutzen. GROSSE (1967) definiert das a_0-Glied als Regionalfeld und berechnet unter Vorgabe bestimmter Kreisradien $F_R = a_0$ durch die Lösung des aus (5.5) ableitbaren linearen Gleichungssystems. Für $a_4 = 0$ ist $\bar{F}(r)$ in (5.5) eine lineare Funktion von r^2. Bei Verwendung von vier Radien ergibt sich z. B. nach der Methode der kleinsten Quadrate im Hexagonalgitter

$$\begin{aligned} \bar{F}_R = {} & 0{,}94505\bar{F}\left(s\sqrt{3}\right) + 0{,}69231\bar{F}(2s) - 0{,}06593\bar{F}\left(s\sqrt{7}\right) \\ & - 0{,}57143\bar{F}(3s). \end{aligned} \tag{5.6}$$

Abb. 5.8 zeigt die Anwendung von (5.6) auf eine ΔT-Isanomalenkarte aus dem Norden der DDR.

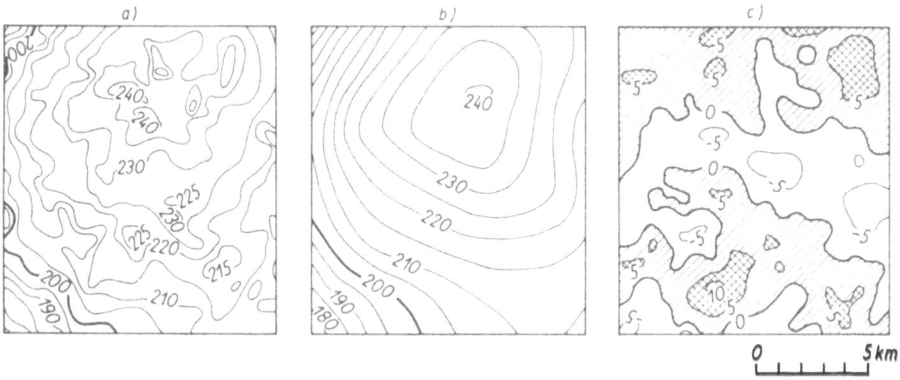

Abb. 5.8. Trennung von Regional- und Lokalfeld gemäß (5.6) (nach MILITZER; SCHEIBE, 1981), Isanomalenabstand: 5 nT

a) ΔT-Isanomalen;

b) T_R: Anomalien des magnetisch wirksamen Grundgebirges ($t > 8 \cdots 9$ km);

c) T_L: Anomalien des Übergangs- und Tafelstockwerks (Rotliegendeffusiva, Salzstöcke, Sedimente)

5.2.1.2. *Wellenlängenfilterung*

Das Verfahren ähnelt dem der Kreis- und Polygonsummation; es dient ebenfalls der Berechnung von Regional- und Lokalanomalien. Prinzipiell werden jedoch alle Gitterpunkte erfaßt. Die für den Transformationsprozeß erforderliche Wellenlänge λ kann gewählt werden nach

- empirischer Bestimmung aus dem Meßbild ($\lambda \approx$ doppelte Halbwertsbreite der Anomalie),
- analytischer Herleitung über eine Störkörpermodellierung (direkte Aufgabe).

Die Wellenlänge λ führt zu einer vom Bearbeiter festzulegenden Wellenzahlcharakteristik (Spektrum). Zwischen dem Spektrum $S(u, v)$ und den Koeffizienten $G(x, y)$ der Transformationsform besteht ein Zusammenhang über die FOURIER-Transformation (vgl. 1.202). Die Einführung $k^2 = u^2 + v^2$ und $r^2 = x^2 + y^2$ führt unter Beachtung der Drehungsinvarianz zur HANKEL-Transformation

$$\begin{aligned} S(k) &= \int_0^\infty G(r)\, J_0(kr)\, r\, \mathrm{d}r\,, \\ G(r) &= \int_0^\infty S(k)\, J_0(kr)\, k\, \mathrm{d}k\,, \end{aligned} \tag{5.7}$$

J_0 – BESSEL-Funktion nullter Ordnung; $k = 2\pi/\lambda$.

Die Forderung nach einer scharfen Trennung des Regionalanteils (Tiefpaß) führt zu einer Wellenzahlcharakteristik mit senkrechter Flanke.

$$S(k) = \begin{cases} 1 & \text{für } |k| \leq k_c. \\ 0 & \text{für } |k| > k_c. \end{cases} \tag{5.8}$$

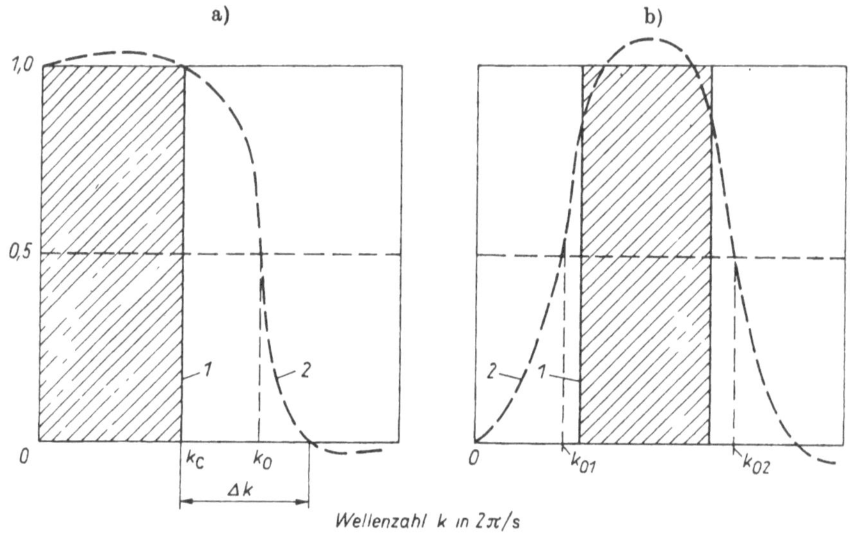

Abb. 5.9. Schematische Wellenzahlcharakteristiken

a) Tiefpaß; b) Bandpaß;

1 – Idealcharakteristik; *2* – Charakteristik nach Beschneidung

Die cutoff-Wellenzahl k_c beschreibt die gewünschte Transformation. Die Integration über k von $0 \cdots k_c$ ergibt in (5.7)

$$G(r) = \frac{k_c J_1(k_c r)}{r}. \tag{5.9}$$

Das langsame Abklingen von (5.9) erfordert die Einbeziehung einer Beschneidungsfunktion (LAVIN; DEVANE, 1970).

$$G(r) = \frac{k_0 J_1(k_0 r)}{r} \frac{J_0\left(\frac{r\Delta k}{2}\right)}{1 - \left(\frac{r\Delta k}{d}\right)^2}. \tag{5.10}$$

J_1 – BESSEL-Funktion 1. Ordnung; k_0 – Wellenzahl für $S = 0{,}5$; Δk – $2(k_0 - k_c)$, kennzeichnet die Flankensteilheit des Filters; $d = 4{,}8096$.

Die zugehörige Wellenzahlcharakteristik (vgl. 5.7) wird durch FOURIER-Transformation aus (5.10) berechnet.

$$S(u, v) = \mathscr{F}\{G(x, y), u, v\}. \tag{5.11}$$

Sie zeigt gegenüber (5.8) eine Verflachung (Abb. 5.9). Der Bearbeiter muß daher einen Kompromiß zwischen dem Einzugsgebiet des Filters, der Wellenzahl k_0 und der Flankensteilheit Δk der Charakteristik finden.

Die Gewichtsfunktion $G(x, y)$ besitzt in jedem der vier Quadranten den gleichen Verlauf. Das transformierte Feld ergibt sich gitterpunktweise durch eine Produktsummenbildung von $G(x, y)$ mit dem Feld F (vgl. 5.14).

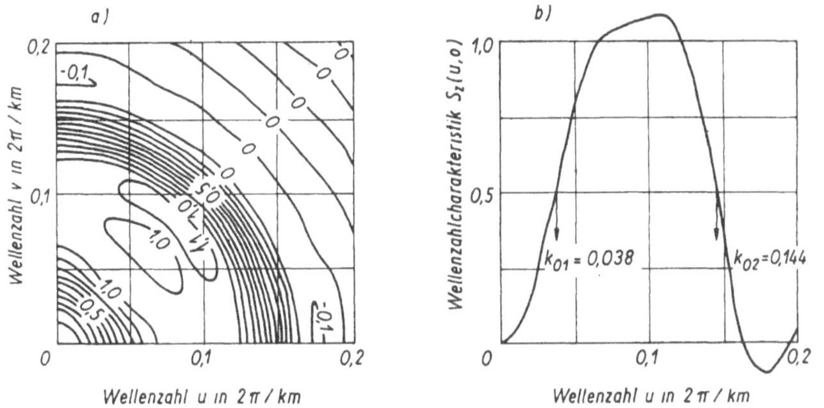

Abb. 5.10. Wellenzahlcharakteristik eines Bandpaßfilters ($\lambda = 7 \cdots 26{,}3$ km) (nach MILITZER; SCHEIBE, 1981)

a) zweidimensional; b) eindimensional

Berechnungsgrundlage:

Filtergröße 31×31, $k_{01} = 0{,}0417 \times 2\pi/\text{km}$, $k_{02} = 0{,}1428 \times 2\pi/\text{km}$, $\Delta k = 0{,}02 \times 2\pi/\text{km}$

Die Kombination von zwei Gewichtsfunktionen mit unterschiedlichen k_0-Wellenzahlen führt zu einer Bandpaßfilterung. Damit können sowohl kurzwellige Anomalien aus dem Oberflächenbereich ($k > k_{01}$) als auch langwellige Anteile ($k < k_{02}$) von Störkörpern aus größerer Tiefe in einem Rechengang voneinander getrennt werden. Abb. 5.10 zeigt die Wellenzahlcharakteristik eines Bandpaßfilters für eine Nutzwellenlänge $\lambda = 7$ bis 26,3 km.

Abb. 5.11 zeigt die Anwendung dieses Filters auf eine regionale ΔT-Isanomalenkarte aus dem Norden der DDR. Im Ergebnis werden tiefreichende, mit dem Kristallinanstieg in Verbindung stehende Feldanteile ebenso unterdrückt wie die zahlreichen auf oberflächennahe Strukturelemente zurückzuführenden Kleinanomalien. Die nach der Transformation hervortretende E – W verlaufende Anomalie hat ihre Störursache im Übergangsstockwerk.

5.2.1.3. *Feldfortsetzung*

Mittels Feldfortsetzung erfolgt eine Transformation der gemessenen Anomalie in ein Niveau h, das sowohl über (Feldfortsetzung nach oben) als auch unterhalb (Feldfortsetzung nach unten) der Meßebene liegen kann. Grund-

Abb. 5.11. Anwendung einer Bandpaßfilterung (nach MILITZER; SCHEIBE, 1981)

a) ΔT-Isanomalen; Isanomalenabstand: 5 nT;

b) Ergebnis der Bandpaßfilterung; Isanomalenabstand: 2 nT

lage solcher Transformationen ist das Feldfortsetzungstheorem (vgl. 1.184···1.186). Wird bei seiner Anwendung auf Kreissummationsverfahren zurückgegriffen, so erfolgt die Berechnung der Gewichtskoeffizienten G_m, mit denen die aus den Meßwerten berechneten Mittelwertsfunktionen $\overline{F}(r)$ zu multiplizieren sind, nach (1.188). Für eine Feldfortsetzung gilt danach in allgemeiner Schreibweise

$$F(h) = \sum_{(m)} G_m \bar{F}(r_m). \tag{5.12}$$

Durch die Anwendung der FOURIER-Transformation wird gewährleistet, daß alle vorhandenen Gitterwerte genutzt werden. Die Beschränkung auf eine endliche Zahl von Meßpunkten mit dem Gitterabstand s erfordert in (1.209) den Übergang zur Summenschreibweise. Für den Aufpunkt im Koordinatenursprung gilt nach SEIBERL (1979)

$$F(h) = \frac{s^2}{4\pi^2} \sum_{(m)} \sum_{(n)} F(ms, ns) \int_{-\pi}^{\pi}\!\!\int \exp\left[h\sqrt{u^2+v^2} + i(ums + vms)\right] \mathrm{d}u\, \mathrm{d}v. \tag{5.13}$$

Das mit $1/4\pi^2$ multiplizierte Doppelintegral in (5.13) stellt die Gewichtskoeffizienten $G_{m,n}$ dar und wird näherungsweise gelöst. Damit erfolgt eine Feldfortsetzung analog (5.12)

$$F(h) = \sum_{(m)} \sum_{(n)} G_{m,n} F(m, n). \tag{5.14}$$

Bei der Feldfortsetzung nach oben $F(-h)$ klingen kleinräumige, durch oberflächennahe Störkörper hervorgerufene Anomalien schneller ab als andere. Im Ergebnis entsteht eine Darstellung, in der weiträumige Störkörper bzw. solche in größerer Tiefe hervortreten. Sie widerspiegelt letztlich ein potentialtheoretisch fundiertes Regionalfeld.

Das Kreissummationsverfahren von PETERS (1949) verwendet die in Abb. 5.12 dargestellte Anordnung. Für die praktische Handhabung wird von PETERS (1949) das Integral (1.186) unter Verwendung eines Schemas von Kreisringen gelöst, auf denen die aus den Meßwerten interpolierten Feldwerte punktweise vorliegen (Abb. 5.12). Wird nunmehr die Trapezformel auf (1.188) angewendet, so folgt

$$\begin{aligned} F(-h) = {} & \frac{F(0) + \bar{F}(r_1)}{2} \int_0^{r_1} \frac{rh}{(r^2+h^2)^{3/2}} \mathrm{d}r \\ & + \frac{\bar{F}(r_1) + \bar{F}(r_2)}{2} \int_{r_1}^{r_2} \frac{rh}{(r^2+h^2)^{3/2}} \mathrm{d}r + \cdots \end{aligned} \tag{5.15}$$

Nach Integration und Ordnen der Funktionen $\bar{F}(r_m)$ in (5.15) folgt

$$\begin{aligned} F(-h) = \frac{1}{2} \Big\{ & \bar{F}(0)\left[1 - \frac{h}{(r_1^2+h^2)^{1/2}}\right] + \bar{F}(r_1)\left[1 - \frac{h}{(r_2^2+h^2)^{1/2}}\right] \\ & + \bar{F}(r_2)\left[\frac{h}{(r_1^2+h^2)^{1/2}} - \frac{h}{(r_3^2+h^2)^{1/2}}\right] + \cdots \Big\} \end{aligned} \tag{5.16}$$

Dabei stellen die Ausdrücke in den eckigen Klammern die Gewichte G_m dar (vgl. Tab. 5.1).

Abb. 5.13a zeigt einen Ausschnitt aus der BOUGUER-Karte eines Gebietes im Erzgebirge (vgl. Abb. 2.16), auf den die Formel von PETERS mit $h = -1$ km angewendet wurde. Abb. 5.13b enthält das Ergebnis der Feldtransformation und verdeutlicht das Zurücktreten oberflächennaher Störkörper im Schwerebild bei Betonung der regionalen Situation.

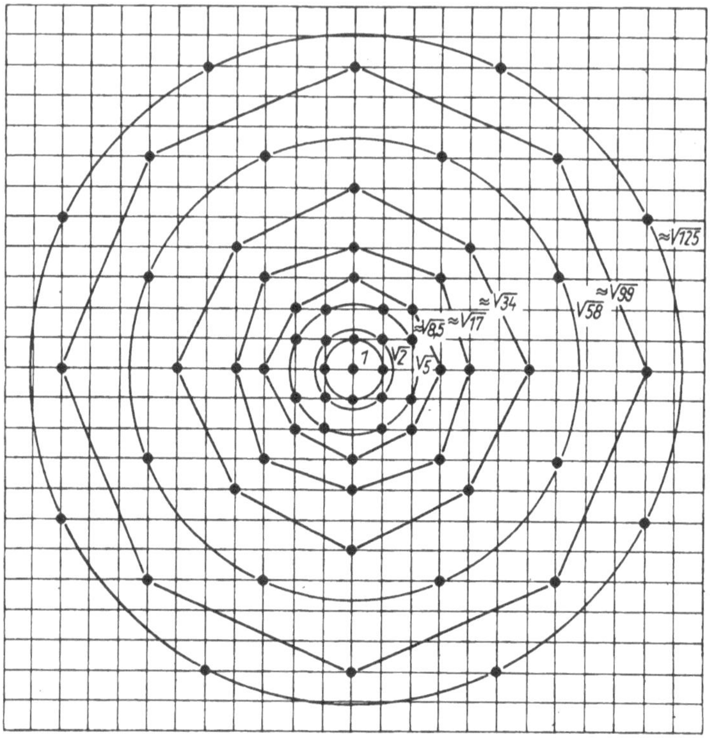

Abb. 5.12. Gitternetz von PETERS (1949) zur Berechnung der Feldfortsetzung

Bei Anwendung der FOURIER-Transformation werden sämtliche an den Punkten eines quadratischen Gitters vorliegende Feldwerte genutzt (BARANOV, 1975). Mittels Feldfortsetzung nach unten $F(h)$ läßt sich vor allem eine detailliertere Auflösung von Anomalien erreichen, die auf kleinräumige, oberflächennah gelegene Störkörper zurückzuführen sind. Ursächlich hängt dies damit zusammen, daß solche Anomalien in einem niedrigeren Niveau stärker anwachsen als jene, deren Quellen in größerer Tiefe liegen. Mittels Feldfortsetzung nach unten lassen sich auch Aussagen über die Tiefe der Quellen selbst herleiten (s. Kap. 5.2.3.). Die Voraussetzung des Verfahrens besteht allerdings darin, daß strenggenommen zwischen Meß- und Fortsetzungsebene Quellenfreiheit zu fordern ist. Praktisch ist dies jedoch bis auf den Einsatz in der Aeromagnetik nur schwer zu realisieren.

Die Berechnung der Feldfortsetzung nach unten erfordert im Prinzip die Bestimmung von $F(x', y', 0)$ aus dem Integranden von (1.185) bei bekanntem $F(x, y, -h)$. PETERS (1949) löst dieses Problem durch zwei

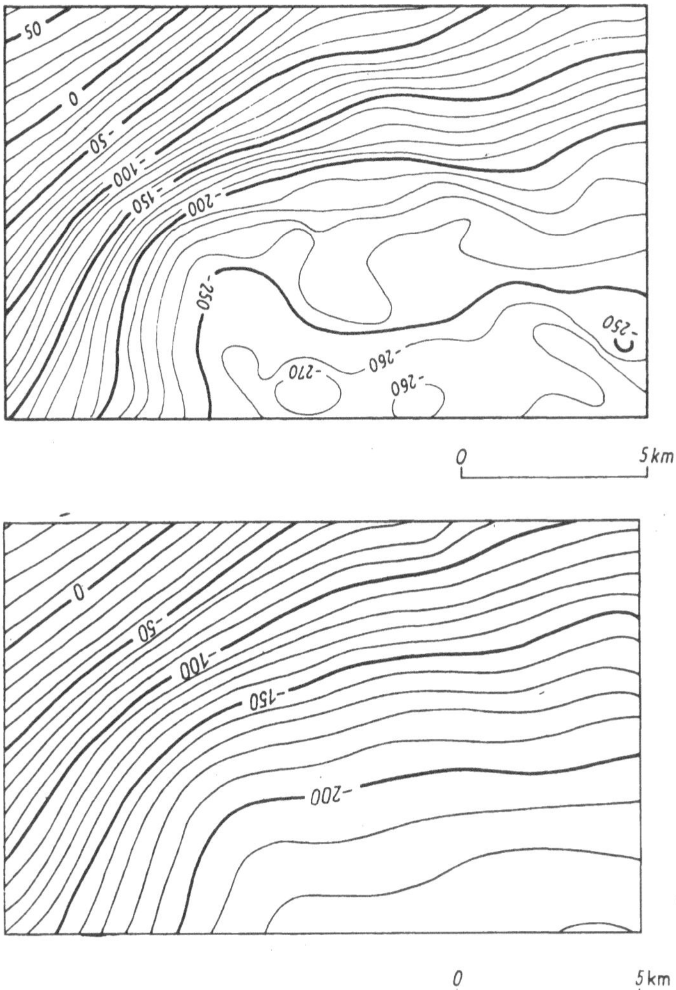

a

b

Abb. 5.13. Feldfortsetzung nach oben nach PETERS (1949) (aus HAGE-ALI, 1963). Isanomalenabstand: 10 μm/s^2; a) $\Delta g''$; b) Δg ($h = -1$ km)

TAYLOR-Entwicklungen für $F(x, y, -h)$ und $F(x, y, h)$; er findet

$$F(x, y, h) = -F(x, y, -h) + 2\left[F(x, y, 0) + \frac{h^2}{2!}\left(\frac{\partial^2}{\partial x^2} + \frac{\partial^2}{\partial y^2}\right)F(x, y, 0) + \frac{h^4}{4!}\left(\frac{\partial^2}{\partial x^2} + \frac{\partial^2}{\partial y^2}\right)^2 F(x, y, 0) + \cdots\right]. \tag{5.17}$$

Tabelle 5.1. Koeffizienten G_m zur Berechnung der Feldfortsetzung $h < 0$ nach PETERS (1949): FO; $h > 0$ nach TREJO (1954): FU1; nach CHOUDHURI; AMARAVADI (1972): FU2

m	mittlerer Radius r_m in s	G_m			
		FO		FU1	FU2
		$h = s$	$h = 2s$	$h = s$	$h = s$
1	0	0,1464	0,0528	5,8536	0,3969
2	1	0,2113	0,0918	−4,2113	0,3025
3	$\sqrt{2}$	0,1494	0,1139	−0,1494	0,3355
4	$\sqrt{5}$	0,1265	0,1254	−0,1265	0,2746
5	$\sqrt{8,5}$	0,0863	0,1151	−0,0862	0,2229
6	$\sqrt{17}$	0,0777	0,1206	−0,0777	0,0346
7	$\sqrt{34}$	0,0528	0,0912	−0,0527	−0,2219
8	$\sqrt{58}$	0,0345	0,0637	−0,0345	−0,3464
9	$\sqrt{99}$	0,0206	0,0390	0,0206	0,1134
10	$\sqrt{125}$	0,0945	0,1866	−0,0946	−0,1120

FO – Feldfortsetzung nach oben
FU – Feldfortsetzung nach unten

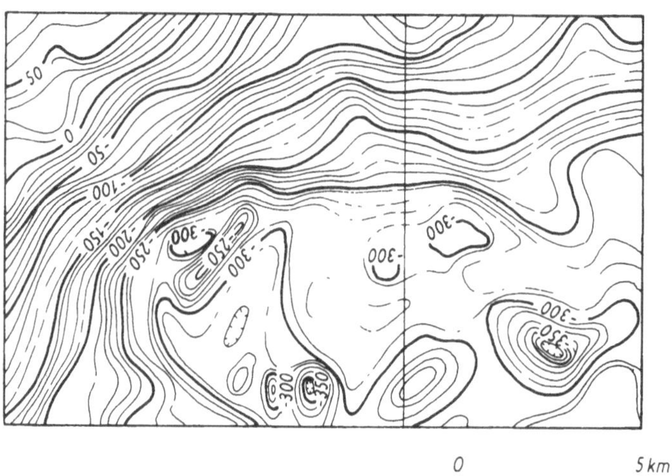

Abb. 5.14. Feldfortsetzung nach unten nach TREJO (1954) mit $h = 1$ km (aus HAGE-ALI, 1963). Isanomalenabstand: 10 μm/s²

Der Übergang zu Polarkoordinaten erlaubt die Einführung der Funktion $\overline{F}(r)$. Mit dem biquadratischen Parabelansatz (5.5) sowie nach zweimaliger Anwendung des LAPLACE-Operators gemäß (5.17) folgt für $r = 0$

$$F(h) = -F(-h) + 2a_0 + 4a_2h^2 + \frac{16}{3} a_4h^4. \tag{5.18}$$

Die Koeffizienten werden mittels Ausgleichsrechnung aus den in Abb. 5.12. dargestellten Kreisradien sowie denen der Feldfortsetzung nach oben entwickelt. Die Gewichte sind in Tab. 5.1 nach CHOUDHURI; AMARAVADI (1972) angegeben. Weitere Entwicklungen liegen von TREJO (1954) und anderen Autoren vor (vgl. JUNG, 1961). Zahlreiche Formeln auf der Grundlage von FOURIER-Entwicklungen (BARANOV, 1975) vermeiden durch Einbeziehen von Glättungsfunktionen das Auftreten kurzwelliger Störfelder.

Abb. 5.14 zeigt eine Anwendung des Verfahrens auf die in Abb. 5.13a dargestellte BOUGUER-Karte. Die von der $-300\,\mu m/s^2$-Isanomale konturierten Minima betonen die hier anstehenden oder nahe der Oberfläche gelegenen sauren Granite variszischer Prägung; sie weisen gegenüber dem kristallinen Rahmen ein Dichtedefizit von etwa $0{,}1 \cdot 10^3\,kg/m^3$ auf.

5.2.1.4. *Vertikalgradient*

Die Berechnung des Vertikalgradienten F_z aus gemessenen Potentialfeldanomalien erlaubt eine Unterdrückung regionaler Feldanteile. Die Anwendung der Funktion $\overline{F}(r)$ auf (1.191) ergibt für $z < 0$

$$F(0, 0, z) = z \int\limits_{r=0}^{\infty} \frac{\overline{F}(r, 0)\, r}{(r^2 + z^2)^{3/2}}\, dr . \tag{5.19}$$

Der Vertikalgradient F_z entsteht aus der Ableitung von (5.19) nach z. Wegen der für $r = z = 0$ entstehenden Singularität ist in (5.19) jedoch erst die Integration auszuführen. Die Anäherung von $\overline{F}(r)$ durch (5.5) führt nach BARANOV (1953) zu

$$F(0, 0, z) = \int\limits_{r=0}^{\infty} (a_0 + a_2 r^2 + a_4 r^4) \frac{rz}{(r^2 + z^2)^{3/2}}\, dr . \tag{5.20}$$

Die Koeffizienten a_0, a_2, a_4 werden aus den entsprechenden Kreisradien und den zugehörigen Funktionen $\overline{F}(r)$ bestimmt. Die intervallweise Integration der in (5.20) enthaltenen drei Integrale sowie die anschließende Ableitung nach z ergibt die in Tab. 5.2 enthaltenen Gewichtsfunktionen. Für die praktische Rechnung gilt

$$F_z = \frac{1}{s} \sum_{(m)} G_m \overline{F}(r_m) . \tag{5.21}$$

Wird bei der Ermittlung von F_z die FOURIER-Transformation genutzt, so gilt mit (1.201) und (1.202)

$$F_z(x, y, 0) = \frac{1}{4\pi^2} \int\limits_{-\pi}^{\pi}\!\!\int \mathscr{F}\{F(x, y, 0), u, v\} \sqrt{u^2 + v^2} \exp\left[i(ux + vy)\right] du\, dv . \tag{5.22}$$

Tabelle 5.2. Koeffizienten G_m zur Berechnung des Vertikalgradienten nach BARANOV (1953)

m	r_m in s	G_m
1	0	2,30518
2	1	−1,70975
3	$\sqrt{2}$	−0,05284
4	$\sqrt{5}$	−0,17401
5	$\sqrt{10}$	−0,09577
6	$\sqrt{17}$	−0,05249
7	5	−0,04174
8	$\sqrt{40}$	−0,04038
9	$\sqrt{68}$	0,20340
10	10	−0,34160

Für den Aufpunkt im Koordinatenursprung ergibt sich analog zu (5.13) für endliche Datenmengen

$$F_z(0) = \frac{s^2}{4\pi^2} \sum_{(m)} \sum_{(n)} F(ms, ns) \int_{-\pi}^{\pi}\!\!\int \sqrt{u^2 + v^2} \exp\left[i(ums + vns)\right] du\, dv . \qquad (5.23)$$

Das mit $1/4\pi^2$ multiplizierte Doppelintegral in (5.23) wird näherungsweise gelöst und stellt die Gewichtskoeffizienten $G_{m,n}$ dar, mit denen die Faltung analog zu (5.14) auszuführen ist.

Abb. 5.15 zeigt eine Anwendung des Verfahrens. Allerdings wurde in diesem Fall der Vertikalgradient durch eine Differenzbildung der in den Abbildungen 5.13b und 5.14 dargestellten Feldfortsetzungen berechnet. –

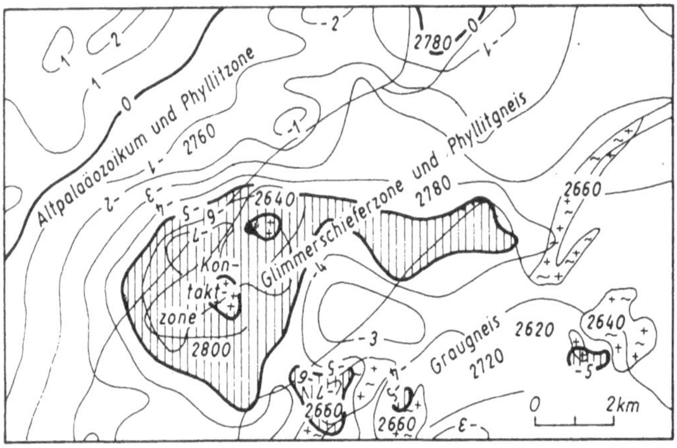

Abb. 5.15. Vertikalgradient, berechnet durch zwei Feldfortsetzungen; Isanomalenabstand: $10 \cdot 10^{-9}\ s^{-2}$ (nach HAGE-ALI, 1963) und Dichtewerte in kg/m³ (aus KOPF et al., 1961)

Das zentrale Schwereminimum ist auf eine Granithochlage zurückzuführen, wie durch die anstehende Granite und den Kontaktbereich bestätigt wird. Der schmale Ausläufer des Minimums nach E hängt ursächlich mit einer Granithochlage in größerer Tiefe zusammen, wie die hier vorhandenen Zinnerzvorkommen beweisen. Dagegen wird der kleine Granitstock am rechten Kartenausschnitt nur ungenügend im Verlauf von g_z bestätigt; die Ursache liegt wahrscheinlich im zu großen Punktabstand (1,5 km) der gravimetrischen Aufnahme. Die beiden am unteren Bildrand gelegenen Minima stehen vermutlich mit größeren Rotgneismächtigkeiten in Verbindung.

5.2.1.5. *Zweite Ableitung*

Bezogen auf den Vertikalgradienten besitzt die zweite Ableitung F_{zz} ein höheres Auflösungsvermögen und gestattet eine bessere Unterdrückung regionaler Feldanteile. Nach Kap. 1.5.2.3. ist $F_{zz} = -4a_2$; d. h., die Größe

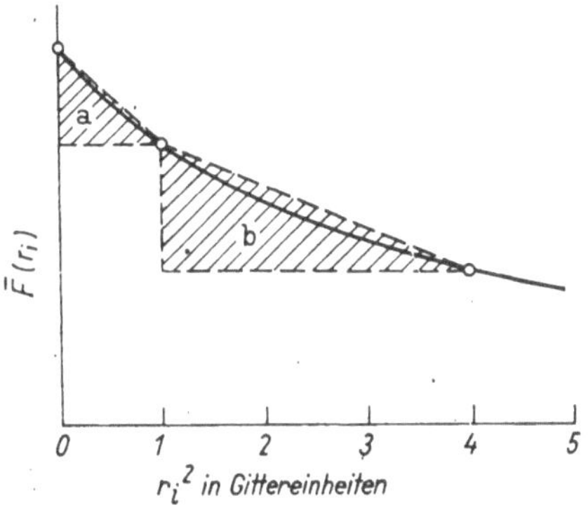

Abb. 5.16. Geometrische Darstellung der Tangentenbestimmung von F_{zz} durch einen Geradenansatz
a — Formel ROSENBACH (I); b — Formel ROSENBACH (VIII)

F_{zz} entspricht dem mit -4 multiplizierten Anstieg der über r^2 aufgetragenen Funktion $\bar{F}(r)$ im Ursprung. Im einfachsten Fall wird a_2 durch eine Gerade aus zwei Werten von $\bar{F}(r)$ bestimmt. Dieser Ansatz führt nach Abb. 5.16 beispielsweise zu den zwei Formeln von ROSENBACH (1953, 1954).

$$\begin{aligned} F_{zz}(\text{RO I}) &= 4/s^2[F(0) - \bar{F}(s)], \\ F_{zz}(\text{RO VIII}) &= 4/(3s^2)\,[\bar{F}(s) - \bar{F}(2s)]. \end{aligned} \tag{5.24}$$

Eine weitere Möglichkeit, Formeln zur Berechnung von F_{zz} herzuleiten, besteht in der Annäherung der Funktion $\bar{F}(r)$ durch biquadratische Parabeln (vgl. 5.5). Werden in der jeweiligen Formel mehr als drei Kreisradien verwendet, dann sind die Gewichtsfunktionen G_m zur Multiplikation der Funktionen $\bar{F}(r)$ durch Ausgleichsrechnung zu bestimmen. In der Formel III von GROSSE (1967) wird unter Benutzung eines hexagonalen Gitternetzes von den Kreisradien s; $s\sqrt{3}$; $2s$; $s\sqrt{7}$ ausgegangen; dadurch entsteht unter Verwendung von (5.5)

$$\begin{aligned}\overline{F}(s) &= a_0 + a_2 + a_4, \\ \overline{F}(s\sqrt{3}) &= a_0 + 3a_2 + 9a_4, \\ \overline{F}(2s) &= a_0 + 4a_2 + 16a_4, \\ \overline{F}(s\sqrt{7}) &= a_0 + 7a_2 + 49a_4.\end{aligned} \tag{5.25}$$

Die GAUSSsche Transformation liefert die Normalgleichungen

$$\begin{aligned} 4a_0 + 15a_2 + 75a_4 &= \overline{F}(s) + \overline{F}(s\sqrt{3}) + \overline{F}(2s) + \overline{F}(s\sqrt{7}), \\ 15a_0 + 75a_2 + 435a_4 &= \overline{F}(s) + 3\overline{F}(s\sqrt{3}) + 4\overline{F}(2s) + 7\overline{F}(s\sqrt{7}), \\ 75a_0 + 435a_2 + 2739a_4 &= \overline{F}(s) + 9\overline{F}(s\sqrt{3}) + 16\overline{F}(2s) + 49\overline{F}(s\sqrt{7}). \end{aligned} \tag{5.26}$$

Die Auflösung von (5.26) nach a_2 und die Multiplikation mit -4 liefert die gemeinsam mit anderen Formeln in Tab. 5.3 dargestellten Gewichtsfunktionen.

Tabelle 5.3. Koeffizienten G_m zur Berechnung der zweiten Ableitung einiger gebräuchlicher Formeln

Formel	G_m						
	$r = 0$	$r = s$	$r = s\sqrt{2}$	$r = s\sqrt{3}$	$r = 2s$	$r = s\sqrt{5}$	$r = s\sqrt{7}$
ELKINS I	1,0667	−0,1333	−0,2667	—	—	0,6667	—
ELKINS II	0,5714	0,2857	—	—	—	−0,8571	—
ELKINS III	0,7097	0,2581	−0,1935	—	—	−0,7742	—
ROSENBACH II	4,0000	−2,9999	−1,3333	—	—	+0,3333	—
HENDERSON; ZIETZ I	6,1850	−8,3740	2,1890	—	—	—	—
HENDERSON; ZIETZ II	6,0000	−8,0000	2,0000	—	—	—	—
HENDERSON; ZIETZ III	7,0000	−10,6667	4,0000	—	−0,3333	—	—
BARANOV I	5,7600	−7,4000	1,6000	—	—	0,0400	—
GROSSE III	—	2,7733	—	−1,4800	−2,2400	—	0,9467

In allgemeiner Form läßt sich die zweite Ableitung wie folgt darstellen und rechnerisch aus Punktgitteranordnungen ermitteln.

$$F_{zz} = \frac{1}{s^2} \sum_{(m)} G_m \overline{F}(r_m). \tag{5.27}$$

Die in Tab. 5.3 angegebenen Formeln unterscheiden sich durch ihren Fortpflanzungsfehler, ihre Extremwertwiedergabe und ihre Tiefencharakteristiken bezüglich spezieller Modellkörper (für g_{zz} siehe GROSSE, 1967; MILITZER; LINDNER, 1979; für T_{zz} siehe MILITZER; SCHEIBE, 1981).

Abb. 5.17 zeigt eine Anwendung der Formel ELKINS III auf die Schwerekarte von Abb. 2.21. Sämtliche Regionalanomalien wurden beseitigt und nur die lokalen Anomalien transformiert. Unter anderem betonen die g_{zz}-Minima anstehende Granite variszischer Prägung (vgl. Karte der Dichtebezirke Abb. 2.63).

Wird die FOURIER-Transformation zur Bestimmung von F_{zz} verwendet, so folgt nach (1.208)

$$F_{zz}(x, y, 0) = \frac{1}{4\pi^2} \int\limits_{-\pi}^{\pi}\int (u^2 + v^2) \mathscr{F}\{F(x, y, 0), u, v\} \exp[i(ux + vy)]\, du\, dv. \tag{5.28}$$

Analog zu (5.22) gilt für endliche Datenmengen

$$F_{zz}(0) = \frac{s^2}{4\pi^2} \sum_{(m)} \sum_{(n)} F(ms, ns) \int\limits_{-\pi}^{\pi}\int (u^2 + v^2) \exp[i(ums + vns)]\, du\, dv. \tag{5.29}$$

5.2.1.6. Spezielle Verfahren zur Bearbeitung magnetischer Meßwerte

5.2.1.6.1. Umrechnung magnetischer Feldkomponenten

Die magnetischen Feldgrößen sind im Außenraum ($z \leqq 0$) voneinander abhängig. Deshalb genügt es, eine Komponente in der Beobachtungsebene zu kennen, um das magnetische Potential $U(x, y, z)$ und dessen räumliche Ableitungen – die Elemente T, X, Y, H und Z – im quellenfreien Raum zu berechnen. An Voraussetzungen sind lediglich erforderlich

– das Normalfeld ist im Untersuchungsgebiet nach Betrag und Richtung konstant;
– das zu transformierende Feld ist in einem hinreichend großen Gebiet gegeben, so daß die zu transformierenden Anomalien vollständig erfaßt werden; evtl. auftretende regionale Gradienten sind durch vorangehende Feldertrennung zu beseitigen.

Die Berechnung von ΔZ aus ΔT und von ΔT aus ΔZ hat besonders während der letzten 20 Jahre durch die Umstellung der geomagnetischen Meßtechnik von mechanisch-optischen Magnetometern auf solche mit elektronischen und atomphysikalischen Meßprinzipien Bedeutung erlangt. Der zunehmende Einsatz von Kernpräzessions- und Absorptionszellenmagnetometern sowie die verstärkte Anwendung der Aeromagnetik war mit einem Wechsel in der bevorzugten Meßkomponente von ΔZ auf ΔT verbunden. Infolgedessen tritt bei der Zusammenstellung magnetischer Karten das Problem der Anpassung von ΔT- an ΔZ-Messungen und umgekehrt auf, teilweise noch mit der Notwendigkeit einer Reduktion auf unterschiedliche Meßniveaus verbunden.

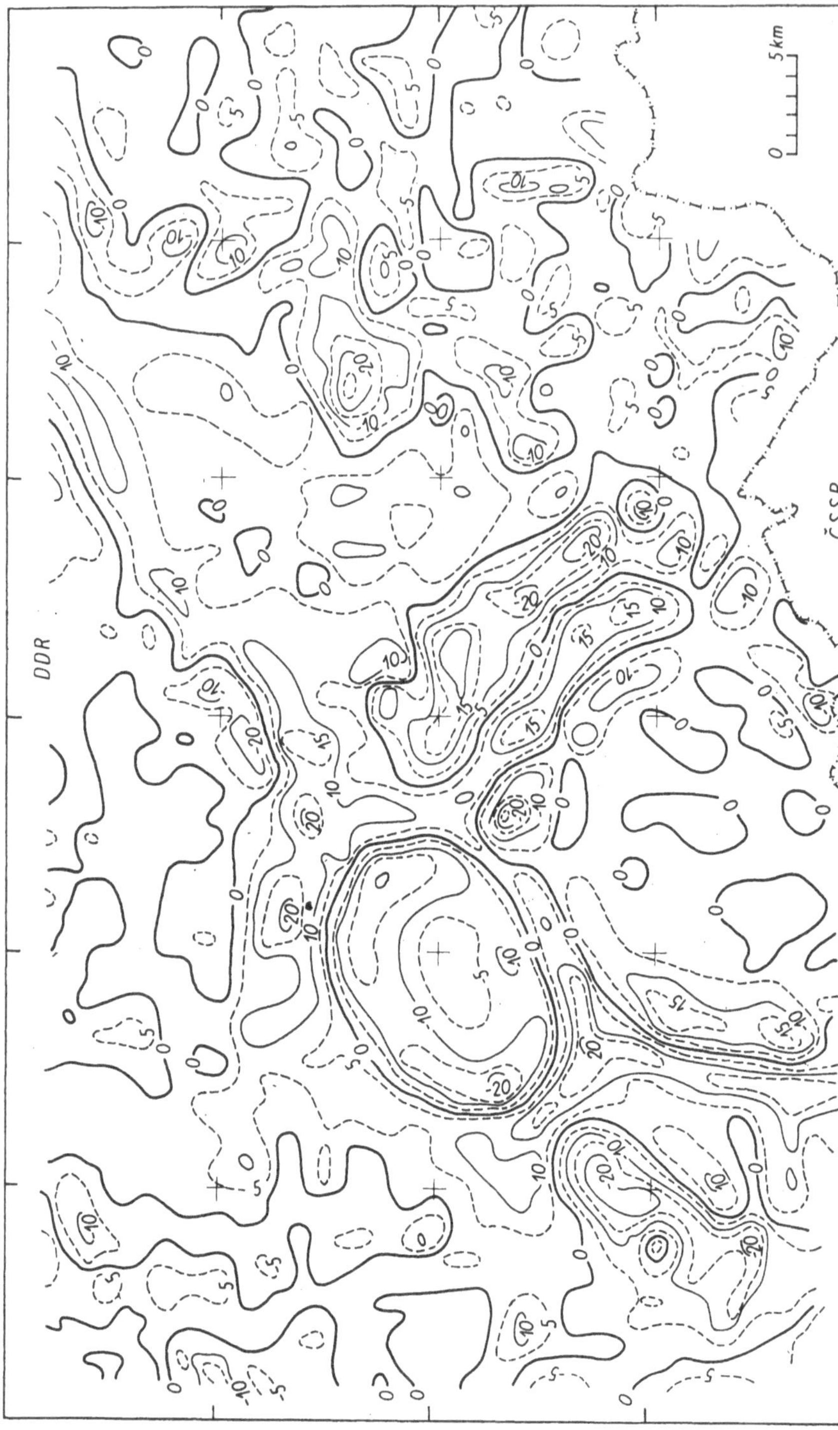

Abb. 5.17. Zweite Ableitung g_{zz} der gravimetrischen Regionalaufnahme eines Gebietes im Erzgebirge (Abb. 2.16.) (nach GROSSE et al., 1961)
Formel: ELKINS (III); Isanomalenabstand: $10 \cdot 10^{-12}\ m^{-1} \cdot s^{-2}$

HUGHES; PONDROM (1947) haben erstmals gezeigt, daß sich aus der allgemeinen Lösung der LAPLACE-Gleichung für den quellenfreien Raum mittels FOURIER-Transformation und Übergang zu Zylinderkoordinaten die Elemente ΔZ, ΔX und ΔY im Ursprung aus den Randwerten von ΔT berechnen lassen. Sie schlagen ebenso wie SU-HO (1961) eine abschnittsweise Integration zur Entwicklung von Kreisringschemen für den manuellen Gebrauch vor. Bei Einsatz von Computern empfiehlt sich dagegen die Berechnung von Filteroperatoren gemäß BARANOV (1975). Der Zusammenhang zwischen den Spektren von ΔT und ΔZ ist durch (1.216) gegeben. Das ΔT-Spektrum $S^T(u, v)$ entsteht aus dem gemessenen ΔT-Feld durch FOURIER-Transformation

$$S^T(u, v) = \mathscr{F}\{\Delta T(x, y), u, v\}. \tag{5.30}$$

Die zur Berechnung der ΔZ-Komponente erforderliche Gewichtsfunktion G^Z ergibt sich nach BARANOV (1975) zu

$$G^Z(m, n) = \frac{1}{4\pi^2} \int\int_{-\pi}^{\pi} \frac{\exp(mui + nvi)}{a_0 ui + b_0 vi + c_0 \sqrt{u^2 + v^2}} \sqrt{u^2 + v^2} \, du \, dv; \tag{5.31}$$

a_0, b_0, c_0 – Richtungskosinus des Normalfeldes nach (1.216).

Mit $p = u/v$ ergibt sich

$$G^Z(m, n) = \int_{-1}^{+1} \sqrt{1 + p^2} \frac{QC(\tau_1) + P_1 S(\tau_1)}{P_1^2 + Q^2} + \frac{QC(\tau_2) + P_2 S(\tau_2)}{P_2^2 + Q^2} \mathrm{d}p, \tag{5.32}$$

$$C(\tau) = \frac{\sin \pi\tau}{2\pi\tau} - \frac{1 - \cos \pi\tau}{2\pi^2\tau^2}; \quad S(\tau) = \frac{\sin \pi\tau}{2\pi^2\tau^2} - \frac{\cos \pi\tau}{2\pi\tau}$$

$$\text{für} \quad \tau_1 = m + np \quad \text{und} \quad \tau_2 = mp + n,$$

$$P_1 = a_0 + b_0 p, \quad P_2 = a_0 p + b_0, \quad Q = c_0 \sqrt{1 + p^2}.$$

Die numerische Lösung von (5.32) ergibt die Filteroperatoren für eine im Quadratgitter vorliegende Matrix von Feldwerten.

Als praktisches Beispiel einer Umrechnung magnetischer Feldgrößen ist in Abb. 5.18 die ΔT-Karte der Republik Österreich einschließlich ihrer Randgebiete und in Abb. 5.19 die daraus berechnete ΔZ-Karte dargestellt. Auf die gleiche Art können die anderen Feldkomponenten (ΔX, ΔY) aus ΔT sowie ΔT aus ΔZ-Messungen berechnet werden. Einige Autoren (z. B. LOURENCO; MORRISON, 1973; ROTHER, 1979) führen die Komponententransformation im Wellenzahlbereich durch.

Zur Konstruktion von Störvektoren hat die Berechnung von ΔH (bzw. ΔX) aus ΔZ-Messungen Bedeutung. Dies gilt insbesondere für Profile senkrecht zum Streichen lateral unendlich ausgedehnter Störkörper (zweidimensionaler Fall). – Nach LOGAČEV; ZACHAROV (1973) gilt für den Auf-

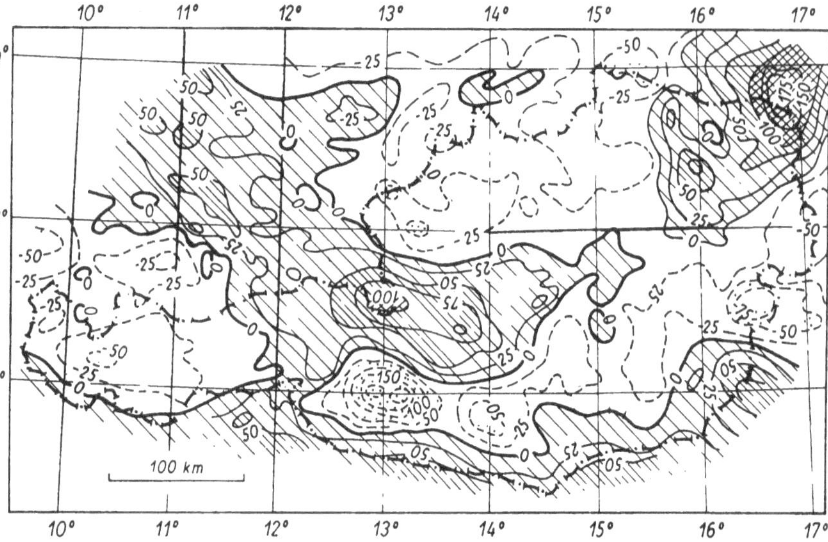

Abb. 5.18. ΔT-Isanomalen in nT der Landesaufnahme der Republik Österreich (nach Seiberl, 1979)

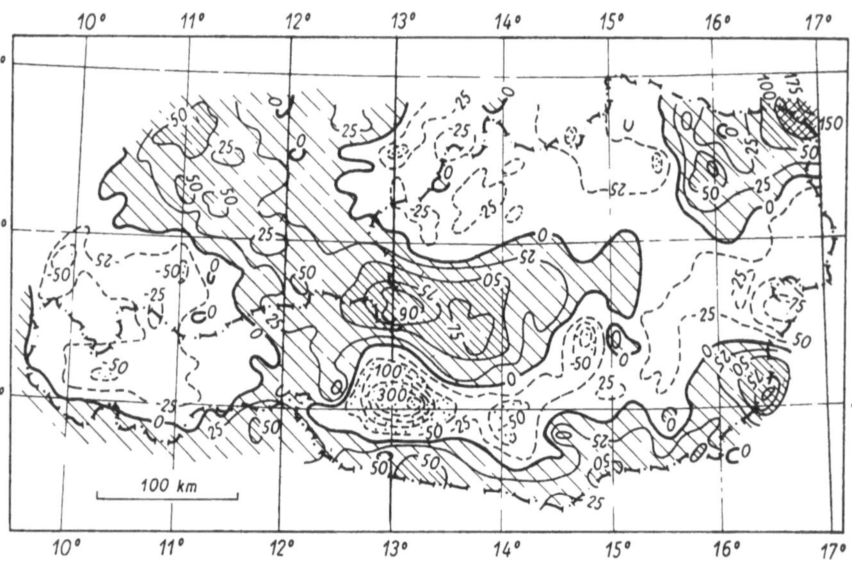

Abb. 5.19. ΔZ-Isanomalen in nT der Republik Österreich, berechnet aus dem ΔT-Bild der Abb. 5.18 mit einem Gitterabstand $s = 10$ km (nach Seiberl, 1979)

punkt im Ursprung

$$\Delta X = \frac{1}{\pi} \int_{-\infty}^{\infty} \frac{\Delta Z(x', 0)}{x'} \, dx'. \tag{5.33}$$

Das Profil wird in Abschnitte Δx_j mit dem Mittelwert $\overline{\Delta Z}(x_j)$ zerlegt, so daß die Integration abschnittsweise erfolgen kann.

$$\frac{\overline{\Delta Z}(\Delta x_j)}{\pi} \int_{x_j}^{x_{j+1}} \frac{dx'}{x'} = \frac{\overline{\Delta Z}(\Delta x_j)}{\pi} (\ln x_{j+1} - \ln x_j) = \frac{\overline{\Delta Z}(\Delta x_j)}{\pi} \ln \frac{x_{j+1}}{x_j}. \tag{5.34}$$

Alle Abschnitte Δx_j des Profils liefern zu ΔX den gleichen Beitrag für

$$\frac{1}{\pi} \ln \frac{x_{j+1}}{x_j} = c = \text{const}. \tag{5.35}$$

Für $x_1 = 1$ und $c = 0{,}1$ ergibt sich das Diagramm von LOGAČEV; ZACHAROV (1973).

5.2.1.6.2. Polreduktion

Infolge der Breitenabhängigkeit von Betrag und Richtung des magnetischen Feldvektors (Abb. 3.2) werden Form, Amplitude, Vorzeichen und Lage einer magnetischen Anomalie relativ zum Störkörper beeinflußt. Speziell die Lageverschiebung zwischen Anomalie und Quelle wird mittels „Polreduktion" beseitigt, dabei werden das ΔT- bzw. ΔZ-Feld von der tatsächlichen Inklination auf $I_0 = \pm 90°$ (Magnetisierungsvektor senkrecht zur Erdoberfläche) umgerechnet. Dadurch sind für die Interpretation eine leichtere Abgrenzung magnetisierter Körper und tektonischer Störungen sowie eine bessere Vergleichbarkeit im Rahmen der Komplexinterpretation möglich.

Grundlage der Polreduktion ist die POISSON-EÖTVÖSsche Gleichung (1.120), die den Zusammenhang zwischen dem magnetischen Potential U und dem Gravitationspotential V herstellt. Durch Differentiation von (1.120) in Richtung s des magnetischen Normalfeldes ergibt sich die Totalintensität ΔT

$$\Delta T = -\mu_0 \frac{\partial U}{\partial s} = \frac{\mu_0 M}{4\pi f \varrho} \frac{\partial^2 V}{\partial t \, \partial s}; \tag{5.36}$$

∂t – Differentiale in Richtung des Magnetisierungsvektors,

∂s – Differentiale in Richtung des Normalfeldes.

Durch Differentiation von (5.36) nach ∂z an Stelle von ∂s und ∂t entsteht die polreduzierte magnetische Feldgröße ΔT_{pol}. Die Filteroperatoren für eine im Quadratgitter vorliegende Matrix von ΔT-Werten ergeben sich nach BARANOV (1975) über die FOURIER-Transformation wie (5.30) (SEIBERL, 1979).

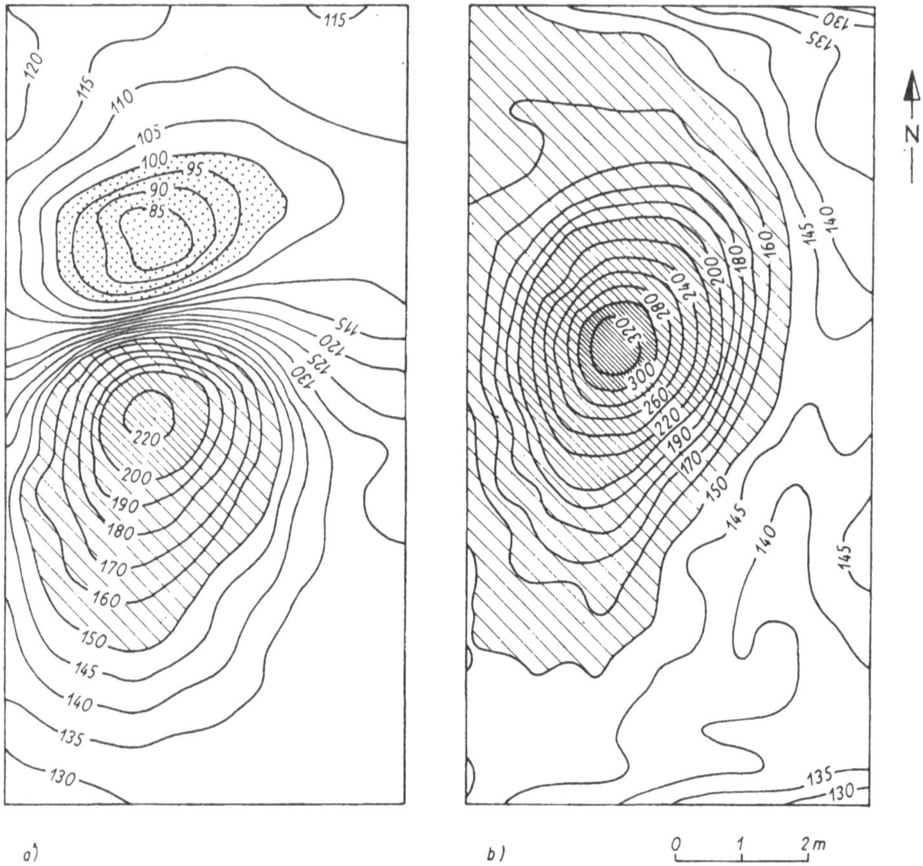

Abb. 5.20. Anwendung der Polreduktion auf die magnetische Vermessung eines Porphyrschlotes in NW-Sachsen für $I_0 = 67°$ und $I_m = 23°$ (nach LINDNER; SCHEIBE, 1979)
a) ΔT-Isanomalen in nT; b) ΔT_{pol}-Isanomalen in nT

Mit einer quadratischen Matrix ΔT mit $0 \leqq k, l \leqq N - 1$, dem Gitterabstand s und $z = 0$ gilt für das Spektrum

$$S^T(m, n) = \sum_{k=l=0}^{N-1}\sum \Delta T(k, l) \exp\left[-\frac{2\pi i}{N}(km + ln)\right]. \tag{5.37}$$

Daraus ergibt sich die polreduzierte Anomalie

$$\Delta T_{\text{pol}}(k, l) = \frac{1}{N^2} \sum_{m=n=0}^{N-1}\sum S^T_{\text{pol}}(m, n) \exp\left[\frac{2\pi i}{N}(km + ln)\right]. \tag{5.38}$$

Bei den verwendeten diskreten Meßwerten folgt mit $u = 2\pi m/(sN)$ und $v = 2\pi n/(sN)$ aus (1.216)

$$S^T_{\text{pol}}(m, n) = S^T(m, n) \frac{m^2 + n^2}{\left[i(a_0 m + b_0 n) + c_0 \sqrt{m^2 + n^2}\right]\left[i(a_m m + b_m n) + c_m \sqrt{m^2 + n^2}\right]}; \quad (5.39)$$

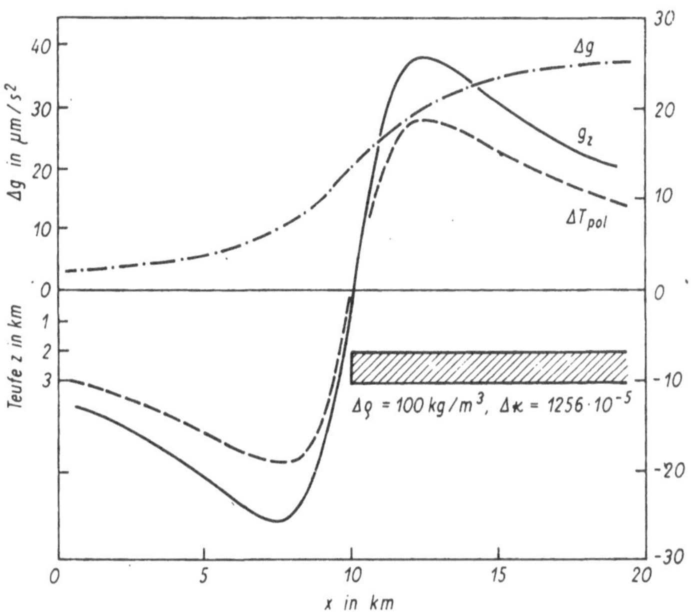

Abb. 5.21. Beziehungen zwischen Δg, g_z und ΔT_{pol} über einer stufenförmigen Schichtgrenze (nach LINDNER; SCHEIBE, 1979)

$$a_{0,m} = \cos I_{0,m} \cos D_{0,m}; \qquad b_{0,m} = \cos I_{0,m} \sin D_{0,m};$$
$$c_{0,m} = \sin I_{0,m}. \quad (5.40)$$

Abb. 5.20 erläutert die Anwendung des Verfahrens an Hand der ΔT-Anomalie über einem schmalen Porphyrschlot in NW-Sachsen. Ein der Anomalie nördlich vorgelagertes Minimum erschwert die Abgrenzung des magnetisch wirksamen Gesteinskomplexes (Abb. 5.20a). Bei einer in diesem Gebiet ungestörten Magnetisierungsrichtung ($I_0 = I_m = 67°$) führte die Polreduktion nicht zum Verschwinden des Minimums, so daß mit dem Vorhandensein remanenter, vom heutigen Erdfeld in seiner Richtung abweichender Magnetisierung zu rechnen war. Die polreduzierte Karte (Abb. 5.20b) wurde deshalb für $I_0 = 67°$, $I_m = 23°$ berechnet; die Konturen des Störkörpers treten deutlich hervor.

Für die polreduzierte Anomalie ΔT_{pol} vereinfacht sich die POISSON-EÖTVÖSsche Gleichung (1.120) bzw. (5.36) wie folgt

$$\Delta T_{pol} = \frac{\varkappa T_0}{4\pi f \varrho} g_z. \tag{5.41}$$

Die polreduzierte ΔT-Anomalie ist demnach unter der Voraussetzung, daß sich der Störkörper sowohl im magnetischen als auch im gravimetrischen Meßbild abzeichnet, nur mit dem gravimetrischen Vertikalgradienten g_z direkt vergleichbar. Abb. 5.21 belegt dies für das Modell einer halbunendlichen Platte.

5.2.2. Direkte Verfahren

Sind die Geometrie und die petrophysikalischen Parameter der zu erkundenden Störkörper annähernd bekannt, so läßt sich das zugehörige gravimetrische oder magnetische Feld berechnen. Dieses Vorgehen wird als Lösung der direkten Aufgabe bezeichnet. Die Kenntnis solcher berechneten synthetischen Felder ist sowohl für die Vorbereitung der Messungen als auch für die Durchführung von Reduktion und die Interpretation bedeutungsvoll (Tab. 5.4). Letztlich besteht das Ziel der direkten Verfahren darin, für die Interpretation eine Störkörperanordnung zu entwickeln, mit der das gemessene Feld widerspruchsfrei gedeutet werden kann.

Tabelle 5.4. Einsatz direkter Verfahren

Einsatzgebiet	Zielstellung
Vorbereitung der Messungen	Berechnung von Amplitude, Form und Wellenlänge der zu erwartenden Anomalien zwecks Abschätzung der Größe des Untersuchungsgebietes, des Punktabstandes und der notwendigen Meßgenauigkeit
Reduktion	Berechnung der Geländereduktion
Interpretation	Wahl der optimalen Feldtransformationsverfahren, Beseitigung unerwünschter Feldanteile durch „Abdecken" (Gravimetrie), Vergleich des gemessenen mit dem berechneten Feld und damit Übergang zu den indirekten Bearbeitungsverfahren

Die Lösung der direkten Aufgabe erfolgt analytisch. Vor allem in der Bohrlochmagnetik hat auch heute noch die experimentelle Methode nach ZIDAROV (1955), z. B. die Elektromodellierung nach AVDEVIČ; FOKIN (1978), Bedeutung. Der analytischen Lösung liegt die Annahme diskreter Störkörper bzw. Störkörpergruppierungen zugrunde, welche die geologische Situation in vereinfachter Form darstellen. Die angewendeten Methoden sind Näherungsverfahren und setzen homogen magnetisierte und isotrope Störkörper bei Vernachlässigung der Entmagnetisierung voraus.

5.2.2.1. *Analytische Lösung durch Einzelmodelle*

Einzelmodelle werden dann benutzt, wenn es bei der Strukturanalyse nicht auf Details ankommt. Sie eignen sich daher insbesondere zur Erstinterprétation einfacher geologischer Situationen. Durch Kombination mehrerer Einzelmodelle ist auch die Modellierung komplizierterer Verhältnisse möglich. Die Auswahl der Modelle wird durch die gegebene geologische Bedingung bestimmt (Tab. 2.4). Zur Störwertberechnung von Einzelmodellen liegen zahlreiche Sammlungen von Störkörperformeln und „Masterkurven" vor, von denen eine Auswahl in Tab. 5.5 zusammengestellt ist.

Tabelle 5.5. Störkörperformeln und Masterkurven verschiedener Feldgrößen

Verfasser	Störkörperformeln	Masterkurven	Bemerkungen
NETTLETON (1942, 1976)	δg, δZ	δg, δZ	
ČELMINS (1957)	δg	δg	
KOLJUBAKIN; LAPINA (1960)	δH, δZ	–	
GAY (1963)	–	δZ, δH, δT	zweidimensionale schmale Gänge
GAY (1965)	–	δZ, δH, δT	horizontaler Kreiszylinder
GRANT; WEST (1965)	δg, δZ, δT	δg, δZ, δT	
BLIŽKOVSKÝ; MÜLLER (1971)	–	δg	zweidimensionale Prismen
NAGY (1973)	–	δg	dreidimensionale Prismen
LINDNER; SCHEIBE (1978)	δg, δT	–	

Für verschiedene Modelle liegen auch numerische Störkörpertabellen vor (BILSKI, 1971, 1972; LINDNER, 1976 für δg; SCHEIBE; LINDNER, 1977 für δT).

Die Ableitung der wichtigsten Störkörperformeln kann Kap. 1.2.···1.4. entnommen werden; Tab. 5.6 enthält eine Zusammenstellung der entsprechenden Formeln.

Abb. 5.22 zeigt eine Anwendung der Methode der Einzelmodelle zur Erkundung einer Kristallinhochlage. Mit dem einfachen Modell des senkrecht stehenden Kreiszylinders ließ sich mit den im Bild angegebenen Parametern eine weitgehende Übereinstimmung zwischen gemessener und berechneter Schwerekurve erzielen.

Bei der Arbeit mit Einzelmodellen kann der Aufwand durch den Übergang zu äquivalenten Störkörpern (Tab. 5.7) erheblich vermindert werden. Sie entstehen im Prinzip durch Einschrumpfen aus dem tatsächlichen Störkörper. Die Abweichungen zwischen beiden Interpretationsmodellen spielen in der Praxis nur bei ungünstigen Quell-Aufpunkt-Verhältnissen eine Rolle und können i. allg. vernachlässigt werden.

Tabelle 5.6. Übersicht der Störkörperformeln aus Kap. 1

Modell	δg	δT
Dreidimensionale Körper		
ebene Platte	(1.50)	–
sphärische Platte	(1.58, 1.59)	–
Kugel	(1.61)	(1.131)
Quader	(1.69, 1.70)	(1.134)
vertikale halbunendliche Säule	(1.75, 1.70)	(1.135, 1.134)
horizontale halbunendliche Säule	(1.78, 1.70)	(1.135, 1.134)
Viertelplatte	(1.79, 1.80)	(1.135, 1.134)
Zweidimensionale Körper		
horizontaler Zylinder	(1.149)	(1.174)
senkrechte Stufe	(1.156)	–
geneigte Stufe	(1.159)	(1.175)
Prisma mit Polygonquerschnitt	(1.162)	–

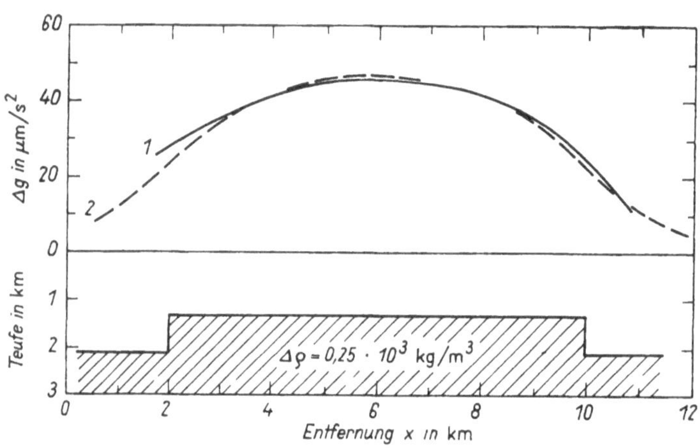

Abb. 5.22. Modellierung einer Kristallinhochlage aus dem Gebiet St. Lawrence, Lowlands
1 – Δg gemessen (aus TELFORD et al., 1976); *2* – Δg berechnet (Zylindermodell)

Der Übergang zu teufenmäßig begrenzten Modellen erfolgt durch Differenzbildung zweier unendlich tiefreichender Störkörper; durch Subtraktion zweier Halbebenen ergibt sich das äquivalente Modell zur Verwerfung.

5.2.2.2. *Profilberechnung*

Komplizierte geologische Verhältnisse – wie z. B. schichtförmige Störkörpergruppierungen oder Störkörper mit unregelmäßigem Querschnitt – erlauben i. allg. keine Bearbeitung über Einzelmodelle. Für diese Situationen kann die Lösung der direkten Aufgabe wesentlich genauer mit dem Ver-

Tabelle 5.7. Einige Störkörperformeln äquivalenter Modelle für $y = z = 0$

Störkörper	Störwirkung in δg und δT
vertikale Massen-(Dipol-) Linie mit $T = \infty$ ≈ Vertikaler Kreiszylinder mit $T = \infty$	$\delta g = r^2 \pi \varrho f (x^2 + t^2)^{-1/2}$ $\delta T = r^2 \frac{\varkappa}{4} T_0 x^{-2} (x^2 + t^2)^{-3/2} \{[(x^2 + t^2)^{3/2} - 2x^2 t + t^3] \times \cos^2 I_0 \cos^2 A - 2x^3 \sin I_0 \cos I_0 \cos A + [x^2 t + t^3 - (x^2 + t^2)^{3/2}] \cos^2 I_0 \sin^2 A + x^2 h \sin^2 I_0\}$
homogene Halbebene ≈ senkrechte Stufe	$\delta g = 2 d \varrho f (\pi/2 + \arctan x/t)$ $\delta T = \frac{d\varkappa}{2\pi} T_0 (1 - \cos^2 I_0 \sin^2 A) (t \sin 2I' - x \cos 2I') \times (x^2 + t^2)^{-1}$
horizontaler Streifen ≈ Rechteckprisma	$\delta g = 2 d \varrho f [\arctan (x + b)/t - \arctan (x - b)/t]$ $\delta T = \frac{d\varkappa}{2\pi} T_0 (1 - \cos^2 I_0 \sin^2 A) \{[t \sin 2I' - (x + b) \cos 2I'] \times [(x + b)^2 + t^2]^{-1} - [t \sin 2I' - (x - b) \cos 2I'] \times [(x - b)^2 + t^2]^{-1}\}$
geneigte Massen-Linie mit $T = \infty$	$\delta g = r^2 \pi \varrho f \{\cos \alpha (x \sin \alpha + t \cos \alpha)^{-1} [1 + (x \cos \alpha - t \sin \alpha) \times (x^2 + t^2)^{-1/2}] + \sin \alpha (x^2 + t^2)^{-1/2}\}$
geneigter Gang mit $d \ll h$ und $T = \infty$	$\delta T = \frac{d\varkappa}{2\pi} T_0 (1 - \cos^2 I \sin^2 A) (x^2 + t^2)^{-1} \times [t \sin (2I' - a) - x \cos (2I' - \alpha)]$

Erläuterung: r = Radius; d = Mächtigkeit; t = Oberkante bzw. mittlere Tiefe; T = Unterkante; b = halbe Breite; α = Einfallen gegenüber der Horizontalen; I_0, I', A-vgl. (1.170); $x = 0$: Stufenkante bzw. Zentrum der Oberkante (δT-Formeln gelten nur für induzierte Magnetisierung)

fahren der Profilberechnung durchgeführt werden. Im Prinzip wird dabei der vorgegebene geologische Schnitt mosaikartig in eine Folge geometrisch definierter Elementarkörper aufgeteilt. Dabei kommen Raster sowohl mit Elementen unterschiedlicher Größe, aber gleicher Feldstörung (für den manuellen Gebrauch in Auszähldiagrammen) als auch gleicher Größe (meist Quadrate oder Rechtecke), aber ungleicher Feldstörung (für die Berechnung mittels Computer) zur Anwendung. Durch Vergleich des so berechneten mit dem gemessenen Feld ist eine iterative Verbesserung des geologischen Modells im Sinne der indirekten Bearbeitungsverfahren möglich.

Zweidimensionale Profilberechnungen kommen dann zur Anwendung, wenn die Länge $2l$ des Störkörpers sehr groß gegenüber der Quell-Aufpunktsentfernung $(x^2 + t^2)^{1/2}$ ist. Unter dieser Bedingung können die y'-Koordinaten der Modellkörper gleich unendlich gesetzt werden; dadurch wird der Übergang zu zweidimensionalen Elementarkörpern geschaffen, und die erforderlichen Störkörperformeln vereinfachen sich wesentlich. Abb. 5.23 erlaubt eine Abschätzung, für welches Verhältnis von halber Längserstrekkung l zur Mittelpunktstiefe t des Störkörpers diese Bedingung gegeben ist. Wird ein Störwirkungsverhältnis dreidimensional/zweidimensional = 0,9 als Kriterium der Zweidimensionalität angesehen, dann folgt für $x = y = 0$

— δg (Massenlinie): $l/t = 2{,}3$
— δT (Prisma mit quadratischem Querschnitt): $l/t = 0{,}9$. (5.42)

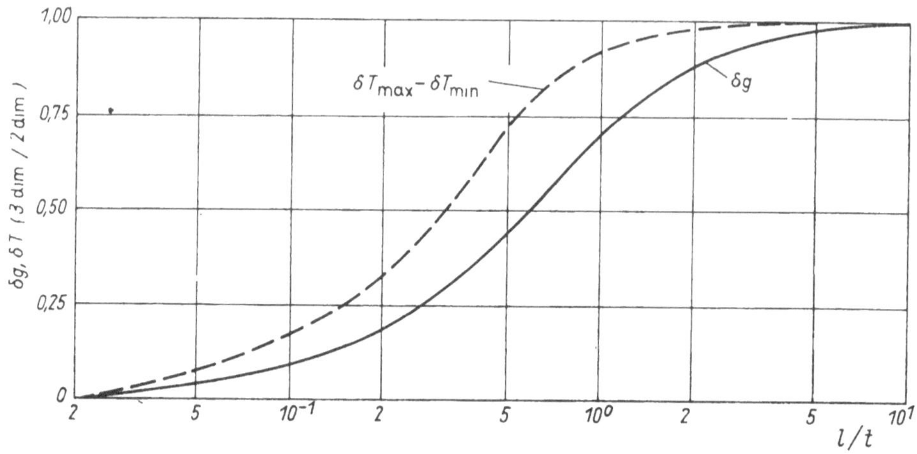

Abb. 5.23. Endkorrekturen für $x = 0$ (nach LINDNER; SCHEIBE, 1979)

Für die Entwicklung von Auszähldiagrammen werden Elementarkörper mit unterschiedlichem Querschnitt verwendet (z. B. Trapeze nach GAMBURCEV; Zylindersektoren nach JUNG usw.). Zerlegungen in Zylinderringsektoren erlauben die Einführung von Polarkoordinaten. Für ein Element gilt dann mit $z = 0$ nach (1.139) und Umformung von (1.174) für $M_r = 0$

$$\delta g = 2\varrho f \iint \sin\varphi \, d\varphi \, dr = 2\varrho f(r_{m+1} - r_m)(\cos\varphi_n - \cos\varphi_{n+1}) \quad (5.43)$$

$$\delta T = \varkappa T_0(1 - \cos^2 I_0 \sin^2 A) \iint \frac{1}{r}(\cos 2I' \cos 2\varphi - \sin 2I' \sin 2\varphi) \, d\varphi \, dr$$

$$= \varkappa T_0(1 - \cos^2 I_0 \sin^2 A) \ln\frac{r_{m+1}}{r_m} [\cos 2I'(\sin 2\varphi_{n+1} - \sin 2\varphi_n)$$

$$- \sin 2I'(\cos 2\varphi_{n+1} - \cos 2\varphi_n)] \quad (5.44)$$

Nach (5.43, 5.44) ergeben sich mit der Forderung gleicher Störwirkung für jede Zelle die aus Tab. 5.8 folgenden Schemata zur Konstruktion von Auszähldiagrammen (andere Konstanten sind möglich).

Der Feldverlauf über einem geologischen Modell wird durch eine von Aufpunkt zu Aufpunkt fortschreitende Summation sämtlicher von den vorhandenen Störkörpern eingenommenen Kästchen und anschließende Multiplikation mit dem Zählwert (Tab. 5.8) ermittelt. Die geologischen Schnitte müssen in x- und z-Richtung den gleichen Maßstab aufweisen.

Tabelle 5.8. Konstruktion von Auszähldiagrammen (zweidimensionale Störkörper)

Feld-größe	Radien	Winkel	Störwirkung pro Zelle
δg	$r_{m+1} - r_m = 1$ cm	$\cos\varphi_n - \cos\varphi_{n+1} = 0{,}05$	$0{,}1\ \text{cm}/\varrho E = 6{,}67E \cdot 10^{-8}\mu\text{m/s}^2$
δT	$\ln\frac{r_{m+1}}{r_m} = 0{,}1$	$\sin 2\varphi_{n+1} - \sin 2\varphi_n = 0{,}1$	$0{,}01\varkappa T_0(1 - \cos^2 I_0 \sin^2 A)$

E = Maßstab des geologischen Schnittes

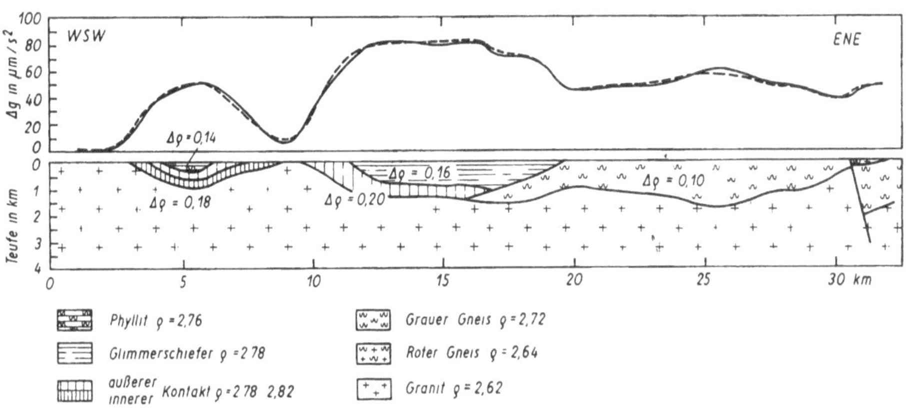

Abb. 5.24. Gravimetrische Profilberechnung zur Erkundung der Granitoberfläche im Erzgebirge (aus GROSSE et al., 1961)

In ähnlicher Weise lassen sich Auszähldiagramme für andere Feldgrößen konstruieren, z. B.

$$\delta Z: \quad \ln\frac{r_{m+1}}{r_m} \quad (\sin 2\varphi_{n+1} - \sin 2\varphi_n), \tag{5.45}$$

$$\delta H: \quad \ln\frac{r_{m+1}}{r_m} \quad (\cos 2\varphi_{n+1} - \cos 2\varphi_n). \tag{5.46}$$

Mit der maschinellen Profilberechnung erfolgt i. allg. eine digitale Erfassung der Störkörpergrenzen. Der Rechenaufwand kann durch die Einführung äquivalenter Modelle gesenkt werden (KU, 1977). Die Abbn. 5.24 und 5.25 zeigen Anwendungen des Verfahrens der Profilberechnung auf zwei völlig unterschiedliche geologische Situationen.

In Abb. 5.24 ist ein der BOUGUER-Karte von Abb. 2.16 entnommenes Schwereprofil dargestellt. Die Aufgabenstellung bestand in der Erkundung des Reliefs der Granitoberfläche. Ausgehend vom Anstehenden erfolgte unter Kenntnis der Oberflächengeologie und der Dichteverhältnisse eine Modellierung, die zu einer weitgehenden Übereinstimmung zwischen berechneter und gemessener Schwerekurve führt.

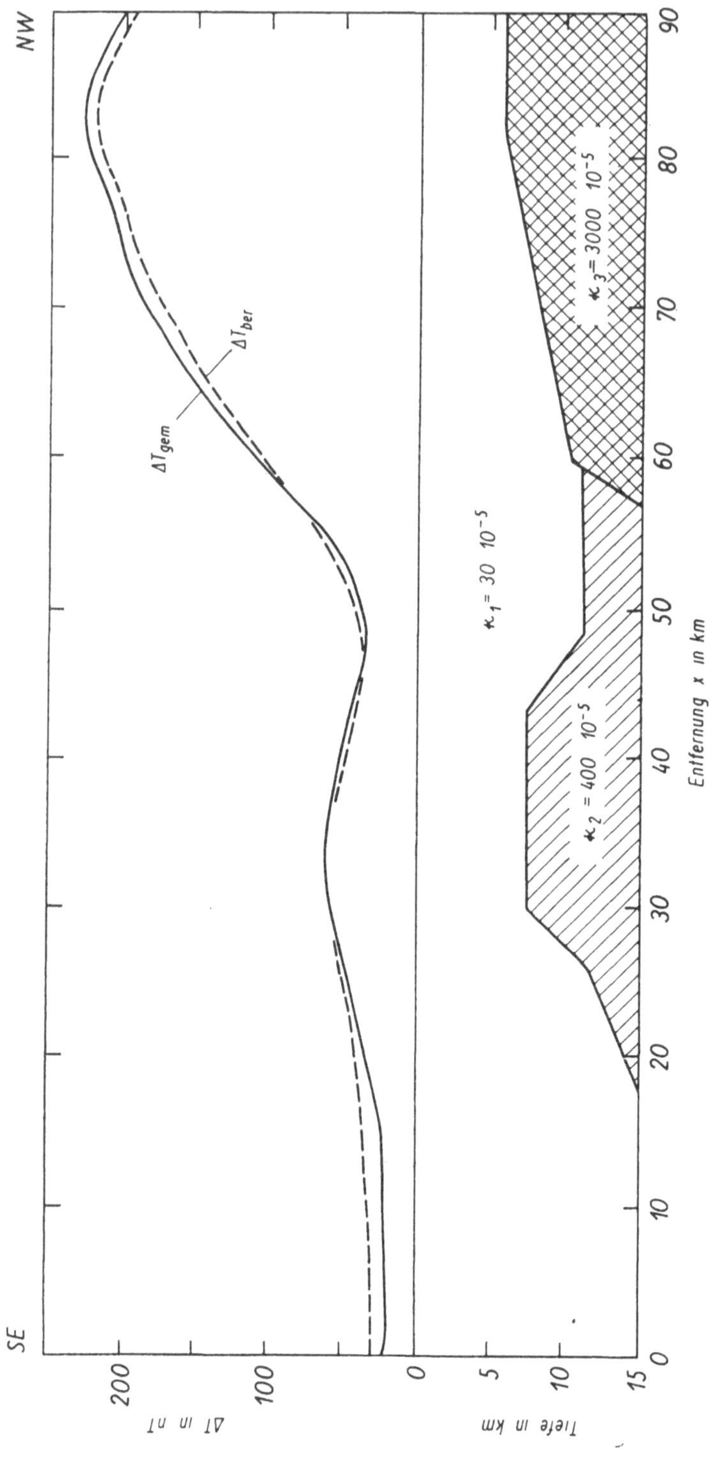

Abb. 5.25. Magnetische Profilberechnung zur Erkundung der Grundgebirgsoberfläche im Norden der DDR (aus MILITZER; SCHEIBE, 1981)

Abb. 5.25 zeigt ein magnetisches ΔT-Profil aus dem Norddeutsch-Polnischen Sedimentbecken. Die Aufgabe bestand in einer Modellierung des kristallinen, magnetisch wirksamen Fundamentes. Die angegebenen Suszeptibilitätswerte wurden nach Bohrangaben und durch inverse Verfahren in Verbindung mit petrophysikalischen Kenntnissen aus dem S-Teil der DDR festgelegt. Unter Vernachlässigung der Remanenz ist im Ergebnis für das angegebene Modell eine gute Übereinstimmung zwischen gemessenem und berechnetem Verlauf von ΔT vorhanden.

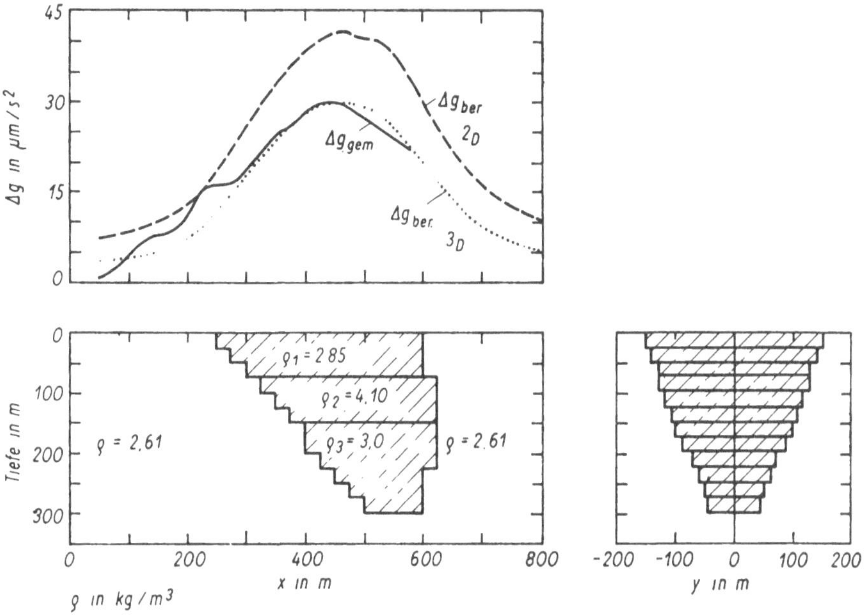

Abb. 5.26. Dreidimensionale gravimetrische Profilberechnung über einem Skarnvorkommen (nach LINDNER; SCHEIBE, 1979)

Dreidimensionale Profilberechnungen sind erforderlich, wenn die in (5.42) dargestellten Verhältnisse von Störkörperlänge zu Tiefe kleiner sind. Dies kann z. B. bei der Erkundung von Erzkörpern, Salzstöcken, Grundgebirgsstrukturen usw. auftreten. Bei der manuellen Berechnung erfolgt häufig zunächst eine zweidimensionale Profilberechnung. Durch eine anschließende sog. Endkorrektur wird der Übergang zum dreidimensionalen Fall hergestellt (NETTLETON, 1942). In der Gravimetrie wird dazu die endliche horizontale Massenlinie mit der Länge l und $-l$ beiderseits des Ursprungs benutzt

$$\delta g(x) = 2f\varrho_{\mathrm{L}} \frac{t}{x^2 + t^2} \frac{l}{(x^2 + l^2 + t^2)^{1/2}}. \tag{5.47}$$

Die Endkorrektur ergibt sich dann durch Vergleich mit der unendlich ausgedehnten Massenlinie (vgl. Tab. 5.7 und Abb. 5.23)

$$g_{3\mathrm{D}}/g_{2\mathrm{D}} = \frac{l}{(x^2 + l^2 + t^2)^{1/2}}. \tag{5.48}$$

Abb. 5.26 zeigt eine Anwendung der dreidimensionalen Profilberechnung für die Modellierung eines Skarnvorkommens aus Gravimetermessungen. Die zweidimensional berechnete Schwerekurve liegt in der Amplitude zu hoch. Erst die maschinell bestimmten Endkorrekturen führen zu einer genügenden Approximation der gemessenen Kurve.

Auch in der Magnetik kann nach dem Prinzip der Endkorrekturen gearbeitet werden. Shuey; Pasquale (1973) haben dies für Störkörper mit Polygonquerschnitten und symmetrischer Längserstreckung beiderseits des Ursprungs gezeigt. Für Körper mit sehr kleinen Querschnitten F gilt nach (1.123), (1,128) ohne Berücksichtigung der Remanenz

$$\delta T = \frac{\varkappa T_0}{2\pi\varrho f} [V_{xx} \cos^2 I_0 \cos 2A - V_{zz}(\cos^2 I_0 \sin^2 A - \sin^2 I_0) + V_{xz} \cos A \sin 2I_0]. \tag{5.49}$$

Die Endkorrekturen lassen sich durch Vergleich mit Tab. 5.9 gewinnen. Die Anwendung von (5.49) ist nur bei maschineller Bearbeitung sinnvoll.

Tabelle 5.9. Zwei- und dreidimensionale δT-Wirkung für in y-Richtung symmetrische Störkörper mit kleiner Querschnittsfläche F (nach Shuey; Pasquale, 1973)

Feldgröße	zweidimensional	dreidimensional
$V_{xx}/\varrho f F$	$-\frac{t^2 - x^2}{(x^2 + t^2)^2}$	$-l\frac{t^2 - 2x^2}{(x^2 + t^2)^{5/2}}$
$V_{zz}/\varrho f F$	$+\frac{t^2 - x^2}{(x^2 + t^2)^2}$	$\frac{2t^2 - x^2}{(x^2 + t^2)^{5/2}}$
$V_{xz}/\varrho f F$	$-\frac{2xt}{(x^2 + t^2)^2}$	$-l\frac{3xt}{(x^2 + t^2)^{5/2}}$

Neben Polygonannäherungen sind vor allem auch dreidimensionale Prismenmodelle üblich (Lindner; Scheibe, 1977). Für einen manuellen Einsatz wird auf die Auszähldiagramme von Helbig (1964) verwiesen, welche auch die Remanenz berücksichtigen und sich für δX, δZ, δT und δD verwenden lassen.

Abb. 5.27 zeigt eine Anwendung des Verfahrens von Helbig zur Erkundung der Mächtigkeit und der Ausdehnung eines erbohrten Magnetitskarnlagers. Nach der Berechnung ist zwischen den Bohrungen 1 und 2 mit einem Vertauben des Erzlagers zu rechnen, während nordöstlich von Bohrung 2 eine Vergrößerung der Erzmächtigkeit zu erwarten ist.

5.2.2.3. *Abdeckverfahren (stripping)*

Bei der Erkundung von Strukturen in größerer Tiefe tritt das Problem auf, daß darüberliegende Stockwerke Anomalien ähnlicher Wellenlänge und wesentlich größere Amplituden besitzen können. Häufig bringen dann die Methoden der Feldtransformation die unerwünschten Anomalien nicht voll zum Verschwinden, und das Bild bleibt schwer interpretierbar. Solche Verhältnisse sind beispielsweise in Gebieten mit starker Halokinese gegeben, wenn es darauf ankommt, die präsalinaren Einheiten zu erkunden. In diesem Fall kann bei ausreichenden Kenntnissen über ein bestimmtes Stockwerk (z. B. aus der Reflexionsseismik) mittels der

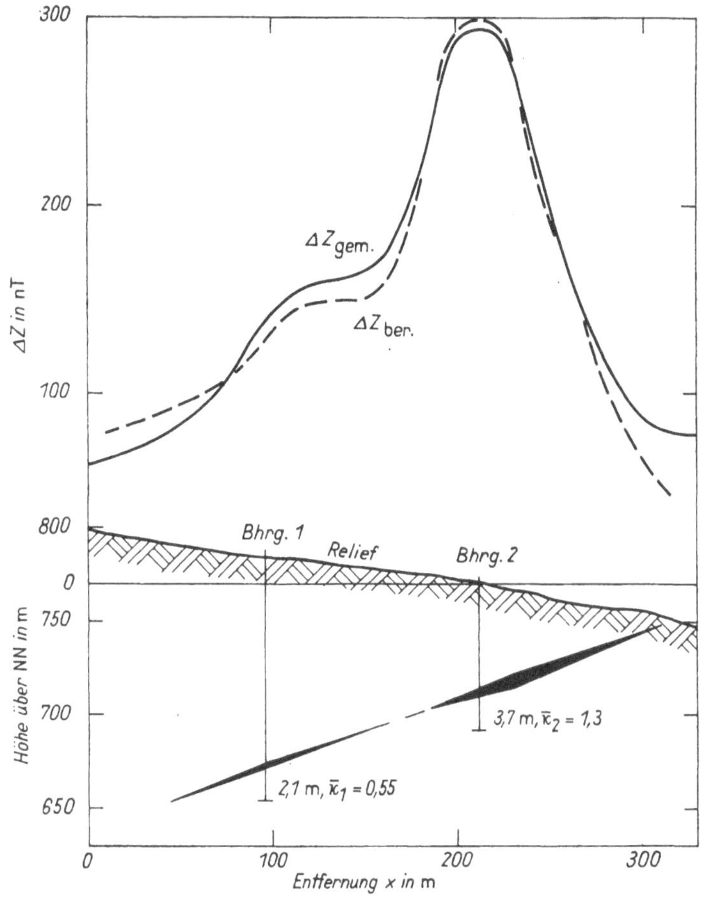

Abb. 5.27. Dreidimensionale magnetische Profilberechnung über einem Magnetitskarnvorkommen (l_1 = 200 m, l_2 = −30 m) (nach MILITZER; SCHEIBE, 1981)

direkten Verfahren dessen Schwerewirkung ermittelt werden. Die rechnerische Beseitigung dieses Feldanteils aus dem Meßbild wird als „Abdecken" bezeichnet (HAMMER, 1963). Von der Wirkung her ist das Verfahren mit den Methoden der Feldtransformation vergleichbar. Voraussetzungen zur Anwendung sind bis zu einer bestimmten Teufe (Abdeckniveau) ausreichende geologische und petrophysikalische Kenntnisse. Das Abdeckverfahren kann daher prinzipiell und ohne größeren Aufwand zur Bearbeitung von Schwereprofilen eingesetzt werden. Abb. 5.28 zeigt dafür ein Beispiel. Die Schichtenfolge innerhalb des Mesozoikums und des Zechsteins wurde nach reflexionsseismischen Angaben in Schwerewerte umgesetzt, die vom gemessenen Feld abgezogen werden. Das entstehende Residuum diente der dargestellten Modellierung von Horizonten des Präzechsteins.

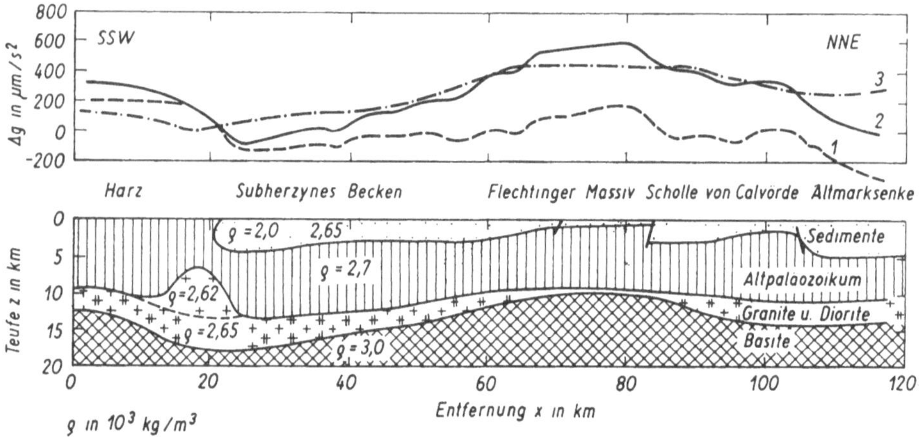

Abb. 5.28. Einsatz des Abdeckverfahrens bei dem Schwereprofil Harznordrand – Altmark (nach Bein, 1966)

1 – berechnete Schwerekurve (Oberfläche ... Zechsteinbasis); *2* – gemessene Schwerekurve; *3* – Differenz zwischen *1* und *2*

Die hauptsächliche Bedeutung des Abdeckverfahrens liegt jedoch in der Transformation flächenhafter gravimetrischer Aufnahmen in sog. abgedeckten Schwerekarten. Die Bearbeitung erfolgt über eine Digitalisierung geologischer Schnitte und der zugehörigen Dichtewerte sowie einer nachfolgenden zwei- bzw. dreidimensionalen Störkörperberechnung. Diese Verfahrensweise kennzeichnet das Abdeckverfahren als eine der rechenzeitintensivsten Bearbeitungsmethoden.

Die Schwerewirkung der abzudeckenden geologischen Horizonte kann z. B. wie folgt ermittelt werden:

- horizontale Schichtenaufteilung nach Talwani; Ewing (1960);
- Zerlegung in dreidimensionale Elementarprismen nach Cordell; Henderson (1968);
- Zerlegung in senkrecht stehende Zylinderringe nach Heynig (Lindner; Scheibe, 1977).

Die Zylinderringapproximation bringt eine Reihe von Vorteilen und führt bei Beschränkung auf den Zentralpunkt zu einem einfachen Formalismus. Werden von dem jeweiligen Zylinderring verschiedene Störkörper mit unterschiedlichen Dichtewerten durchsetzt, so erfolgt die Ableitung eines gewogenen fiktiven Dichtemittelwertes $\bar{\varrho}_i$. Für n Zylinderringe mit gemeinsamem Mittelpunkt gilt nach Tab. 2.1 für

$$\delta g = 2\pi f \sum_{i=0}^{n} \bar{\varrho}_i[(r_{i+1}^2 + t^2)^{1/2} - (r_{i+1}^2 + T^2)^{1/2} - (r_i{}^2 + t^2)^{1/2} + (r_i{}^2 + T^2)^{1/2}]. \tag{5.50}$$

Vor Ableitung des Dichtemittelwertes $\bar{\varrho}_i$ wird die störkörpergebundene Dichteverteilung der einzelnen Tiefenschnitte in dem gleichen regelmäßigen

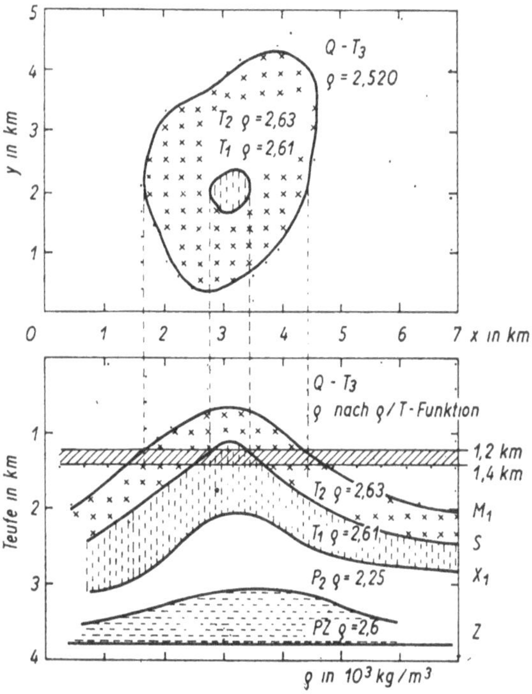

Abb. 5.29. Dichteprovinzen für einen Tiefenschnitt von 1200···1400 m (aus LINDNER; SCHEIBE, 1977)

Gitter definiert, das auch die digitalisierten BOUGUER-Schwerewerte enthält und das der Berechnung der Schwerewirkung der abzudeckenden Einheiten zugrunde liegt. Damit entfällt eine zusätzliche Koordinateneingabe der Dichteverteilung, wie sie z. B. beim Vieleckverfahren von TALWANI-EWING erforderlich ist.

Die Wahl der Schichtdicke $T - t$ richtet sich nach dem beabsichtigten Auflösungsvermögen der abgedeckten Schwerekarte und den geologischen Kenntnissen oberhalb des Abdeckniveaus; sie soll gleichzeitig eine weitgehende Homogenität des Dichtemittelwertes $\bar{\varrho}_i$ in jeder Schicht sichern.

Abb. 5.29 zeigt in schematischer Form die Ableitung einer teufengebundenen Dichteprovinzkarte für das Tiefenintervall 1200 − 1400 m aus einem seismischen Isohypsenplan, der hier nur im x-z-Profil wiedergegeben ist. Nach Digitalisierung der Dichtewerte ϱ_i bestimmt der Rechner unter Berücksichtigung der jeweiligen Zahl von Gitterpunkten pro Kreisring die in Abb. 5.30 dargestellten Dichtemittelwerte $\bar{\varrho}_i$.

Zur Einschränkung des Bearbeitungsaufwandes ist es zweckmäßig, die Anzahl der Zylinderringe angepaßt an die geologischen Verhältnisse zu begrenzen. Die Einführung eines Restgliedes δg_{Rest} berücksichtigt die verbleibende Schweredifferenz zwischen dem letzten Kreisring mit r_{n+1} in (5.50) und der BOUGUER-Platte. Als Dichte wird für diesen Bereich eine mittlere

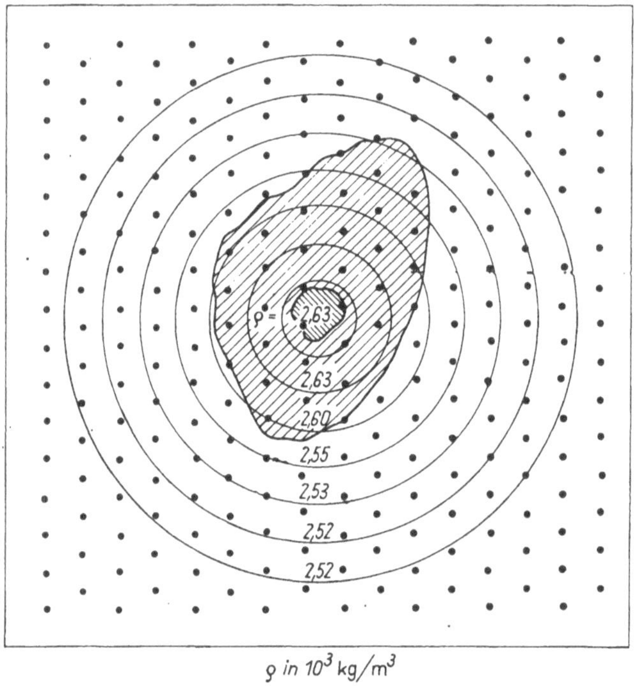

Abb. 5.30. Bestimmung der Dichtemittelwerte $\bar{\varrho}_i$ für den in Abb. 5.29 dargestellten Tiefenschnitt

Dichte $\bar{\varrho}'$ – abgeleitet aus den peripheren geologischen Einheiten – gewählt:

$$\delta g_{\text{Rest}} = 2\pi f \bar{\varrho}'[T - t + (r_{n+1}^2 + T^2)^{1/2} - (r_{n+1}^2 + t^2)^{1/2}]. \tag{5.51}$$

Die gesamte Schwere der abzudeckenden Schichtenfolge δg_Σ ergibt sich dann an jedem Gitterpunkt durch eine Summation über sämtliche m-Schichten:

$$\delta g_\Sigma = 2\pi f \sum_{j=1}^{m} \left[\sum_{i=1}^{n} \bar{\varrho}_{ij} A + \bar{\varrho}_j' B \right],$$

$$A = (r_{i+1}^2 + t_j^2)^{1/2} - (r_{i+1}^2 + T_j^2)^{1/2} - (r_i^2 + t_j^2)^{1/2} + (r_i^2 + T_j^2)^{1/2}, \tag{5.52}$$

$$B = T_j - t_j + (r_{n+1}^2 + T_j^2)^{1/2} - (r_{n+1}^2 + t_j^2)^{1/2}.$$

Abb. 5.31 zeigt eine Anwendung des Verfahrens auf einen Meßgebietsausschnitt im Bereich des Norddeutsch-Polnischen Sedimentbeckens. Die BOUGUER-Schwerestörung (Abb. 5.31a) enthält ein kräftiges Minimum, das auf einen Salzdiapir zurückgeht. Nach Abdecken bis zur Zechsteinbasis mit Schichtmächtigkeiten von 0,2 km entsteht die abgedeckte Schwerekarte (Abb. 5.31b) durch

$$\Delta g_{\text{abgedeckt}} = \Delta g'' - \delta g_{\Sigma}. \tag{5.53}$$

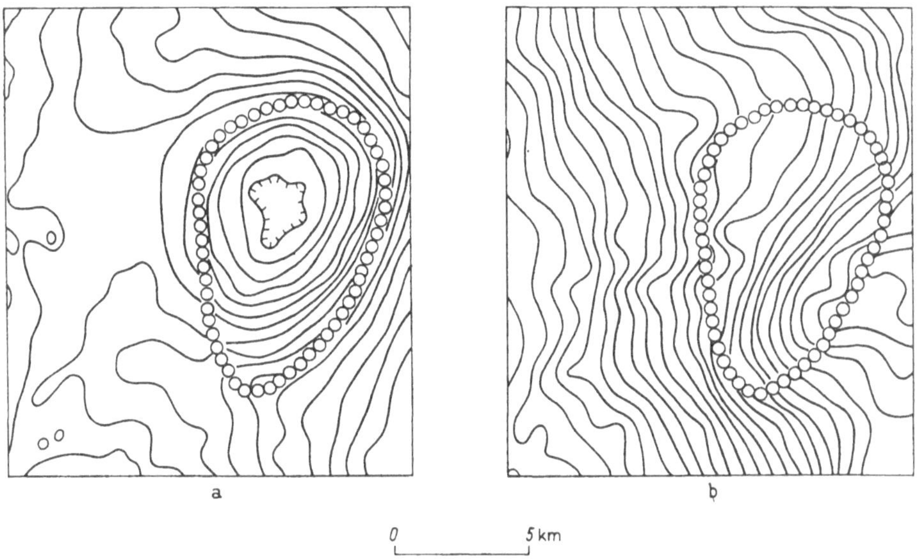

Abb. 5.31. Arbeitsweise des Abdeckverfahrens (nach LINDNER; SCHEIBE, 1977)
a) BOUGUER-Schwerekarte; b) abgedeckte Schwerekarte; ooo – Salzstock nach Reflexionsseismik; Isanomalenabstände: 10 $\mu m/s^2$

Im Ergebnis konnte die durch den Salzstock verursachte Anomalie beseitigt werden. Die Schwerewirkung unterhalb der Zechsteinbasis gelegener Einheiten kommt nunmehr deutlich zum Ausdruck und erleichtert damit die Deutung von geologischen Elementen aus dem Präpermbereich.

5.2.3. Indirekte Verfahren

Im Gegensatz zu den direkten Verfahren besteht die Aufgabe der indirekten Verfahren darin, aus den gemessenen Feldwerten die Lage, Form und nach Möglichkeit die petrophysikalischen Parameter der unbekannten Störkörper abzuleiten. Wie bereits in Kap. 1.5.1. gezeigt wurde, ist die Lösung der indirekten Aufgabe mehrdeutig. Diese Mehrdeutigkeit kann nur durch die Inanspruchnahme zusätzlicher geologischer und petrophysikalischer Informationen eingeschränkt werden.

Die Anwendung indirekter Bearbeitungsverfahren erfordert stets eine vorherige Beseitigung regionaler Feldanteile. Geschieht dies nicht oder in unzureichendem Maße, dann ist mit fehlerhaften Interpretationsergebnissen zu rechnen.

Es gibt manuelle Verfahren zur Bearbeitung der indirekten Aufgabe; sie kommen vor allem für Sofortinterpretationen im Gelände in Frage. Daneben gibt es für eine maschinelle Bearbeitung geeignete Verfahren; sie werden eingesetzt, wenn es sich um möglichst detaillierte Störkörpermodellierungen handelt.

5.2.3.1. Näherungsverfahren

Zwecks Grobabschätzung der Meßergebnisse – beispielsweise mit dem Ziel einer raschen Tiefenabschätzung der Störkörper – reichen vielfach schon einfache Faustformeln aus. Ihre Grundlage beruht auf der Analyse charakteristischer Merkmale des Verlaufs einer Anomalie; dies sind z. B. die Halbwertsbreite, Wendepunkte, der Abstand von Extremwerten u. ä. (Tab. 5.10).

Tabelle 5.10. Ableitung der Maximaltiefe t aus der Halbwertsbreite $b_{1/2}$ ($b_{1/2} \triangleq$ doppelte Abszisse, für welche die Anomalie den halben Extremwert erreicht)

Störkörper	δg	$\delta T(I_0 = \pi/2)$
Kugel	$\approx 0{,}7 b_{1/2}$	$\approx b_{1/2}$
liegender Kreiszylinder	$0{,}5 b_{1\ 2}$	$\approx b_{1/2}$

In der Gravimetrie läßt sich die Tiefenbestimmung verbessern, wenn der Dichteunterschied des Störkörpers zu seiner Umgebung berücksichtigt wird (Bott; Smith, 1958; Dürbaum, 1974). Die Synthese von Maximaltiefe und Dichte führt zur Definition sog. Idealkörper (ideal bodies) (Parker, 1975); sie können als Grundlage für weiterführende Interpretationsvarianten genutzt werden. Daneben sind graphische Näherungsmethoden, z. B. das Zweikreisverfahren in der Gravimetrie (Jung, 1961) sowie Tangentenmethoden in der Magnetik (Vejnberg, 1961; Grant; Martin, 1966; Posgay, 1967), in Anwendung.

Generell haftet den Näherungsverfahren der Mangel an, daß nur wenige Punkte der Anomalie zur Ableitung der Störkörperparameter herangezogen werden. Diese Einschränkung erweist sich insbesondere dann als problematisch, wenn diese Punkte durch Verzerrungen im Feldverlauf, durch Meßfehler oder Überlagerung benachbarter Quellen nicht eindeutig bestimmbar sind. – Daher ist es oft unumgänglich, Auswerteverfahren zu benutzen, die sich auf den gesamten Verlauf der Anomalie beziehen.

5.2.3.2. Modellgebundene Masterkurven

Modellgebundene Masterkurven sind normierte Kurvenscharen, die für verschiedene Störkörpertypen berechnet und in logarithmischer Darstellung aufgetragen wurden. Über einen Vergleich mit den gemessenen Anomalien lassen sich Störkörpermodelle ableiten.

Abb. 5.32 enthält Masterkurven für das gravimetrische Stufenmodell. Dem Modell und der gemessenen Anomalie liegen folgende Hilfsfunktionen zugrunde

$$\frac{A}{B} = \frac{\Delta g(x) - \Delta g(0)}{x\,|g_z|_{\max}} \text{ für das } \begin{matrix}\text{gemessene Feld,} \\ \text{theoretische Feld.}\end{matrix} \tag{5.54}$$

Abb. 5.32 ist zu entnehmen, daß sich nach Verschieben der aus $\Delta g(x)$ berechneten Funktion A gegen die Masterkurven eine solche ermitteln läßt, die eine besonders gute Anpassung zeigt. Im vorliegenden Beispiel wird an der Stelle $x/t = 1$ die Stufenoberkante mit $t = 230$ m und aus $T/t = 4$ die Stufenunterkante mit $T = 920$ m bestimmt.

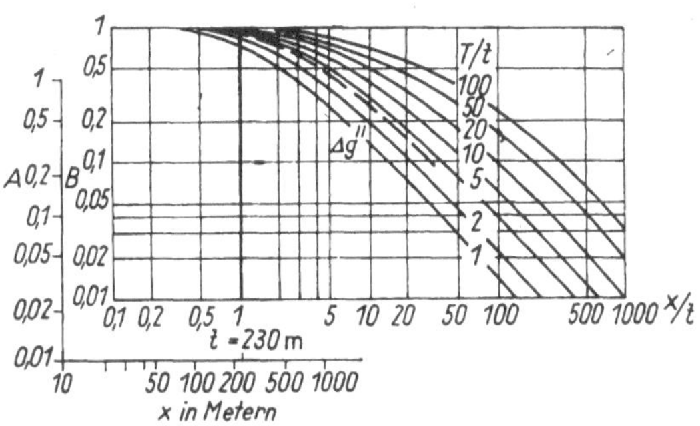

Abb. 5.32. Anwendung der Masterkurven für das senkrechte Stufenmodell (Gravimetrie) (nach ČELMINS, 1957)

Die Dichtedifferenz ergibt sich aus der halben BOUGUER-Wirkung nach

$$\Delta\varrho = \frac{\Delta g(0)}{\pi f(T - t)}. \tag{5.55}$$

Abb. 5.33 enthält Masterkurven für das dreidimensionale Prismenmodell in der Magnetik (ΔZ-Komponente). Vor der Anwendung der Kurven werden die beiden Flanken der Anomalie gemittelt und doppeltlogarithmisch in eine Deckpause eingetragen. Dann erfolgt mittels sog. Schlüsselkurven eine Vorauswahl geeigneter Modelle, für die ebenfalls je ein Satz von doppeltlogarithmisch aufgetragenen Masterkurven existiert. Durch Parallelverschiebung der Meßkurve gegenüber den Masterkurven wird die beste Anpassung ermittelt. Der Schnitt der im Masterkurvendiagramm enthaltenen Gerade parallel zur ΔZ-Achse mit der x-Achse der Meßkurve liefert die Oberkante t des Störkörpers.

Im vorliegenden Beispiel betragen Oberkantenteufe, halbe Breite und halbe Erstreckung in y-Richtung $t = b = l = 130$ m und Unterkantenteufe $T = 650$ m. Über den Maximalwert der Anomalie und den Kurvenparameter n, der die Abhängigkeit der Masterkurve von der Wahl des Nullniveaus berücksichtigt, kann mit einem zusätzlichen Diagramm die Suszeptibilität bestimmt werden (PROVODNIKOV, 1963).

Masterkurven für die Bearbeitung weiterer Modelle in Gravimetrie und Magnetik liegen bei GRANT; WEST (1965) vor (schiefe Stufe, geneigte dreidimensionale Halbebene).

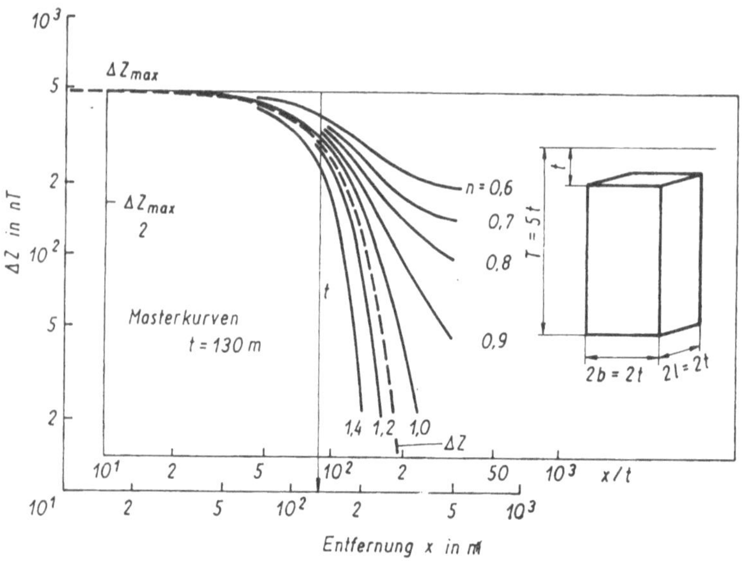

Abb. 5.33. Anwendung der Masterkurven für das Prismenmodell (Magnetik) (nach PROVODNIKOV, 1963)

5.2.3.3. *Störkörpergebundene Filterung*

Die Methode der störkörpergebundenen Filterung beruht auf einem kontinuierlich verlaufenden numerischen Vergleich der gemessenen mit einer theoretisch erwarteten Anomalie. Die theoretische Anomalie wird zweckmäßigerweise als Modell aus der vorhandenen geologischen Situation vorgegeben. Dazu können in einfachen Fällen Einzelmodelle, bei komplizierten Lagerungsverhältnissen auch Ergebnisse der Profilberechnung eingesetzt werden. Aus dem Vergleich folgt eine Aussage über Existenz, Ausdehnung und Form zu erkundender geologischer Objekte. Methodisch besteht damit ein Übergang zu signalerkennenden Verfahren in geophysikalischen Anomalien (TARCHOV; SIDOROV, 1960).

Für die Verwendung von Einzelmodellen zeigt Abb. 5.34 ein Anwendungsbeispiel zur Erkundung einer flexurartigen Flözverstellung in einem Braunkohlenfeld. Die auf Parallelprofilen gemessenen Schwereanomalien enthalten neben der Wirkung des Braunkohlenflözes zahlreiche lokale Begleitanomalien, die von Dichteinhomogenitäten aus dem Hangenden herrühren und die Auswertung erschweren. Insbesondere ist es schwierig, den Wendepunkt festzulegen, der im Schwereverlauf die Flexur anzeigt. Daher wurde über ein Modell die Entfernung Minimum-Wendepunkt der Anomalie abgeschätzt und das wesentlich indikativere Minimum im gemessenen Feldverlauf zur Deutung herangezogen (Abb. 5.35). Auf diese Weise konnte von

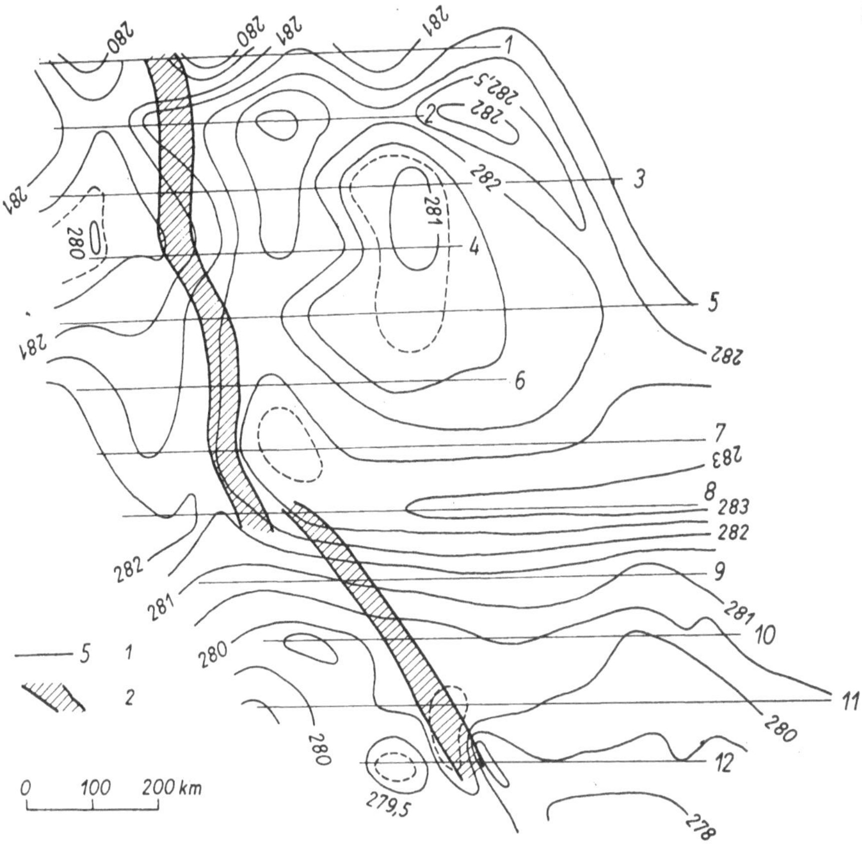

Abb. 5.34. Störungsfestlegung in einem Braunkohlenfeld mittels störkörpergebundener Filterung (vereinfacht nach SCHÖSSLER, 1969). Isanomalenabstand: 0,5 μm/s²; *1* — Schwereprofil; *2* — Lage der angenommenen Störungszone

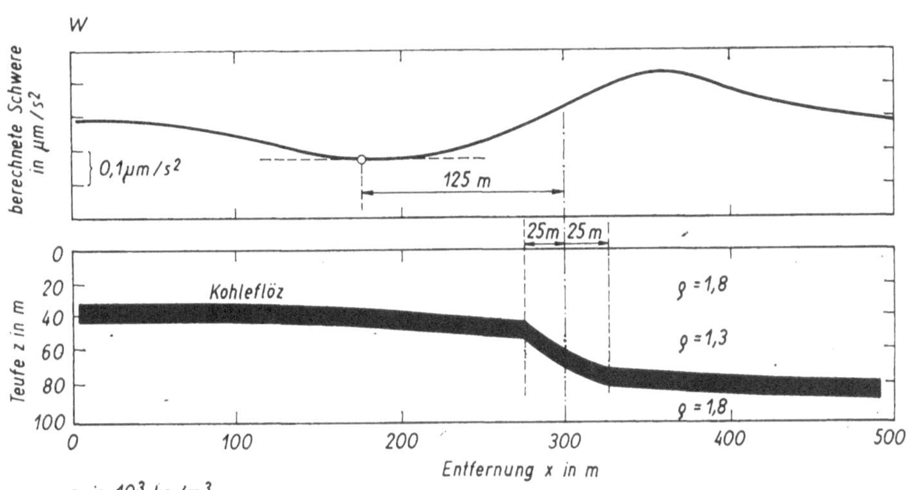

Abb. 5.35. Verwendetes Modell zur Störungserkundung in einem Braunkohlenfeld, (umgezeichnet nach SCHÖSSLER, 1969)

Schössler (1969) eine flächenhafte Darstellung des Störungsverlaufes entwickelt werden.

Das Verfahren der störkörpergebundenen Filterung läßt sich entscheidend durch eine maschinelle Bearbeitungstechnik verbessern und damit zur Auswertung flächenhafter Aufnahmen nutzen (digital template analysis). So sind besonders für die Erkundung tektonischer Störungen bemerkenswerte Ergebnisse erzielt worden (Linsser, 1967; 1968; Dohr, 1974). Dabei hat sich das Modell der homogenen Halbebene (Tab. 5.7) gut bewährt. Neben

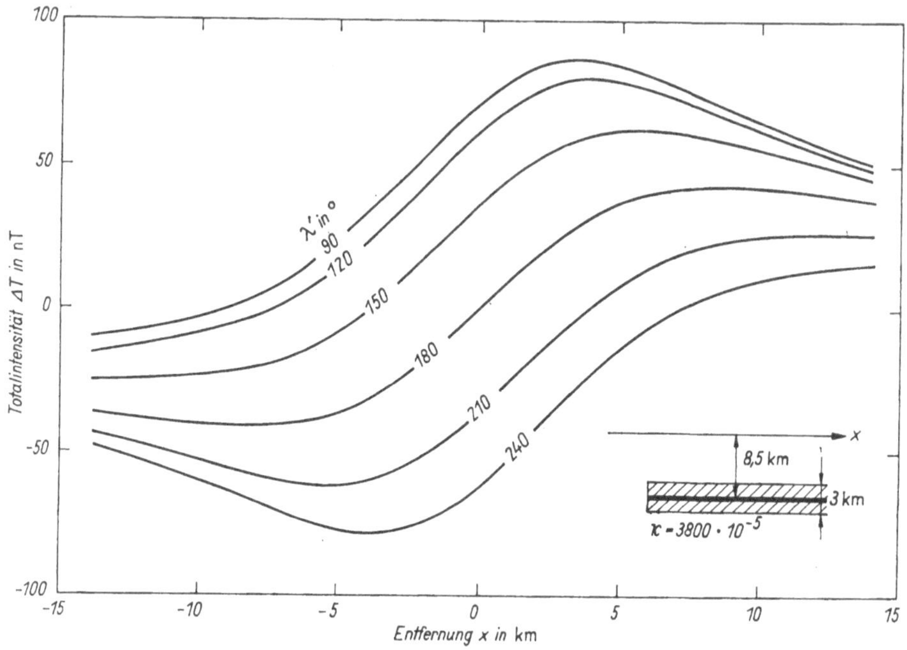

Abb. 5.36. ΔT-Modellkurven der homogenen Halbebene (Störungsmodell) für unterschiedliche Streichrichtungen $\lambda' = \pi/2 - A$ (nach Lindner; Scheibe, 1979)

einer punktmäßigen Festlegung der Störung im Kartenbild läßt sich gleichzeitig das Produkt $d\Delta\varrho$ bzw. $d\Delta\varkappa$ bestimmen. Somit kann bei Kenntnis von Dichte bzw. Suszeptibilität die Sprunghöhe d festgelegt werden. Für die Anwendung des Verfahrens ist es zweckmäßig, die Feldwerte in regelmäßigen Gitternetzen zugrunde zu legen. Die Filterung selbst kann nach zwei Methoden erfolgen

- Drehung des Modellsignals F an jedem Aufpunkt unter Nutzung gleicher Winkelintervalle und stufenweise Bestimmung der Streichrichtung des Störungselementes aus dem Maximum der Koinzidenz (Linsser, 1967);
- Bestimmung der Streichrichtung des Störungselementes über eine Berechnung des Horizontalgradienten (Šefara, 1973).

Besonders in der Magnetik führt das Verfahren der störkörpergebundenen Filterung zu guten Ergebnissen, da das Nutzsignal einer Azimutabhängigkeit von der Streichrichtung des Störkörpers unterliegt (Abb. 5.36). Es ist daher mit rein visuellen Mitteln nur schwer möglich, in magnetischen Karten eine objektive Störungsfestlegung durchzuführen. Abb. 5.37 zeigt das Ergebnis

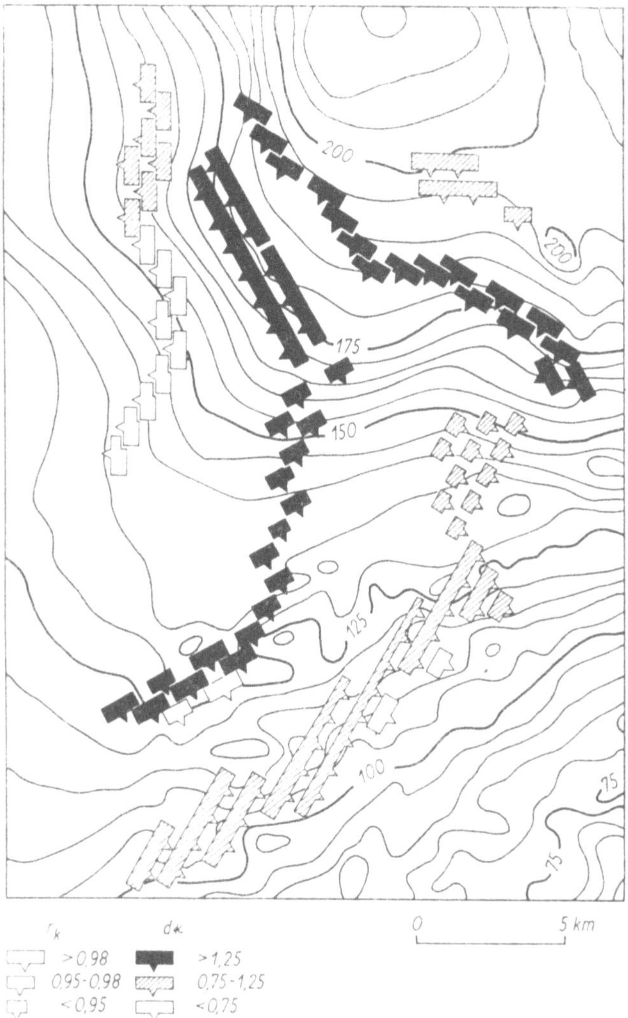

Abb. 5.37. ΔT-Isanomalen und Ergebnis der störkörpergebundenen Filterung für eine magnetische Regionalaufnahme aus dem Norden der DDR (nach LINDNER; SCHEIBE 1979)

r_K – Korrelationskoeffizient, $d\varkappa$ – Produkt aus Sprunghöhe d und Suszeptibilität $\varkappa$

einer maschinell durchgeführten Filterung, die mit festliegenden Azimutintervallen von 30° und unter Nutzung von Korrelationskoeffizienten durchgeführt wurde. Der Berechnung liegt das in Abb. 5.36 dargestellte Modell zugrunde, so daß die nachgewiesenen Störungselemente ihren Ursprung im Grundgebirge haben müßten.

5.2.3.4. Spektralanalyse

Liegen geologische Situationen vor, bei denen sich Anomalien mehrerer Störkörper in ihrer Feldwirkung überlagern, dann führen die o. g. Verfahren der Tiefenbestimmung zu unbefriedigenden Ergebnissen. Insbesondere wird die Festlegung der Unterkante und damit letztlich der Störkörpermächtigkeit problematisch. Mit dem Verfahren der Spektralanalyse läßt sich eine Ober- und Unterkantenbestimmung auch dann ausführen, wenn das Feld durch Überlagerungseffekte verzerrt ist, die auf andere Störkörper zurückzuführen sind (CASSANO; ROCCA, 1975). Dabei wird im Prinzip der Zusammenhang zwischen der Wellenlänge einer Anomalie und der Quellentiefe genutzt. Zur Lösung dieser Aufgabe wird aus dem gemessenen Feld das Energiedichtespektrum abgeleitet (SPECTOR; GRANT, 1970). Der damit erreichte Übergang vom Raum- in den Wellenzahlbereich führt in den Störkörperformeln zu einfacheren funktionalen Darstellungen der Parameter; sie sind dann nur noch multiplikativ miteinander verknüpft (ROTHER, 1980). Für das Energiedichtespektrum $E(u, v)$ einer Feldgröße $F(x, y, z)$ gilt für $z = 0$

$$E(u, v) = |S(u, v)|^2 = |\mathcal{F}\{F(x, y, 0), u, v\}|^2. \tag{5.56}$$

Die Deutung der aus gemessenen Feldern abgeleiteten Spektren erfordert – in Analogie zum Verfahren der modellgebundenen Masterkurven – einen Vergleich mit Spektren, die auf Modellkörper bezogen sind. Oft werden prismenförmige Störkörper verwendet. Unter Einführung von Polarkoordinaten

$$r = (u^2 + v^2)^{1/2}, \qquad \theta = \arctan u/v \tag{5.57}$$

folgt für das Energiedichtespektrum eines dreidimensionalen magnetischen Rechteckprismas mit der Oberkantentiefe t, der Mächtigkeit d, der Breite $2b$ und der Länge $2l$ nach BHATTACHARYYA (1966)

$$E(r, \theta) = 4\pi^2\varkappa^2 T_0^2 \exp(-2tr)\,(1 - \exp[-dr])^2\, S^2(r, \theta)\, R_T^2(\theta)\, R_K^2(\theta); \tag{5.58}$$

$S^2(r, \theta)$ – Faktor, abhängig von der Quellengeometrie (enthält die Orientierung von b, l gegenüber den Koordinatenachsen),
$R_T^2(\theta)$ – erdfeldabhängiger Faktor,
$R_K^2(\theta)$ – Faktor, abhängig von der Quellenmagnetisierung.

Die Bedeutung dieser Symbole ist bei SPECTOR; GRANT (1970) erläutert. Von ROTHER (1980) liegt eine Erweiterung von (5.58) für andere Störkörperkonfigurationen mit Angabe der benötigten Faktoren vor. SPECTOR; GRANT (1970) vereinfachen (5.58) durch eine angenommene Polreduktion zu

$$E(r, \theta) = 4\pi^2\varkappa^2 T_0^2 \exp(-2tr)\,(1 - \exp[-dr])^2\, S^2(r, \theta). \tag{5.59}$$

Durch Mittelbildung auf konzentrischen Kreisen ergibt sich daraus eine profilmäßige Spektraldarstellung; sie bildet die Grundlage der Auswertung

$$E(r) = 4\pi^2 \varkappa^2 T_0^2 \exp(-2tr)(1 - \exp[-dr])^2 S^2(r). \tag{5.60}$$

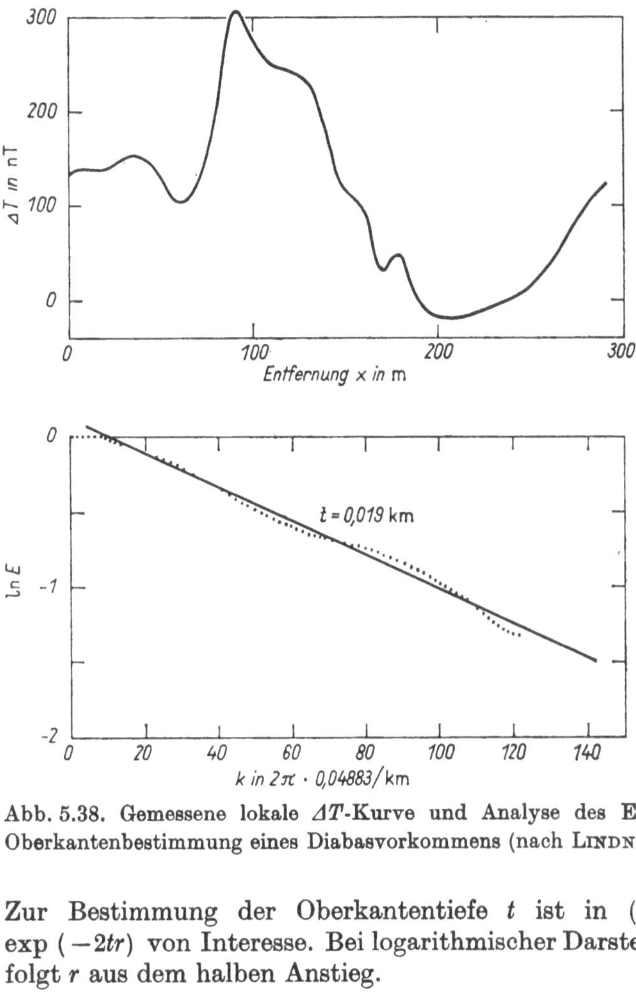

Abb. 5.38. Gemessene lokale ΔT-Kurve und Analyse des Energiedichtespektrums zur Oberkantenbestimmung eines Diabasvorkommens (nach LINDNER; SCHEIBE, 1979)

Zur Bestimmung der Oberkantentiefe t ist in (5.60) nur der Anteil $\exp(-2tr)$ von Interesse. Bei logarithmischer Darstellung von $E(r)$ über r folgt r aus dem halben Anstieg.

$$t = -\frac{1}{2}\frac{d \ln E}{dr}. \tag{5.61}$$

In ähnlicher Weise läßt sich die Mächtigkeit d aus dem Ausdruck $(1 - \exp[-dr])^2$ ermitteln. Kann im Energiespektrum des gemessenen Feldes eine zweite Tangente konstruiert werden, so ist dies auf weitere Quellen zurückzuführen, deren Oberkantentiefe sich wieder nach (5.61) bestimmen läßt.

Die Abb. 5.38 und 5.39 erläutern die Anwendung des Verfahrens zur Oberkantenbestimmung prismatischer Störkörper.

Für die Gravimetrie liegen vorerst vereinzelte Anwendungen vor (CIANCIARA; MARCAK, 1976).

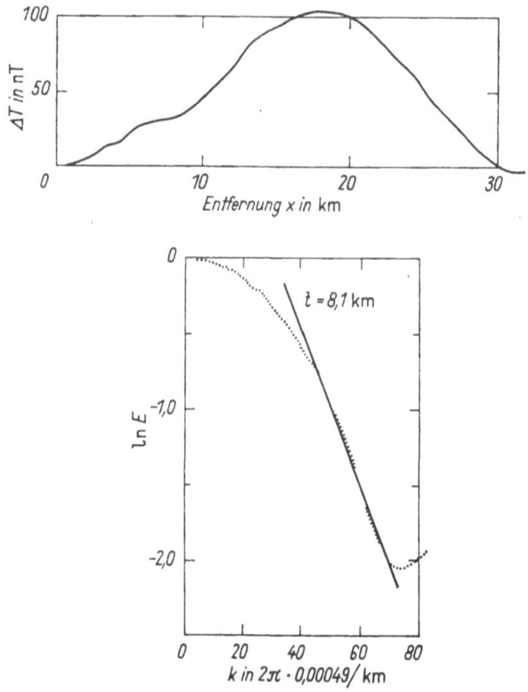

Abb. 5.39. Gemessene regionale ΔT-Kurve und Analyse des Energiedichtespektrums zur Oberkantenbestimmung eines Störkörpers im kristallinen Grundgebirge (nach MILITZER; SCHEIBE, 1981)

5.2.3.5. *Parameterbestimmung*

Die Methode stellt im Prinzip eine maschinelle Anwendung von Masterkurven dar (model matching method). Allerdings erfolgt die Bearbeitung nicht auf der Grundlage einer Durchmusterung von Modellkurven, sondern auf analytischer Basis. Die an n Punkten gemessene Anomalie – dargestellt durch den Vektor $\boldsymbol{y} = (y_1, y_2, \ldots, y_n)^T$ – wird mit einer von m Parametern $\boldsymbol{x} = (x_1, x_2, \ldots, x_m)^T$ abhängigen Modellanomalie $\boldsymbol{f}(\boldsymbol{x}) = (f_1(\boldsymbol{x}), f_2(\boldsymbol{x}), \ldots, f_n(\boldsymbol{x}))^T$ auf iterativem Wege verglichen. Das Verfahren setzt damit eine analytisch definierbare Modellierung des Störkörpers voraus. Damit ergibt sich ein System von n Gleichungen, das die Residuen $\boldsymbol{v} = (v_1, v_2, \ldots, v_n)^T$ enthält.

$$\boldsymbol{y} - \boldsymbol{f}(\boldsymbol{x}) = \boldsymbol{v}. \tag{5.62}$$

Da i. allg. die Anzahl der Meßwerte n die der zu bestimmenden Unbekannten m übersteigt, stellt (5.61) ein überbestimmtes Gleichungssystem dar. Die Nichtlinearität der in der Gravimetrie und Magnetik vorhandenen Störkörperfunktionen erfordert eine Linearisierung von $\boldsymbol{f}(\boldsymbol{x})$, welche die Eingabe von Näherungslösungen $\boldsymbol{x}^{(0)}$ voraussetzt.

$$\boldsymbol{f}(\boldsymbol{x}^{(1)}) = \boldsymbol{f}(\boldsymbol{x}^{(0)}) + \sum_{k=1}^{m} \frac{\partial f}{\partial x_K} \Delta x_k. \tag{5.63}$$

Mit den Stützstellen $i = 1, 2, \ldots, n$ stellt $\partial f_i/\partial x_k = A_{ik}$ die JACOBI-Matrix dar, und es gilt

$$\boldsymbol{f}(\boldsymbol{x}^{(1)}) = \boldsymbol{f}(\boldsymbol{x}^{(0)}) + \boldsymbol{A}\Delta\boldsymbol{x}. \tag{5.64}$$

Dabei bedeutet $\Delta\boldsymbol{x} = (x_1, x_2, \ldots, x_m)^T$ den Vektor, der die Verbesserung des Näherungsvektors $\boldsymbol{x}^{(0)}$ darstellt. Damit ergibt sich aus (5.62)

$$\boldsymbol{y} - \left(\boldsymbol{f}(\boldsymbol{x}^{(0)}) + \boldsymbol{A}\Delta\boldsymbol{x}\right) = \boldsymbol{v}_{(1)} \tag{5.65}$$

mit $\boldsymbol{v}_{(1)} = \boldsymbol{y} - \boldsymbol{f}(\boldsymbol{x}^{(1)})$. Die Minimierung von (5.65) führt zur Bedingung

$$\boldsymbol{v}_{(1)}{}^T\boldsymbol{v}_{(1)} = [\boldsymbol{y}^T - \boldsymbol{f}(\boldsymbol{x}^{(0)})^T - \Delta\boldsymbol{x}\boldsymbol{A}^T]\,[\boldsymbol{y} - \boldsymbol{f}(\boldsymbol{x}^{(0)}) - \boldsymbol{A}\Delta\boldsymbol{x}] \to \min.$$

Daraus ergibt sich für den unbekannten Vektor der gesuchten Verbesserung $\Delta\boldsymbol{x}$ das System

$$\boldsymbol{A}^T\boldsymbol{A}\Delta\boldsymbol{x} = \boldsymbol{A}^T[\boldsymbol{y} - \boldsymbol{f}(\boldsymbol{x}^{(0)})]. \tag{5.66}$$

Zur Einschränkung der Vieldeutigkeit und zur Erhöhung der Konvergenzgeschwindigkeit des Verfahrens sind zu beachten

- Wahl des geologisch wahrscheinlichsten und zugleich des mathematisch einfachsten Interpretationsmodells;
- Festlegung von Startparametern $x_1^{(0)}, x_2^{(0)}, \ldots, x_m^{(0)}$, die der Wirklichkeit möglichst nahekommen (Vorbestimmung mit einfachen Methoden der indirekten Bearbeitung);
- sinnvolle Beschränkung der Anzahl m zu bestimmender Störkörperparameter;
- richtige Abtrennung des Regionalfeldes mit feldtransformierenden Verfahren oder Mitberechnung durch das Verfahren.

Der Formalismus (5.66) ist auf iterativem Wege so lange zu wiederholen, bis $\boldsymbol{y} - \boldsymbol{f}(\boldsymbol{x}^{(0)})$ im Idealfall die Größenordnung der Meßfehler erreicht.

Sind die zu lösenden Gleichungssysteme schlecht konditioniert, dann tritt von einem Iterationszyklus zum anderen nicht die verlangte Konvergenz auf. Es wurden daher verschiedene mathematische Verfahren eingeführt, um diese Schwierigkeiten zu überwinden (HJELT, 1974). Praktikabel erscheint die Anwendung des MARQUARDT-Algorithmus (LINDNER; STIER, 1978). Hier erfolgt über einen Regularisierungsfaktor solange eine Verstärkung der Hauptdiagonalen von $\boldsymbol{A}^T\boldsymbol{A}$, bis innerhalb eines Iterationszyklus Konvergenz eintritt. Verschiedentlich wird auch mit anfänglich groß gewähltem und sich anschließend reduzierendem Regularisierungsfaktor gearbeitet (MIENG, 1982).

Die Bedeutung der Methode der Parameterbestimmung besteht gegenüber sämtlichen anderen indirekten Verfahren darin, daß neben der numerischen Angabe der Störkörperparameter gleichzeitig eine Angabe von deren Fehlern möglich ist. Diese werden aus $\boldsymbol{A}^T\boldsymbol{A}$ und den verbleibenden Residuen am Ende der Iteration bestimmt (BOSUM, 1968). Obwohl in diesen Parameterfehlern Unzulänglichkeiten der Modellauswahl, im Regionalfeldansatz sowie der mögliche Einfluß peripherer Störkörper enthalten sind, bleiben sie eine Hilfe für die Sicherheit des geologischen Interpretationsergebnisses (LINDNER, 1980). Dies ist mit der Grund für die zunehmende Verbreitung des Verfahrens.

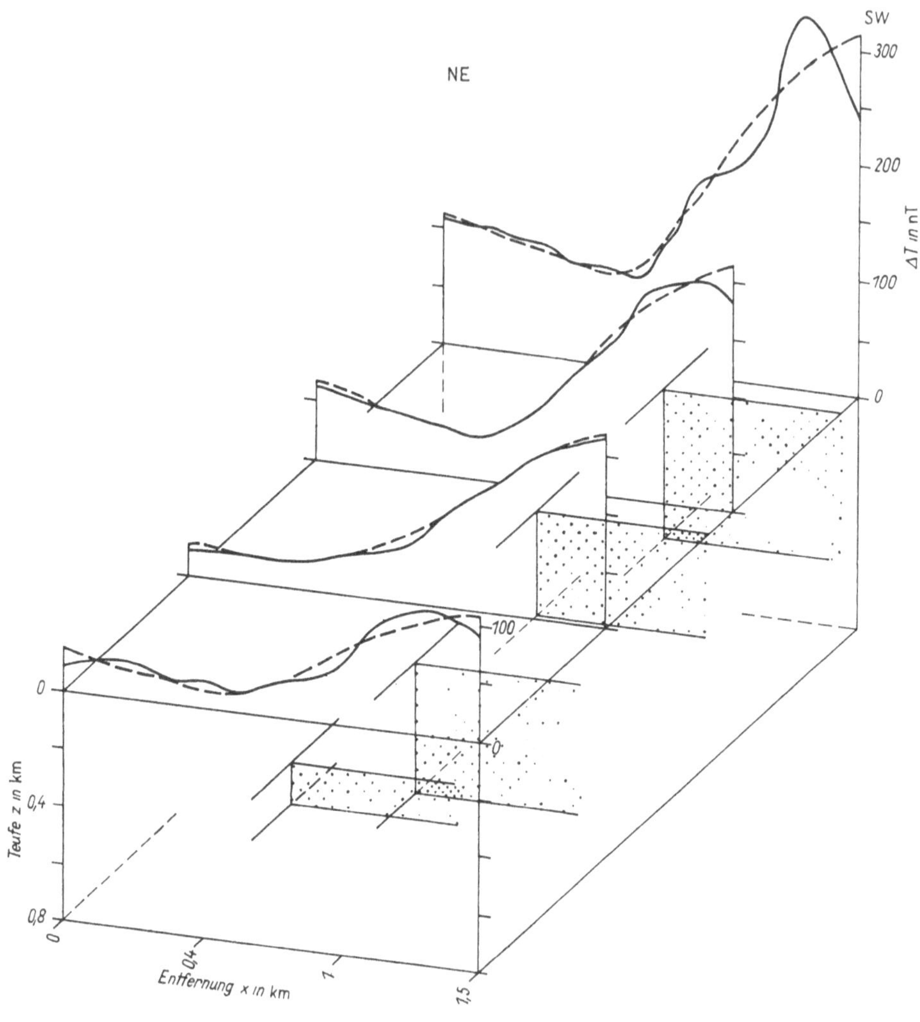

Abb. 5.40. Parameterbestimmung zur Kartierung von Diabaslagern (nach LINDNER; SCHEIBE, 1979)

Im einfachsten Fall läßt sich die Parameterbestimmung zur quantitativen Deutung von Anomalien einsetzen, die auf Einzelmodelle zurückgehen. Abb. 5.40 zeigt eine Anwendung bei der magnetischen Kartierung von Diabasrändern mit gleichzeitiger Bestimmung eines konstanten Regionalfeldanteils N. Stellvertretend für die weiter unten genannten Beispiele sind in Tab. 5.11 die numerischen Ergebnisse einschließlich der Fehler des Verfahrens zusammengestellt.

Tabelle 5.11. Ergebnis der Kartierung von Diabaslagern (Prismenmodell)

Profil	Iterations-zyklen	t in m	T in m	b in m	m_{xz} in m	N in nT	$m_{\Delta T}$ in nT
1	4/6	70 ± 6	136 ± 13	120 ± 17	±1,4	36 ± 5	9,9
2	6/6	96 ± 3	322 ± 18	110 ± 5	±1,0	45 ± 2	5,3
3	5/8	30 ± 2	212 ± 11	123 ± 4	±1,5	53 ± 2	8,3
4	4/7	42 ± 5	289 ± 64	126 ± 9	±1,5	84 ± 9	38,7

m_{xz} — Lagefehler des Diabasrandes ; N — konstanter Regionalfeldanteil; $m_{\Delta T}$ — Schlußfehler der Abweichungen zwischen Meß- und Modellkurve

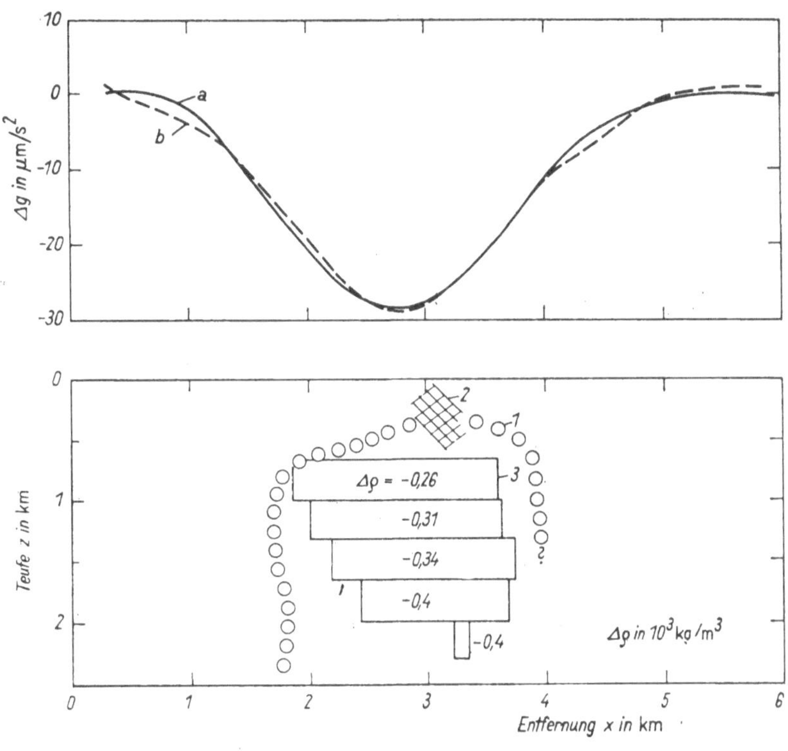

Abb. 5.41. Parameterbestimmung zur Salzstockmodellierung (nach LINDNER; SCHEIBE, 1979)

a — Δg gemessen; b — Δg berechnet; *1* — Salzstock nach Reflexionsseismik; *2* — Störung; *3* — Salzstock nach Gravimetrie

Kompliziertere Störkörper lassen sich durch eine Schichtenzerlegung mittels Rechteckprismen bearbeiten. Abb. 5.41 enthält eine Anwendung der dreidimensionalen Modellierung eines Salzstockes. Die unterschiedlichen Dichteverhältnisse an den Strukturrändern wurden dabei durch eine dichtegebundene Schichtenzerlegung des Salzstocks berücksichtigt. Das Modell zeigt im Bereich des Hutes eine befriedigende Anpassung zum seismischen Ergebnis, die jedoch nach der Tiefe verlorengeht.

Eine Verbesserung des Verfahrens ist durch den Übergang zu einer flächenhaften Bearbeitung von Potentialfeldanomalien gegeben. Dabei hat sich zur Modellierung komplizierter Strukturen des Grundgebirges oder auch anderer Dichte- bzw. Suszeptibilitätsgrenzen das dreidimensionale vertikale Prisma als Elementarkörper gut bewährt. Abb. 5.42 zeigt eine solche flächenhafte Bearbeitung einer magnetischen ΔT-Aufnahme. Mit einer einheitlichen Unterkante von 14 km für alle Prismen, $I_0 = 67°$,

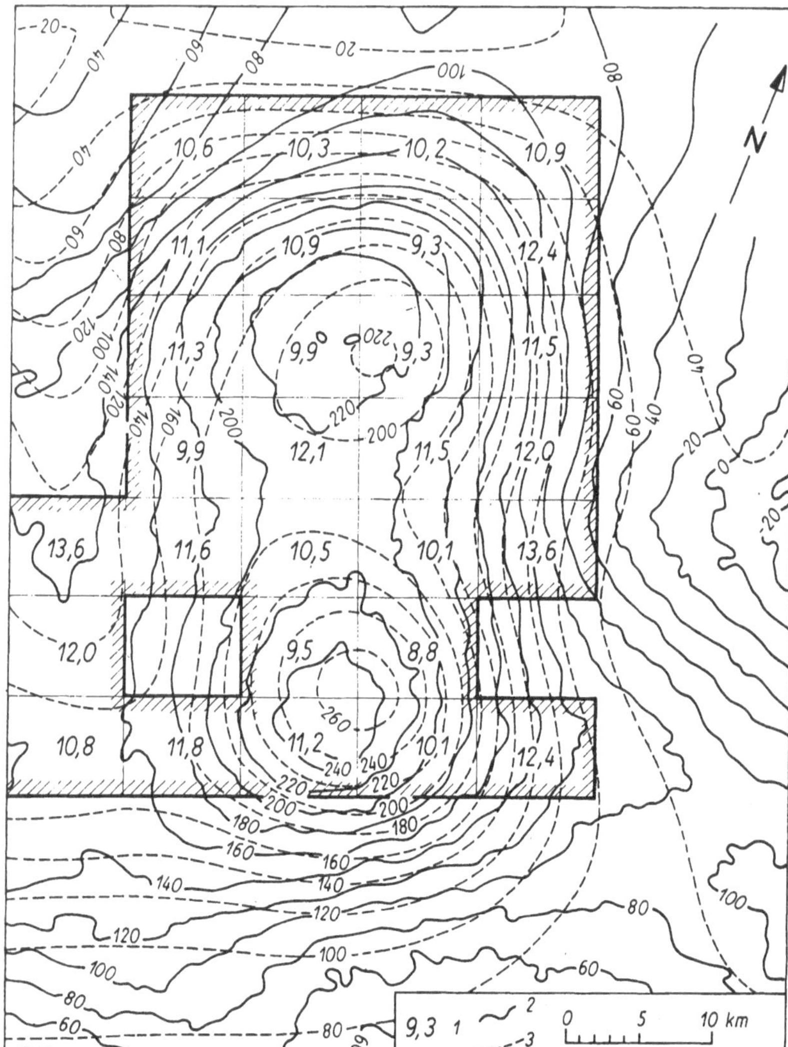

Abb. 5.42. Flächenhafte Parameterbestimmung zur Modellierung der Oberfläche des kristallinen Grundgebirges (nach MILITZER; SCHEIBE, 1981). Isanomalenabstand: 20 nT
1 — Oberkantentiefe in km; *2* — ΔT gemessen; *3* — ΔT berechnet

$T_0 = 48\,000$ nT und $\varkappa = 7\,500 \cdot 10^{-5}$ wurde mit 10 Iterationszyklen, wobei 44-mal der MARQUARDT-Algorithmus zur Anwendung kam, ein Schlußfehler zwischen Meß- und Modellanomalien von 35 nT erreicht.

5.2.3.6. *Reliefberechnung*

Verschiedene Erkundungsaufgaben erfordern vielfach die Kartierung des Verlaufs bestimmter Gesteinsgrenzen. Dies ist beispielsweise bei der Erfassung von Teufenschwankungen der Kristallinoberfläche unter Bedeckung aus magnetischen Messungen oder der Grenze zwischen Steinsalz und Anhydrit aus gravimetrischen Untertagemessungen der Fall. Alle Verfahren der Reliefberechnung beruhen auf der Annahme, daß Änderungen im Feldverlauf maßgeblich auf petrophysikalische Unterschiede an einer einzigen Materialgrenze zurückzuführen sind (diese Voraussetzung unterliegt natürlich oft erheblichen Einschränkungen). Zunächst wird in einem vorbereitenden Arbeitsschritt die der Dichtegrenze zuzuordnende Nutzanomalie mittels geeigneter Feldtransformationen bereitgestellt. Die eigentliche Reliefberechnung umfaßt dann zwei Schritte:

- Feldfortsetzung der Meßwerte nach unten in eine den geologischen Verhältnissen angepaßte mittlere Tiefe h,
- Umwandlung dieser Werte in Reliefschwankungen (in der Magnetik unter Einbeziehung der Polreduktion).

In der Gravimetrie hat das sin x/x-Verfahren von TOMODA; AKI (1955) Verbreitung gefunden. Dabei werden aus den Meßwerten $\Delta g(x, y, 0)$ in der Fortsetzungstiefe h die Flächendichten $\varrho_F(x, y, h)$ ermittelt, aus denen sich die Reliefschwankungen $\Delta h(x, y, h)$ nach (1.178) ergeben. Für flächenhafte Meßwertverteilungen gilt im Zentrum einer quadratischen Punktgitteranordnung ($x = y = 0$) mit dem Gitterabstand s die folgende Formel

$$\Delta h(0, 0, h) = \frac{1}{2\pi^2 f \Delta\varrho} \sum_{(m)} \sum_{(n)} \Delta g(ms, ns) \int_0^1\!\!\int \cos u \frac{\pi}{s} x \cos v \frac{\pi}{s} y \times \exp\left(\frac{\pi}{s} h \sqrt{u^2 + v^2}\right) \mathrm{d}u\, \mathrm{d}v \,. \tag{5.67}$$

Die näherungsweise Berechnung des Doppelintegrals in (5.67) führt zu den von TSUBOI et al. (1958) angegebenen Operatoren für einen Quadranten, aus dem der Gesamtfilter durch Spiegelung der Werte an der x- und y-Achse hervorgeht. — Abb. 5.43 zeigt eine Anwendung des Verfahrens für die profilhafte Bestimmung des Reliefs der Porphyrunterkante gegenüber altpaläozoischen Einheiten.

Ist das Relief einzelner Dichtegrenzen aus geologischen oder anderen geophysikalischen Angaben bekannt, so führt die Umkehrung des sin x/x-Verfahrens zur näherungsweisen Berechnung synthetischer Schwerefelder (LINDNER; SCHEIBE, 1977).

In der Magnetik wurden erste Reliefberechnungen für ΔZ und $I_0 = \pi/2$ von PETERS (1949) durchgeführt. Zur Berücksichtigung von $I_0 \neq \pi/2$

haben sich FOURIER-Verfahren unter Einbeziehung der Polreduktion durchgesetzt. Im Wellenzahlbereich gilt für Δh allgemein

$$S^{\Delta h}(u, v) = \frac{2\mu_0}{\varkappa T_0} \Phi_{\mathrm{pol}}(u, v) \frac{\Phi_{FFu}(u, v, h)}{\Phi_z(u, v)} S^T(u, v, 0). \tag{5.68}$$

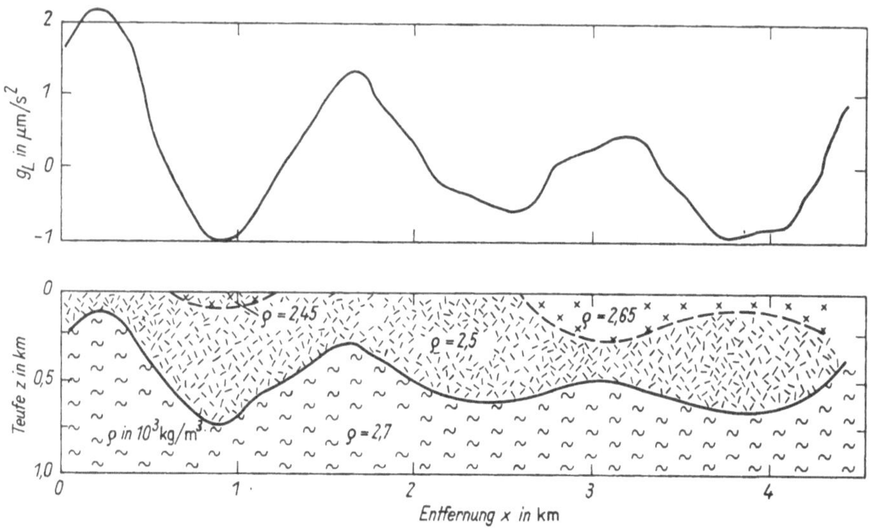

Abb. 5.43. Gravimetrische Reliefberechnung zur Bestimmung der Porphyrunterkante aus dem Gebiet von Nordwestsachsen (nach LINDNER; SCHEIBE, 1979)

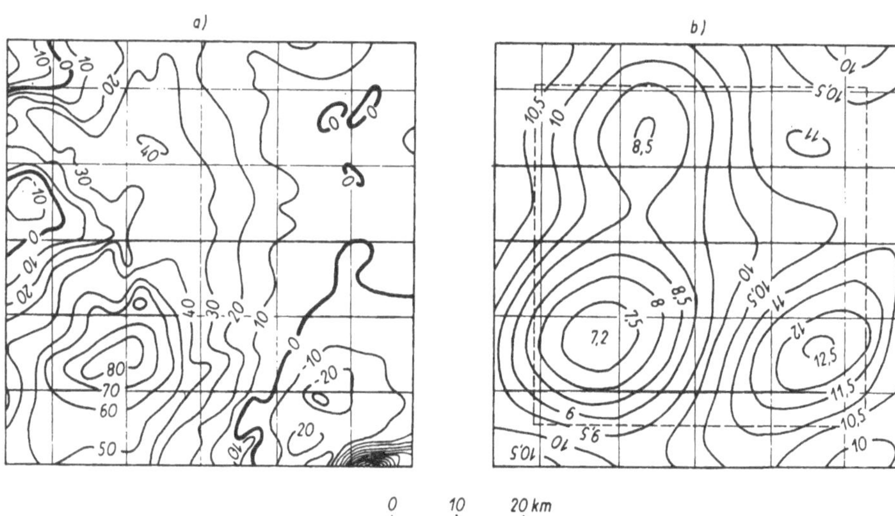

Abb. 5.44. Magnetische Reliefbestimmung zur Bestimmung der Grundgebirgsoberfläche aus dem Bereich der Mitteldeutschen Kristallinzone (nach LINDNER; SCHEIBE, 1977)

a) ΔT-Karte, Isanomalenabstand: 10 nT

b) Grundgebirgsrelief, Isolinienabstand: 0,5 km

Dabei bedeutet S^T das Spektrum der an der Oberfläche gemessenen ΔT-Werte, während die Φ Übertragungsfunktionen der Polreduktion (1.220), der Feldfortsetzung nach unten (1.212) und der Vertikalableitung des Potentials (1.203) darstellen. NAGATA (1938) und HAHN (1965) haben nach diesem Prinzip Magnetisierungs- bzw. Reliefänderungen berechnet.

Abb. 5.44 enthält eine Anwendung des Verfahrens von HAHN zur Bestimmung der Tiefenlinien des magnetisch wirksamen Grundgebirges mit $s = 2$ km und 32×32 Meßpunkten.

Neben den o. g. Verfahren zur Reliefberechnung haben sich speziell in der Aeromagnetik noch weitere Methoden durchgesetzt, die z. T. auf Dekonvolutionsprinzipien beruhen und speziell für die Bearbeitung von Profilen eingesetzt werden (NETTLETON, 1976).

5.3. Arbeiten zu speziellen Problemen der Geotechnik und des Ingenieurbaus

Durch einige ausgewählte Beispiele, bei denen weniger die Bearbeitungsmethodik als das erzielte Ergebnis im Blickpunkt stehen, werden Anwendungen gravimetrischer und magnetischer Messungen vorgelegt, die vor allem geotechnische und ingenieurgeologische Aufgabenstellungen betreffen. Sie erheben keinen Anspruch auf Vollständigkeit, sondern erläutern vorrangig neue und aktuelle Einsatzgebiete.

5.3.1. Suche von Hohlräumen

Ein sicherer Nachweis von luft- oder wassergefüllten Hohlräumen kann mit gravimetrischen Messungen i. allg. bei einem Verhältnis von Bedeckungsmächtigkeit zu Hohlraumdurchmesser $\leqq 2$ geführt werden. Abb. 5.45 zeigt das Ergebnis mikrogravimetrischer Aufnahmen zum Nachweis unbekannter Kellerräume in einem im 2. Weltkrieg zerstörten Stadtgebiet. Sie konnten im Bereich des Minimums A nach Aufbaggerung in einer Tiefe von 3 m und mit einer Höhe von 2,5 m freigelegt werden. Neben gravimetrischen Messungen dieser Art werden auch Turmgradientenmessungen zur Hohlraumsuche eingesetzt (vgl. Abb. 2.30).

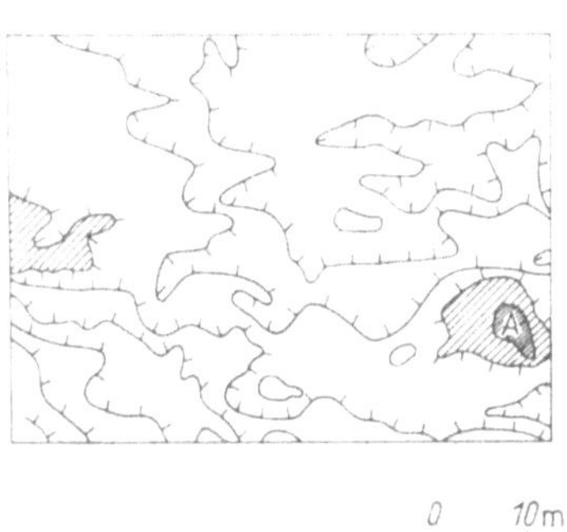

Abb. 5.45. Mikrogravimetrie zur Hohlraumerkundung (nach MILITZER et al., 1978), Isanomalenabstand: 0,1 $\mu m/s^2$; $s = 2$ m

In günstigen Fällen lassen sich Hohlräume auch mittels magnetischer Messungen orten. Abb. 5.46 erläutert das Ergebnis einer ΔT-Aufnahme verdeckter Kohleschächte im Zuge einer Baugrunduntersuchung. Das Minimum A zeigt einen mit Natursteinen ausgemauerten Schacht von etwa 1 m Durchmesser in einer Teufe von 1,3 m an; die Maxima B, C gehen auf verborgene Eisenteile zurück und das Maximum D bestätigt einen mit Ziegeln ausgemauerten, mit Eisen armierten Schacht von 2 m Durchmesser.

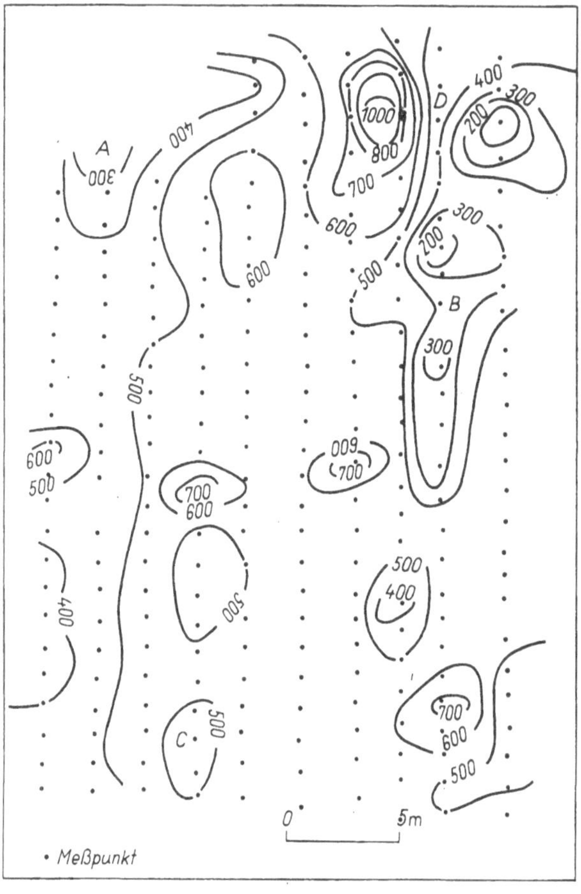

Abb. 5.46. Mikromagnetik in ΔT zur Erkundung historischer Schächte in Bristol/Großbritannien (nach HOOPER; DOWELL, 1977), Isanomalenabstand: 100 nT

5.3.2. Erkundung von Aufbau und Veränderungen geschütteter Böden

Die Kenntnis massebedingter Inhomogenitätsbereiche und Zonen unterschiedlicher Durchfeuchtung sowie von deren zeitlichen Änderungen spielt für die Beurteilung der Standsicherheit von Dämmen, Kippen und Halden eine wichtige Rolle. Abb. 5.47 zeigt eine mikrogravimetrische Aufnahme im Bereich einer Braunkohlenkippe. Die geglätteten Meßwerte $\Delta\bar{g}$ enthalten zwei Feldanteile. Eine langwellige Komponente (Kurve 2) deutet auf eine tiefer gelegene Dichtegrenze hin. Ihr Zustandekommen ist ausschließlich schüttungsbedingt und hängt mit der unterschiedlichen Versturzhöhe von Förderbrücke und Absetzer zusammen. Die kurzwelligen Anteile (Kurve c) dagegen sind an sehr oberflächennahe Dichteinhomogenitäten gebunden.

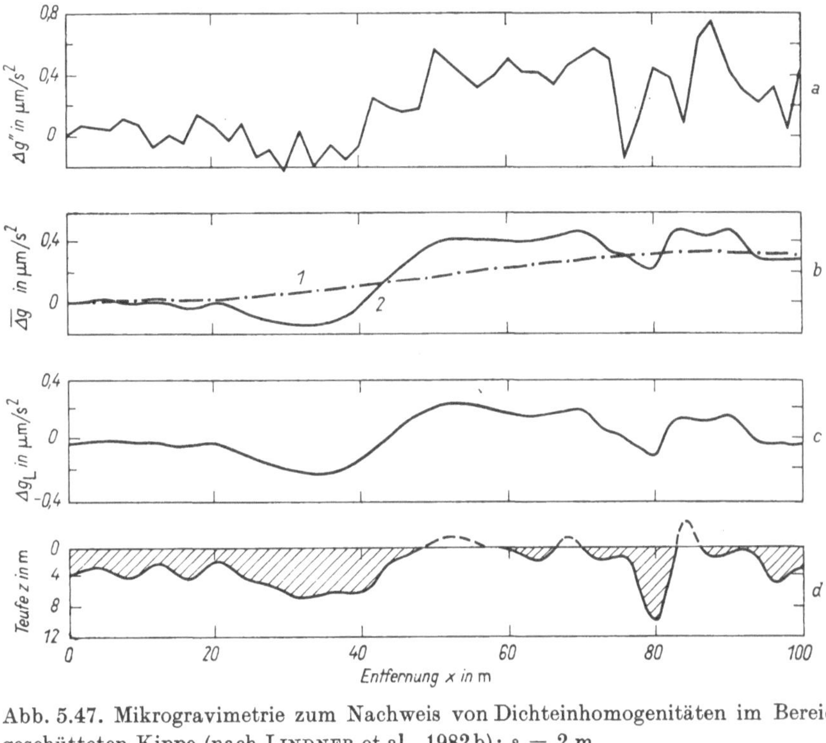

Abb. 5.47. Mikrogravimetrie zum Nachweis von Dichteinhomogenitäten im Bereich einer geschütteten Kippe (nach LINDNER et al., 1982b); $s = 2$ m

1 — $\Delta\bar{g} = 1/5 \sum_{i=1}^{5} \Delta g_i''(s)$; *2* — Schwerewirkung des verdeckten Förderbrückenreliefs; *a* — gemessene Anomalie; *b* — geglättete Anomalie (*1*), geologisches Regionalfeld (*2*); *c* — Lokalfeld; *d* — Modellierungsergebnis mit $\Delta\varrho = 200$ kg/m^3

Abb. 5.48 enthält das Ergebnis einer mikrogravimetrischen Aufnahme zur Homogenitätsüberprüfung eines Erdschüttdammes. Die aufgefundenen Schwereminima sind auf eine relativ zur Umgebung geringere Verdichtung des Schüttgutes zurückzuführen; sie werden durch Wasseraustritte auf der Luftseite des Dammes belegt.

Für das Erkennen von Rutschungs- und Fließvorgängen läßt sich gelegentlich auch die Magnetik mit Erfolg einsetzen. Die Abb. 5.49 und 5.50 erläutern das Verfahren der magnetischen Markierung; dabei werden Dauermagnete im rutschungsgefährdeten Bodenbereich versenkt und durch zeit-

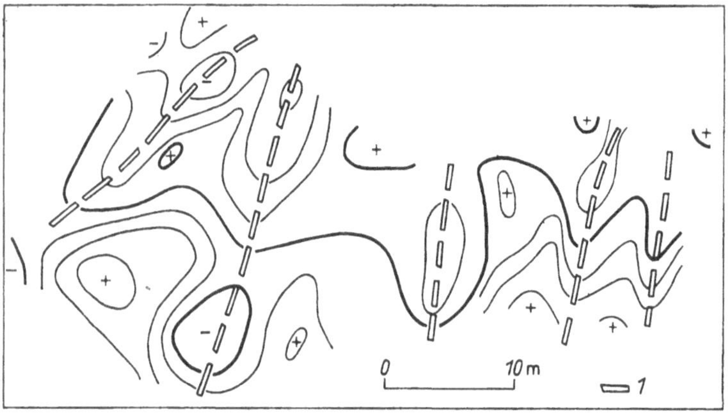

Abb. 5.48. Mikrogravimetrie zum Nachweis auflockerungsbedingter Sickerungszonen in einem Staudamm (nach MADEJ, 1975). Isanomalenabstand: 1 $\mu m/s^2$; *1* — Minusachse

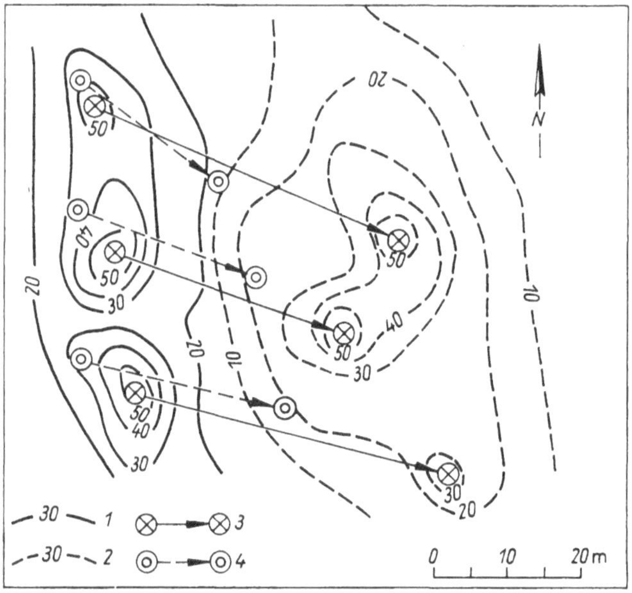

Abb. 5.49. Verlagerung magnetischer ΔZ-Anomalien von versenkten Dauermagneten infolge eines Hangrutsches (nach BOGOSLOVSKY et al., 1977)
1 — ΔZ, 1. Meßreihe; *2* — ΔZ, 2. Meßreihe; *3* — magnetische Markierung mit Verschiebungsvektor; *4* — Bohrlochmund mit Verschiebungsvektor

lich abgestufte Messungen hinsichtlich ihrer Lage überwacht (Abb. 5.49). Durch Einbringen der Magnete in verschiedene Teufen läßt sich unter Umständen sogar ein Geschwindigkeitsschnitt des Hangrutsches ermitteln (Abb. 5.50).

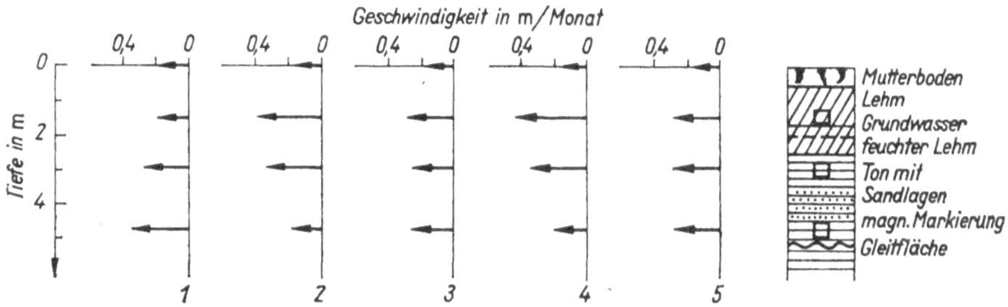

Abb. 5.50. Vertikalschnitt der Geschwindigkeitsverhältnisse eines Hangrutsches ermittelt durch magnetische Markierung (nach BOGOSLOVSKY et al., 1977)

1 — Aug. 71—Feb. 72, *2* — Feb. 72—Aug. 73, *3* — Aug. 73—Feb. 74, *4* — Feb. 74—Aug. 75, *5* — Aug. 71—Feb. 75

Abb. 5.51 zeigt ein Beispiel für die Anwendung der hochauflösenden Magnetik (s. Kap. 3.3.7.) bei der Untersuchung eines rutschungsgefährdeten Hanges. Das durch Wiederholungsmessungen bestätigte Minimum bei 20···22 m kennzeichnet die Grenze zwischen stabilem Plateau und dem rutschungsgefährdeten Bereich. Eine Anfang 1978 stattgefundene Rutschung (Abb. 5.51 unten) um etwa 4 m führte zu einer Erhöhung der Amplitude und einer horizontalen Verschiebung des Minimums.

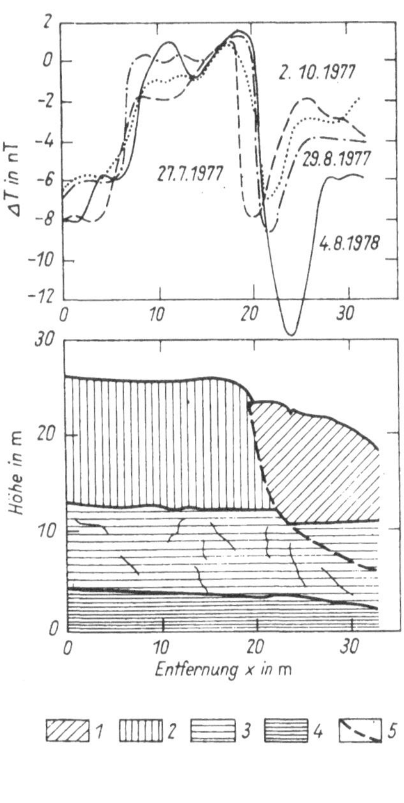

Abb. 5.51. Mikromagnetik in ΔT an einer rutschungsgefährdeten Böschung (nach BRODOVOJ et al., 1980)

1 — Rutschungsbildungen; *2* — äoloisch-diluvialer Lehm und Ton; *3* — Eluvium; *4* — fester Untergrund; *5* — Rutschungsfläche

5.3.3. Erkundung archäologischer Objekte

In der Archäologie dienen gravimetrische Messungen zur Suche und Erkundung verborgener anthropogener Anlagen wie z. B. Keller, Krypten oder anderer Situationen aus historischer Zeit (vgl. Abb. 2.18; s. Kap. 4.20). Für den Nachweis verborgener Kellerräume im Bereich der auf einem Bergsporn gelegenen Burgruine Tharandt (DDR) lieferte die in Abb. 5.52 erläuterte mikrogravimetrische Aufnahme wertvolle Hinweise.

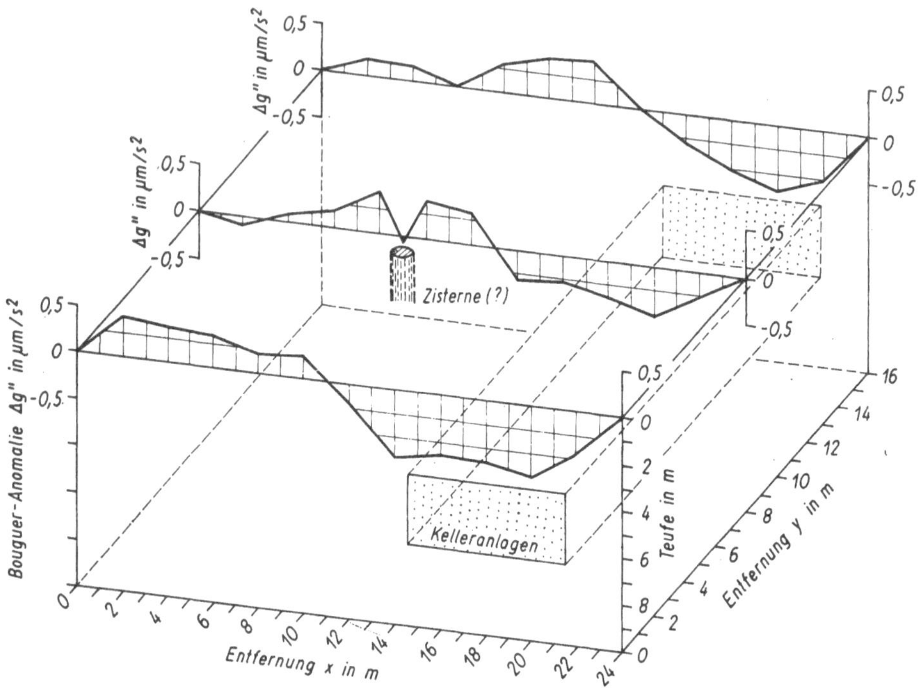

Abb. 5.52. Mikrogravimetrie zur Suche verborgener Kellerräume im Bereich der Burgruine Tharandt (nach LINDNER et al. 1982a). $s = 2$ m

Hochauflösende magnetische Aufnahmen nutzen oft nur geringfügige Suszeptibilitätsunterschiede zwischen Resten anthropogener Tätigkeit und dem umgebenden Material, insbesondere die thermoremanente Magnetisierung gebrannter Gegenstände (Ziegel, Herde, Keramik usw.). Abb. 5.53 zeigt ein Meßergebnis über vermuteten Siedlungsresten aus dem 4. bis 3. Jahrhundert v. u. Z. aus dem NW der Halbinsel Krim/UdSSR. Die Form der magnetischen Mikroanomalien deutet auf Mauerreste hin. Die praktisch unmagnetischen Natursteinmauern stimmen mit den magnetischen Minima überein, die Backsteinsockel mit den positiven Anomalien. Sie wurden durch nachfolgende Grabungen freigelegt.

Weitere Anwendungen magnetischer Messungen zur Erkundung prähistorischer Hüttenöfen sind u. a. von BOCHNIA et al. (1976) und WALACH (1979) bekannt.

a)

b)

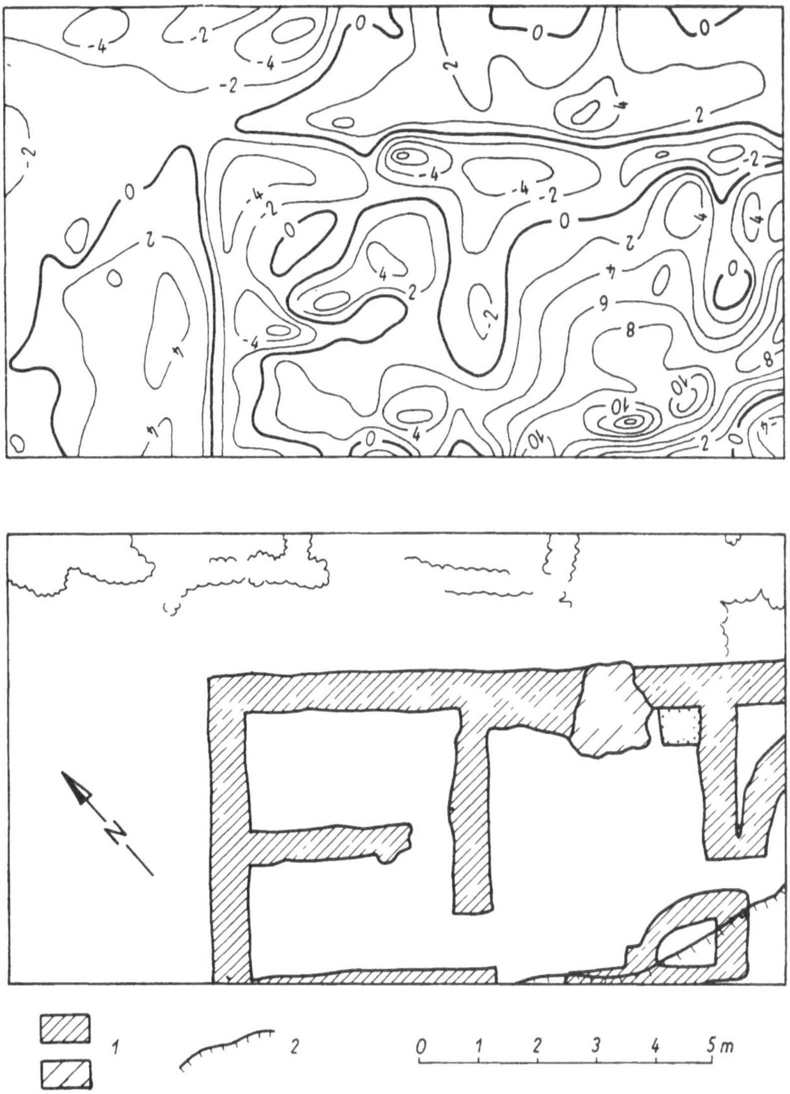

Abb. 5.53. Mikromagnetische Aufnahme in ΔT über einer historischen Siedlung (nach Vnučkov et al., 1977; Glazunov, 1978)

a) Isanomalen in nT; b) durch Grabung ermittelter Gebäudegrundriß; *1* – Mauerreste; *2* – steiler Abhang

5.3.4. Suche künstlicher magnetisierter Objekte

Der Nachweis von Eisenteilen bzw. eisernen Objekten, die vergraben bzw. verschüttet sind oder in wasserbedeckten Gebieten lagern, kann eine wichtige Rolle spielen. Dabei muß sowohl induzierte als auch remanente Magnetisierung angenommen werden. Bei „magnetisch hartem Material" (z. B.

Stahl) kann der remanente Anteil das 10fache des induzierten erreichen und somit wesentlich Amplitude und Form der magnetischen Anomalie beeinflussen. Dies ist vor allem bei großen eisernen Teilen der Fall. Einlagerungen, die aus vielen kleinen Teilen bestehen, wirken im wesentlichen nur durch die induzierte Magnetisierung. Abb. 5.54 zeigt ein auf dem Kugel- bzw. Zylindermodell beruhendes Nomogramm zur Abschätzung der Maximaleffekte eiserner Objekte. — Bei der Suche künstlicher magnetisierter

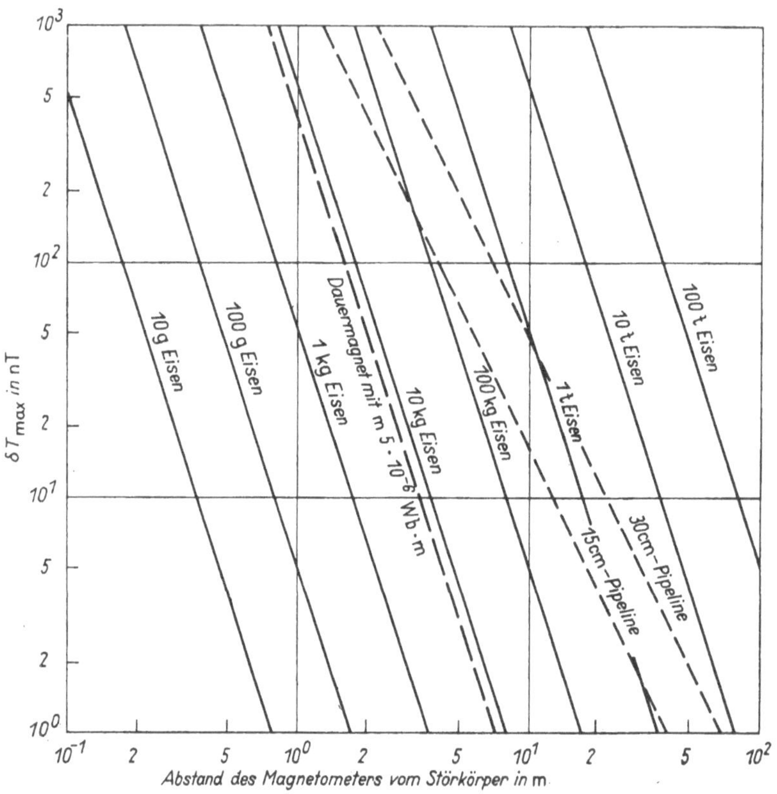

Abb. 5.54. Nomogramm zur Abschätzung der maximalen Störwirkung δT_{max} von Eisenobjekten mit $m_C = 6 \cdot 10^{-7}$ Wb · m (nach BREINER, 1973)
(beachte: δT_{max} kann sich in Abhängigkeit von der magnetischen Härte des Eisens, der Inklinationsrichtung und der Lage des Remanenzvektors um den Faktor 5 ändern!)

Objekte beschränken sich die Meßarbeiten zunächst auf den Nachweis der Anomalien schlechthin, ohne daß ihre genaue Form und Ausdehnung interessieren. Durch nachfolgende Verdichtungsmessungen wird anschließend eine exakte Störkörperlokalisierung vorgenommen. Abb. 5.55 zeigt eine auf diese Weise abgegrenzte ΔZ-Anomalie. Sie wird durch eine in ca. 15 m Tiefe lagernde Elektrolokomotive mit nahezu vertikalem Magnetisierungsvektor hervorgerufen, die infolge eines Erdrutsches von 7 Millionen m^3 Lockermaterial verschüttet wurde.

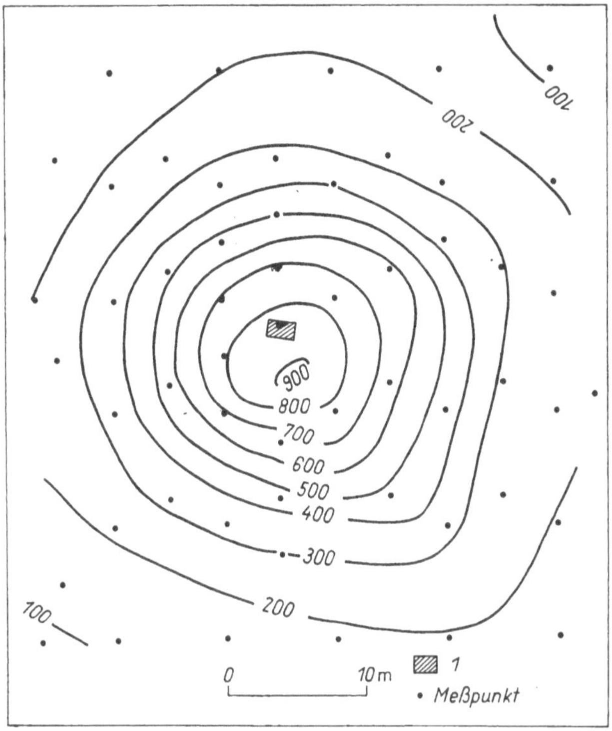

Abb. 5.55. Suche einer durch eine Rutschung verschütteten Elektrolokomotive in einem Braunkohlentagebau mit ΔZ-Messungen
Isanomalenabstand: 100 nT; *1* — ungefähre Lage der Lokomotive

5.3.5. Prognose von Erdbeben und Gebirgsschlägen

In den letzten Jahren wurden im Zusammenhang mit der Erdbebentätigkeit neben bereits bekannten physikalischen Effekten auch zeitliche Änderungen von gravimetrischen und magnetischen Anomalien untersucht. Sie stehen mit tektonischen Vorgängen, damit verbundenen Massenumlagerungen und petrophysikalischen Veränderungen in Kruste und oberem Mantel im Zusammenhang. Abb. 5.56 enthält die zeitlichen Änderungen einer Schwereanomalie vor und nach dem Erdbeben von Haicheng/Volksrepublik China. Die Wiederholungsmessungen zeigen vor dem Beben ein deutliches Absinken von 3,52 $\mu m/s^2$ an. Der Effekt absinkender Schwerewerte könnte damit Prognosecharakter besitzen. Nach dem Beben wurden die früheren Meßwerte wieder annähernd erreicht und interessanterweise eine sich später anschließende Vergrößerung um 3,82 $\mu m/s^2$ gemessen. Fajklewicz (1975) beobachtete einen ähnlichen Schwereeffekt bei untertägigen Gravimetermessungen im Zusammenhang mit Gebirgsschlägen. Abb. 5.57 zeigt in einem instruktiven Beispiel, daß in günstigen Fällen das Auftreten zeitlicher Schwereänderungen Möglichkeiten zur Prognose von Gebirgsschlägen bietet. Das Meßprofil befindet sich im Hangenden eines

Abbaus, der in Abb. 5.57 von rechts nach links fortschreitet. (Die dargestellten zeitlichen Anomalien sind aus den Meßwerten durch Anwendung eines Tiefpaßfilters zur Ausschaltung lokaler Störeffekte hervorgegangen.)

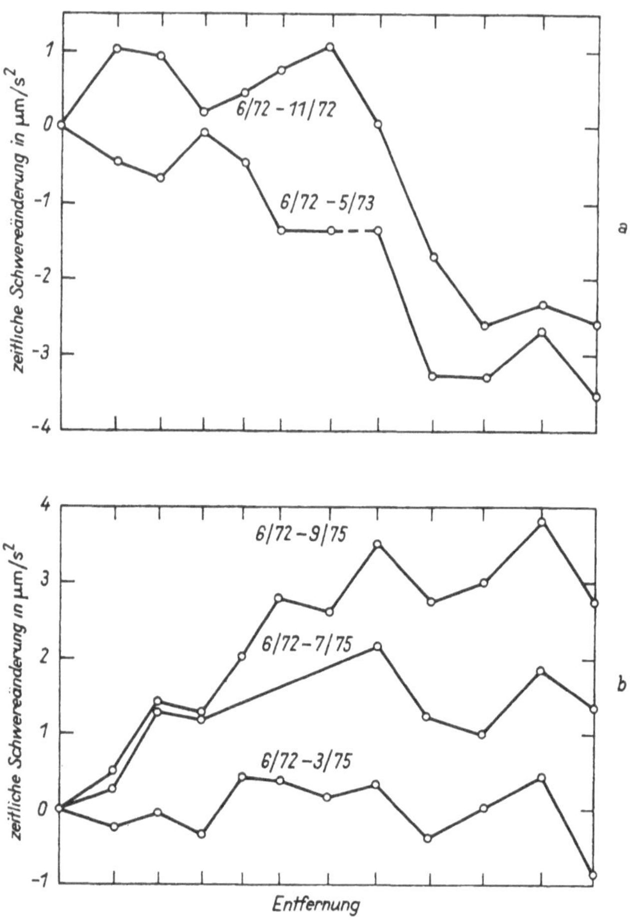

Abb. 5.56. Zeitliche Schwereänderungen bezogen auf Messungen vom Juni 1972 in der Nähe des Epizentrums des Erdbebens von Haicheng (2. 2. 1975) (umgezeichnet nach Lu Zao-Xun et al., 1978); a) Änderungen vor dem Beben; b) Änderungen nach dem Beben

Auch magnetische Anomalien scheinen einer zeitlichen Varianz im Zusammenhang mit der Tätigkeit von Erdbeben zu unterliegen, wie durch einige Untersuchungen mit hochauflösenden Magnetometern nachgewiesen werden konnte. Abb. 5.58 zeigt ein solches Ergebnis auf einem ca. 12 km langen NW–SE verlaufenden Profil über die Peter-I.-Kette in Zentralasien. Dargestellt sind die Differenzen der Meßpunkte zur 2···15 km entfernten Basisstation 3040. Die Registrierungen zeigen sowohl zu- als auch abnehmende Tendenz mit dem zeitlichen Herannahen des Bebens. Kurz nach dem Beben tritt ein deutlicher Sprung von 0,6···3,2 nT auf.

In Abb. 5.59 sind zeitliche Änderungen magnetischer Anomalien aus der Türkei dargestellt. Grundlage der Auswertung bildeten Tagesmittel, die aus drei während der Nacht gemessenen Stundenmitteln erhalten wurden.

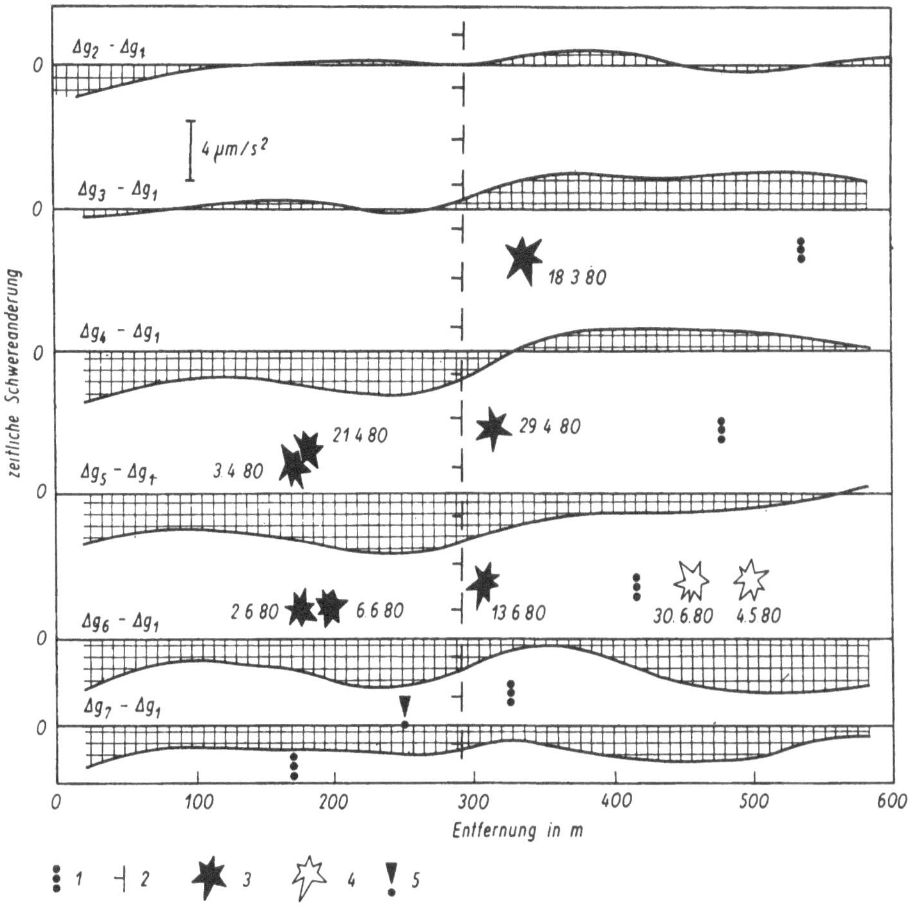

Abb. 5.57. Mikrogravimetrische Anomalien zum Nachweis und zur Prognose von Gebirgsschlägen in der Steinkohlengrube „Gotwald"/Oberschlesien (umgezeichnet nach FAJKLEWICZ, 1982)

1 — Grenze des Abbaus; *2* — Flözstörung; *3* — Gebirgsschlag nach Gravimetrie vorhergesagt; *4* — Gebirgsschlag; *5* — Gebirgsdeformation; Δg_1: 11.—12. 12. 79; Δg_2: 13. bis 15. 2. 80; Δg_3: 3.—5. 3. 80; Δg_4: 31. 3. —2. 4. 80; Δg_5: 10.—13. 5. 80; Δg_6: 28.—29. 6. 80; Δg_7: 29.—31. 7. 80

Die Stationen A, F und G zeigen keine signifikanten Effekte. Demgegenüber zeigt die Differenzkurve $Y - E$ vor Beginn des Bebens a einen deutlichen Abfall um ca. 15 nT. Der gleiche Effekt läßt sich vor Beginn des Bebens b in den Kurven $K - E$, $D - E$ und $Y - E$ wiederfinden; das Beben c zeichnet sich nicht ab. Vermutlich verursachten die vorhergehenden Erdbeben

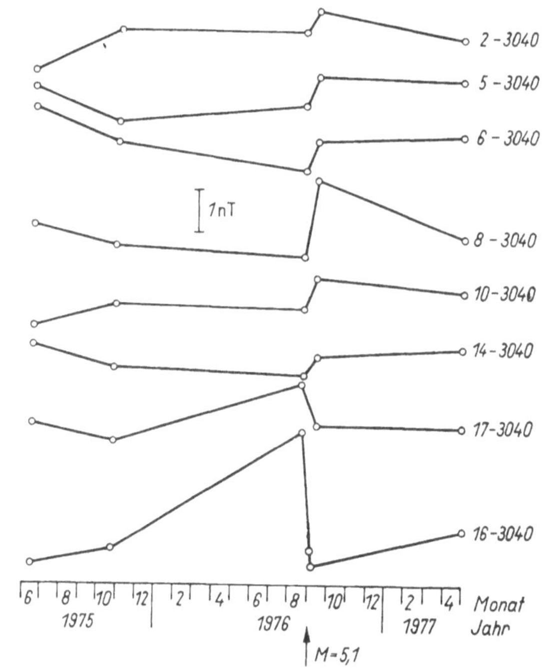

Abb. 5.58. Tektonische Untersuchungen in der Tadshikischen SSR (nach SKOVORODKIN et al., 1978); Differenzen verschiedener Meßpunkte zur Basisstation 3040 vor und nach dem Beben vom 3. 9. 1976

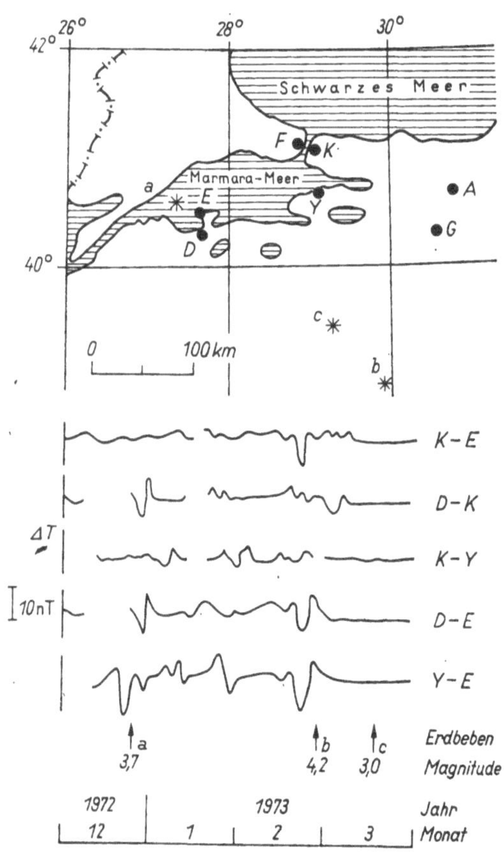

Abb. 5.59. Tektonomagnetische Untersuchungen im NW-Abschnitt der Türkei (nach ISPIR et al., 1976); Differenzen zwischen verschiedenen Registrierstationen in einem Zeitraum, der drei Beben einschließt. A — Registrierstation; a — Erdbeben bzw. Epizentrum

einen weitreichenden Spannungsabbau, der zu einer Stabilisierung des magnetischen Feldes führte.

Dennoch muß abschließend darauf verwiesen werden, daß eine sichere Prognose von Erdbeben und Gebirgsschlägen – auch unter Einbeziehung geophysikalischer Arbeitsergebnisse – zur Zeit noch nicht möglich ist. Die vorgelegten positiven Beispiele sollen lediglich aussichtsreiche Forschungsrichtungen andeuten.

6. Beispiele komplexer gravimetrischer und magnetischer Untersuchungen

G. Walach, F. Weber

6.1. Einführung

Die klassischen Potentialverfahren werden in zunehmendem Maße auf immer kompliziertere geologische und geotechnische Probleme angewandt. Wie die folgenden Beispiele zeigen sollen, erleichtert eine Komplexinterpretation in vielen Fällen die Lösung der gestellten Aufgabe. Im Zentrum steht dabei das Bestreben, das gesuchte geologische Element (Lagerstätte, geologische Struktur, Hohlraum usw.) durch eine geophysikalische Anomalie darzustellen. Der Beweis für diesen Konnex ist in der Regel überzeugender durch eine Methodenkombination als durch ein einzelnes Verfahren zu erbringen.

Die Stellung der Komplexinterpretation im Rahmen eines geophysikalischen Aufschlußprogramms soll durch das folgende Schema skizziert werden (Tab. 6.1.).

Bei der Anwendung auf detaillierte Prospektionsaufgaben erfolgt der Einsatz der Potentialverfahren im Gegensatz zu einer geophysikalischen Landesaufnahme der geologischen Aufgabe angepaßt; d. h., die Planung der Messungen geht immer von geologischen Modellvorstellungen und gesteinsphysikalischen Kenntnissen bzw. Annahmen aus, nach denen sich dann die Wahl des Verfahrens und die Meßmethodik richten.

Bei der Erkundung räumlich ausgedehnter geologischer Strukturen erfolgt die Durchführung der Messungen im allgemeinen nach einem einheitlichen Schema. Ein regelmäßiger Profil- und Meßpunktabstand wird auch wegen der Erfordernisse der Datenverarbeitung angestrebt. Auch bei aeromagnetischen Programmen sollte die Gravimetrie wenigstens in ausgesuchten Abschnitten nachfolgend eingesetzt werden, obwohl sie nicht die meßtechnisch-ökonomischen Vorteile der Aeromessungen besitzt. Diese kombinierte Messung hat dabei für die Komplexinterpretation besonderes Gewicht.

Vergleichsweise einfach ist die Entscheidung bei der Kohlenwasserstoffsuche, wo relativ große Störkörper in beträchtlichen Tiefen von Interesse sind. Aufgaben außerhalb der geophysikalischen Lagerstättensuche im Bergbau, in der Ingenieurgeologie oder bei der Lösung geologischer Detailfragen sind in methodischer Hinsicht durch die Erfordernisse eines hohen Auflösungsvermögens charakterisiert; das wiederum erfordert eine hohe Meßpunktdichte und große Meßgenauigkeit. — Im folgenden wird dies an einigen Beispielen aus der Suche und Erkundung von Erdöl-Erdgas-Lagerstätten, der Prospektion auf Kohle und Erzmineralisationen sowie aus der Erkundung allgemein geologischer Probleme erläutert.

Tabelle 6.1. Stellung der geophysikalischen Komplexinterpretation im Bearbeitungsprozeß

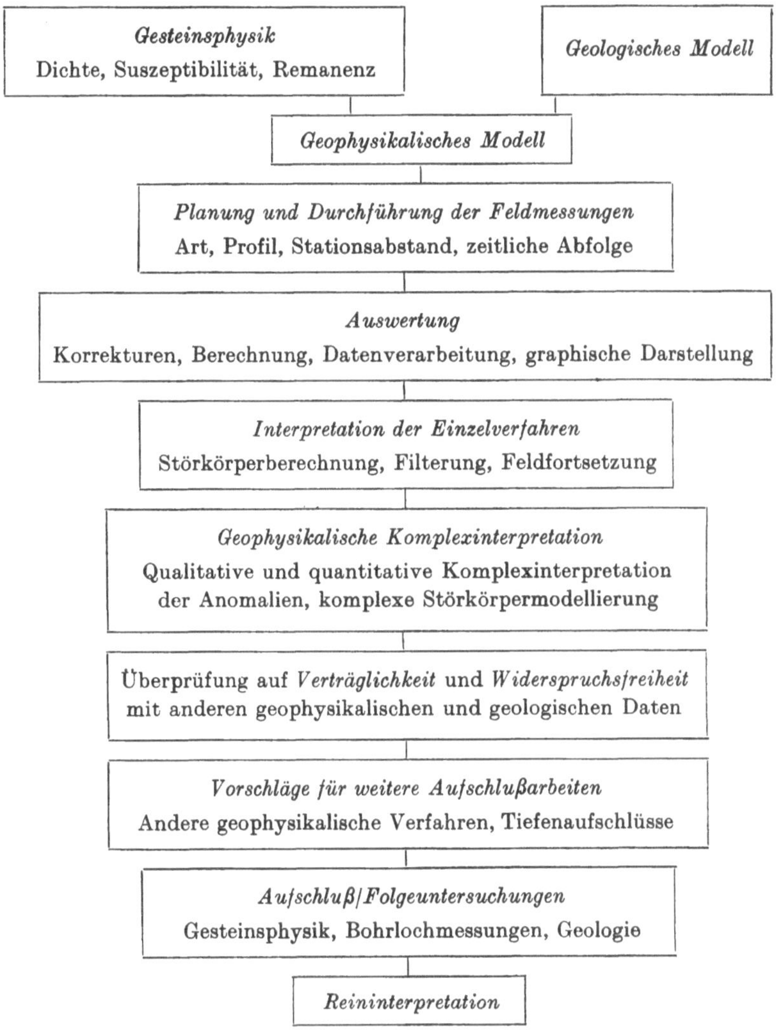

6.2. Suche und Erkundung von Erdöl-Erdgas-Lagerstätten

6.2.1. Allgemeines

Bei der Suche und Erkundung von Kohlenwasserstofflagerstätten wird schwerpunktmäßig die Reflexionsseismik eingesetzt, doch bieten sich auch für Gravimetrie und Magnetik bestimmte Anwendungsmöglichkeiten.

Diese besitzen zunächst den Charakter von Vorlaufmethoden zur Erkundung des jeweiligen Strukturaufbaus, können jedoch auch in bestimmten Fällen, z. B. in reflexionsarmen Zonen, zur Ergänzung der seismischen Resultate herangezogen werden. Auch bei seeseismischen Messungen werden die Potentialverfahren häufig ergänzend eingesetzt, zumal damit keine nennenswerten zusätzlichen Kosten verbunden sind.

Es gibt jedoch weltweit nur wenige Öl- und Gasvorkommen, an deren Entdeckung die Magnetik maßgeblich beteiligt war, und das liegt meist mehrere Jahrzehnte zurück. Bekannte, in der Literatur häufig erwähnte Beispiele sind die Ölfelder von Hobbs/New Mexico (1927), Nocona, Oklahoma (1937), Jackson, Mississippi (1932), das Hill Ranch Gas Feld (1929) und andere. — Eine gute Übersicht mit umfangreicher Bibliographie über diese älteren Projekte, bei denen nur die Lage einer ölhöffigen Struktur angegeben wurde, ohne daß die heute üblichen Interpretationshilfen schon Verwendung fanden, vermittelt HEILAND (1963). Meist handelt es sich um Hochlagen magnetisch wirksamer Gesteine bzw. um basische Intrusionen mit entsprechenden Suszeptibilitätskontrasten (vgl. Abb. 4.2 und 4.3). Eindrucksvolle Beispiele liefern vor allem magnetische Anomalien und Ölfallen, die mit Serpentinitstöcken im Zusammenhang stehen (PETERS, 1949). Die Tiefe dieser Strukturen ist allerdings meist geringer als 1000 m.

Die allgemeine Anwendung gravimetrischer Methoden konzentrierte sich in der Vergangenheit auf bestimmte strukturelle Ölfallen, die sich als relativ einfache geophysikalische Modelle darstellen ließen. Als solche sind zunächst die Salzdome zu nennen; sie weisen einen negativen Dichtekontrast Salz/Nebengestein auf und ermöglichten bereits für die Drehwaage einen erfolgreichen Einsatz. Weitere strukturelle Hochzonen sind Antiklinalen, Dome und begrabene Berge („buried hills"); sie können ebenfalls durch einfache Dichtemodelle angenähert werden. — Die Aussage der Gravimetrie beschränkte sich neben einer allgemeinen Vorstellung über die geometrische Form der Struktur auf Details, die für den weiteren Aufschluß wichtig waren, wie z. B. den Typ der Struktur, den Verlauf der Achse und die Steilheit der Flanken. Demgegenüber ermöglicht die komplexe Interpretation eine viel detailliertere Aussage mit quantitativen Angaben und ein Hervorheben der in bestimmten Tiefenbereichen wichtigen Strukturmerkmale.

In günstigen Fällen können durch automatische Tiefenberechnungen Strukturkarten der Basis von Sedimentbecken entworfen werden, die alle wichtigen Strukturelemente, insbesondere auch Brüche, enthalten. Durch geeignete Filterverfahren lassen sich Aussagen über Interna der Schichtfolge ableiten, und durch richtungsabhängige Filter werden zweidimensionale geologische Merkmale (z. B. Brüche) besser herausgearbeitet. Die Verfahren der 1. und 2. Ableitung sowie der Feldfortsetzung nach oben und unten bilden eine wichtige Ergänzung des Instrumentariums der Auswertung; dabei ist die Überführung der gravimetrischen in die magnetische Anomalie nach dem POISSONschen Theorem als eines der Endziele zu betrachten (s. Kap. 1.5; 5.2).

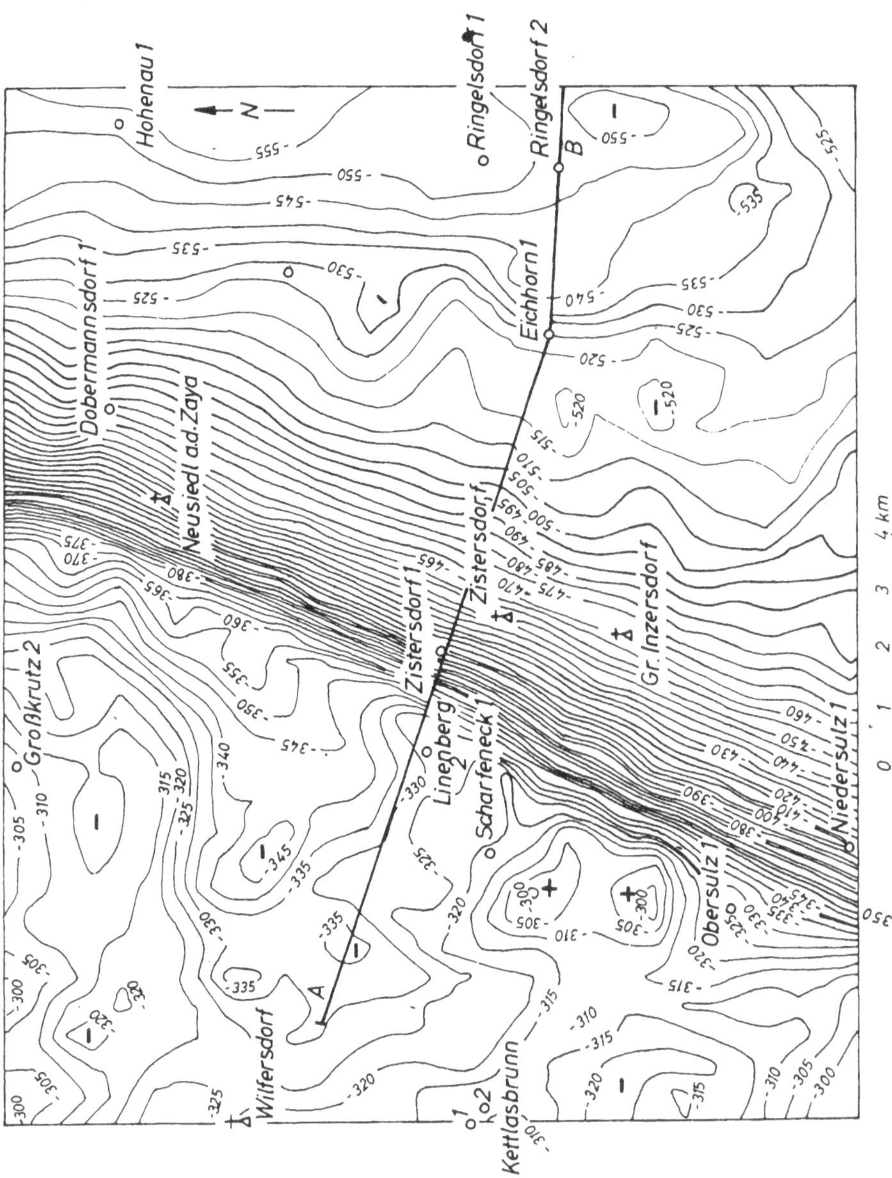

Abb. 6.1. Gravimetrische und magnetische Erkundung des Steinbergbruches, Gebiet Zistersdorf/Wiener Becken, (nach ZYCH, 1966; 1973)

a) BOUGUER-Schwerekarte (Intervall 5 $\mu m/s^2$)

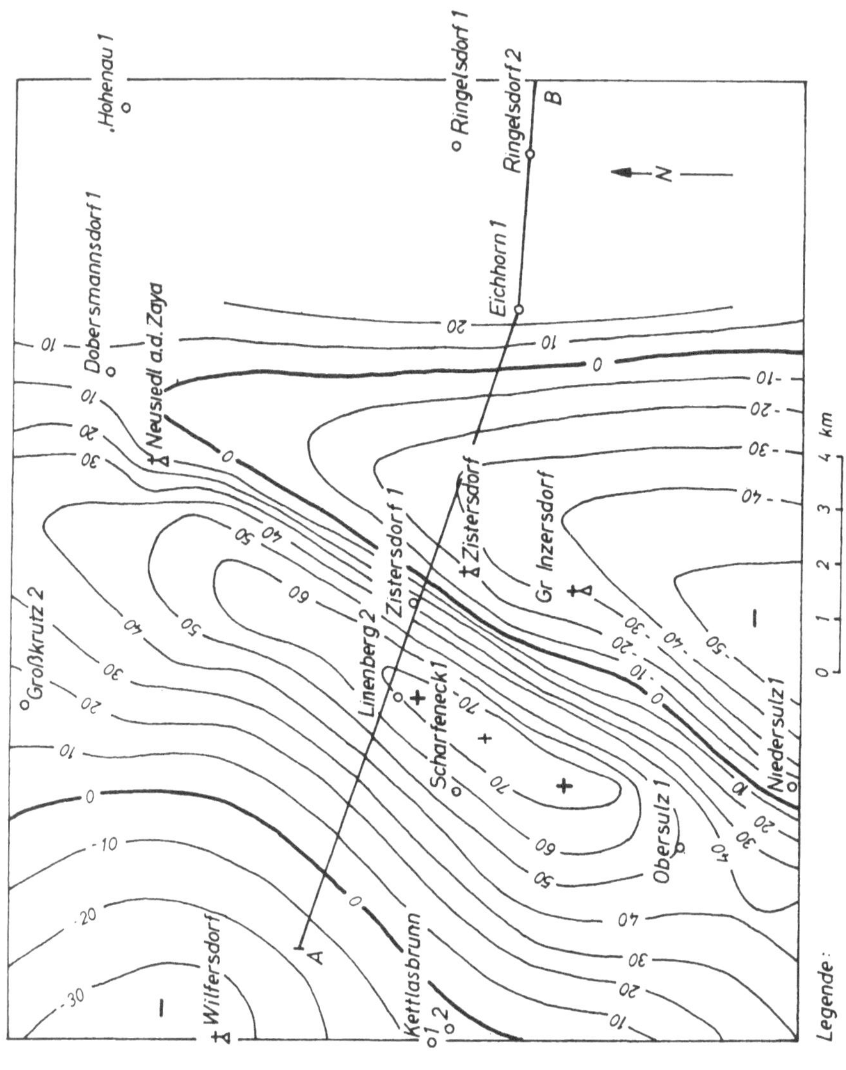

b) **Restschwerekarte (manuell geglättet), Regionalfeldbestimmung mittels Polynomapproximation (Intervall 10 µm/s²)**

6.2.2. Bruchstrukturen

An Brüche gebundene Kohlenwasserstoffvorkommen sind ein häufig auftretender Ölfallentyp, der geophysikalisch seit langem wohldefiniert ist. Aus gravimetrischen Messungen bringen meist Scharungen der Isogammen einen gewichtigen qualitativen Hinweis auf solche Situationen; (Abb. 6.1);

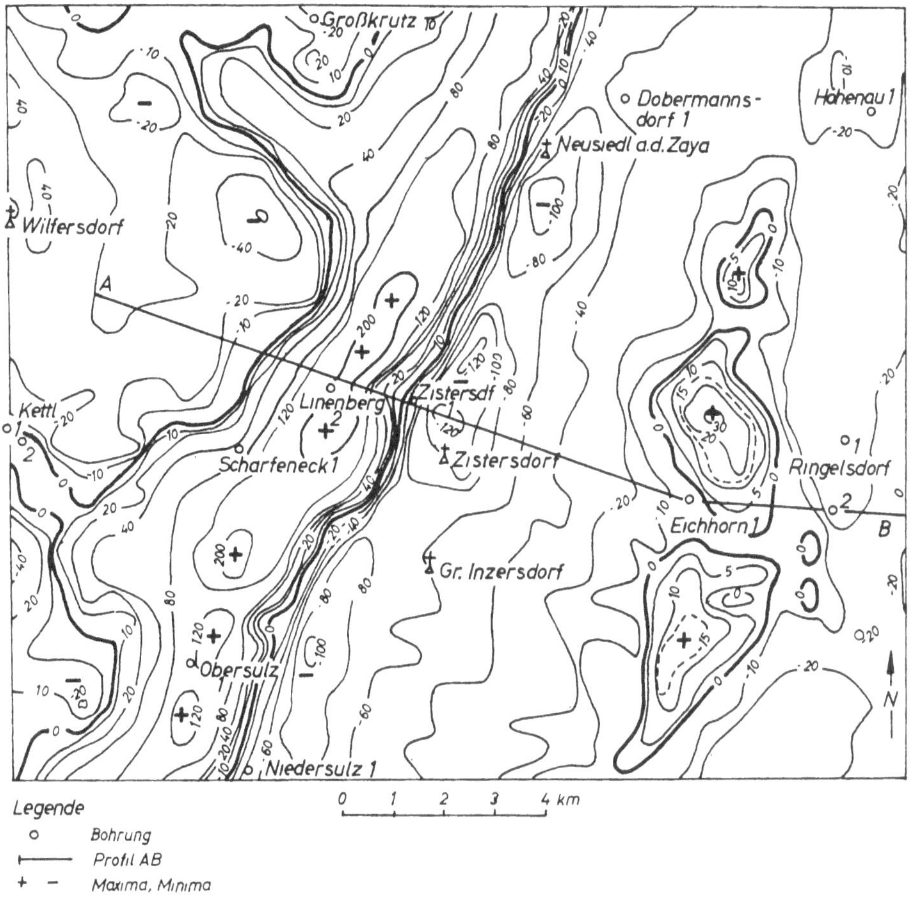

c) zweite Ableitung der BOUGUER-Schwere (Formel ROSENBACH I; $s = 2$ km; Einheit $10^{-12}\ m^{-1} \cdot s^{-2}$)

dabei hängen Größe und Form der Anomalie von der Tiefe, der Sprunghöhe, dem Einfallen des Bruches und den Dichteverhältnissen ab.

Eine Anzahl der seit über 50 Jahren bekannten Ölvorkommen im Wiener Becken (Österreich) sind als Schleppstrukturen an die Tiefscholle des Steinbergbruches gebunden. Dabei handelt es sich um eine synsedimentäre Störung mit maximal 5000 m Versetzung. Auf der Hochscholle befinden sich an der Basis des Tertiärs und im Flysch ebenfalls Ölvorkommen.

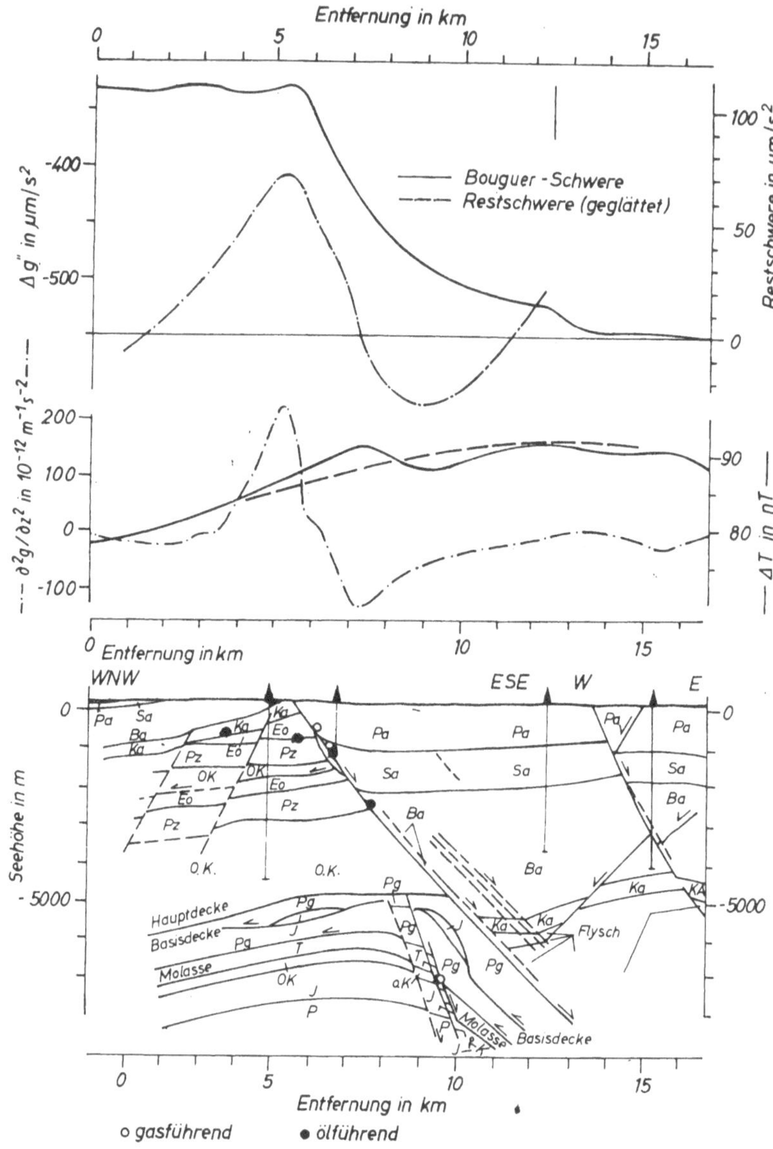

d) Profilschnitt AB; Aeromagnetik, Flughorizont 800 m (nach SEIBERL; HEINZ, 1981; Regionalfeld durch Glättung bestimmt; geologisches Profil nach KRÖLL, 1980)

Mehrere kleinere Brüche geringeren Störbetrages verursachen komplizierte geologische Strukturen (Abb. 6.1d; nach KRÖLL, 1980).

Die petrophysikalische Grundlage der Schwereanomalien (ZYCH, 1966; 1973) bildet der Dichteunterschied zwischen den tonig-sandigen Gesteinen der tertiären Beckenfüllung und den konsolidierten Gesteinen im Beckenuntergrund (Flysch, Mesozoikum, Paläozoikum). Der Steinbergbruch selbst ist im Raum von Zistersdorf bereits in der BOUGUER-Schwerekarte

(Abb. 6.1a) durch eine starke Scharung der Isogammen charakterisiert. Auf der Hochscholle sind Strukturen durch sekundäre Anomalien geringer Amplitude zu erkennen. Auf der Tiefscholle dagegen ist aus der BOUGUER-Karte nur das Bild einer wenig gegliederten Mulde abzuleiten.

Auch in der Karte der Restschwere (Abb. 6.1b) ist der Bruchverlauf deutlich zu erkennen; darüber hinaus kommt zusätzlich das Flyschrelief der Hochscholle als zum Bruchverlauf paralleles, geschlossenes Maximum zum Ausdruck. Weitere Details sind aus der Karte der 2. Ableitung (Abb. 6.1c; Formel ROSENBACH I; $r = 2$ km; s. Kap. 5.2.1.5.) zu erkennen; sie korrelieren zum Teil mit den Rücken und Mulden des Flyschuntergrundes. In der großen Muldenzone der Tiefscholle tritt eine sekundäre Struktur (bruchbegrenzte Aufwölbung) in Form getrennter Teilmaxima mit Werten von $10 \cdots 20 \cdot 10^{-12}$ $m^{-1} \cdot s^{-2}$ hervor. Im Bereich der Hauptbruchfläche bilden sich kleinere Strukturen deutlich ab, die in den BOUGUER- und Restschwerekarten nicht zu erkennen sind. In Abb. 6.1d sind in einem E–W laufenden Profilschnitt die BOUGUER-und Restschwere, die 2. Ableitung sowie ein ΔT-Profil aus der aeromagnetischen Karte von Österreich (SEIBERL; HEINZ, 1981) der allgemeinen geologischen Situation gegenübergestellt. Interessanterweise läßt auch die Aeromagnetik im Bereich des Steinbergbruches eine deutliche Anomalie von ± 3 nT erkennen, die lagemäßig mit Strukturelementen des prätertiären Basements korreliert.

Das Feld Aderklaa – ca. 15 km NE von Wien gelegen – ist ein Beispiel für einen begrabenen Untergrundsrücken („buried hill") als Ölfalle. Die Kohlenwasserstofführung ist an Dolomite der Trias in einer Teufe von ca. 2800 m gebunden. An der im Jahre 1959 erfolgten Entdeckung war die Gravimetrie (ZYCH, 1973) maßgeblich beteiligt, durch die das Relief des kalkalpinen Untergrundes in den Grundzügen erforscht werden konnte. Zwischen der tonig-sandigen Beckenfüllung (Dichte mit der Tiefe zunehmend von 2,0 bis $2{,}5 \cdot 10^3$ kg/m^3) und dem Untergrund (Kalke $2{,}6 \cdots 2{,}7 \cdot 10^3$ kg/m^3; Dolomite $2{,}7 \cdot 10^3$ kg/m^3) ist ein hinreichender Dichteunterschied vorhanden.

Das Schwerehoch von Aderklaa kommt bereits in der BOUGUER-Karte (Abb. 6.2a) deutlich zum Ausdruck; es wird aber zusätzlich von bedeutenden regionalen Effekten mit generell gegen W ansteigender Tendenz geprägt. Dadurch erscheint zum Beispiel das zentrale Maximum, bezogen auf die -260 $\mu m/s^2$-Isogamme, um mehr als 1 km nach NW gegenüber der geologischen Struktur verschoben. Mehr strukturelle Einzelheiten zeigt die Restschwerekarte (leicht geglättete Version) in Abb. 6.2b. Die Struktur stellt sich als geschlossenes Hoch von ca. 25 $\mu m/s^2$ dar; Muldenzonen im N, W und S unterstreichen noch das Erscheinungsbild einer typischen „buried hill"-Struktur. Karten der 2. Ableitung bringen gegenüber der Restschwere keine wesentlichen neuen Erkenntnisse.

Die Abb. 6.2c zeigt zunächst den Zusammenhang zwischen den beschriebenen gravimetrischen Ergebnissen und einem durch zahlreiche Bohraufschlüsse gut bekannten geologischen Profilschnitt AD (nach KRÖLL, 1980). Sie zeigt aber auch, daß sich die Struktur in der Aeromagnetik (Totalintensität; nach SEIBERL; HEINZ, 1981) als Minimum von $7 \cdots 8$ nT

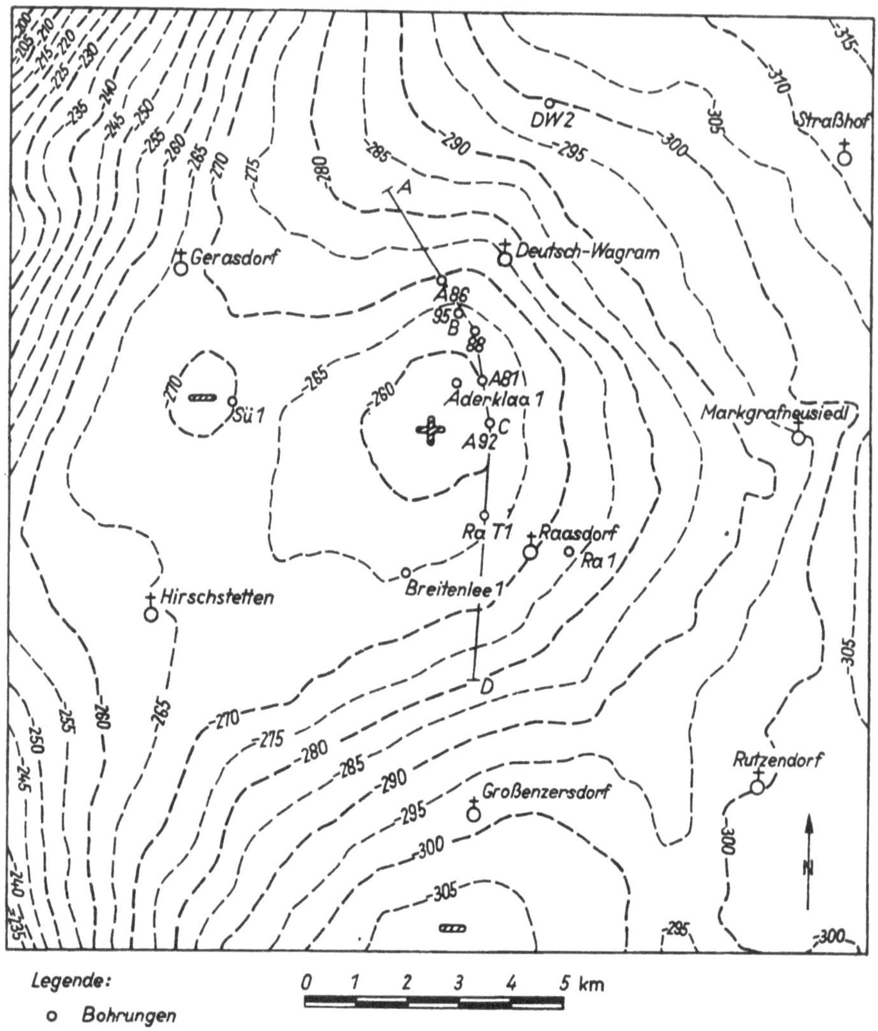

Abb. 6.2. Gravimetrische und magnetische Erkundung der „buried hill"-Struktur Aderklaa, Wiener Becken (nach ZYCH, 1973)

a) BOUGUER-Schwerekarte (Intervall 5 $\mu m/s^2$)

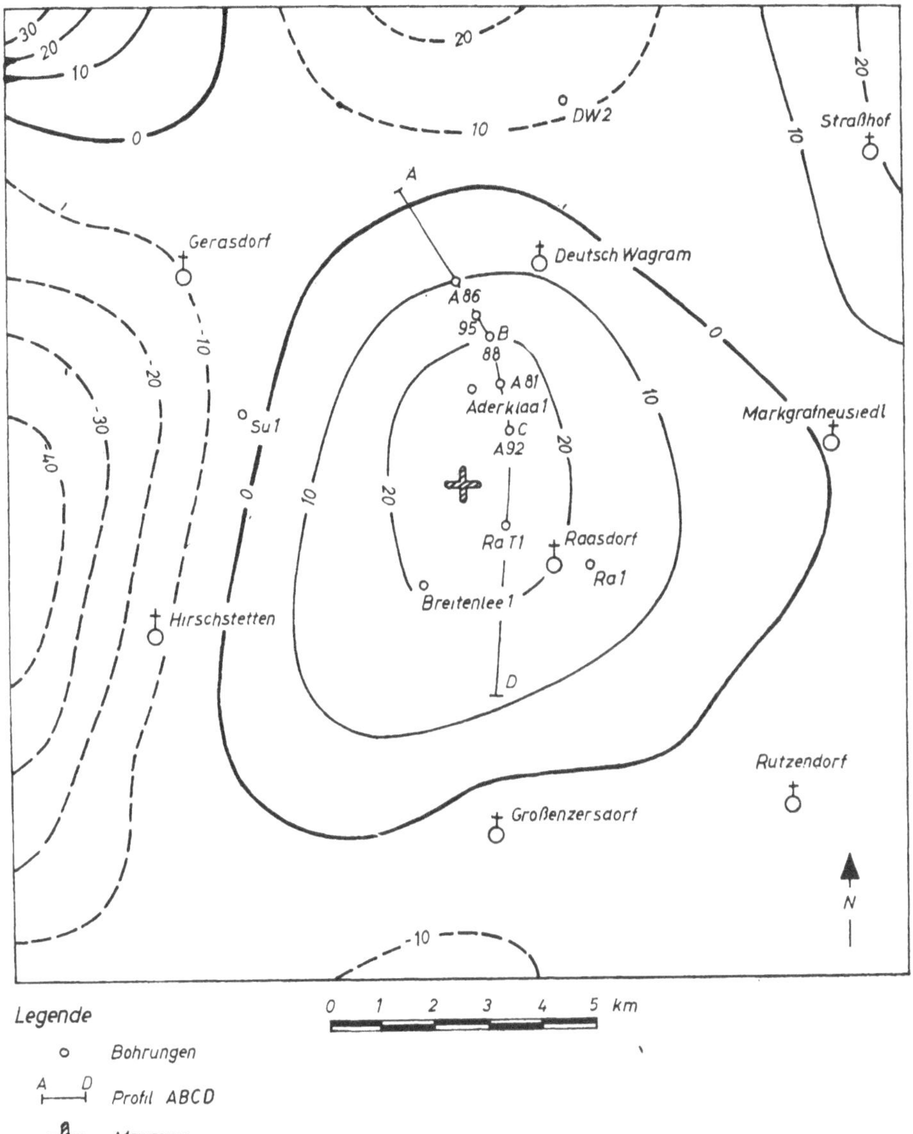

b) Restschwerekarte (manuell geglättet), Regionalfeldabtrennung mittels Polynomapproximation (Intervall 10 $\mu m/s^2$)

deutlich abbildet. Zur Hervorhebung der lokalen magnetischen Anomalie wurde dabei der wahrscheinliche Regionalfeldverlauf schematisch angedeutet.

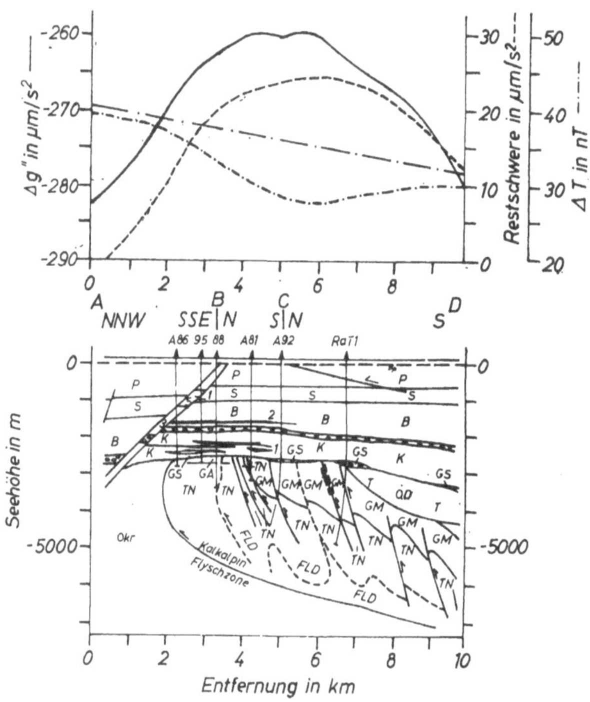

c) Profilschnitt AD; Aeromagnetik, Flughorizont 800 m (nach Seiberl; Heinz, 1981; Regionalfeld linear; geologisches Profil nach Kröll, 1980)

6.2.3. Stratigraphische Ölfallen

Generell sind stratigraphische Ölfallen mittels geophysikalischer Messungen wesentlich schwieriger nachzuweisen als strukturbedingte; dabei sind die besseren Aussichten für bestimmte, geometrisch und gesteinsphysikalisch wohldefinierte Typen gegeben. Es sind dies vor allem Kohlenwasserstoffvorkommen vom Typus der auskeilenden Sande und der Riffe. Meist sind jedoch nur geringe Unterschiede in den petrophysikalischen Parametern zwischen dem Speicher und dem Nebengestein vorhanden, so daß im allgemeinen nur ein Teufenbereich von weniger als 1 000 m für die Untersuchungen aussichtsreich ist. Besonders ungünstig sind die Voraussetzungen für den Einsatz magnetischer Verfahren, und es ist in der Literatur auch kein Fall bekannt, wo durch magnetische Messungen ein Anstoß zum Auffinden einer stratigraphischen Ölfalle erfolgt wäre. Diese Feststellung gilt insbesondere für Riffe, da diese ebenso wie die umgebenden Deckschichten nur ganz schwach magnetisiert sind. Der Typus der auskeilenden Schichten kann durch Modellrechnungen abgeklärt werden, denen bestimmte geologische Voraussetzungen zugrunde liegen: kristalliner Untergrund, Anreicherung von Magnetit in den durch Transgression oder Regression abgelagerten Sanden, stärkeres Einfallen der Schichten. Für das Auffinden von shoestring-Sanden (Sandkanäle) könnten neben ΔT-Messungen höchster Genauigkeit in Verbindung mit richtungsstatistischer Auswertung (s. Kap. 3.3.7) auch Vertikalgradientenmessungen von Nutzen sein.

Wesentlich günstiger sind die Aussichten für gravimetrische Messungen, da praktisch zwei Dichtedifferenzen wirksam werden, einmal innerhalb des Speichers zwischen dem kohlenwasserstofführenden und dem wassergesättigten Teil und zum anderen zwischen dem Speicher (Sand, Sandstein, Kalk) und dem (meist tonigen) Nebengestein. Im Falle eines Riffs ergibt sich ein positiver Dichteunterschied. Erfolgreiche Beispiele über das Auffinden von Riffen mittels Gravimetrie liegen meist aus Teufenbereichen von weniger als 1000 m vor.

Als Standardbeispiel einer stratigraphischen Ölfalle ist das Ost-Texas-Feld zu nennen; es wird durch den Woodbine Sandstein zwischen Tonen im Liegenden und Austin-Kalk im Hangenden gekennzeichnet (s. Kap. 2.3.9., Abb. 2.29). Der Dichtekontrast beträgt $0{,}2 \cdot 10^3$ kg/m^3; die Zone des Auskeilens erstreckt sich über eine Entfernung von 8 km in einer Teufe von ca. 1,0 km. Die negative Anomalie in der erwarteten Größenordnung von 3···4 µm/s^2 kommt erst nach Abtrennung des breit gekrümmten Regionalfeldes – und auch dann noch durch lokale Störeinflüsse unterbrochen – zum Ausdruck (NETTLETON, 1972). Dagegen könnte sich durch die Verwendung des Horizontalgradienten ein besseres Auflösungsvermögen ergeben, wie HAMMER; ANZOLEAGA (1975) betonen. Allerdings stellt das Ost-Texas-Feld wegen des geringen Einfallens des Speichergesteins von 0°23′ auch für den Horizontalgradienten einen Grenzfall dar.

Über Schweremessungen zum Auffinden von Riffen liegen weltweit zahlreiche positive Erfahrungen vor. Die Grundlage bildet der positive Dichtekontrast zwischen dem Riffkalk und den umgebenden, meist tonigen Gesteinen; er kann durch eine erhöhte Kompaktion der direkt über dem Riff liegenden Sedimente noch verstärkt werden (YÜNGUL, 1961). Da nur Anomalien von wenigen µm/s^2 zu erwarten sind, die überdies wegen der lateralen Dichteänderung und anderer Störeffekte nicht immer die geologische Struktur erkennen lassen, ist eine Vermessung mit hohem Auflösungsvermögen wesentliche Voraussetzung (NETTLETON, 1972). Schwierigkeiten bei der Interpretation können sich beim Auftreten von Salz in den Deckschichten ergeben, da das Auskeilen desselben ebenfalls eine positive Anomalie hervorruft. Die Unterscheidung dürfte jedoch durch die ovale bis kreisrunde Form der Anomalie über dem Riff möglich sein.

Ein lehrreiches Beispiel ist der Dawn No. 156 Pool, Ontario, ein im Jahre 1952 ausschließlich mittels Gravimetrie gefundenes Silurriff (POHLY, 1954). Der Punktabstand der Gravimeteraufnahme betrug 300 m, der maximale Fehler $\pm 0{,}3$ µm/s^2. – Bereits die BOUGUER-Karte (Abb. 6.3a) zeigt ein geschlossenes Maximum; der deutlich erkennbare regionale Effekt ist auf ein breites Auskeilen von überlagernden Salzschichten zurückzuführen. Die Restschwerekarte (Abb. 6.3b) zeigt eine ovale Anomalie mit einer

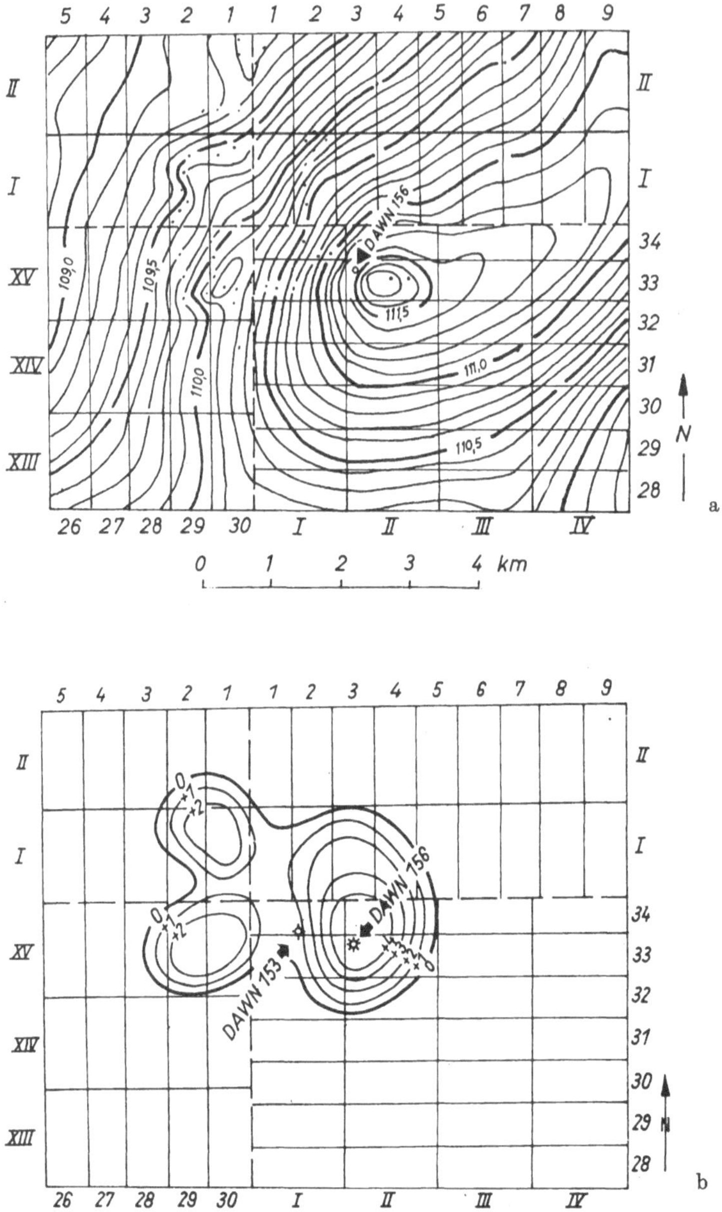

Abb. 6.3. Gravimetrie Dawn 156 — Gas-Feld, Ontario (nach POHLY, 1954)

a) BOUGUER-Schwerekarte (Intervall 1 μm/s²);

b) Restschwerekarte; Regionalfeldbestimmung graphisch

Amplitude von 4 μm/s^2; sie gibt die Verbreitung des in 524 m Teufe erbohrten Riffs wieder.

Einen Sonderfall bilden Riffe, über denen Antiklinalen als Folge unterschiedlicher Kompaktion ausgebildet sind. Die auftretenden Anomalien sind dann ein Summeneffekt der Dichteunterschiede innerhalb der Antiklinalstrukturen und des Riffs. Die Abgrenzung wird durch mikrogravimetrische Messungen erleichtert, bei denen die Daten zur Erzielung eines überdurchschnittlich geringen Fehlers mehrfach gemessen und gefiltert werden.

6.2.4. Salzdome

Die Suche von Salzdomen stellt eine der ältesten Anwendungen der Gravimetrie dar. Grundlage ist der negative Dichtekontrast von Steinsalz gegenüber den umgebenden Ton- und Kalkgesteinen (s. Kap. 2.5.).

Ein Salzdom, der durch das Modell des vertikalen Zylinders angenähert werden kann, läßt eine kreisförmige Anomalie erwarten. Als Beispiel eines

a

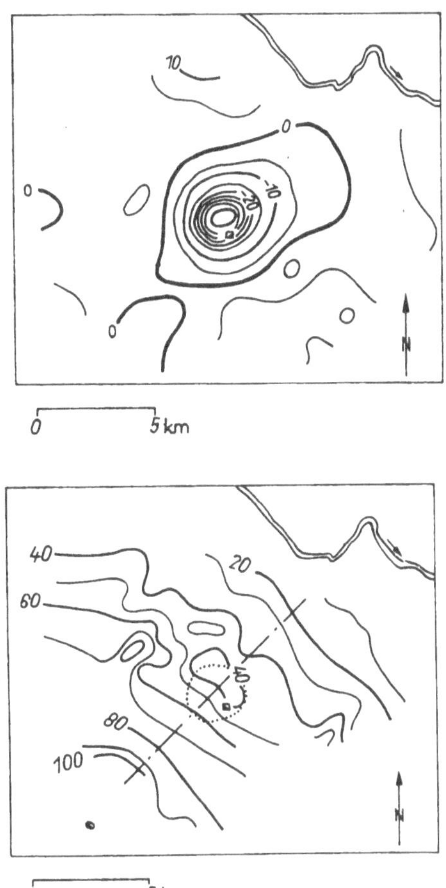

b

Abb. 6.4. Komplexgeophysikalische Untersuchung des Grand Saline Salzdomes, Texas (nach PETERS; DUGAN, 1948)

a) Restschwerekarte (Intervall 5 μm/s^2)

b) magnetische Vertikalintensität in nT; Profilschnitt (strichpunktiert), Umriß des Salzdomes (punktiert) seichten Salzstocks ist der Grand Saline Dome, Texas, zu nennen, der mittels Über- und Untertagegravimetrie sowie Magnetik (Abb. 6.4a–c) untersucht wurde (PETERS; DUGAN, 1948). Ein in Abb. 6.4d dargestelltes, aufgrund aller verfügbaren geologischen Informationen aufgestelltes theoretisches Dichtemodell (konstante Salzdichte von $2{,}15 \cdot 10^3$ kg/m^3; Zunahme der Dichte der Nebengesteine von $1{,}96 \cdot 10^3$ kg/m^3 an der Oberfläche auf $2{,}62 \cdot 10^3$ kg/m^3 in ca. 5000 m Tiefe) ergibt etwas größere Anomalien als gemessen.

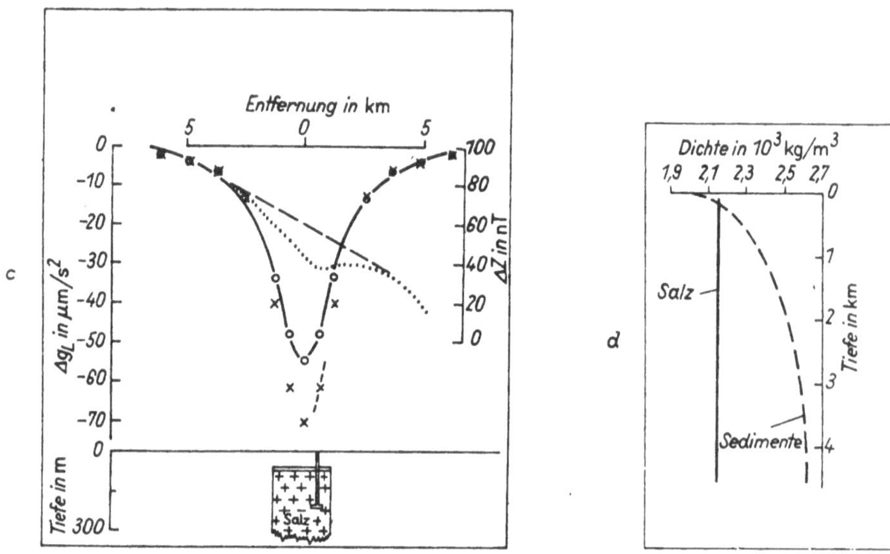

c) Profil über den Salzdom mit Restschwere (durchgezogen), Schwere aus Untertagemessungen (kurz strichliert), theoretischer Wert zu Übertagemessung (o), und zu Untertagemessung (×); magnetische Vertikalintensität (punktiert) und schematisches Regionalfeld (lang gestrichelt);

d) empirische Dichte-Tiefenfunktion für Salz und umgebende Sedimentgesteine

Die magnetischen Messungen der Vertikalintensität zeigen ein schwaches Minimum im Bereich des Salzdoms, da die Suszeptibilitätsunterschiede allgemein gering sind.

Ein komplexeres Bild der Schwerekarten ergibt sich durch das Vorhandensein einer mächtigeren Gesteinskappe, die lithologisch und dichtemäßig unterschiedlich sein kann. Als ein Beispiel sei der D'Lo Dom aus dem nördlichen Abschnitt des Mississippi-Beckens genannt (NETTLETON, 1948). Der Bereich des Caprock ist durch eine geschlossene, gering negative Anomalie charakterisiert; das kräftige Minimum deutet auf eine randliche Synklinale hin. Die Störkörperberechnung liefert ein mit der Geologie gut übereinstimmendes Modell.

6.3. Suche und Erkundung von Kohlelagerstätten

Sowohl Steinkohle als auch Braunkohle weisen mit $\varkappa < 1 \cdot 10^{-5}$ sehr niedrige Suszeptibilitäten auf; zusätzlich ist der Kontrast zum Nebengestein so gering, daß die Magnetik keine direkten Hinweise auf Kohlevorkommen gestattet. Sie hat lediglich als ergänzende Methode zu anderen Verfahren dort eine gewisse Berechtigung, wo strukturelle Aussagen über

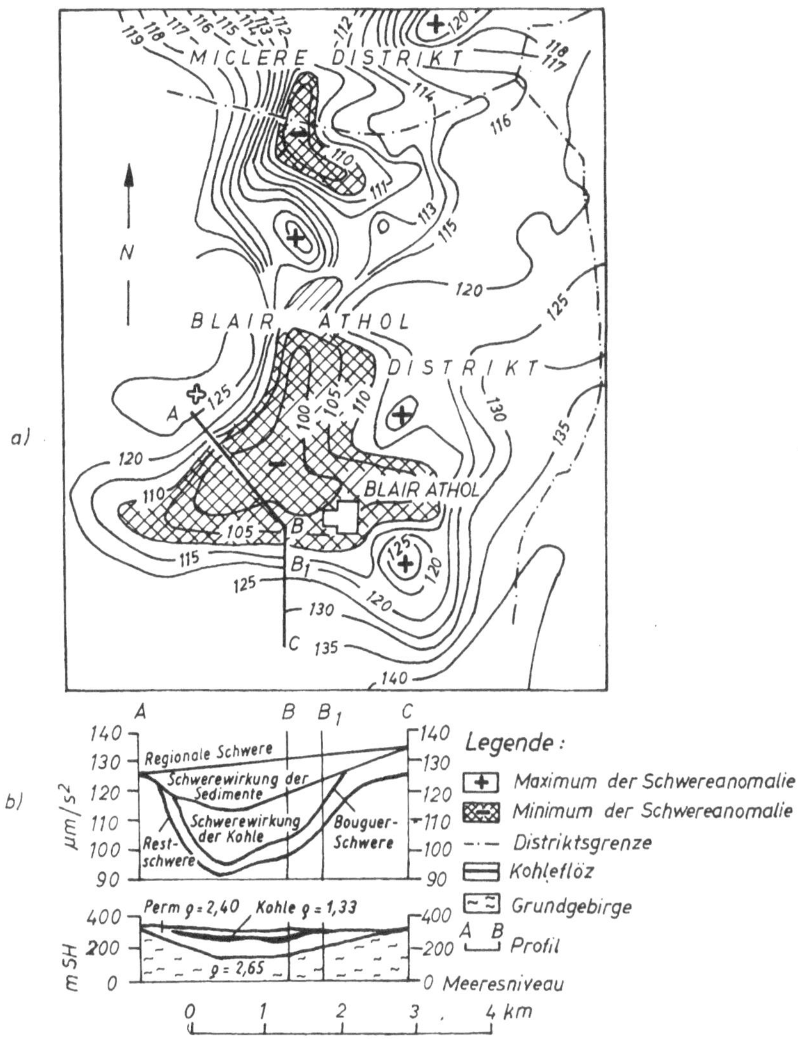

Abb. 6.5. Gravimetrie Blair Athol-Kohlenrevier, Queensland/Australien (nach THYER, 1963)

a) Restschwerekarte (Intervall 5 $\mu m/s^2$)

b) geophysikalisches und geologisches Profil über den Südteil der Kohlenmulde (ϱ in 10^3 kg/m^3)

das Grundgebirge oder das Vorhandensein basischer Instrusiva erwartet werden können, die für die Suche nach Kohlelagerstätten bedeutungsvoll sind. Bei Schweremessungen zum Nachweis von Kohlelagerstätten kann davon ausgegangen werden, daß die Dichtewerte der Kohle stets kleiner als jene der Nebengesteine sind (vgl. Abb. 5.52). Sie werden häufig zur Untersuchung kohlehöffiger Gebiete herangezogen, vor allem zur Ermittlung von Mulden, Brüchen und anderen geologischen Bauelementen; dabei kommt ihnen aus ökonomischen Überlegungen als Vorlauf- und Begleitmethode für die wesentlich teureren seismischen Untersuchungen größte Bedeutung zu (WALACH, 1982).

In Australien haben sich Schweremessungen bei der Suche nach kohlehöffigen Mulden und bei der Untersuchung der Lagerungsverhältnisse der Flözhorizonte sehr bewährt (THYER, 1963). Im Blair Athol Kohlenrevier (Queensland) befindet sich die Lagerstätte in permischen Sandsteinen und Schiefern; sie wird von geringmächtigen, unverfestigten tertiären Schichten überlagert, wogegen der Untergrund aus präpermischen Sedimenten und Graniten besteht. Die bituminöse Kohle permokarbonen Alters hat eine Dichte von $1{,}33 \cdot 10^3\,kg/m^3$, die Nebengesteine von 2,4 (permische Sedimente) und $2{,}65 \cdot 10^3\,kg/m^3$ (Präperm). Die kohleführende Muldenzone ist, wie in Abb. 6.5a dargestellt, durch ein Schwereminimum von ca. $25\,\mu m/s^2$ charakterisiert. Das Beispiel Blair Athol ist auch deshalb bemerkenswert, da hier die Kohle aufgrund des günstigen Mächtigkeitsverhältnisses zum Hangenden und des Dichteunterschiedes einen substantiellen Anteil zum Schwereeffekt beisteuert (Abb. 6.5b).

Im Braunkohlengebiet Zillingdorf, ca. 40 km im S von Wien, wurden von STEINHAUSER; SEIBERL (1980) komplexgeophysikalische Messungen (Gravimetrie, Magnetik, Radiometrie) mit dem Ziel ausgeführt, vermutete kleinräumige Staffelbrüche nachzuweisen, deren Kenntnis für die Abbauplanung außerordentlich wichtig ist. Die lignitische Kohle kann im Tagebau gewonnen werden und tritt im Pannon auf. Sie besteht aus einem 4 m mächtigen Oberflöz und einem 20 m tiefergelegenen Hauptflöz mit einer Mächtigkeit von über 9 m. Die NNE – SSWs treichenden Brüche (Sprunghöhe 10 bis 40 m) sind wegen fehlender Leithorizonte mittels Seismik schwer erfaßbar und zerlegen das Abbaugebiet in 350 – 600 m breite Streifen.

Der Schwerpunkt der Untersuchungen lag auf der Gravimetrie. Die BOUGUER-Schwere (Abb. 6.6a) zeigt generell einen relativ steilen Abfall der Anomalienwerte (Horizontalgradient $12{,}5 \cdots 16{,}5 \cdot 10^{-9}\,s^{-2}$). Etwa in der Mitte des Profils deutet sich bereits in der BOUGUER-Schwere das typische Bild einer Störungszone an. Die Restfeldkarte (Abb. 6.6b), berechnet nach MUNDRY (1970), weist eine deutlich gegliederte Anomalienstruktur auf, in der die Störungszone durch eine deutliche NNE – SSW gerichtete Isogammenscharung hervortritt.

Auch die aeromagnetische Vermessung (Abb. 6.6c), ließ analog zum Streichen der Störungen einen NNE-Trend der Isanomalen in diesem Gebiet erkennen. Anomalien kleiner Halbwertsbreite der Bodenmessungen (Abb. 6.6a, unten) korrelieren teilweise mit dem Bruchverlauf. Die Oberkante

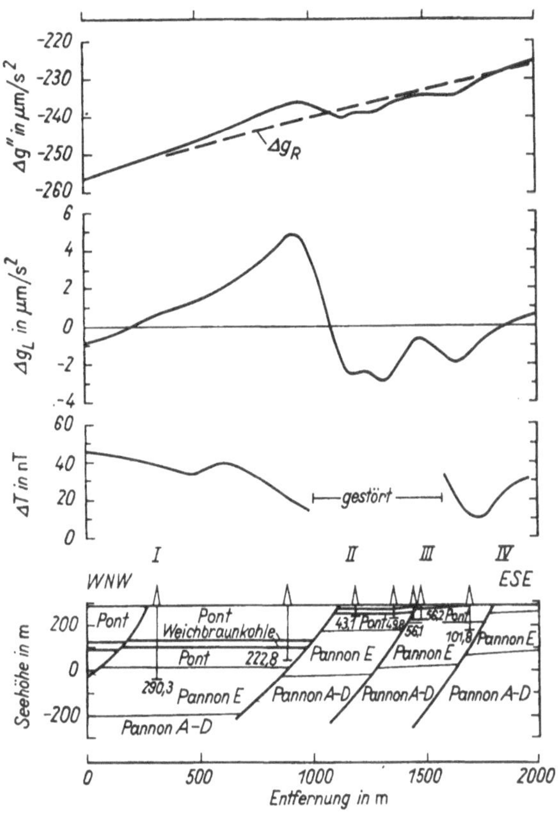

Abb. 6.6. Integrierte Braunkohlenprospektion Zillingdorf, Österreich (nach Steinhauser; Seiberl, 1980)

a) Profilschnitt AB; Bouguerschwere, Restfeld und Bodenmagnetik (Geologie nach Brix, 1982; unveröffentlicht)

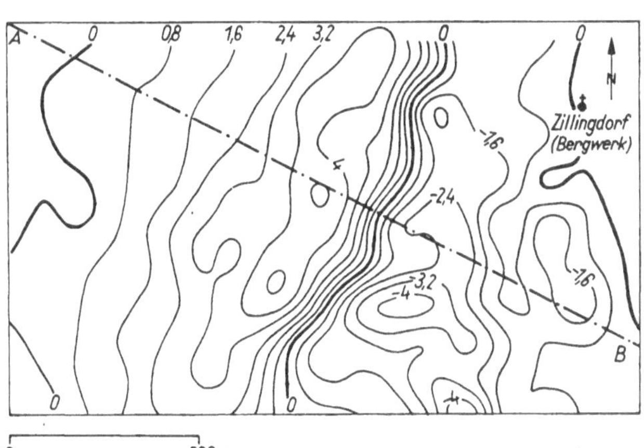

b) Restschwereverteilung (Intervall 0,8 µm/s²);

der Störkörper liegt in 70···90 m Tiefe, wobei die Ursache der erhöhten Suszeptibilität noch nicht geklärt ist.

Da die Kohle bzw. die umgebenden tonigen Sedimente einen erhöhten Urangehalt aufweisen, war der Einsatz der Radiometrie gerechtfertigt. Die radiometrischen Anomalien korrelieren meist gut mit vom Bergbau her bekannten Störungszonen.

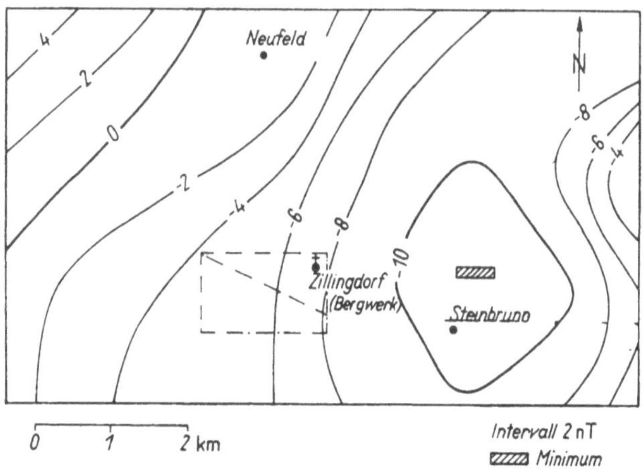

c) Ausschnitt aus der aeromagnetischen Karte, Flughorizont 800 m (nach SEIBERL; HEINZ, 1981); Teilgebiet Restschwerekarte (strichpunktiert)

6.4. Suche und Erkundung von Erzlagerstätten

6.4.1. Blei-Zink-Erze

Die am häufigsten vorkommenden Bleiglanz-Zinkblende-Vererzungen sind als reine Minerale praktisch unmagnetisch; eine erhöhte Suszeptibilität ist auf das Vorkommen von Magnetit bzw. Magnetkies als Nebengemengteil zurückzuführen. Günstigere Voraussetzungen liegen bezüglich der Dichtewerte vor (Bleiglanz $7{,}5 \cdot 10^3$ kg/m^3, Zinkblende $4{,}0 \cdot 10^3$ kg/m^3). In jedem Falle werden jedoch die methodischen Grenzen durch niedrige Erzgehalte und zunehmende Tiefe rasch erreicht. Dagegen können beide Verfahren wesentliche Beiträge zur Auflösung des geologischen Baus und jener Faktoren liefern, die die Vererzung beeinflussen. Aufschlußreiche Beispiele (Abb. 6.7a–d) gibt es aus dem Bergbaugebiet von SE-Missouri (ALLINGHAM, 1966; ALGERMISSEN, 1961). Das präkambrische Grundgebirge besteht aus Granit mit Intrusionen von Rhyolit und Granophyr, überlagert von Kambrium (Lamotte-Sandstein, Bonne-Terre-Dolomit). Eine Bruchtektonik verwirft die flach geneigten Schichten. Die Vererzung tritt in verschiedener Fazies auf; es sind schichtgebundene Erze, disseminierte Erze mit Dolomit, auch an Riffe gebunden und im Riffschutt, sowie Erze in brekziöser Form. Die drei wichtigsten Faktoren, welche die Vererzung kontrollieren, sind das Relief der präkambrischen Oberfläche, die sedimentären Strukturen und die Brüche als bevorzugte Wegsamkeiten für die erzführenden Lösungen. Für die Geophysik ergibt sich demnach eine komplexe Aufgabenstellung.

Die aeromagnetische Karte (Abb. 6.7a) läßt eine Reihe von ausgedehnten Anomalien beträchtlicher Amplitude von 300···600 nT erkennen, die von kleinräumigen Störungen geringer Größe zwischen 30···150 nT überlagert werden. Diese sind auf Suszeptibilitätsänderungen der Erstarrungsgesteine und das Relief des präkambrischen Untergrundes zurückzuführen; die kambrischen Schichten sind praktisch unmagnetisch.

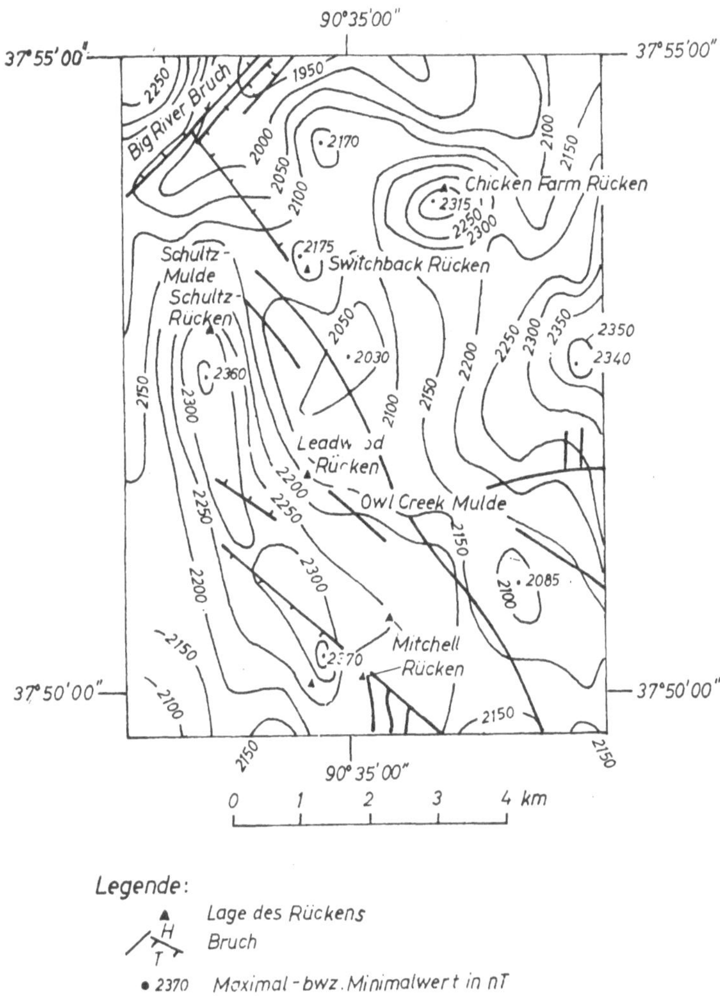

Abb. 6.7. Aeromagnetik Bonne-Terre-Gebiet, Missouri (nach ALLINGHAM, 1966); Flughöhe ca. 550 m

a) Isanomalen der Totalintensität (Intervall 50 nT)

Das magnetische Restfeld (Abb. 6.7b), berechnet durch Abzug eines über ein Polynom 3. Grades festgelegten Regionalfeldes (Allingham, 1966), erhöht bei lokaler Betrachtungsweise die Aussagekraft und läßt besonders die Störungszonen besser hervortreten.

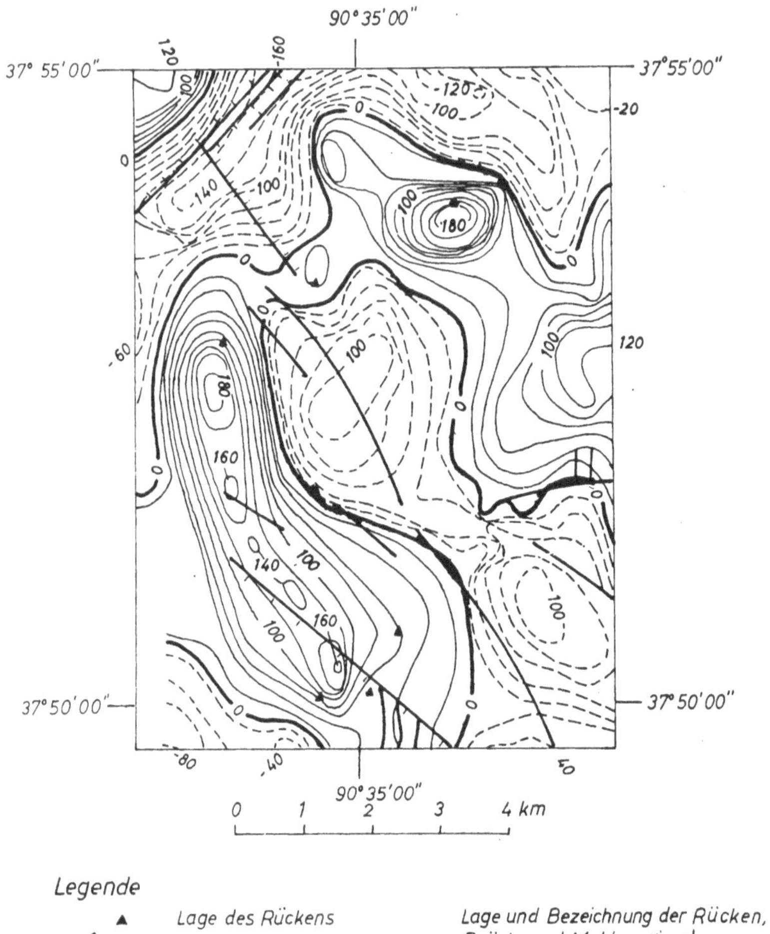

b) magnetisches Restfeld in nT (Regionalfeld Polynom 3. Grades)

Eine gute Korrelation der aeromagnetischen Anomalien besteht dort, wo die Vererzung an den aufragenden Rhyolit oder Granophyr gebunden ist, z. B. bei Leadwood.

Auch die magnetischen Minima sind lagerstättenkundlich bedeutungsvoll; sie weisen auf flachsedimentäre Mulden (z. B. Schultz-Mulde) hin, die von Granit unterlagert werden. Desgleichen sind bestimmte Brüche an Minima geknüpft; dabei liegt die Vorstellung zugrunde, daß die magnetischen Mineralien durch Sickerwässer oder aufsteigende Lösungen umgewandelt wurden.

Das Auflösungsvermögen wurde vor allem im Bereich lokaler Anomalien geringer Amplitude durch die Anwendung von Verfahren der 2. Ableitung und der Feldfortsetzung nach unten beträchtlich gesteigert (Abb. 6.7c, d). Dabei erwies sich die Feldfortsetzung nach unten bis zum Niveau der Oberfläche des Präkambriums (ca. 130 m über NN) als besonders aufschlußreich. Sie zeigt auch eine gewisse Überlegenheit gegenüber der 2. Ableitung, z. B. im Bereich des NW-streichenden Rückens SW von Leadwood.

Der bedeutende *Bigriver Bruch* kommt in allen vier Karten als Minimumzone zum Ausdruck, am deutlichsten in der Feldfortsetzung nach unten, die auch für das Auffinden kleinerer Brüche unerläßlich ist. Demgegenüber gibt die Karte des Restfeldes die einzelnen Elemente mehr schematisch wieder.

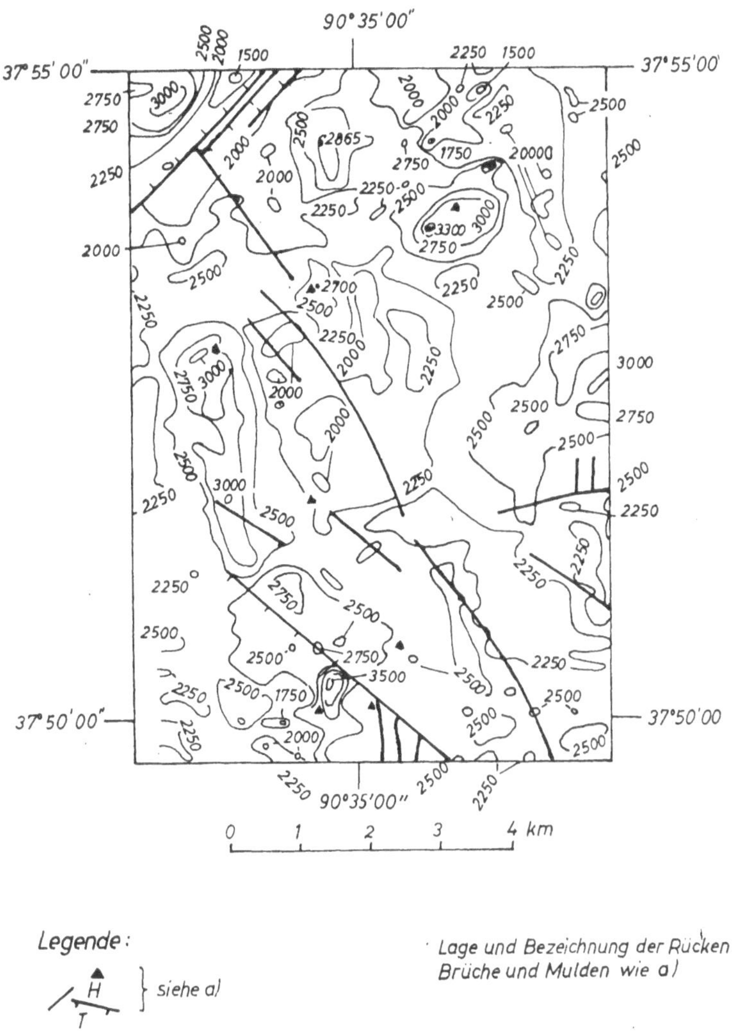

c) Feldfortsetzung 30,5 m nach unten (Peters, 1949)

Übertägige und untertägige Gravimetermessungen im Gebiet der Leadwood Grube (Algermissen, 1961) bestätigen alle von der Geologie und den magnetischen Messungen her bekannten Strukturen und liefern zusätzlich hinsichtlich der Ausdehnung der Vererzung bedeutsame Informationen.

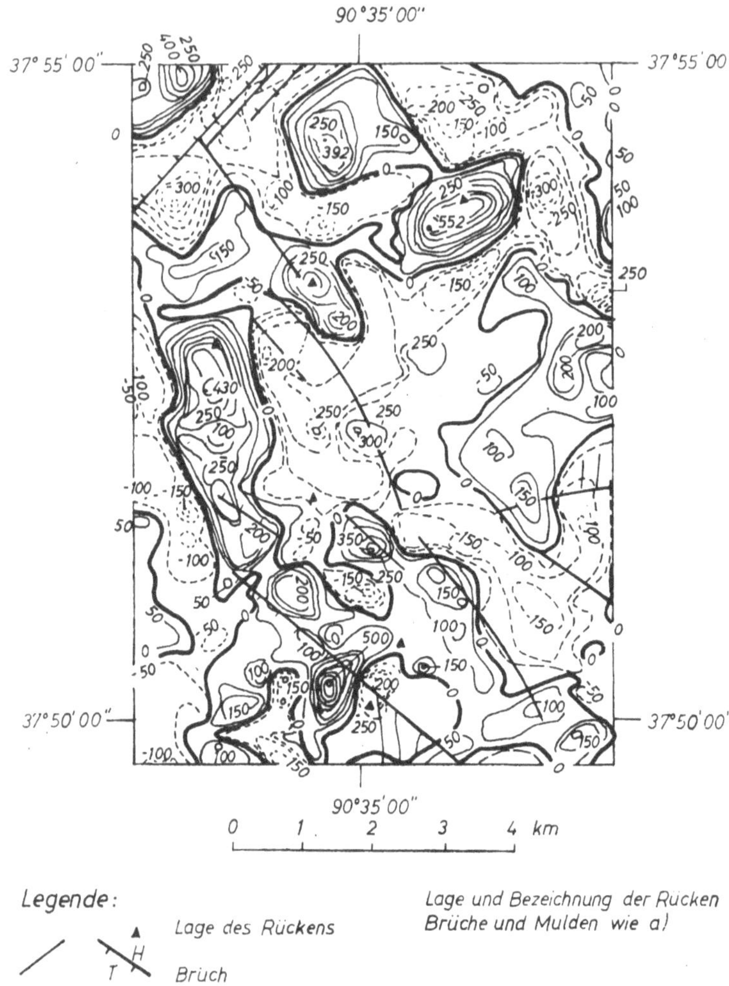

d) Karte der 2. Ableitung der Totalintensität (Formel Henderson; Zietz II)

Der Dichtekontrast allerdings ist mäßig; so beträgt für das Gros des Präkambriums die Dichte im Mittel $2{,}65 \cdot 10^3\ \mathrm{kg/m^3}$, für die überlagernden Sedimente $2{,}61 \cdot 10^3\ \mathrm{kg/m^3}$.

6.4.2. Kupfererze

Im Gebiet von Curaca (Bahia, Brasilien) anstehende basische Gesteine (Gabbro, Norit, Pyroxenit) sind stellenweise mit Kupfersulfiden imprägniert. Die erzführenden Gesteinskörper haben meist eine langgestreckte Form mit steilem Einfallen und stark variierender Breite von 20···200 m; gelegentlich treten auch domartige Komplexe auf. Die Überdeckung durch die Verwitterungsschicht beträgt 2···10 m. Seit 1960 erfolgten systematisch geochemische und geoelektrische Untersuchungen. Die Interpretation der Ergebnisse führte zunächst zu beträchtlichen Komplikationen und in der Folge zu Fehlbohrungen, wobei die Ursachen bei der Geochemie in verschleppten Anomalien und bei der Geoelektrik im Auftreten von graphitischen Gesteinen lagen. Erst durch die von MOTTA seit 1970 angewandte Methodenkombination Gravimetrie — Magnetik — induzierte Polarisation gelang der Nachweis neuer vererzter Komplexe, zu denen der in der Folge beschriebene Caraiba-Erzkörper zählt (MOTTA, 1974).

Die in Tab. 6.2. zusammengestellten petrophysikalischen Durchschnittswerte der wichtigsten Gesteine des Untersuchungsgebietes zeigen, daß für den Einsatz von Gravimetrie und Magnetik günstige Bedingungen gegeben sind.

Tabelle 6.2. Gesteinsphysikalische Durchschnittswerte im Gebiet des Caraiba-Erzkörpers

Gesteinsart	Dichte ϱ in 10^3 kg/m³	Magn. Suszeptibilität $\varkappa$ in 10^{-5}
Granite und Gneise	2,52	600
Gneise und Migmatite	2,62	3300
Basische Gesteine (unvererzt)	2,77	6600
Basische Gesteine (erzführend)	3,03	10000

In Abb. 6.8a zeigt die BOUGUER-Schwere den Caraiba-Erzkörper als eine ovale, NW-streichende Anomalie von $12-15$ µm/s², die nach S eine langgestreckte Fortsetzung hat. Auffallend ist eine starke Scharung der Isogammen im Ostteil, die auf lithologische Gründe zurückgeht. Das

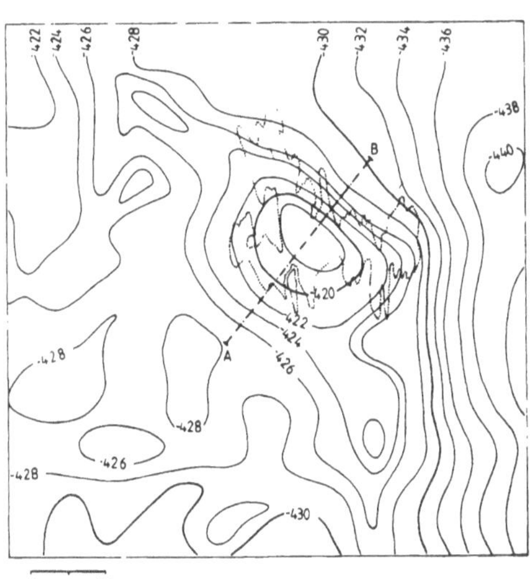

Abb. 6.8. Gravimetrische und bodenmagnetische Untersuchungsergebnisse – Caraiba-Erzkörper, Bahia (Brasilien) (nach MOTTA, 1974)

a) BOUGUER-Schwere (Meßpunktraster 100 m; Intervall 2µm/s²)

abgeleitete Regionalfeld streicht generell N—S, mit einer gegen Osten zunehmenden Krümmung. Die zweite Ableitung der BOUGUER-Schwere (nach HENDERSON; ZIETZ II; vgl. Tab. 5.3) in Abb. 6.8b bringt eine deutlichere Abgrenzung im Bereich des Caraiba-Komplexes, wobei weitere lokale Maxima durch Bohrungen nachgewiesene kleinere Erzkörper anzeigen.

Für das in Abb. 6.8c (Profil AB) dargestellte lokale Schwerefeld des Erzkörpers ergibt eine zweidimensionale Polygonapproximation (Dichte-

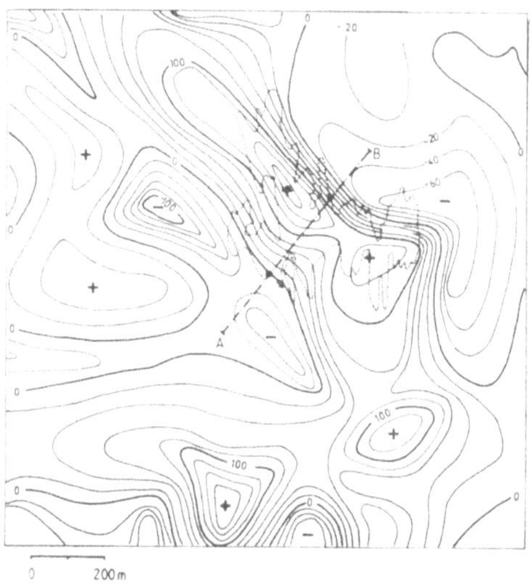

b) zweite Ableitung der BOUGUER-Schwere (Formel HENDERSON; ZIETZ II; Intervall $20 \cdot 10^{-11}\,m^{-1} \cdot s^{-2}$)

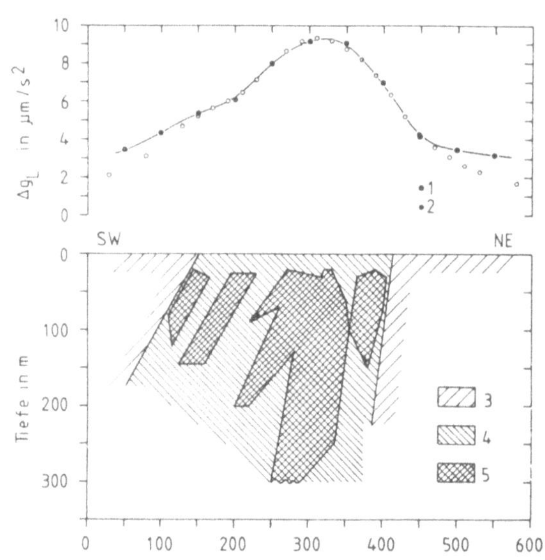

c) lokales Schwerefeld des Erzkörpers (Profil AB) und geophysikalischer Modellquerschnitt ($\Delta\varrho = 300$ kg/m³)

1 — Restschwere aus Messungen, *2* — Restschwere gerechnet, *3* — Diorit, *4* — Basische Gesteine (unvererzt) *5* — Basische Gesteine (erzführend) kontrast $0{,}3 \cdot 10^3$ kg/m³) unter Anwendung der NETTLETONschen 3 D-Endkorrekturen (s. Kap. 5.2.2.2.) eine gute Übereinstimmung zwischen Modellrechnung und Bohrergebnissen.

Die Isanomalen der magnetischen Vertikalintensität in Abb. 6.8d lassen den basischen Komplex von Caraiba als regionales Maximum erkennen und geben auch Hinweise auf lithologische Kontakte und Störungszonen. Lokale Extremwerte gehen auf lagerstättenkundlich unbedeutende Magnetitkonzentrationen in den Gneisen und Migmatiten zurück.

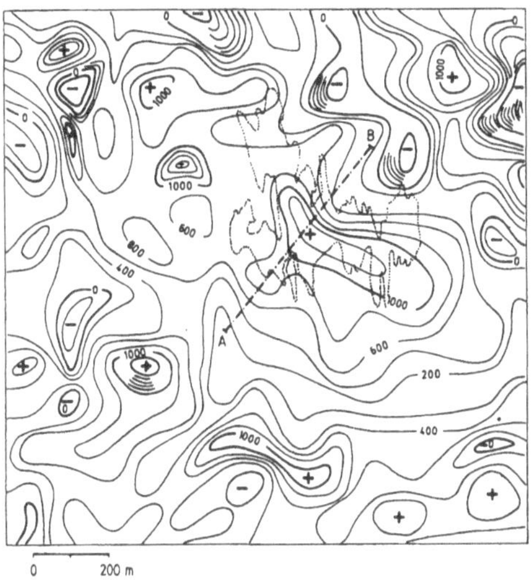

d) Isanomalen der magnetischen Vertikalintensität (Meßpunktraster 100 m; Intervall 200 nT); ... Kontur des Erzkörpers

6.4.3. Komplexe Blei-Zink-Silber-Vererzung

Eine der geophysikalisch am gründlichsten untersuchten Vererzungen der Welt ist das Vorkommen von Elura in Neu Süd Wales, Australien. Es handelt sich um ein sulfidisches Derberz (Zn—Pb—Ag), das 1972 durch aeromagnetische Aufnahmen gefunden wurde und durch Ergebnisse der Gravimetrie, der induzierten Polarisation und der Geochemie bestätigt werden konnte. Außerdem wurde eine breite Palette von anderen Verfahren, insbesondere der Elektromagnetik, zu Studienzwecken an dem Vorkommen getestet. Der Erzkörper bildet eine senkrechte Platte mit den Dimensionen von maximal 200···120 m; die Vererzung wurde bis in 500m Tiefe nachgewiesen. Das besondere Prospektionsproblem besteht darin, daß das Gebiet von einer ca. 100 m mächtigen, elektrisch gut leitenden Verwitterungsschicht überlagert wird, die auch eine unregelmäßig erhöhte Suszeptibilität aufweist (EMERSON, 1980).

Eine engmaschige Aeromagnetik ließ zunächst eine fast kreisrunde Anomalie mit einer Amplitude von ca. 50 nT erkennen. Störkörperberechnungen unter Annahme eines Suszeptibilitätskontrastes $\Delta\varkappa$ von $2{,}4 \cdot 10^{-2}$ und eines remanenten Magnetisierungsanteils (KÖNIGSBERGER-Quotient 3,8) ergaben eine gute Übereinstimmung mit der Geologie. Hochfrequente

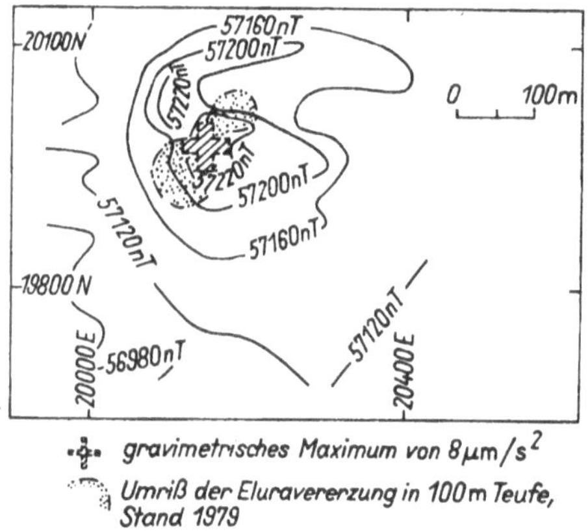

Abb. 6.9. Komplexgeophysikalische Untersuchungen, Elura-Erzkörper, NSW, Australien (nach EMERSON, 1980)

a) Bodenmagnetik (geglättet), Lage von Schweremaximum und Erzkörper

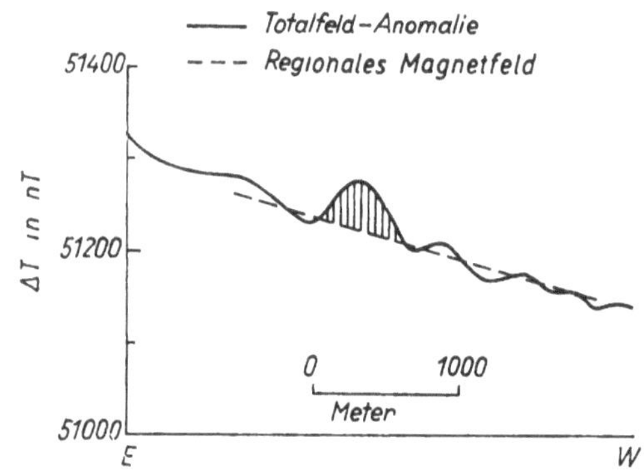

b) aeromagnetisches Profil (Flughöhe 90 m) über dem Erzkörper; lineares Regionalfeld

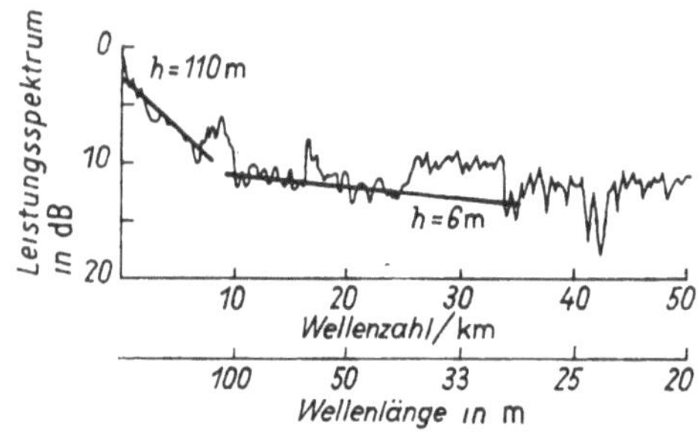

c) eindimensionales Leistungsspektrum aus der Bodenmagnetik

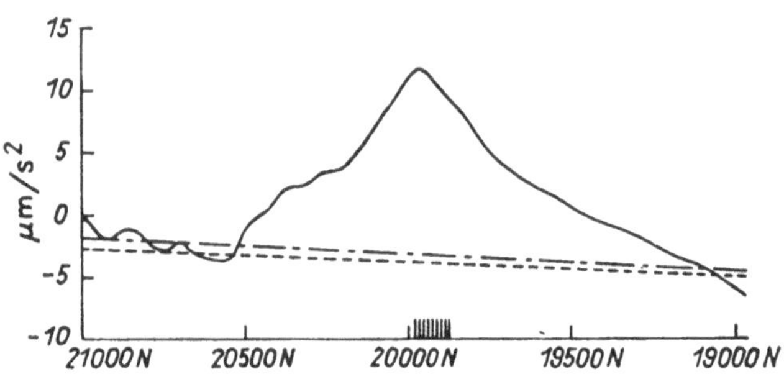

d) gravimetrisches Profil; Regionalfeld —·—·— ermittelt aus dem Profil ------ aus der Regionalaufnahme;

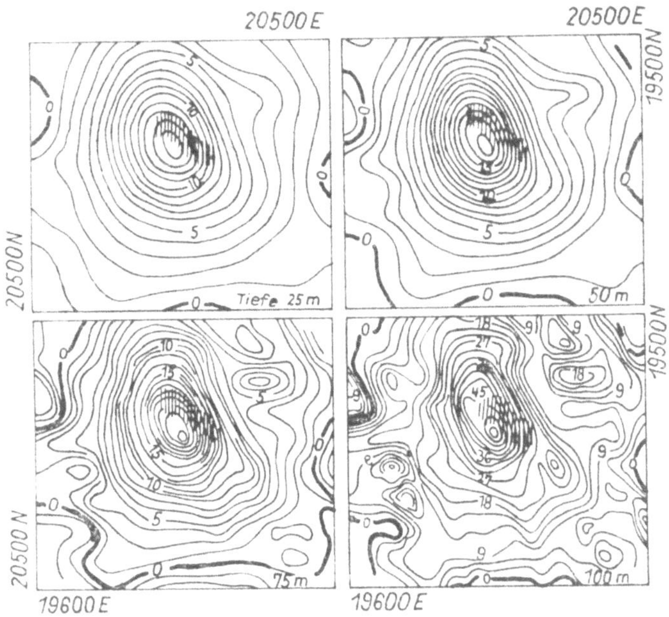

e) Fortsetzung des Schwerefeldes nach unten in 25-m-Intervallen (berechnet nach Roy, 1966)

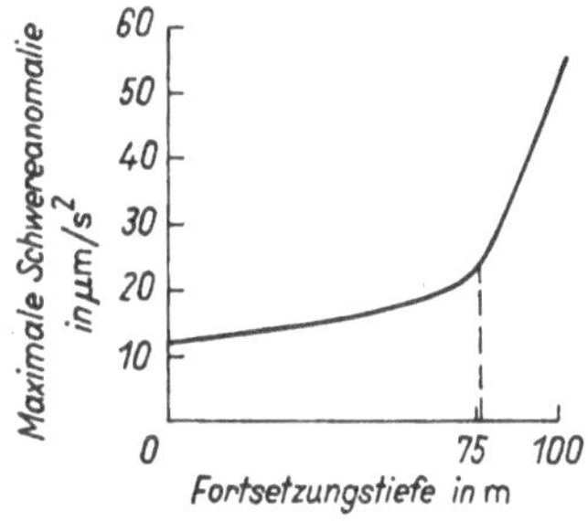

f) Größe der maximalen Schwereanomalie in Abhängigkeit von der Fortsetzungstiefe

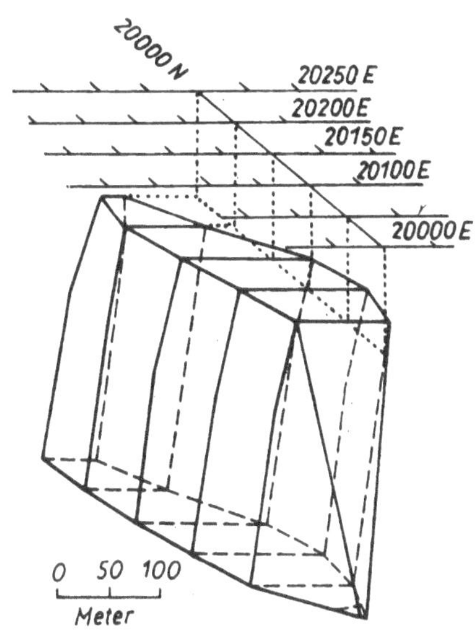

g) dreidimensionales Modell des Elura-Erzkörpers

magnetische Anomalien wirkten sich bei den Bodenmessungen sehr störend aus. Die Spektralanalyse (GIDLEY; STUART, 1980) ergab jedoch, daß das tieffrequente Signal der Vererzung deutlich verschieden ist von den hochfrequenten Störsignalen aus der Verwitterungsschicht und durch ein Tiefpaßfilter bereits bei der Messung abgetrennt werden kann (Abb. 6.9a, b, c) (s. Kap. 5.2.3.3.; 5.2.3.4.). Die Gravimetermessungen (BLACKBURN, 1980)

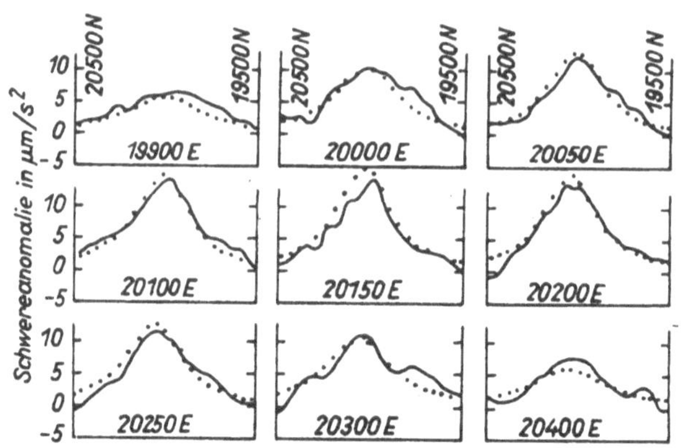

h) Beobachtete (durchgezogen) und berechnete (punktiert) Schwereanomalie über dem Erzkörper bzw. 3 D-Modell

erfolgten mit einem Stationsabstand von 25 m und erzielten eine Genauigkeit von $\pm 0{,}4$ µm/s². Die mittlere Dichte des unverwitterten Gesteins beträgt $2{,}76 \cdot 10^3$ kg/m³, die der Vererzung $4{,}21 \cdot 10^3$ kg/m³. Die BOUGUER-Schwere zeigte eine ovale, NNE streichende positive Anomalie, die in der Restschwere eine Amplitude von 13 µm/s² aufweist (Abb. 6.9d). Bei der weiteren Interpretation erwies sich die Feldfortsetzung nach unten in Intervallen von 25 m als sehr aussagekräftig (Abb. 6.9e, f). Das Auftreten zahlreicher Scheinanomalien, die bei einer Fortsetzungstiefe von 75 m auftreten, ist Beweis dafür, daß die theoretische Forderung für das Berechnungsverfahren nach Quellenfreiheit nicht mehr erfüllt ist und die Teufe bereits zu groß gewählt wurde. Eine dreidimensionale Störkörperberechnung nach TALWANI (Abb. 6.9g, h) gibt eine hervorragende Übereinstimmung mit dem Erzkörper, dessen Gesamtmasse geologisch plausibel mit $34{,}4 \cdot 10^6$ t angegeben werden kann.

6.4.4. Eisenerze

Die Anwendung der Potentialverfahren bei der Untersuchung von Eisenerzvorkommen hängt völlig von den vorherrschenden Erzmineralien ab. Magnetitführende Eisenerze werden auf Grund der hohen Suszeptibilität vornehmlich mittels magnetischer Messungen erfaßt, während für die un- bzw. schwachmagnetischen Hämatiterze die Gravimetrie Aussicht auf Erfolg besitzt. Wenn allerdings das Erz oxidiert ist, können Suszeptibilitäts- und Dichtekontrast zum Nebengestein verschwinden.

Die Suche magnetischer Eisenerze gehört mit zu den ältesten Anwendungsgebieten der Geophysik; in neuerer Zeit verdanken wir der Aeromagnetik eindrucksvolle Beispiele über den Nachweis und die Konturierung solcher Vererzungen. Bei der Interpretation geomagnetischer Meßergebnisse muß allerdings auf den Umstand geachtet werden, daß eine bedeutende remanente Magnetisierung auftreten kann; sie bewirkt einen anderen Isanomalenverlauf, als wenn der Erzkörper ausschließlich in Richtung des gegenwärtigen Erdfeldes magnetisiert ist. Neben dreidimensionalen Modellrechnungen kann eine Kombination mit der Gravimetrie helfen, die Ausdehnung des Erzkörpers abzuschätzen. Durch die Einbeziehung der Gravimetrie ist ein Kriterium gegeben, um potentielle Vererzungen von anderen Anomalieursachen, z. B. basischen Intrusiva, zu unterscheiden.

Die Feststellung des Magnetitgehaltes und damit der Erzreserven ist eine weitere, innerhalb gewisser Grenzen lösbare Aufgabe der Magnetik. Allerdings besteht kein einfacher, vor allem kein linearer Zusammenhang zwischen der Suszeptibilität und dem Magnetitgehalt; bei hochprozentigen Erzen ist außerdem die Selbstentmagnetisierung (s. Kap. 4.2) zu berücksichtigen. In der Praxis häufig verwendete Formeln wurden von Werner (1948) und Jahren (1963) hergeleitet.

Auch bei der Einschätzung von Reserven ist die Kombination von Magnetik und Gravimetrie zu bevorzugen. Aus der Schwereanomalie kann unter günstigen Umständen durch einfache Rechnung ein realistischer Wert für Lagerstätteninhalte angegeben werden; doch besteht die Gefahr, daß durch das Einbeziehen von unwirtschaftlichen, niederprozentigen Erzen zu große Reserven angegeben werden. Ebenso entsteht bei Erzkörpern mit großer Längserstreckung das Problem, daß aus magnetischen Messungen allein nur sehr unsichere Angaben über die Lage der Unterkante vererzter Bereiche möglich sind.

Die Gravimetrie kam ursprünglich vor allem bei der Prospektion nach nichtmagnetischen, meist silikatischen Eisenerzen mit großer wirtschaftlicher Bedeutung zum Einsatz (Takonite Nordamerikas, Itabirite Brasiliens). Oft handelt es sich um Vererzungen in geringer Tiefe, die im Tagebau zu gewinnen sind und meist günstige Voraussetzungen für den Einsatz der Gravimetrie bieten. Allerdings müssen die Voraussetzungen bezüglich der Dichteverhältnisse sorgfältig geprüft werden, um eine brauchbare Interpretation zu ermöglichen. Der maximal mögliche Dichteunterschied von $2{,}1 \cdots 2{,}5 \cdot 10^3$ kg/m³ (bei Zugrundelegung einer Dichte von $5{,}1 \cdot 10^3$ kg/m³ für Hämatit und Magnetit sowie von $2{,}6 \cdots 3{,}0 \cdot 10^3$ kg/m³ für die meisten Nebengesteine) wird in der Praxis selten erreicht. Je nach Eisengehalt liegen die Dichtewerte bei silikatischen Erzen zwischen $3{,}2 \cdots 3{,}6 \cdot 10^3$ kg/m³. Der Dichteunterschied kann verschieden oder sogar negativ werden, wenn das Nebengestein eine außerordentlich hohe Dichte aufweist oder das Erz durch Oxydation, Auslaugung und durch hervorgerufene Porositätszunahme eine Dichteabnahme erfährt (Brant, 1948).

Für viele Eisenerze besteht eine direkte, lineare Abhängigkeit des Eisengehaltes mit der Dichte; eine solche Beziehung ist viel eindeutiger als das Analogon zur magnetischen Suszeptibilität. Während nach Aufnahmen der

Vertikalintensität Verschiebungen des magnetischen Maximums vom Zentrum des Erzkörpers durch die Polreduktion eliminiert werden, besteht vielfach eine erhebliche Unsicherheit bei der Bestimmung der Unterkante eines plattenförmigen Störkörpers. HINZE (1966) wies nach, daß bei einem Verhältnis der Oberkanten- zur Unterkantentiefe des Erzkörpers größer als 10 die Unempfindlichkeit der magnetischen Tiefenfunktion eine wesentliche Begrenzung bei der genauen Ermittlung des Erzvolumens und damit der Vorratsberechnung bildet. Diesen Nachteil weist die Gravimetrie nicht

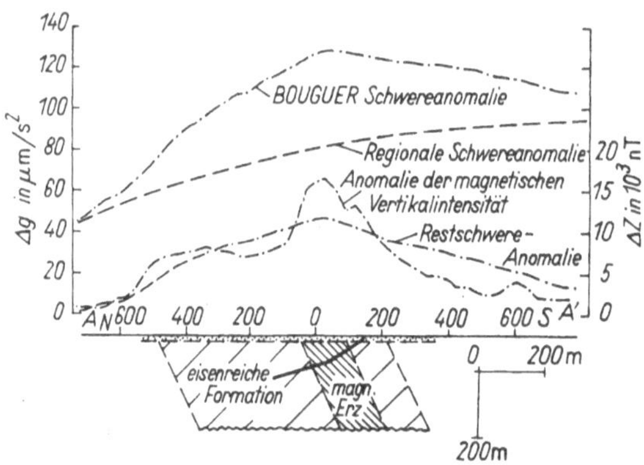

Abb. 6.10. Gravimetrische und magnetische Profile über der Magnetic Venter Prospect — Eisenformation, Wisconsin (nach HINZE, 1966)

auf. Grundlagen für die Berechnung der Erzmasse wurden bereits von HAMMER (1945) bzw. PARASNIS (1966) gelegt. Abgesehen von den grundsätzlichen methodischen Begrenzungen der Gravimetrie bei stark gegliederter Topographie können sich Schwierigkeiten ergeben, wenn das Regionalfeld — etwa wegen zu geringer Ausdehnung des Meßgebietes — nicht genau ermittelt werden kann.

Im Beispiel des Iron Country, Wisconsin, USA (Abb. 6.10), besitzt die erzführende Formation eine Mächtigkeit von mehr als 300 m; sie fällt mit ca. 65° S ein, das Nebengestein bilden Chloritschiefer, und die Überlagerung beträgt ca. 21 m. Nur ein Teil der Vererzung besteht aus Magnetit, der Rest aus Hämatit und Siderit, so daß sich aus der Magnetik allein kein Gesamtbild über die Ausdehnung der Vererzung ableiten ließ. Diese Frage konnte durch die Einbeziehung der Restschwere gelöst werden (HINZE, 1966); durch die kombinierte Messung war es möglich, einen Hinweis auf die mineralische Zusammensetzung des Erzkörpers zu geben.

Einen Grenzfall für die Geophysik bilden tiefliegende Erzkörper, insbesondere wenn deren Mächtigkeit gering gegen die Tiefenerstreckung ist. Die daraus resultierende Anomalie mäßiger Amplitude läßt sich oftmals nicht vom magnetischen Störpegel abtrennen, der durch seicht gelegene Störkörper oder durch Suszeptibilitätsänderungen im Nebengestein verursacht wird. Deshalb bieten nur sorgfältige gesteinsmagnetische Untersuchungen einschließlich Remanenzmessungen und deren Korrelation mit den geologischen Daten eine gewisse Aussicht für eine Identifizierung der Erzkörper. Ein überzeugendes Beispiel für den Nachweis tiefliegender Magnetiterze gibt LOGN (1964) vom Erzdistrikt Malm/Norwegen. Ein steil nach S einfallender Erzkörper zeigt eine Tiefenerstreckung bis 400 m bei einer Mächtigkeit von 5···10 m (Abb. 6.11). Die Suszeptibilitäten des Erzes mit einem Magnetitgehalt von 40···45% betragen $\varkappa = 4{,}4\cdots5{,}0$; in umgebenden Quarzkeratophyren und Grünschiefern wurden Suszeptibilitäten von $\varkappa = 0{,}013\cdots0{,}025$ gemessen.

Die Prospektion erfolgte durch Aeromagnetometrie in Verbindung mit Boden- und Untertagemessungen. Die Oberkante der tieferliegenden Ver-

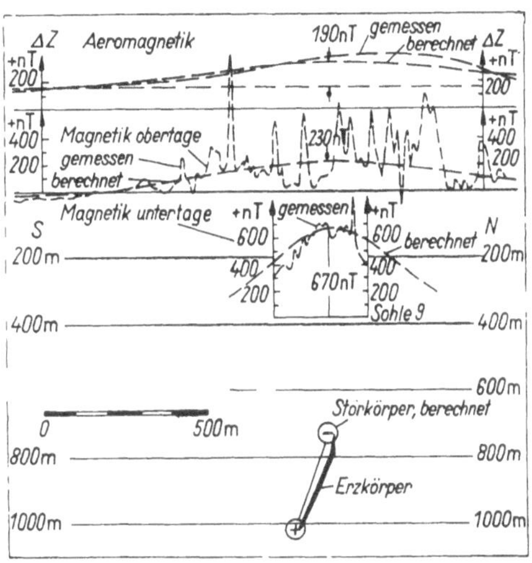

Abb. 6.11 Aero-, boden- und untertagemagnetische Profile (ΔZ) über einer tiefliegenden Magnetitvererzung; Sundbyg-Halbinsel (Malm, Norwegen) (nach LOGN, 1964)

erzung befindet sich 700···800 m unter Gelände, die Unterkante mehrere 100 m tiefer. In Abb. 6.11 zeigt die Bodenmessung zahlreiche, engbegrenzte Anomalien großer Amplitude, die von seicht gelegenen Gesteinen mit entsprechenden Suszeptibilitätsänderungen herrühren. Der Versuch, daraus eine „Tiefpaßanomalie" herauszufiltern, ergibt eine Anomalie mit einer Halbwertsbreite von ca. 1 km und einem maximalen Störwert von 230 nT. Diese deckt sich in der südlichen Hälfte durchaus mit dem aeromagnetischen Profil (Flughöhe 70 m über Gelände); der theoretisch maximale Störwert der Anomalie beträgt 190 nT. Die nördliche Hälfte zeigt eine Asymmetrie, die durch die erwähnten seichten Störquellen verursacht wird. Ihr Einfluß tritt bei den untertägigen Messungen im Niveau 380 m stark zurück, und es kommt eine auf die tiefliegende Vererzung zurückzuführende Anomalie mit einem Störwert von 670 nT klar zum Ausdruck. Unter der Annahme einer Dipolanordnung ergibt eine zweidimensionale Störkörperberechnung für den oberen Pol eine Tiefe von 730 m, für den unteren Pol von 1020 m; diese Werte stehen in guter Übereinstimmung mit dem erbohrten Erzkörper.

6.5. Anwendung auf spezielle geologische Fragen

6.5.1. Begrabene Täler („buried valleys“)

Bei der Suche und Erkundung begrabener Täler kommt vor allem die Gravimetrie zum Einsatz, während die Magnetik nur in Ausnahmefällen herangezogen wird. Die physikalische Grundlage bildet der Dichteunterschied zwischen der Talfüllung und dem präquartären Untergrund. Innerhalb der Talfüllung können aber auch Dichteunterschiede in derselben Größenordnung auftreten, wie gegenüber dem Beckenuntergrund. Vorsicht ist in Glazialgebieten geboten, da gepreßte Moränen und insbesondere Grundmoränen dieselben Dichtewerte erreichen können wie konsolidierte Sedimente.

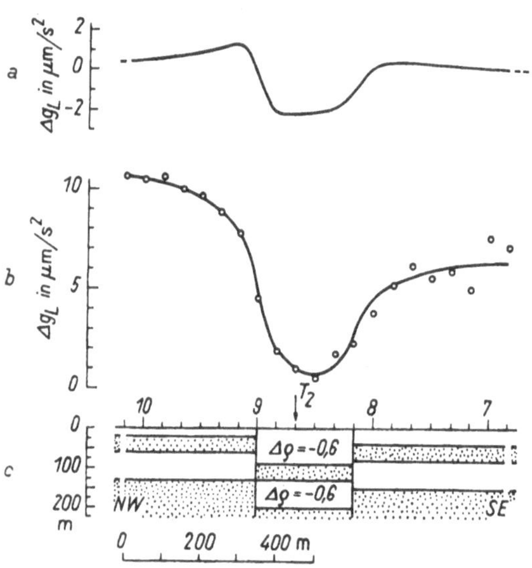

Abb. 6.12. Gravimetrisches Profil über einer Grabenstruktur im Turital, Nordchile (nach van Overmeeren, 1980)

a) Modellschwere bei ausschließlicher Berücksichtigung der dünnen Platte hoher Dichte;
b) Modellschwere bei Berücksichtigung der gesamten Struktur (o ... gemessene Schwere);
c) schematische Darstellung der Gesamtstruktur ($\Delta\varrho$ in 10^3 kg/m^3)

Van Overmeeren (1980) gibt ein Beispiel (Abb. 6.12) einer erfolgreichen Kombination von Gravimetrie und Refraktionsseismik bei der Grundwassersuche im Turital, Provinz Antofagasta (Nordchile). Der Beckenuntergrund besteht aus Granodiorit, die Talfüllung aus unverfestigten alluvialen Sedimenten. Modellrechnungen unter Annahme eines Dichteunterschiedes von $0{,}6 \cdot 10^3$ kg/m^3 geben eine bemerkenswert gute Übereinstimmung mit den gemessenen Schwerewerten, wobei sich das komplexe Relief des Untergrundes bereits in der Bouguer-Anomalie klar ausdrückt.

In Gebieten Kanadas mit mächtigen eiszeitlichen Ablagerungen, im Tal von South Saskatchewan, wurden Schwereanomalien in der Größenordnung von einigen 10 $\mu m/s^2$ beobachtet (Abb. 6.13a), die auf zwei Ursachen zurückgeführt werden können:

- auf ein in den Beckenuntergrund eingeschnittenes und durch Sedimente verfülltes präglaziales Tal; dabei müßten Mächtigkeiten von 75 m bei einem negativen Dichteunterschied zwischen der sandigen Talfüllung und dem Untergrund von $0{,}27 \cdot 10^3$ kg/m³ angenommen werden (Hall; Hajnal, 1962);
- auf die Einschaltung eines Schichtgliedes geringerer Dichte gegenüber der Talfüllung (Schwereminimum). Im Tal von South Saskatchewan war dies ein Schluff mit einer Mächtigkeit von 120 m und einem negativen Dichtekontrast von $0{,}25 \cdots 0{,}35 \cdot 10^3$ kg/m³.

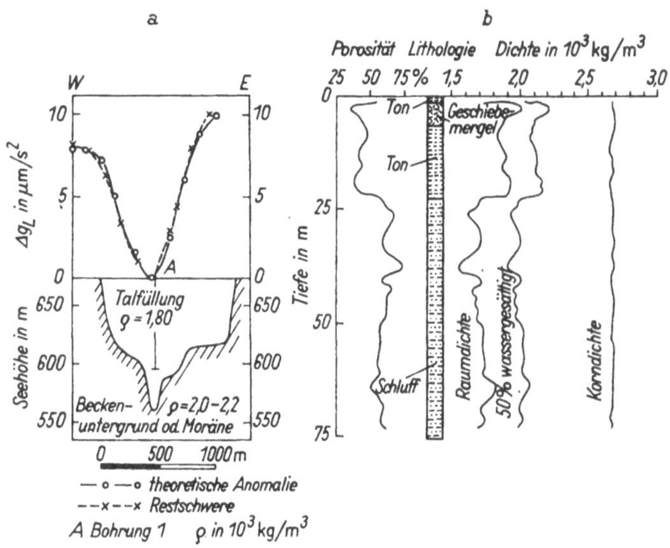

Abb. 6.13. Gravimetrische und bohrkernanalytische Untersuchung eines begrabenen Tales, South Saskatchewan, Kanada (nach Hall; Hajnal, 1962)

a) Restschwereprofil und Interpretation;

b) Ergebnisse der Bohrkernanalyse

Die Störkörperberechnung aus der Restschwere führt bei Annahme eines falschen Modells zu einer viel zu großen Teufe. Petrophysikalische Untersuchungen an Bohrkernen (Abb. 6.13b) ergaben, daß Porosität und Wassersättigung die wichtigsten Faktoren sind, von denen die Rohdichte abhängt.

6.5.2. Serpentinit von Kraubath (Österreich)

Der Serpentinit von Kraubath bildet einen ca. 10 km langen, bis 3 km breiten Stock, mit einem (heute unwirtschaftlichen) Chromitvorkommen. Durch Magnetik und Gravimetrie (Seren, 1980) können mittels der Stör-

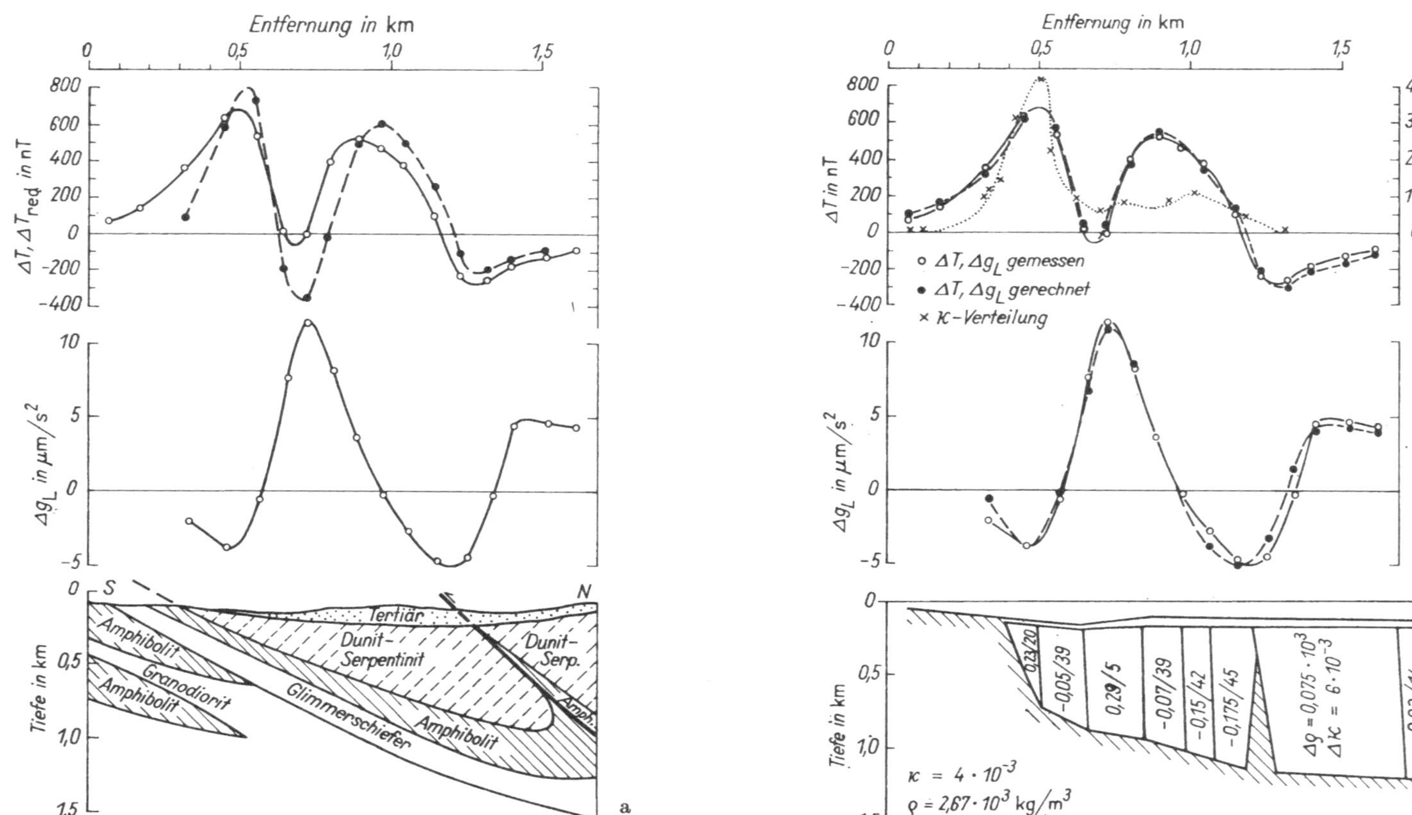

Abb. 6.14. Gravimetrische und magnetische Untersuchung des Serpentinitstockes von Kraubath, Österreich (nach SEREN, 1980)

a) Magnetische Totalintensität (○); Reduktion zum Pol (•) (oben); Restschwereprofil (Mitte); geologischer Modellquerschnitt nach CLAR (1929) (unten)

b) Modellrechnung mit 2D-Polynom, Form der Einzelkörper für Gravimetrie und Magnetik identisch; (×) — $\varkappa$ aus in-situ-Messungen körperberechnung fundierte Aussagen über die geometrische Form des Serpentinitstockes gemacht werden sowie über die mineralische Zusammensetzung (Haditsch et al., 1981). Mit fortschreitender Serpentinisierung nimmt die Suszeptibilität zu und die Dichte ab. Erstere beträgt im Mittel $\varkappa = 5{,}84 \cdot 10^{-2}$, wobei von Seren (1980) folgender empirischer Zusammenhang zwischen Suszeptibilität $\varkappa$ und Volumengehalt Magnetit v gefunden wurde:

$$\varkappa = 0{,}020112\, v^{0{,}72458}.$$

Die Dichtewerte des Serpentinits variieren zwischen $2{,}21 \cdots 2{,}58 \cdot 10^3$ kg/m³, wobei eine vollständige Serpentinisierung einem Dichteunterschied von ca. $-0{,}30 \cdot 10^3$ kg/m³ gegenüber den Nebengesteinen entspricht. Gegenüber der Totalintensität bewirkt die Reduktion zum Pol (Abb. 6.14a) eine gewisse Verschiebung der Maxima und Minima und dadurch eine bessere Korrelation mit der Geologie. Im Vergleich zur Bouguer-Schwere ergibt die Restschwere eine bessere Abgrenzung der Anomalien. Die Störkörperberechnung (Abb. 6.14b) gestattet eine sehr gute Anpassung der berechneten, an die gemessenen ΔT- bzw. Δg-Werte (Poissonsches Theorem) unter der Annahme von Blöcken unterschiedlichen Tiefgangs und variabler Dichte bzw. Suszeptibilität. Ein beachtenswertes Detail ist die Zweiteilung des Serpentinitkörpers durch die auch geologisch nachgewiesene Einschuppung von Amphibolit und anderen Gesteinen (Clar, 1929).

Literatur

AL-CHALABI, M.: Interpretation of two-dimensional magnetic profiles by non-linear optimisation. Boll. di Geofis. Teor. ed Appl., Trieste **12** (1970), S. 3–20.

AL-CHALABI, M.: Some studies relating to the nonuniqueness in gravity and magnetic problems, Geophysics, Tulsa **36** (1971) 5, S. 835–855.

ALGERMISSEN, S. T.: Underground and surface gravity survey, Leadwood, Missouri, Geophysics, Tulsa **26** (1961) 1, S. 158–168.

ALLINGHAM, J. W.: Aeromagnetic anomalies in the Bonne Terre area of the Southeast Missouri Mining District. In: Mining geophysics, vol. I, case histories. The Society of Exploration Geophysicists, Tulsa (1966), S. 36–54.

ANDREEV, B. A.; KLUŠIN, I. G.: Geologičeskoe istolkovanie gravitacionnych anomalij. Gostoptechizdat, Leningrad (1962), 492 S.

ANDREEV, V. I.; SOKOLOVSKIJ, K. I.: Interpretacija materialov podzemnych gravitacionnych i magnitnych nabludenij. Naukova Dumka, Kiew (1971), 153 S.

ANGENHEISTER, G.; SOFFEL, H.: Gesteinsmagnetismus und Paläomagnetismus. Gebr. Bornträger, Berlin (1972), 110 S.

ANGER, G.: Die Rolle der modernen Potentialtheorie in der Theorie der inversen Aufgabenstellungen. Gerlands Beiträge zur Geophysik, Leipzig **85** (1976) 1, S. 1–20.

AVDEVIČ, M. M.; FOKIN, A. F.: Elektromodelirovanie potencial'nych geofizičeskich polej. Nedra, Leningrad (1978), 30 S.

BARANOV, W.: Calcul de gradient vertical du champ de gravité on du champ magnétique mésure a la surface du sol. Geoph. Prosp., The Hague **1** (1953) 3, S. 171–191.

BARANOV, W.: Sur une méthode analytique de calcul de l'anomalie régionale. Geoph. Prosp., The Hague **2** (1954) 3, S. 203–226.

BARANOV, W.: A new method for interpretation of aeromagnetic maps: pseudo-gravimetric anomalies. Geophysics, Tulsa **22** (1957) 2, S. 359–383.

BARANOV, W.: Potential fields and their transformations in applied geophysics. Gebr. Borntraeger, Berlin/Stuttgart (1975), 121 S.

BARKER, F. S.; BARRACLOUGH, D. R.: World magnetic chart model for 1980. EOS-Trans. Americ. Geoph. Union, Washington **61** (1980) 19, S. 453.

BARRACLOUGH, D. R.: The 1981 geomagnetic reference field. Nature, London **294** (1981), S. 14–15.

BEHLE, A.; EHRISMANN, W.; MAKRIS, J.; MENZEL, H.; ROSENBACH, O.; STEINHAUSER, P.: Gravimetrische Messungen in den Ostalpen II (Meßgebiet Salzburg–Kärnten–Tirol), Zeitschr. f. Geoph., Würzburg **38** (1972), S. 221–242.

BEIN, E.: Ergebnisse gravimetrischer Messungen im nördlichen Harzvorland, Zeitschr. f. angew. Geol., Berlin **12** (1966) 1, S. 19–26 und **12** (1966), 2, S. 62–67.

BEREZKIN, V. M.: Ispol'zovanie polnogo vertikal'nogo gradienta sily tjažesti dlja opredelenija glubiny do istočnikov gravitacionnych anomalij. Razved. Geofizika, Moskva (1967) 18, S. 69–79.

BHATTACHARYYA, B. K.: Magnetic anomalies due to prismshaped bodies with arbitrary polarization. Geophysics, Tulsa **29** (1964) 3, S. 402–423.

BHATTACHARYYA, B. K.: Continuous spectrum of the totalmagnetic-field anomaly due to a rectangular prismatic body. Geophysics, Tulsa **31** (1966) 1, S. 97–102.

BHATTACHARYYA, B. K.: Some important considerations in the acquisition and treatment of high-resolution aeromagnetic data. Boll. di Geofis. Teor. ed Appl., Trieste **12** (1970) 45/46, S. 21–44.

BHATTACHARYYA, B. K.: An automatic method of compilation and mapping of high-resolution aeromagnetic data. Geophysics, Tulsa **36** (1971) 4, S. 695–716.

BHATTACHARYYA, B. K.; SWEENEY, R. E.; GODSON, R. H.: Integration of aeromagnetic data acquired at different times with varying elevations and line spacings. Geophysics, Tulsa **44** (1979) 4, S. 742–752.

BILSKI, E.: Tablicowa metoda wyznaczania przyciąganie ciał prostopadłosciennych. Centralny Urząd Geologii, Warszawa (1971), 111 S.

BILSKI, E.: Nowa metoda wyznaczania rozkładu anomalii Δg kuli, walca poziomego i pionowej połprostej materialnej. Acta Geophys. Polonica, Warszawa **10** (1972) 2, S. 171–177.

BIRETT, H.; HELBIG, K.; KERTZ, W.; SCHMUCKER, U.: Zur Geschichte der Geophysik. Springer-Verlag, Berlin (1974), 288 S.

BLACKBURN, G.: Gravity and Magnetic surveys – Elura orebody. In: EMERSON, D. W. (Hrsg.): The geophysics of the Elura orebody, Cobar, New South Wales. Proceedings of the Elura Symposium, Sidney (1980), S. 17–24.

BLIŽKOVSKÝ, M.: Processing and applications in microgravity surveys. Geoph. Prosp. The Hague **27** (1979) 4, S. 848–861.

BLIŽKOVSKÝ, M.; MÜLLER, J.: Solution of the inverse gravity problem by a digital computer. Sbornik Geologickych Věd, Užita Geofizika, Praha (1971) 9, S. 77–91.

BOCHNIA, N.; GRODNICKI, I.; ICIEK, A.: Zastosowanie metod geofizycznych w poszukiwaniu śladów dawnego hutnictwa na terenie NRD. Biuletyn Informacyjny Geofyzika, Warszawa (1976) 1, S. 51–66.

BOGOSLOVSKY, V. A.; OGILVY, A. A.; STRAKHOVA, N. A.: Magnetometrie and electromagnetic methods for the investigation of the dynamics of landslide processes. Geoph. Prosp., The Hague **25** (1977) 2, S. 280–291.

BOLONDI, G.; ROCCA, F.; ZANOLETTI, S.: Methods for contouring irregularly spaced data. Geoph. Prosp., The Hague **25** (1977) 1, S. 96–119.

BOSUM, W.: Ein automatisches Verfahren zur Interpretation magnetischer Anomalien nach der Methode der kleinsten Quadrate. Geoph. Prosp., The Hague **16** (1968) 1, S. 107–126.

BOTT, M. H. P.: Two methods applicable to computers for evaluating magnetic anomalies due to finite three dimensional bodies. Geoph. Prosp., The Hague **11** (1963) 3, S. 292 to 299.

BOTT, M. H. P.: The interior of the earth. Edward Arnold, London (1971), 316 S.

BOTT, M. H. P.: Inverse methods in the interpretation of magnetic and gravity anomalies. In: B. A. BOLT (Hrsg.), Methods in computational physics, Academic Press, New York, **13** (1973), S. 133–162.

BOTT, M. H. P.; SMITH, R. A.: The estimation of the limiting depth of gravitating bodies, Geoph. Prosp., The Hague **6** (1958), S. 1–10.

BRANT, A. A.: Some limiting factors and problems of mining geophysics. Geophysics, Tulsa **13** (1948) 2, S. 556–583.

BREINER, S.: Applications manual for portable magnetometers. Firmenschrift GeoMetrics, Palo Alto/Calif. (1973), 58 S.

BREINER, S.: Marine magnetic search. GeoMetrics, technical report No. 7, Sunnyvale/Calif. (1975), 38 S.

BRODING, R. A.; ZIMMERMANN, C. W.; SOMERS, E. V.; WILHELM, E. S.; STRIPLING, A. A.: Magnetic well logging. Geophysics, Tulsa **17** (1952) 1, S. 1–26.

BRODOVOJ, V. V.; SVIRINA, I. N.; MATVEEV, V. S.; SAPIRO, S. V.: Vysokotočnaja magnitorazvedka pri izučenii opolzney, Razvedka i Ochrana Nedr, Moskva (1980) 3, S. 38 bis 44.

BUCHA, V.: Results of archaeomagnetic research in Czechoslovakia. J. Geomag. Geoelectr., Tokyo **17** (1965), S. 407–412.

BULACH, E. G.: Avtomatizirovannaja sistema interpretacii gravitacionnych anomalij, Naukowa Dumka, Kiew (1973), 111 S.

BURŠA, M.: Global geoid sections determined by satellite orbit dynamics. Studia Geophys. et Geodaet., Prag **14** (1970), S. 274–285.

CASSANO, E.: ROCCA, F.: Interpretation of magnetic anomalies using spectral estimation techniques. Geoph. Prosp., The Hague **23** (1975) 4, S. 663–681.

ČELMINS, A.: Direkte Verfahren zur Auswertung von Schweremessungen bei zweidimensionalen Massenverteilungen. Geofisica Pura i Applicata, Basel **38** (1957) 3, S. 81–122.

CHAPMAN, S.; BARTELS, J.: Geomagnetism, Vol. I: Geomagnetic and related phenomena, Vol. II: Analysis of the data, and physical theories. Oxford University Press, London (1940), 1049 S.

CHOUDHURY, S. K.; AMARAVADI, R.: Discussion on "The direct approach to magnetic interpretation and its practical application" by L. J. PETERS, Geophysics, Tulsa **3** (1972) 1, S. 181.

CIANCIARA, B.; MARCAK, H.: Interpretation of gravity anomalies by means of local power spectra. Geoph. Prosp., The Hague **24** (1976) 2, S. 273–286.

CLAR, E.: Über die Geologie des Serpentinstocks von Kraubath und seiner Umgebung. Mitt. des naturw. Vereins für Steiermark, Graz **64/65** (1929).

CLARK, jr., S. P. (Hrsg.): Handbook of physical constants. Geol. Soc. of Am., Memoir **97**, New York, (1966), 587 S.

CLAARE, G. K. C.: Linear filters to suppress terrain effects on geophysical maps. Geophysics, Tulsa **36** (1971) 5, S. 963–966.

COLLIN, C. R.; SALVI, A.; LEMERCIER, P.; ROBACH, F.: Magnetomètre differentiel a haute sensibilité. Geoph. Prosp., The Hague **21** (1973) 4, S. 704–715.

COLLINSON, D. W.: The remanent magnetism and magnetic properties of red sediments. Geoph. J. Roy. Astron. Soc., London **10** (1965a), S. 105–126.

COLLINSON, D. W.: Depositional remanent magnetization in sediments. J. of Geoph. Res., Richmond **70** (1965b), S. 4663–4668.

COLLINSON, D. W.: The design and construction of astatic magnetometers. In: COLLINSON, D. W.; CREER, K. M.; RUNCORN, K.: Methods in Paleomagnetism, Elsevier, Amsterdam (1967). S. 47–59.

COOK, A. H.: Physics of the earth and the planets. John Wiley & Sons, New York-Toronto (1973), 316 S.

COONS, R. L.; WOOLLARD, G. P.; HERSHEY, G.: Structural significance of the Mid-Continent gravity high. Bulletin American Association Petroleum Geologists, Tulsa **51** (1967) 12, S. 2381–2399.

CORDELL, L,; HENDERSON, R. G.: Iterative three dimensional solution of gravity anomaly data using a digital computer. Geophysics, Tulsa **33** (1968) 4, S. 596–601.

CREER, K. M.; SANVER, M.: The use of the sun compass. In: COLLINSON, D. W.; CREER, K. M.; RUNCORN, K.: Methods in paleomagnetism, Elsevier, Amsterdam (1967).

CUER, M.; BAYER, R.: Fortran routines for linear inverse problems. Geophysics, Tulsa **45** (1980) 11, S. 1706–1719.

DEAN, W. C.: Frequency analysis for gravity and magnetic interpretation. Geophysics, Tulsa **23** (1958) 1, S. 97–127.

DEHLINGER, P.: Marine gravity. Elsevier Scientific Publishing Company; Amsterdam – Oxford – New York (1978), 320 S.

DEMNATI, A.: Krustenstruktur im Rif-Bereich von Nord-Marokko aus gravimetrischen und aeromagnetischen Regionalmessungen. Boll. di Geofis. Teor. ed Appl., Trieste **14** (1972) 55, S. 203 – 236.

DOHR, G.; Applied geophysics. Ferdinand Enke Publishers; Stuttgart (1974), 272 S.

DORTMAN, N. B.: Fizičeskie svojstva gornych porod i poleznych iskopaemych (petrofizika). Nedra, Moskau (1976), 527 S.

DUNLOP, D. J.; WEST, G. F.: An experimental evaluation of single domain theories. Rev. Geophys., Washington **7** (1969), S. 709 – 757.

DÜRBAUM, H.-J.: On the estimation of the limiting depth of gravitating bodies. Geol. Jahrbuch, Hannover (1974) E2, S. 23 – 32.

DYRELIUS, D.; VOGEL, A.: Improvement of convergency in iterative gravity interpretation. Univ. of Uppsala, Rep. No. 5 (1971), 19 S.

Edcon borehole gravity meter manual: Firmenschrift EDCON International Ltd. (1977), 39 S.

EGYED, L.: Physik der festen Erde. Teubner, Leipzig (1969), 367 S.

EHRISMANN, W.; LETTAU, O.: Topographische Reduktion von Schweremessungen in der näheren und weiteren Stationsentfernung mit Digitalrechnern. Archiv Meteorologie, Geophysik, Bioklimatologie, Wien, Serie A (1971) 20, S. 383 – 396.

ELKINS, TH. A.: The second derivative method of gravity interpretation. Geophysics, Tulsa **16** (1951) 1, S. 29 – 50.

EMERSON, D. W. (Hrsg.): The geophysics of the Elura orebody. Proceedings of the Elura Symposium, Sidney 1980, 205 S.

FABIANO, E. B.; PEDDI, N. W.: Grid values of total magnetic intensity IGRF-1965. ESSA Techn. rep. Cu GS 38, Rockville/Md. (1969), 55 S.

FAJKLEWICZ, Z.: An attempt at plotting the roof of the carboniferous layer in the BD mine by means of microgravity measurements. Bulletin de l'Academie Polonaise des Sciences, Série des Sciences Géologique et Géographique, Varsovie **12** (1964) 1, S. 67 – 69.

FAJKLEWICZ, Z.: Pionowe przekroje pola siły ciężkości i ich związek z odkształceniami górotworu. Zeszyty Naukowe AGH, Górnictwo, Kraków (1975) 76.

FAJKLEWICZ, Z.: Discussion on "gravity vertical gradient measurements for the detection of small geologic and anthropogenic forms", reply by the author to Dr. Thyssen – Bornemicza. Geophysics, Tulsa **42** (1977) 4, S. 873 – 876.

FAJKLEWICZ, Z.: Mikrograwimetria górnicza. Wydawnictwo Śląsk, Katowice (1980), 264 S.

FAJKLEWICZ, Z.: Versuch einer Aussonderung gravimetrischer Mikroanomalien aus einem Meßfeld mit hohem Störgeräuschniveau. Neue Bergbautechnik, Leipzig **13** (1983) 1, S. 14 – 19.

FANSELAU, G. (Hrsg.): Geomagnetismus und Aeronomie. Bd. III: Über das aus dem Erdinnern stammende Magnetfeld. VEB Deutscher Verlag der Wissenschaften Berlin, Bd. III (1959), 632 S.

FEDJANIN, A. P.; ZLOTNIKOV, A. F.; KUZMIN, V. J.; DIMITRIEV, N. A.: Rezultaty gravitycionnogo issledovanija skvažiny I Salymskogo neftjanogo mestoroždenija. Geologija i Geofizika, Novosibirsk (1975) 9, S. 126 – 130.

FICHTENHOLZ, G. M.: Differential- und Integralrechnung. Band III. VEB Deutscher Verlag der Wissenschaften, Berlin (1964), 640 S.

FISHER, R. A.: Dispersion on a sphere. Proc. Roy. Soc. London, A217, (1953) S. 295 – 305.

FLEISCHER, U.: Seegravimetrie. Zeitschr. f. Geoph., Würzburg **40** (1974) 1, S. 1 – 35.

FROMM, K.: Measurement of N. R. M. with fluxgate unit. In: COLLINSON D. W.; CREER K. M.; RUNCORN, K.: Methods in Paleomagnetism. Elsevier, Amsterdam (1967).

GAY, P. S.: Standard curves for magnetic anomalies over long tabular bodies. Geophysics, Tulsa **28** (1963) 1, S. 161–200.

GAY, P. S.: Standard curves for magnetic anomalies over long horizontal cylinders. Geophysics, Tulsa **30** (1965) 5, S. 818–828.

GIDLEY, P. R.; STUART, O. C.: Magnetic property studies and magnetic surveys of the Elura prospect, Cobar, N. S. W., in EMERSON, D. W. (Hrsg.): The geophysics of the Elura Symposium, Sidney (1980), S. 25–30.

GLADKIJ, K. V.: Gravirazvedka i magnitorazvedka. Nedra, Moskva (1967), 315 S.

GLAZUNOV, V. V.: Geofizičeskie issledovanija na archeologičeskich, pamjatnikach. Zapiski Leningradskogo Gornogo Instituta, Leningrad (1978) 76, S. 46–51.

GLIŃSKI, A.: Podziemne wielopoziomowe zdjęcia mikrograwimetryczne i ich zastosowanie w badaniu budowy geologicznej górotworu. Polska Akademia Nauk, Prace Geologiczne, Wrocław – Warszawa – Kraków – Gdańsk (1978), 109 S.

GÖTZE, H. J.; ROSENBACH, O.; SCHÖLER, W.: Gravimetrische Untersuchungen in den östlichen Zentralalpen. Geologische Rundschau, Stuttgart **68** (1978) 1, S. 61–82.

GRAF, A.: Gravimetrische Instrumente und Meßmethoden. In: M. KNEISSL (Hrsg.): Handbuch der Vermessungskunde, Band Va. METZLERsche Verlagsbuchhandlung, Stuttgart 1967, 308 S.

GRAHAM, J. W.: Paleomagnetism and magnetostriction. J. Geophys. Res. Richmond, **61** (1956) S. 735–739.

GRAHAM, K. W. T., HELSLEY, C. E.; HALES, A .L.: Determination of the relative positions of continents from paleomagnetic data. J. Geophys. Res. **69** (1964), 3895–3900.

GRANT, F. S.; ELSAHARY, A. F.: BOUGUER corrections with using a variable density. Geophysics, Tulsa **27** (1962) 5, S. 616–626.

GRANT, F. S.; MARTIN, L.: Interpretation of aeromagnetic anomalies by the use of characteristic curves. Geophysics, Tulsa **31** (1966) 1, S. 135–145.

GRANT, F. S.; WEST, G. F.: Interpretation theory in applied geophysics. Mc Graw Hill, New York (1965), 583 S.

GRIFFIN, W. R.: Residual gravity in theorie und practice. Geophysics, Tulsa **14** (1949) 1, S. 39–56.

GROSSE, S.: Methodische Untersuchungen zur Anwendung von Potentialfeldtransformationen für die stockwerksgegliederte Interpretation von Schwerefeldern. Unveröffentlichte Dissertation, Bergakademie Freiberg (1967), 126 S.

GROSSE, S.; KOPF, M.; SONNTAG, K.: Ergebnisse der Gravimetermessungen im Westerzgebirge. Freiberger Forschungshefte C110, Akademie-Verlag, Berlin (1961), S. 55 bis 102.

HADITSCH, J. G.; PETERSEN-KRAUSS, D.; YAMAC, Y.: Beiträge für eine geologisch-lagerstättenkundliche Beurteilung hinsichtlich einer hydrom tallurgischen Verwertung der Kraubather Ultramafitmasse. Themenheft Steirische Rohstoffreserven, Bd. 2, Mitt. Abt. Geol. Paläont. Bergb. Landesmus. Joanneum, H. 42 Graz (1981), S. 23–78.

HAGE-ALI, S.: Deutung von Schweremessungen im mittleren Erzgebirge. Unveröffentlichte Diplomarbeit des Instituts für angewandte Geophysik, Bergakademie Freiberg (1963), 77 S.

HAHN, A.: Two applications of FOURIER's analysis for the interpretation of geomagnetic anomalies. J. Geomag. and Geoelectr., Tokyo **17** (1965) 3/4, S. 195–225.

HAHN, A.: Die Einheiten des internationalen Systems in der Geomagnetik. J. Geophysics, Berlin/Heidelberg/New York **44** (1978) 3, S. 189–202.

HALL, D. H.; HAJNAL, L.: The gravimeter in studies of buried valleys. Geophysics, Tulsa **27** (1962) 6, S. 939–951.

HAMMER, S.: Estimating ore masses in gravity prospecting. Geophysics, Tulsa **10** (1945) 1, S. 50–62.

HAMMER, S.: Deep gravity interpretation by stripping. Geophysics, Tulsa **28** (1963) 3, S. 369–378.

HAMMER, S.; ANZOLEAGA, R.: Exploring for stratigraphic traps with gravity gradients. Geophysics, Tulsa **40** (1975) 2, S. 256–268.

HARTMANN, R. R.; TESKEY, D. J.; FRIEDBERG, J. L.: A system for rapid digital aeromagnetic interpretation. Geophysics, Tulsa **36** (1971) 5, S. 891–918.

HEDLEY, I. G.: Chemical remanent magnetization of the FeOOH, Fe_2O_3 system. Phys. Earth Planet. Interiors, **1**: 103 (1968), S. 103–121.

HEILAND, C. A.: Geophysical Exploration. Hafner Publ. Comp., New York and London (1963), 1013 S.

HEISKANEN, W. A.; VENING-MEINESZ, F. A.: The earth and its gravity field. Mc Graw Hill, New York–Toronto–London (1958), 470 S.

HELBIG, K.: Graticules for the complete determination of magnetic field of homogenously magnetized cylindrical bodies with arbitrary cross section and finite laterale extension, Geoph. Prosp., The Hague **12** (1964) 2, S. 147–172.

HENDERSON, R. G.: On the validity of the use of the upward continuation integral for total magnetic intensity data. Geophysics, Tulsa **35** (1970) 5, S. 916–919.

HINZE, W. J.: The gravity method in iron ore exploration. Mining geophysics. Vol. I., case histories. SEG Tulsa (1966), S. 448–464.

HJELT, S. E.: Performance comparison of non-linear optimization methods in magnetic prospecting. Geophysica, Helsinki **13** (1974) 2, S. 143–146.

HOLROYD, M. T.: The aeromagnetic data automatic mapping (ADAM) system, Report of activities. Paper Geol. Surv. Can., Ottawa (1974) No. 74–1, Part B. S. 79–82.

HOOD, P.: Geophysical application of high resolution magnetometers. Enzyklopädie d. Physik, Bd. 49/3 (Geophysic III/3). Springer-Verlag, Berlin/Heidelberg/New York (1971), S. 422–460.

HOOD, P. J.; HOLROYD, M. T.; MC GRATH, P. H.: Magnetic methods applied to base metal exploration, geophysics and geochemistry in the search for metallic ores. Geol. Surv. Can., Ottawa (1979), Economic Geology Rep. No. 31, S. 77–104.

HOOPER, W.; DOWELL, P.: Magnetic surveying for buried shafts and wells. Ground Engineering, Brentwood **10** (1977) 2, S. 21–23.

HOWELL, L. G.; HEINTZ, K. O.; BARRY, A.: The development and use of a high-precission downhole gravity meter. Geophysics, Tulsa **31** (1966) 4, S. 763–772.

HUGHES, D. S.; PONDROM, W. L.: Computation of vertical magnetic anomalies from total magnetic field measurements. Transaction American Geophysical Union, Washington **26** (1947) 2, S. 193–197.

HUSSAIN, A.; WALACH, G.: Subsurface gravity measurements in a deep intra-Alpine Tertiary basin. Geoexploration, Amsterdam **18** (1980) 2, S. 165–175.

HUSSAIN, A.; WALACH, G.; WEBER, F.: Underground gravity survey in alpine regions. Geoph. Prosp., The Hague **29** (1981) 3–4, S. 407–425.

IRVING. E.: Paleomagnetism. John Wiley & Sons, Inc., New York (1964), 399 S.

ISPIR, Y,; UYAR, O.; GÜNGÖRMÜS, Y.; ORBAY, N.; CAGLAYAN, B.: Some results from studies on tectonomagnetic effect in NW Turkey. J. Geomag. Geoelectr., Tokyo **28** (1976) 2, S. 132–135.

IVANOV, V. K.: Vlijanie rel'efa v precizionnych magnitnych s-emkach, Metody razved. geofiz., Leningrad (1976) 23, S. 84–89.

JACKSON, D. D.: The use of a-priori data to resolve non-uniqueness in linear inversion. Geoph. J. Roy. Astron. Soc., London **57** (1979), S. 137–157.

JÄGER, E.: Die alpine Orogenese im Lichte der radiometrischen Altersbestimmung, Eclogae Geol. Helv. **66** (1973), S. 11–21.

Jahren, C. E.: Magnetic suszeptibility of bedded iron formation. Geophysics, Tulsa **28** (1963) 5, S. 765–766.

Janák, F.: Text-Book on Magnetic Properties of rocks. Geofyzika, n. p. Brno, Czechoslovakia (1977) 180 S.

Janovskij, B. M.: Zemnoj magnetizm, T. I. Izd. LGU, Leningrad (1964), 551 S.

Jenny, W. P.: Structural correlation of micromagnetic and reflection surveys. World Oil, Houston **134** (1952) 4, S. 67–72.

Jones, B. R.: Downhole gravity tool spots distant porosity. World Oil, Houston **175** (1972) 2, S. 56–59.

Jordan, S. K.: Moving base gravity gradiometer surveys and interpretation. Geophysics, Tulsa **43** (1978) 1, S. 94–101.

Jung, K.: Über die größtmögliche Schwankung der Schwereintensität. Zeitschr. f. Geoph., Braunschweig **3** (1927), S. 137–156.

Jung, K.: Zur Bestimmung der Bodendichte nach dem Nettleton-Verfahren. Zeitschr. f. Geophys., Würzburg, **19** (1953) (Sonderband), S. 54–58.

Jung, K.: Schwerekraftverfahren in der angewandten Geophysik. Geest u. Portig K.-G., Leipzig (1961), 348 S.

Jupp, D. B. L.; Vozoff, K.: Stable iterative methods for inversion of geophysical data. Geoph. J. Roy. Astron. Soc., London **42** (1975), S. 957–976.

Kanasewich, E. R.; Agarwal, R. G.: Analysis of combined gravity and magnetic fields in wave number domain. J. Geoph. Res. **75** (Richmond) **29** (1970), S. 5702–5712.

Keating, B.; Helsley, C. E.; Pessagno, E. A. jr.: Late Cretaceous reversal sequence. Geology, v. **3** (1975), S. 73–76.

Kellog, O. D.: Foundations of the potential theory. Springer-Verlag, Berlin/Heidelberg/New York (1967), 384 S.

Kern, J. W.: Effects of moderate stresses on directions of thermoremanent magnetization. J. Geoph. Res., Richmond **66** (1961), S. 3801–3805.

Kittel, C.: Ferromagnetic domain theory. Rev. Mod. Phys. **21** (1949), S. 541–583.

Kneschke, A.: Differentialgleichungen und Randwertprobleme, Band 2, B. G. Teubner Verl. Gesellsch., Leipzig (1961), 628 S.

Kobayashi, K.: Chemical remanent magnetization of ferromagnetic minerals and its application to rock magnetism. J. Geomag. Geoelectr., Tokyo **10** (1959), S. 99–117.

Kolbenheyer, T.: Zur Darstellung des Gravitationsfeldes homogener Körper durch Flächenintegrale. Mathematicko-Fyzikálny Časopis Slovak. Akad. Vied Bratislava **13** (1963a), S. 223–238.

Kolbenheyer, T.: Beitrag zur Theorie der Schwerewirkungen homogener prismatischer Körper. Studia geoph. et geod. Praha **7** (1963b) 3, S. 233–239.

Koljubakin, V. V.; Lapina, M. I.: Ozbor sposobov rešenija prjamoj i obratnoj zadač magnitnoj razvedki. Izdatel'stvo Akademii Nauk SSSR, Moskva (1960), 356 S.

Kopf, M.: Der Dichteansatz für das Norddeutsch-Polnische Becken unter besonderer Berücksichtigung der vertikalen Dichtegradienten. Geologie, Berlin **16** (1967) 2, S. 181–199.

Kopf, M.; Grosse, S.; Sonntag, K.: Dichtebestimmungen an Gesteinen des Westerzgebirges. Freiberger Forschungsheft C110, Akademie-Verlag, Berlin (1961), S. 7–53.

Kröll, A.: Das Wiener Becken. In: Bachmayer, F. (Hrsg.): Erdöl und Erdgas in Österreich. Verlag: Naturhistorisches Museum Wien, (1980), 312 S.

Ku, C. C. A.: A direct computation of gravity and magnetic anomalies by 2- and 3-dimensional bodies of arbitrary shape and arbitrary magnetic polarization by equivalent point method and a simplified cubic spline. Geophysics, Tulsa **42** (1977) 3, S. 610–633.

Kunaratnam: An iterative method for the solution of a non-linear inverse problem in magnetic interpretation. Geoph. Prosp., The Hague **20** (1972) 3, S. 439–447.

KUZMIN, J. J.; SIMONENKO, A. D.; BOLDYREV, A. V.; GARANINA, R. A.; KRAMAK, V. S.: Avtomatičeskaja sistema obrabotki materialov vysokotočnych aeromagnitnych s-emok (ASOM-AM). Geofis. issled. pri poiskach i razvedke rud. mestorožd., Alma-Ata (1976), S. 104–104.

LA FEHR, T. R.: Gravity method. Geophysics, Tulsa **45** (1980) 11, S. 1634–1639.

LAUGHTON, E. C.: Recent applications of geophysical methods in coal mining. Inst. of Mining and Metalls, London (1970), S. 385–403.

LAURILA, S.: Electronic surveying and mapping. Ohio State Univ. Press., Columbus (1960).

LAUTERBACH, R.: Mikromagnetik – ein Hilfsmittel geologischer Erkundung. Wiss. Z. d. Karl-Marx-Univ. Leipzig, Math.-naturwiss. Reihe, Leipzig **3** (1953/54) 3, S. 223–238.

LARSON, R. L.; PITMAN, W. C.: World-wide correlation of Mesozoic magnetic anomalies, and its implications. Geol. Soc. Americ. Bull, v. **83** (1972), S. 3645–3662.

LAVIN, P. M.; DEVANE, J. P.: Direct design of two-dimensional digital wave number filters. Geophysics, Tulsa **35** (1970) 6, S. 1073–1078.

LEATON, B. R.: International geomagnetic reference field 1975. EOS-Trans. American. Geoph. Union, Washington **57** (1976) 3, S. 120–121.

LEONOV, A. S.: Ob ustojčivom rešenii obratnoj zadači gravimetrii na klasse vypuklych tel. Fizika Zemli, Moskva (1976) 7, S. 55–65.

LEPPICH, W.: Gravimetrische Dichtebestimmung in den westlichen und mittleren Hohen Tauern (Ostalpen). Dissertation Technische Universität Clausthal (1976), 123 S.

LEPRETRE, J. P.: Progress report for the creation of a worldwide gravimetric data bank. Bull. d'Inf., Bureau Gravimétrique Internat., Paris (1976) 39.

LERCH, F. J.; KLOSKO, S. M.; LAUBSCHER, R. E.; WAGNER, C. A.: Gravity model improvement using Geos 3 (GEM 9 and GEM 10). Journ. Geoph. Res., Washington, **84**, (1979) B 8, S. 3897–3916.

LINDNER, H.: Ergebnisse der Gravimetermessungen im Bereich des Lausitzer Massivs und seiner Randgebiete. Geologie, Berlin **21** (1972) 8, S. 927–942.

LINDNER, H.: Gravimetrische Störkörpertabellen. Bergakademie Freiberg, Sektion Geowissenschaften, Freiberg (1976), 117 S.

LINDNER, H.: Parameterbestimmung für zwei- und dreidimensionale Störkörper in der Gravimetrie und Magnetik, Geodätische und Geophysikalische Veröffentlichungen, Berlin (1980) Reihe III, H. 45, S. 147–159.

LINDNER, H.; ADLUNG, A.; WELLER, A.: Ergebnisse gravimetrischer Messungen an der Burgruine Tharandt. Zeitschr. f. angew. Geol., Berlin **28** (1982a) 3, S. 142–146.

LINDNER, H.; BRIEDEN, H.-J.; DIERICHS, D.: Nachweis von Dichteinhomogenitäten mittels gravimetrischer, radiometrischer und geomechanischer Untersuchungen. Neue Bergbautechnik, Leipzig **12** (1982b) 9, S. 497–502.

LINDNER, H.; HANEMANN, K.-D.: Gravimetereichung nach der Neigungsmethode. Neue Bergbautechnik, Leipzig **11** (1981) 6, S. 343–346

LINDNER, H.; HANEMANN, K.-D.; SCHUBERT, H.: Methodik zur Bestimmung der Streckenreduktion in der Untertagegravimetrie. Neue Bergbautechnik, Leipzig **11** (1981) 5, S. 271–275.

LINDNER, H.; RÖSLER, R.; SCHEIBE, R.: Störungserkundung mittels der Hilbert-Transformation. Zeitschr. f. angew. Geol., Berlin **28** (1982) 4, S. 176–180.

LINDNER, H.; SCHEIBE, R.: Interpretationstechnik für gravimetrische und magnetische Felder. Freiberger Forschungshefte C 322, Leipzig (1977), 90 S.

LINDNER, H.; SCHEIBE, R.: Die Berechnung von δg- und δT-Anomalien für regelmäßige homogene Störkörper. Gerlands Beiträge zur Geophysik, Leipzig **87** (1978) 1, S. 29–45.

LINDNER, H.; SCHEIBE, R.: Fortschritte bei der Deutung von Potentialfeldern. Freiberger Forschungshefte C 350, Leipzig (1979), S. 61–80.

LINDNER, H.; STIER, G.: Die Einführung des MARQUARDT-Algorithmus in die Interpretationstechnik der Parameterbestimmungen. Zeitschr. f. Geol. Wissensch., Berlin 6 (1978) 4, S. 465–479.

LINDNER, H.; WRUCK, K.: Einsatz gravimetrischer und magnetischer Spezialmessungen zur Vorerkundung reflexionsseismischer Profile. Zeitschr. f. angew. Geol., Berlin 24 (1978) 10, S. 412–417.

LINSSER, H.: Investigation of tectonics by gravity detailing. Geoph. Prosp., The Hague 15 (1967) 3, S. 480–515.

LINSSER, H.: Remarks on the use of the magnetic gradiometer in oil exploration. Geoph. Prosp., The Hague 18 (1970) 1, S. 119–133.

LOGAČEV, A. A.; ZACHAROV, V. P.: Magnitorazvedka. 4. Aufl., Izd. Nedra, Leningrad (1973), 352 S.

LOGN, Ø.: Exploration for deep magnetite ore. Geoexploration, Amsterdam 2 (1964) 2, S. 74–106.

LOURENCO, J. S.; MORRISON, H. F.: Vector magnetic anomalies derived from measurements of a single component of the field. Geophysics, Tulsa 38 (1973) 2, S. 359–368.

LOWES, F. J.: Do magnetometers measures B or H?, Geophys. J. Roy. Astron. Soc., London 37 (1974) 1, S. 151–155.

LOWRIE, W.; ALVAREZ, W.: Rotation of the Italian Peninsula. Nature, 251 (1974) S. 285–288.

LOWRIE, W.; ALVAREZ, W.: World-wide correlation of mesozoic magnetic anomalies and its implications, Discussion and reply: Geol. Soc. America Bull. 86 (1975), S. 270 bis 272.

LOŽINSKAJA, A. M.; JAŠAEV, I. L.: Apparatura, methodika i rezultaty opytnych aerogravimetričeskich izmerenij nad Kaspijskim morem. Fizika Zemli, Moskva (1971) 3, S. 67–81.

LU ZAO-XUN; FANG CHANG-LIN; SHI ZUO-TING; ZHANG MAO-SHU; LI RUN-JIANG; YANG JUN-ZHEN: Variation of the gravity field and the Haicheng earthquake. Acta Geophysica Sinica, Peking 21 (1978) 1, S. 1–8.

LUČITSKIJ, A. I.; LAPINA, M. I.; STRACHOV, V. N.: Rešenie prjamoj zadači gravimetrii dlja nekotorych special'nych klassov raspredelenij mass. Fizika Zemli, Moskva (1980) 11, S. 45–61.

MADEJ, J.: Badanie rozkładu mas w zaporach ziemnych metodą mikrograwimetryczną. Zeszyty Naukowe AGH, Geologia Kraków (1975) 24, S. 91–99.

MAGNIZKY, W. A.; BROWAR, W. W.; SCHIMBIREW, B. P.: Theorie der Figur der Erde. VEB Verlag für Bauwesen, Berlin 1964, 336 S.

MAUERSBERGER, P.: Über das aus dem Erdinneren stammende Magnetfeld. In: G. FANSELAU (Hrsg.): Geomagnetismus und Aeronomie, Band 3, VEB Deutscher Verlag der Wissenschaften, Berlin 1961, S. 3–213.

MAURITSCH, H. J.; FRISCH, W.: Paleomagnetic data from the central part of the northern Calcareous Alps, Austria, J. Geophys., Würzburg 44 (1978), S. 623–637.

MCCULLOH, T. H.: A confirmation by gravity measurements of an underground density profile on core densities. Geophysics, Tulsa 30 (1965) 6, S. 1108–1132.

MCELHINNY, M. W.: Paleomagnetism and plate tectonics. University Press, Cambridge (1973), 358 S.

MCELHINNY, M. W.; BUREK, P. J.: Mesozoic paleomagnetic stratigraphy. Nature, 232 (1971), S. 98–102.

MIENG, TRAN CUNG: Die Interpretation gravimetrischer und magnetischer Messungen unter Verwendung der Regularisierungsmethode. Freib. Forsch.-H., C369 Leipzig (1982), 47 S.

MILITZER, H.; LINDNER, H.: Grundlagen der angewandten Gravimetrie. Freib. Forsch.-C339, Leipzig (1979), 195 S.

MILITZER, H.; SCHEIBE, R.: Grundlagen der angewandten Geomagnetik. Freib. Forsch. C 352, Leipzig (1981), 314 S.

MILITZER, H.; SCHÖN, J.; STÖTZNER, U.; STOLL, R.: Angewandte Geophysik im Ingenieur- und Bergbau. VEB Deutscher Verlag für Grundstoffindustrie, Leipzig (1978), 318 S.

MIŠIN, A. N.: K voprosu učeta variacii v vysokotočnoj magnitorazvedke. Metody razved. geofiz., Leningrad (1974) 22, S. 44–50.

MOLYNEUX, L.: A complete result magnetometer for measuring the remanent magnetization of rocks. Geoph. J. Roy. Astron. Soc. London **24** (1971), S. 429–433.

MORELLI, C.: Gravity problems with a view to African conditions. African Geod. J., **1** (1974) 2, S. 13–52.

MOTTA, A. C.: Die Anwendung von Magnetik und Gravimetrie in der Prospektion auf Kupfererze in der Gegend von Curaca, Provinz Bahia, Brasilien. Unveröff. Diss., Montanuniversität, Leoben (1974), 102 S.

MUDRECOVA, E. A.: Gravirazvedka. Izdatel'stvo Nedra; Moskva (1968), 512 S.

MUNDRY, E.: Zur automatischen Darstellung von Isolinienplänen. Beitr. Geol. Jb. **98** (1970), S. 77–93.

NAGATA, T.: Magnetic anomalies and their corresponding subterrain mass distribution. Bulletin Earthquake Research Inst., Tokyo 16 (1938), S. 550–576.

NAGATA, T.; OZIMA, M.: Paleomagnetism. In: MATSUSHITA and W. H. CAMPBELL (Hrsg.), Physics of Geomagnetic Phenomena, Academic Press; New York (1967), S. 103–180.

NAGATA, T.; UYEDA, S.; AKIMOTO, S.: Self-reversal of thermoremanent magnetism of igneous rocks. J. Geomagn. Geoelectr., Kyoto **4** (1952), S. 22–38.

NAGY, D.: A chart for the computation of the gravitational attraction of a right rectangular prism. Pure and Applied Geophysics, Basel 102 (1), (1973), S. 5–14.

NAUDY, H.: Automatic contouring of the total field and the vertical gradient. Boll. d. Geofis. Teor. et Appl., Trieste **12** (1970) 45/46, S. 123–136.

NECKHAM, A.: In: TARLING, D. H., Principles and Applications of Paleomagnetism. CHAPMAN and HALL (1971), S. 1–164.

NÉEL, L.: Théorie du trainage magnétique des ferromagnétiques aux grains fins avec applications aux terres cuites. Ann. Geophys., Paris, **5** (1949), S. 99–136.

NÉEL, L.: Some theoretical aspects of rock magnetism. Phil. Mag. Suppl. Adv. Phys., London **4** (1955), S. 191–243.

NETTLETON, L. L.: Determination of density for reduction of gravimeter observations. Geophysics, Tulsa **4** (1939) 3, S. 176–183.

NETTLETON, L. L.: Gravity and magnetic calculations. Geophysics, Tulsa I (1942) 3, S. 293 bis 310.

NETTLETON, L. L.: Geophysical history of typical Mississipi piercement salt domes. Geophysical case histories, vol. I, SEG (1948), S. 239–250.

NETTLETON, L. L.: Use of gravity, magnetic and electrical methods in stratigraphic trap exploration. In: KING, R. E. (Hrsg.): Stratigraphic gas and oilfields, classification, exploration methods and case histories. AAPG-SEG, Tulsa (1972), S. 244–251.

NETTLETON, L. L.: Gravity and magnetics in oil prospecting. McGraw-Hill Book Co., New York (1976), 464 S.

NINKOVICH, D.; OPDYKE, N. D.; HEEZEN, B. C.; FOSTER, J. H.: Paleomagnetic stratigraphy, rates of deposition and tephrachronology in North Pacific deep – sea sediments. Earth Planet. Sci. Letters, **1** (1966), S. 476–492.

NORMAN, R.: In: TARLING, D. H. (Hrsg.): Principles and applications of paleomagnetism. Chapman and Hall (1971).

OGORODOVA, L. V.; ŠIMBIREV, B. P.; JUZEFOVIČ, A. P.; Gravimetrija. Izdatel'stvo Nedra, Moskva (1978), 325 S.

ONDOH, T.; MAEDA, H.: Geomagnetic storm correlation between the northern and southern hemisphere. J. Geomagn. Geoelectr., Kyoto **14** (1962) 1, S. 22–32.

O'REILLY, W.; BANERJEE, S. K.: Mechanism of oxidation in titanomagnetites, a magnetic study. Mineral. Mag., London, (1967) S. 36–29.

PARASNIS, D. S.: Mining geophysics, series methods in geochemistry and geophysics. Elsevier Publ. Comp, Amsterdam, London, New York (1973), 395 S.

PARKER, R. L.: The theory of ideal bodies for gravity interpretation. Geophysical J. Roy. Astron. Soc., London **42** (1975) 2, S. 315–334.

PEDDIE, N. W.; FABIANO, E. B.: A model for the geomagnetic field for 1975. J. Geoph. Res. Richmond **81** (1976), S. 2539–2542.

PEDERSEN, L. B.: Constrained inversion of potential field data. Geoph. Prosp., The Hague **27** (1979) 4, 726–748.

PETERS, J. W.: The role of the magnetometer in petroleum exploration. Mines Mag., Denver **3** (1949), S. 11–15.

PETERS, J. W.; DUGAN, A. E.: Gravity and magnetic investigations at the Grand Saline salt dome. Geophysical case histories vol. I, SEG Tulsa (1948), S. 105–120.

PETERS, L. J.: The direct approach to magnetic interpretation and its practical application. Geophysics, Tulsa **14** (1949) 3, S. 290–320.

PICK, M., PICHA, J., VYSKOČIL, V.: Bullard's difference in 0,01 mGal for density 2,67 g/cm^3. Trav. Inst. Geophys., Acad. Sci. Tschech.-Slov., Prague (1961) 129, S. 113–157.

PICK, M.; PICHA, J.; VYSKOČIL, V.: Theory of the earths gravity field. Academia Publishing House of the Czechoslovak. Academy of Sciences, Prague (1973), 538 S.

PITMAN, W. C.; TALWANI, M.: Sea-floor spreading in the North Atlantic. Geol. Soc. America Bull., **83** (1972), S. 619–646.

PLAUMANN, S.: Zur gravimetrischen Bestimmung der Dichte von seamounts mit Anwendung auf die Kleine und Große Meteorkuppe. Geol. Jb., Hannover (1974) E2, S. 99–110.

PLAUMANN, S.: Tabelle der Normalschwere für das „Geodetic Reference System 1967" (Schwereformel 1967). Geol. Jb., Hannover (1981) E 81, S. 39–50.

PLÖCHINGER, B.: Erläuterungen zur Geologischen Karte des Wolfgangseegebietes. Geol. Bundesanstalt Wien (1973).

PLÖCHINGER, B.: Das Juraprofil an der Zwölferhorn-Westflanke (Nördl. Osterhorngruppe, Salzburg). Verh. Geol. Bundesanstalt Wien 1975, S. 27–33.

PLOUFF, D.: Gravity and magnetic field of polygonal prisms and application to magnetic terrain corrections. Geophysics, Tulsa **41** (1976) 4, S. 727–741.

POHLY, R. A.: Gravity case history: Dawn No 156, Ontario. Geophysics **19** (1954), S. 95 bis 103.

POMERANCEV, N. M.; RYZKOV, V. M.; SKROCKIJ, G. V.: Fizičeskie osnovy kvantovoj magnitometrii. Izd. Nauka, Moskva (1972), 448 S.

POPOVIČ, V. S.: Vydelenie geofizičeskich anomalij, soizmerimych s pogrešnost'ju nabljudenij. Razved. geofiz., Moskva (1971) 46, S. 76–82.

PORSTENDORFER, G.; GÖTHE, W.; LENGNING, K.; TANZER, R.; RITTER, E.: Nature and possible causes of the anomalous behaviour of electric conductivity in the north of the GDR, Poland and the FRG. Geol. and geoph. stud., KAPG Geophys. Monogr., Budapest (1976), S. 487–500.

PÖRATH, H.: Magnetic studies on specimens of intergrown maghemite and hematite. J. Geophys. Res., Richmond 73 (1968), S. 5959–5965.

POSGAY, K.: A magyarorazügi földmigneses hatók áttekintö visagalata. Geofizikai Köslеminyek, Budapest **16** (1967) 4, S. 5–118.

PRIMDAHL, F.: The fluxgate magnetometer. J. Physics E: Sci. Instrum. **12** (1979), S. 241–253.

PROVODNIKOV, V. J.: Al'bom paletok dlja opredelenija elementov zaleganija namagničennych tel. Izd. Sib. Otdel. AN SSSR, Novosibirsk (1963), 40 S., 81 Bl.

RIDDIHOUGH, R. P.: Diurnal corrections to magnetic surveys — an assessment of errors. Geoph. Prosp., The Hague **19** (1971) 4, S. 551—567.

RIDELL, P. A.: Magnetic observations at the Dayton iron deposit, Lyon County, Nevada. Mining geophysics vol. I., case histories, SEG Tulsa (1966), S. 418—428.

RISCHE, H.: Dichtebestimmung im Gesteinsverband durch Gravimeter- und Drehwaagemessungen unter Tage. Freib. Forsch.-H. C 35. Akademie-Verlag, Berlin (1957), 83 S.

RISCHE, H.; SCHÖSSLER, K.: Ergebnisse und Probleme der Oberflächengeophysik in der Braunkohlenerkundung. Neue Bergbautechnik, Leipzig, **9** (1979) 7, S. 362—366.

RITTER, E.: Geomagnetic depth soundings in Europe and their relation to geotectonics. Proceedings 21. Geophys. Symp. Leipzig 14.—17. Sept. 1976, Vol. I. Budapest (1977), S. 55—72.

RÖSLER, R.: Über die Fehlerfortpflanzung bei Potentialfeldtransformationen. Gerlands Beitr. z. Geophysik, Leipzig **90** (1981) 1, S. 47—57.

RÖSLER, R.; LINDNER, H.: Die Anwendung der HILBERT-Transformation bei der Deutung von Schwereprofilen. Freiberger Forsch.-Hefte C 359, Leipzig (1980), S. 43—54.

RÖSLER, R.; LINDNER, H.: Die Schwerewirkung eines geneigten dreidimensionalen Rechteckprismas. Zeitschr. f. Geol. Wiss., Berlin **10** (1982) 10, S. 1339—1345.

RÖSLER, R.; LINDNER, H.; OELSNER, CHR.: Die Bestimmung der Anomalien des vertikalen Temperaturgradienten aus horizontalen Temperaturverteilungen. Gerlands Beitr. z. Geoph. (Leipzig), **89** (1980) 5, S. 389—398.

RÖSLER, R.; PORSTENDORFER, G.; OELSNER, CHR.; BRIEDEN, H.-J.: Die Verflechtung von Physik und Geophysik an der Bergakademie Freiberg. Freib. Forsch.-H. D 115, Leipzig (1978), S. 33—58.

RÖSSIGER, M.: Das erdmagnetische Normalfeld der Vertikalintensität für Mitteleuropa, Epoche 1941,5. Beitr. z. angew. Geoph. Leipzig **9** (1942) 2, S. 121—128.

ROSENBACH, O.: A contribution to the computation of the "second derivative" from gravity data. Geophysics, Tulsa **18** (1952) 4, 894—912.

ROSENBACH, O.: Quantitative studies concerning the vertical gradient and the second derivative methods of gravity interpretation. Geoph. Prosp., The Hague **2** (1954) 1, S. 128—138.

ROSENBACH, O.: Prinzipielle Bemerkungen zur Theorie und Praxis der Methode der zweiten Ableitung bei der Interpretation gravimetrischer Meßergebnisse. Geoph. Prosp. The Hague **5** (1957) 2, 165—192.

ROTHER, G.: Untersuchungen des anomalen geomagnetischen Feldes — eine Methode zur Lokalisierung der Unterkante der magnetisch wirksamen Erdkruste. Veröff. des Zentralinstitutes für Physik der Erde, Potsdam (1979) 59, 95 S.

ROTHER, G.: Unterkantenbestimmungen für Quellen geomagnetischer Anomalien an Prismen und Prismenensemblemodellen. Gerlands Beitr. z. Geoph., Leipzig **89** (1980) 4/3, S. 237—248.

ROY, A.: The method of continuation in mining geophysical interpretation. Geoexploration, Amsterdam **4** (1966) 1, S. 65—83.

RÜHS, F.: Funktionentheorie. VEB Deutscher Verlag der Wissenschaften, Berlin (1971), 530S.

RUNCORN, S. K.: The magnetism of the Earth's body. In: Handbuch d. Physik (Hrsg.) v. S. FLÜGGE, Band 47, Springer Verlag, Berlin, Göttingen, Heidelberg, (1956), S. 498 bis 533.

RUSU, V. D.; SAVA, C. S.: Anomalia cimpului gravitatii in lucratile minere de la baisoara. Studii si Cercetari de Geologie, Geofizica, Geografie, Geofizica Bucuresti **15** (1977), S. 103—115.

SAWATZKY, P.; HOOD, P. J.: Fabrication of an inboard digital-recording vertical gradiometer system for aeromagnetic surveying; a progress report. Paper Geol. Surv. Can., Ottawa (1974) No. 75—1, Part A S. 139—140.

Scheibe, R.; Lindner, H.: Magnetische Störkörpertabellen für δT. Bergakademie Freiberg, Sektion Geowissenschaften, Freiberg (1977). 142 S.

Schleusener, A.: Nomogramme für Geländeverbesserung von Gravimetermessungen der angewandten Geophysik. Beitr. z. angew. Geoph., Leipzig 8 (1940), S. 415–430.

Schleusener, A.: Tafeln der internationalen Normalschwere, Deutsche Geodätische Kommission bei der Bayrischen Akademie der Wissenschaften, München, Reihe D (1958) 2, 21 S.

Schmidt, H.; Auster, V.: Neuere Meßmethoden der Geomagnetik, Enzyklopädie d. Physik, Bd. 49/3 (Geophysik III/3). Springer-Verlag, Berlin/Heidelberg, New York (1971), S. 323–383.

Schmoker, J. W.: Density variations in a quarz diorite determined from borehole gravity measurements, San Benito Country, California. Log Analyst, Houston 18 (1977) 2, S. 32–38.

Schmoker, J. W.: Accuracy of borehole gravity data. Geophysics, Tulsa **43** (1978) 8, S. 538 to 542.

Schoeffler, J.: Gravimetrie appliqué. Editions Technique, Paris (1975), 288 S.

Schöler, W.: Die Beeinflussung der Schwere und des Vertikalgradienten durch das Gelände in Stationsnähe. Archiv Meterologie, Geophysik und Bioklimatologie, Wien, Serie A, (1976) **25**, S. 79–88.

Schössler, K.: Gravimetrische Arbeiten zur Braunkohlenerkundung in der DDR. Zeitschr. f. angew. Geol., Berlin **12** (1966) 11, S. 580–589.

Schössler, K.: Gravimetrische Verfahren bei der Braunkohlenerkundung, ihre Einsatzmöglichkeiten und Grenzen. Wissenschaftlich-Technischer Informationsdienst, herausgegeben vom Zentralen Geologischen Institut Berlin (1969) Sonderheft 3, S. 8–39.

Schulz, G.; Carstens, U.: A period measuring proton magnetometer with a direct readout, Dt. hydrogr. Zeitschr., Hamburg **32** (1979) 3, S. 119–125.

Scollar, I.: Recent developments in magnetic prospecting in the Rhineland. Prospezion Archeologiche, Roma **1** (1966), S. 43–51.

Šefara, J.: Interpretation of vertical density interfaces using a map of gravity by means of a digital computer. Sbornik Geolokych Věd. UG, Praha (1973) 11, S. 19–30.

Seiberl, W.: Die Transformation von Schwere- und Magnetfeldern in den Ostalpen. Sitzungsberichte Österreichische Akademie der Wissenschaften, Math.-Nat. Klasse, Wien (1979), Abt. II, 1–3, S. 69–138.

Seiberl, W.; Heinz, H.: Aeromagnetische Karte von Österreich 1:50000, prov. Arbeitskarten (unveröff.), Geolog. Bundesanst. Wien (1981).

Seren, S. S.: Geophysikalische Untersuchung des Kraubather Serpentins. Unveröff. Diss. Nat. wiss. Fak. Univ. Wien (1980), 115 S.

Sharma, P.: Rapid computation of magnetic anomalies and demagnetization effects caused by bodies arbitrary shape. Pure and Appl. Geophys., Basel **64** (1966) 2, S. 89 bis 109.

Sharma, P. V.: Geophysical methods in geology (Methods in geochemistry and geophysics 12). Elsevier Scientific Publ. Co., Amsterdam (1975), 440 S.

Sheriff, R. E.: Navigation requirements for geophysical exploration. Geoph. Prosp., The Hague **22** (1974) 3, S. 526–533.

Shuey, R. T.; Pasquale, A. S.: End corrections in magnetic profile interpretation. Geophysics, Tulsa **38** (1973) 3, S. 507–512.

Skeels, D. C.: What is residual gravity? Geophysics, Tulsa **32** (1967) 5, S. 872–876.

Skovorodki, Yu. P.; Bezuglaya, L. S.; Guseva, T. V.: Tectonomagnetic studies in Tajikistan. J. Geomagn. and Geoelectr., Tokyo **30** (1978) 5, S. 481–486.

Slack, H. A.; Lynch, V. M.; Langan, L.: The geomagnetic gradiometer. Geophysics, Tulsa **32** (1967) 5, S. 877–892.

ŚLIZ, J.: Poprawka topograficzna gradientu pionowego siły ciężkości. Zeszyty Naukowe AGH, Geologia, Kraków (1975) 488, S. 73–80.

SMITH, P. J.: The intensity of the ancient geomagnetic field: a summary of conclusions. In: S. K. RUNCORN (Editor), Paleogeophysics. Academic Press, London (1970), S. 79–90.

SNYDER, D. D.; MERKEL, R. H.: Generalized correction for dipping beds for the borehole gravity meter. Log Analyst, Houston 18 (1977), S. 41–43.

SONNENBERG, G. J.: Radar and electronic navigation. George Newnes Ltd., London (1963).

SPECTOR, A.; GRANT, F. S.: Statistical models for interpreting aeromagnetic data. Geophysics, Tulsa 35 (1970) 2, S. 293–308.

STACEY, F. S.: The physical theory of rock magnetism, Phil. Mag. Suppl. Adv. Phys. 12 (1963), S. 46–133.

STEGENA, L.; SAGITOV, M.: The constant of gravity. Akad. Kiadó, Budapest (1979), 254 S.

STEINHAUSER, P.; SEIBERL, W.: Montangeophysikalische Untersuchung der Untergrundstrukturen im Raum Zillingdorf-Nord, unveröff. Abschlußbericht. Geolog. Bundesanst. Wien (1980).

STONER, E. C.; OSBORNE, P. B.: Demagnetizing factors for ellipsoids, Phil. Mag. 36 (1945), S. 803–821.

STOTT, P. M.; STACEY, F. D.: Magnetostriction and paleomagnetism of igneous rocks. Nature, London (1959) 183, S. 384–385.

STRACHOV, V. N.: Nekotorye voprosy ploskoj zadači gravimetrii. Fizika Zemli, Moskva (1970) 12, S. 32–44.

STRACHOV, V. N.; LUČITSKIJ, A. I.: O rešenii prjamych dvuchmernych zadač gravimetrii i magnitometrii. Fizika Zemli, Moskva (1980) 8, S. 65–83.

STRANGWAY, D. W.; HONEA, R. M.; MCMAHON, B. E.; LARSON, E. E.: The magnetic properties of naturally occuring goethite. Geoph. J. Roy. Astron. Soc., London 15 (1968) S. 345–359.

SU-HO, ZÄ: Luftmagnetik (Stand und Auswerteverfahren). Freib. Forsch.-H. C 115, Berlin (1961), 104 S.

SÜNKEL, N.: Die Darstellung geodätischer Integralformeln durch bikubische Spline-Funktionen. Mitteilungen des Geodätischen Institutes der Technischen Universität Graz, Graz (1977) 26, 161 S.

TALWANI, M.: Computation with the help of a digital computer of magnetic anomalies caused by bodies of arbitrary shape. Geophysics, Tulsa 30 (1965) 5, S. 797–817.

TALWANI, M.; EWING, M.: Rapid computation of gravitational attraction of three-dimensional bodies of arbitrary shape. Geophysics. Tulsa 25 (1960) 1, S. 203–225.

TALWANI, M.; KAHLE, G. K.: Apollo 17 traverse gravimeter experiment, Geol. Jb., Hannover, (1976) E7, S. 85–91.

TALWANI, M.; LE PICHON, X.; EWING, M.: Crustual structure of the mid-ocean ridges, Computed model from gravity and seismic refraction data. J. Geoph. Res., Richmond 70 (1965) 2, S. 341–352.

TALWANI, M.; WORZEL, J. L.; EWING, M.: Gravity anomalies and crustal section across the Tonga Trench. J. Geoph. Res., Richmond 65 (1961) 4, S. 1265–1278.

TARCHOV, A. G.; BONDARENKO, V. M.; KOVALENKO, V. F.; KOVALENKO, N. D.; LACHTIONOV, M. O.; MUDRECOVA, E. A.: Podzemnaja geofizika. Izd. Nedra, Moskva (1973), 312 S.

TARCHOV, A. G.; SIDOROV, A. A.: O matematičeskoj obrabotke geofizičeskich dannych. Izvestija Akadii Nauk SSSR Serija Geofizika, Moskva (1960) 10, S. 1450–1457.

TARLING, D. H.: Principles and applications of paleomagnetism, Chapman and Hall (1971), 164 S.

TELFORD, W. M.; GELDAERT, L. P.; SHERIFF, R. E.; KEYS, D. A.: Applied geophysics. Cambridge University Press, Cambridge/London/New York/Melbourne (1976), 860 S.

THIELE, E.: Das RÖSSIGERsche Normalfeld der Vertikalintensität und seine zeitliche Änderung. Abhandl. d. Geoph. Inst. Potsdam, Berlin (1952) 5, S. 79–88.

THYER, R. F.: Geophysical Exploration-Australia. Geophysics, Tulsa **28** (1963) 2, S. 273 to 305.

THYSSEN, ST. v.; STACKLER, W. F.: Microgravity measurements over a known geologic structure. Geophysics, Tulsa **21** (1965) 3, S. 771–779.

TICHONOV, A. N.: O rešenii nekorrektno postavlennych zadač i metode reguljarizacii. Dokl. Akad. Nauk SSSR, Moskva (1963a) 151, S. 501–504.

TICHONOV, A. N.: O reguljarizacii nekorrektno postavlennych zadač. Dokl. Akad. Nauk SSSR, Moskva (1963b) 153, S. 49.

TICHONOV, A. N.; GLASKO, V. B.; LITVINENKO, O. K.: MELICHOV, V. R.: O prodolženii potenciala v storony vozmuščajuščich mass na osnove metoda reguljarizacii, Fizika Zemli, Moskva (1981) 12, S. 30–48.

TOMODA, Y.; AKI, K.: Use of function sin x/x in gravity problems. Proc. Japan, Acad. Tokyo, 30 (1955), S. 455–460.

TRAN CUNG MIENG: Die Interpretation gravimetrischer und magnetischer Messungen unter Verwendung der Regularisierungsmethode. Freib. Forsch.-H. C 369, Leipzig (1982), 48 S.

TREJO, C. A.: A note on downward continuation of gravity. Geophysics, Tulsa **19** (1954) 1, S. 71–75.

TSAY, L. J.: Continuation of total intensity anomaly on aeromagnetic profiles with constant elevation change. Geoph. Prosp., The Hague **24** (1976) 1, S. 70–70.

TSUBOI, CH.; OLDHAM, C. H. C.; WAITHMAN, V. B.: Numerical tables facilitating three dimensional gravity interpretations. J. of Phys. of the Earth, Tokyo, **6** (1958), 1, S. 7 to 13.

UYEDA, S.: Magnetic interactions between ferromagnetic minerals contained in rocks. J. Geomagn. Geoelectr. Tokyo, **7** (1955) 1–2, S. 9–36.

VAN DEN BERG, J.: Paleomagnetism and the changing configuration of the Western Mediterranean area in the Mesozoic and early Cenozoic areas. Geologica Ultraiectina, 20, (1979).

VAN DEN VOO, R.; FRENCH, R. B.: Apparent polar wandering for the Atlantic-bordering continents: Late Carounifereous to Eocene. Earth Sci. Rev., **10** (1974) S. 99–119.

VAN OVERMEEREN, R. A.: Tracing by gravity of a narrow buried graben structure, detected by seismic refraction, for groundwater investigations in North Chile. Geoph. Prosp., The Hague **28** (1980) 3, S. 392–407.

VARLAMOV, A. S.: Uravnivanie gravimetričeskich nabljudenij. Nedra, Moskva (1980), 159 S.

VEJNBERG, A. K.: Grafičeskij sposob opredelenija glubiny namagničennich tel. Izvestija Akad. Nauk SSSR, Ser. Geofiz. Moskva (1961) 1, S. 60–68.

VERHOOGEN, J.: Oxidation of iron-titanium oxides in igneous rocks. J. Geol., vol. 70 Chicago (1962), S. 168–181

VESTINE, E. H.; LANGE, I.; LAPORTE, L.; SCOTT, W. E.: The geomagnetic field, its description and analysis. Carnegie Institution Washington, Publ., 580 (1947), 390 S.

VESTINE, E. H.; LAPORTE, L.; LANGE, I.; COOPER, C.; HENDRIX, W. C.: Description of the Earth's main magnetic field and its secular change, 1905–1945. Carnegie Institution, Washington, Publ. 578 (1947), 532 S.

VNUČKOV, G. A.; GLAZUNOV, V. V.; NAUMUV, A. P.; CHASIEV, I. S.; ŠČEGLOV, A. N.: Primenenie kvantovogo magnitometra v issledovanii archeologičeskich pamjatnikov. Geomagnitnoe Priborostroenie, Moskva (1977), S. 77–85.

WALACH, G.: Gesteinsphysikalische Untersuchungen an Vulkaniten der Tiefbohrungen Walkersdorf, Mitterlabill und Paldau (Steirisches Becken). Anz. Österr. Akademie der Wissenschaften, Mathematisch-Naturwissenschaftliche Klasse, Wien (1976) 6, S. 52–61.

WALACH, G.: Geomagnetische Versuchsmessungen über Kupferschlackenplätzen im Johnsbach- und Paltental (Stmk.). Berg- und Hüttenmännische Monatshefte, Wien 124 (1979) 8.

WALACH, G.: Schweremessungen am Alpenostrand. In: Jahresbericht 1981 zum Teilprojekt S 15/15: Geophysikalische Beziehungen zwischen Ostalpiner Kruste und dem pannonischen Raum – Hochschulschwerpunkt S 15, Graz–Leoben–Wien (1982, im Druck)..

WALACH, G.: Die Bedeutung gravimetrischer Untersuchungen für die Kohleprospektion im Frohnsdorf-Knittelfelder Tertiärbecken (Stmk.). – Freib. Forsch.-H., C 378, Leipzig (1982), S. 29–41.

WERNER, S.: Determination of the magnetic susceptibility of ores and rocks from Swedish iron deposits. Sveriges Geologiska Underskoning Arsbok 39, Stockholm (1948) No. 5.

WOOLLARD, G. P.: The new gravity system-changes in international gravity base values and anomaly values. Geophysics, Tulsa **44** (1979) 8, S. 1352–1364.

YUNGUL, S. H.: Gravity prospecting for reefs: the effect of sedimentation and differential compaction. Geophysics. Tulsa **26** (1961) 1, S. 45–46.

YUNGUL, S. H.: Gravimetric determination of anomalies lateral to the boreholes. United States Patent Nr. 3747403, 24. Juli (1973).

ZABOROVSKIJ, A. I.; NIKITSKIJ, V. W.: Spravočnik geofizika, T. VI: Magnitorazvedka. Verl. Nedra, Moskau (1969), 399 S.

ZIDAROV, D.: Elektromagnitnaja model' dlja rešenija prjamoj zadaci magnitometrii i gravimetrii. Izvestija Akad. Nauk SSSR, Ser. Geofiz., Moskva (1955) 5, S. 464–467.

ZIDAROV, D.: Solution experimentale du problème inverse gravimétrique magnetométrique. Compte Rendu Acad. Bulg. Sci. Sofia (1959) 5, S. 351–354.

ZIJDERVELD, J. D. A.: Paleomagnetism of the esterel rocks. Krips Repro BV-Meppel, Utrecht (1975).

ZIRUL'SKIJ, A. V.: O nekotorych svojstvach kompleksnogo logarifmičeskogo potenciala odnorodnoj oblasti. Izvestija Akad. Nauk SSSR, Ser. Geofiz., Moskva (1963) 7, S. 1072–1075.

ZYCH, D.: Manuell ermittelte gravimetrische Ergebnisse und deren Darstellung (Wiener Becken, Alpenvorland). Unveröff. Bericht Österr. Mineralölverwaltungs-AG, (1966).

Sachverzeichnis

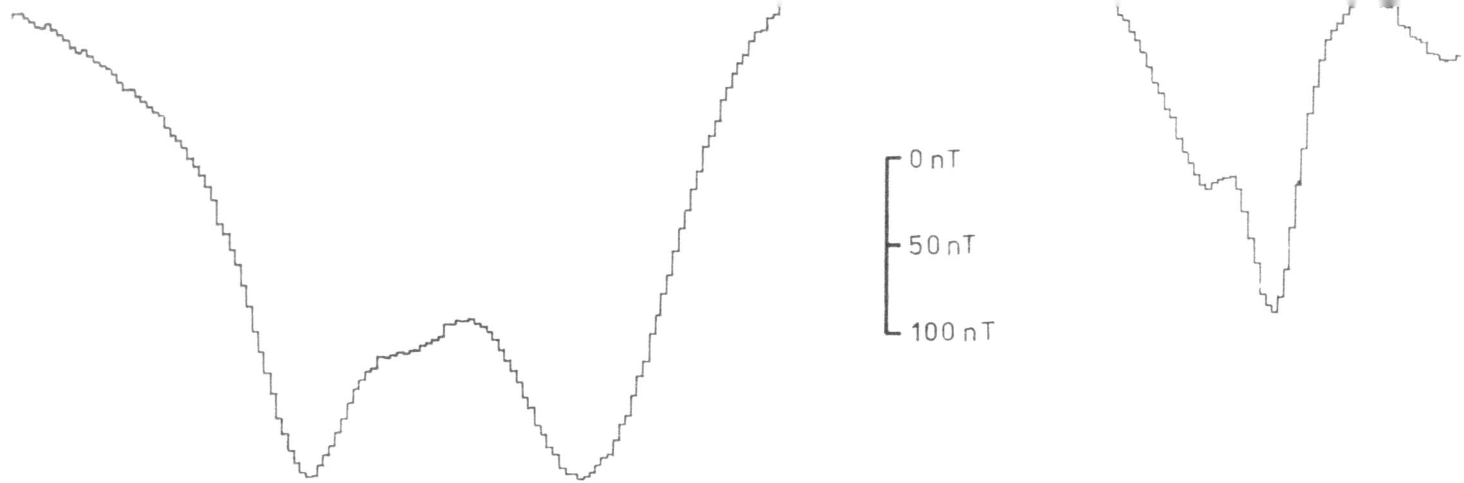

Abb. 3.29. Prinzip der Luftbildortung bei aerogeophysikalischen Messungen (Flughöhe: 2500 m ü. NN, Fluggeschwindigkeit: 200 km/h, Reihenbildzyklus 2 s)

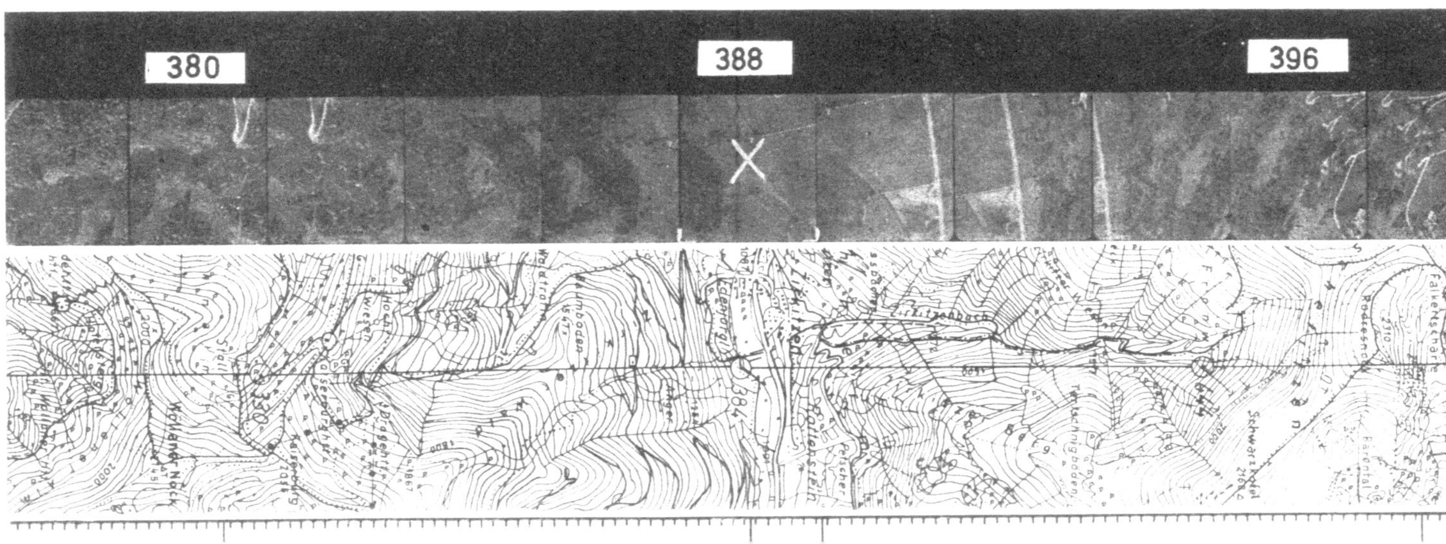
380
388
396
Wöllaner Nock
Kaiserburg
Baumboden
Lieblitzen
Hohenstein
Schwarzkofel
Falkertscharte

Berichtigung

Die Unterschriften der Abb. 2.49 und 2.50 sind zu vertauschen.

MIX
Papier | Fördert gute Waldnutzung
FSC® C083411

Zeitfracht Medien GmbH
Ferdinand-Jühlke-Straße 7
99095 Erfurt, Deutschland
produktsicherheit@kolibri360.de